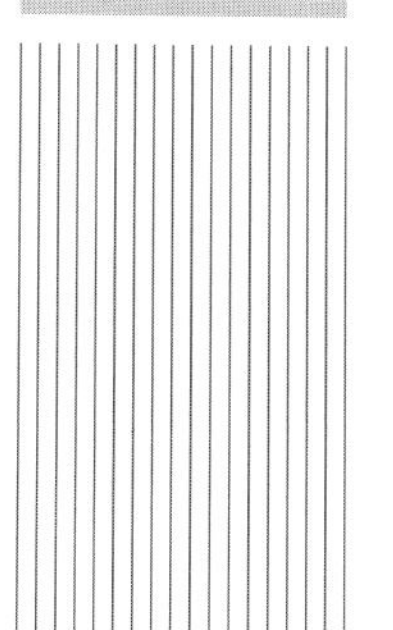

"十四五"时期
国家重点出版物出版专项规划项目

航天先进技术
研究与应用系列

王子才　总主编

电动太阳风帆复杂动力学与控制

Complex Dynamics and Control of Electric Solar Wind Sail

霍明英　齐乃明　范子琛　姚蔚然　任　辉　编著

哈尔滨工业大学出版社
HARBIN INSTITUTE OF TECHNOLOGY PRESS

内 容 简 介

近年来，电动太阳风帆航天器作为一种新型的无限比冲运载工具，因其在深空探测方面的巨大潜力而受到国内外科研机构和专家的关注。本书以电动太阳风帆航天器为研究对象，系统地研究了电动太阳风帆的工作原理，建立了姿态一轨道耦合动力学模型，对电动太阳风帆的快速轨迹估计、飞行轨迹优化和姿态一轨道耦合控制进行了研究。针对电动太阳风帆姿态与轨道的强耦合问题，基于单根带电金属链的推力模型，研究了电动太阳风帆的姿态一轨道耦合动力学。针对电动太阳风帆的转移轨迹优化问题，提出了一种高斯伪谱法、贝塞尔型函数法、遗传算法和序列二次规划算法相结合的混合优化方法。针对考虑参数摄动的电动太阳风帆姿态跟踪控制问题，进行了反馈线性化和滑模变结构联合控制研究。针对电动太阳风帆推力加速度大、可调的特点，将其应用于日心悬浮轨道保持任务中，对其稳定性和稳定性控制进行了研究。本书研究成果对于电动太阳风帆动力学与控制的研究具有重要的参考价值。

本书内容丰富，理论联系实际，融入了电动太阳风帆动力学与控制方面的新近国内外成果，可作为航空宇航、深空探测相关专业工程技术人员的参考书。

图书在版编目(CIP)数据

电动太阳风帆复杂动力学与控制/霍明英等编著
.—哈尔滨：哈尔滨工业大学出版社，2022.5
(航天先进技术研究与应用系列)
ISBN 978-7-5603-8337-8

Ⅰ.①电… Ⅱ.①霍… Ⅲ.①太阳帆板—姿态飞行控制 Ⅳ.①TM914.4

中国版本图书馆 CIP 数据核字(2021)第 060334 号

电动太阳风帆复杂动力学与控制
DIANDONG TAIYANGFENGFAN FUZA DONGLIXUE YU KONGZHI

策划编辑 杜 燕
责任编辑 王会丽 马静怡 庞亭亭
出版发行 哈尔滨工业大学出版社
社 址 哈尔滨市南岗区复华四道街 10 号 邮编 150006
传 真 0451-86414749
网 址 http://hitpress.hit.edu.cn
印 刷 哈尔滨博奇印刷有限公司
开 本 720 mm×1 000 mm 1/16 印张 16 字数 332 千字
版 次 2022 年 5 月第 1 版 2022 年 5 月第 1 次印刷
书 号 ISBN 978-7-5603-8337-8
定 价 78.00 元

前言

随着我国航天事业的发展，远地空间探测乃至远地空间资源的利用逐渐成为航天领域的研究热点。寻找一种高效的推进方法来实现星际航行是完成这一任务的第一步，也是关键的一步。近年来，电动太阳风帆航天器作为一种新型的无限比冲运载工具，因其在深空探测方面的巨大潜力而受到国内外科研机构和专家的关注。电动太阳风帆由数十至数百根长而细的金属链组成，这些金属链通过空间飞行器自旋展开。航天器上的太阳能电子枪发射电子以使金属链始终保持高正电位。这些带电的金属链将排斥太阳风质子，并利用太阳风的动能脉冲将航天器带向目标方向。电动太阳风帆可以利用太阳风的动能来飞行而不消耗推进剂。因此，电动太阳风帆非常适合长期太空任务，如星际轨道转移、太阳系外探测、引力拖车任务、悬浮轨道、晕轨道（Halo 轨道）和人造拉格朗日点等。

本书系统地研究了电动太阳风帆的工作原理，建立了考虑太阳光入射角影响的推力矢量模型，解决了传统推力模型中未考虑姿态影响的问题，进一步建立了姿态—轨道耦合动力学模型，对电动太阳风帆的快速轨迹估计、飞行轨迹优化和姿轨耦合控制进行了研究。针对电动太阳风帆姿态与轨道的强耦合问题，基于单根带电金属链的推力模型，研究了电动太阳风帆的姿态—轨道耦合动力学。针对电动太阳风帆的转移轨迹优化问题，提出了一种高斯伪谱法、贝塞尔型函数法、遗传算法和序列二次规划算法相结合的混合优化方法。针对考虑参数摄动的电动太阳风帆姿态跟踪控制问题，进行了反馈线性化和滑模变结构联合控制研究。针对电动太阳风帆推力加速度大、可调的特点，将其应用于日心悬浮轨道保持任务中，对其稳定性和稳定性控制进行了研究。

本书内容丰富，理论联系实际，融入了电动太阳风帆动力学与控制方面的新近国内外成果，可作为航空宇航、深空探测相关专业工程技术人员的参考书。

鉴于作者水平有限，书中疏漏和不足在所难免，恳请读者不吝指正。

作　者

2022 年 1 月

目录

第1章

电动太阳风帆介绍

1.1 概　述

深空探测是基于卫星应用和载人航天发展而成的重大成就，可向更广阔的太阳系甚至太阳系外的空间进行探索。探测未知是人类的天性，人类在探索未知的过程中不断摸索积累经验，形成了一套深空探测方案。深空探测可以帮助人类研究太阳系和宇宙的起源与状态，从而进一步了解地球环境的演变，并探究空间现象与地球自然环境系统之间的关系。从技术的角度看，深空探测技术会带动一些新技术的发展；从科学的角度看，人类尚不清楚自身的起源和进化，以及宇宙的起源和进化等最基本的问题；从政治的角度看，深空探测能力与国际力量平衡、空间资源共享、国防应用等都有直接的联系，是一个国家综合国力的象征。1609年，来自德国的约翰尼斯·开普勒在哥白尼日心说的基础上提出了椭圆定律和面积定律，并在1619年提出了调和定律。后人将开普勒提出的这三大定律命名为开普勒定律，并将满足开普勒定律的轨道统称为开普勒轨道。由于开普勒轨道是宇宙中天体的自然轨道，也就是说，对于航天器，它可以完成轨道任务，而无须引力以外的力。因此，开普勒轨道是人类绕地球探索的唯一形式。它也是当今太空任务中最经典、最常用的轨道形式。自从1959年苏联发射“月球1号”探测器以来，人类已经进行了200多次深空探测活动。

早期的深空探测都使用脉冲火箭发动机，这种方式飞行时间长且成本高昂，

以至许多任务在技术上都不可行或在经济上负担不起。随着航空航天工业的发展，远程空间的探测和对远程空间资源的利用成为航空航天领域的研究热点。完成此任务的第一步是找到一种有效的星际推进方法，这也是关键的一步。人们提出了多种以连续小推力为推进系统的新型推进方式以适应深空探测中推进的需求，如电推进、离子推进和核推进等系统，这些连续小推力推进系统的比冲比化学燃料推进系统高得多。但是，随着飞行距离和任务成本的增加，上述小推力推进方式的费用仍然难以承受。近年来出现了具有无限比冲的无燃料推进系统，如太阳帆航天器。这种类型的推进系统通过自身的反射结构反射空间中的光子或带电粒子，从而在不依赖反作用推进系统的情况下获得连续功率。还有一种新兴的无限比冲飞行器——电动太阳风帆航天器以其应用于深空探测的巨大潜力得到了国内外相关科研机构及专家的重视。由于无限比冲飞行器在太空中的运行寿命不受有限燃料约束，因此特别适用于长期的空间飞行任务，如太阳系内行星及小行星探测、太阳系边界探测和非开普勒轨道保持等。目前，美国航空航天局(NASA)已经开始进行电动太阳风帆的技术测试，该测试项目已获得两轮创新先进概念的资金支持，NASA 期望电动太阳风帆可以改变未来航天器在太阳系内的飞行模式。欧洲航天局也已完成电动太阳风帆的单根带电金属链飞行测试，预计其样机测试将在近几年完成。推进系统发展示意图如图 1.1 所示。

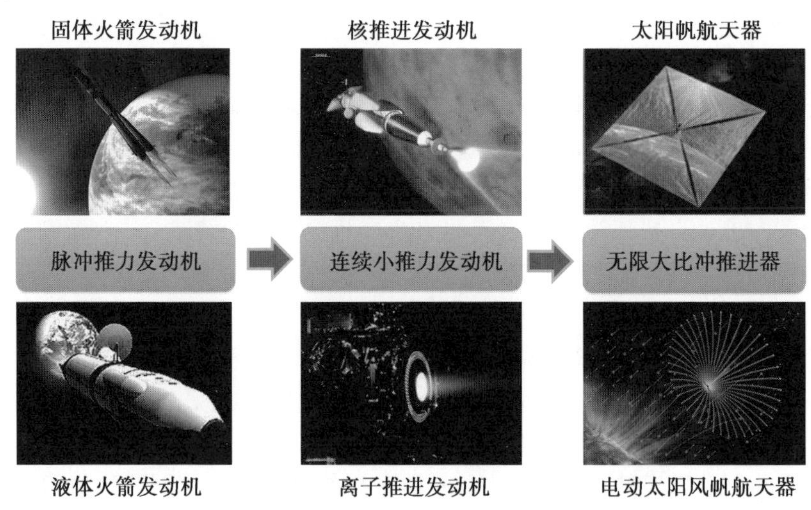

图 1.1　推进系统发展示意图

与太阳帆航天器不同，芬兰研究员 Janhunen 在 2004 年提出的电动太阳风帆航天器是一种新兴的推进方法，其动力来源不是太阳光压，而是太阳风带电粒子的动能冲力。电动太阳风帆原理示意图如图 1.2 所示。

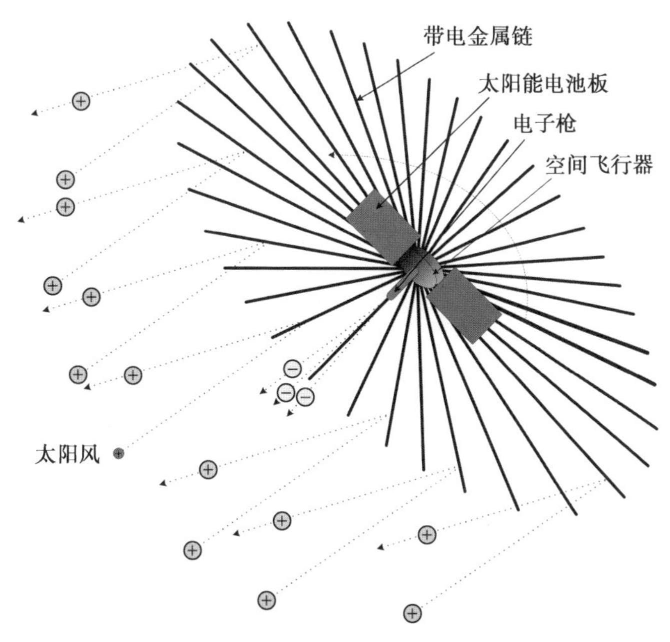

图 1.2　电动太阳风帆原理示意图

电动太阳风帆由数十至数百根长而细的金属链组成，这些金属链通过空间飞行器自旋展开。航天器上的太阳能电子枪发射电子以使金属链始终保持高正电位。这些带电的金属链将排斥太阳风质子，并利用太阳风的动能脉冲将航天器带向目标方向。电动太阳风帆可以利用太阳风的动能来飞行而不消耗推进剂。因此，电动太阳风帆非常适合长期太空任务，如星际轨道转移、太阳系外探测、引力拖车任务、悬浮轨道、晕轨道（Halo 轨道）和人造拉格朗日点等。理论分析和试验表明，与太阳帆相比，电动太阳风帆能够以较小的推进系统产生更大的推进加速度。不仅如此，电动太阳风帆还可以通过调节金属链的电压分布来产生扭矩，从而有效地控制飞行姿态。欧盟将电动太阳风帆视为未来实现人们接近太阳系边缘的最具潜力的推进方式。电动太阳风帆的飞行原理已经过空间飞行测试，其原型样机的测试也将在未来的几年内进行，测试卫星为 ESTCube－1 和Aalto－1 纳米卫星。

目前，关于电动太阳风帆轨迹优化的研究仅以推进角为优化变量，而推力模型仅由相对太阳距离决定，没有研究电动太阳风帆的推力矢量和电动太阳风帆的姿态之间的关系。通过调整电动太阳风帆带电金属链电压分布实现电动太阳风帆姿态控制和轨道控制的研究也比较少。电动太阳风帆航天器的研究还存在较多有待深入研究和完善之处。基于上述原因，本书以电动太阳风帆航天器深空探测任务为研究背景，对其动力学、控制及轨迹优化技术进行一定深度的研究，以期得到适用于电动太阳风帆航天器深空探测任务的飞行控制方法，从而为我国后续的深空探测计划提供一定的理论支持和技术储备。

1.2 电动太阳风帆的发展概述

电动太阳风帆航天器是由芬兰航天专家 Janhunen 于 2004 年在磁帆的基础上提出的一种新兴的比冲无限大推进方式。太阳风是由太阳日冕层所发射的分布在整个太阳系内的超声速等离子体流。这些等离子体中存在大量的质子和电子,它们在太阳系内的运动速度为 400 ～ 750 km/s。电动太阳风帆航天器便是通过特殊的结构,利用这些等离子体的动能推进航天器运动。电动太阳风帆的早期概念是用由多个带正电的金属链组成的网状结构代替太阳帆航天器的帆板,其概念图如图 1.3 所示。2008 年,Janhunen 提出了一种更为成熟的电动太阳风帆结构,其概念图如图 1.4 所示。该结构由几百根几千米到几十千米的带电金属链在太空中展开成一个圆形,通过圆心处的电子枪发射电子产生一定的正电荷。其中一根 20 μm 左右粗细的带电金属链可以在空间中反射附近约 20 m 的等离子体,因此该结构可以以较少的能量生成足够的推进力。

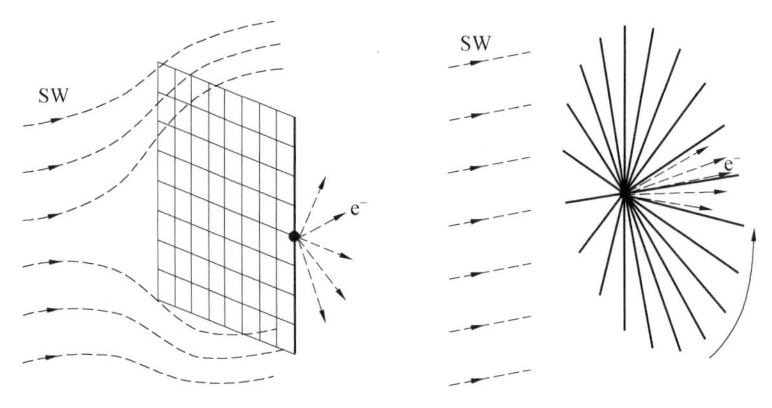

图 1.3 早期电动太阳风帆概念图　　图 1.4 成熟电动太阳风帆概念图

作为电动太阳风帆航天器的提出者,Janhunen 通过一系列的理论分析和地面试验研究证明了电动太阳风帆应用于空间探测的可能性。根据太阳风的实测数据,对电动太阳风帆的推力进行了理论计算和试验研究,研究结果表明,在距离太阳 1 AU(Astronomical Unit,AU 为天文单位,1 AU= 149 597 870 km)位置处,太阳风产生的平均动能推力为 2 nPa 左右,这一数值是太阳光压的1/5 000。所以可能有人会认为电动太阳风帆依靠太阳风获得的推力性能,相比于太阳帆依靠太阳光压获得的推力性能要差很多。然而电动太阳风帆的反射区域是由带电细链产生的正电场,一根直径很小的带电金属链在太空环境中能够产生 20 m 左右的反射宽度。因此,相比于

由薄膜结构反射光子产生推力的太阳帆，在同样推力要求的情况下，电动太阳风帆的自身结构质量可以更轻。据电动太阳风帆 2009 年研究进展报告显示，100 kg 的电动太阳风帆推进系统(包括电动太阳风帆帆体和电子枪等)能够产生约 1 N 的推力，这是其他无限比冲推进系统很难做到的。

由于太阳帆产生的推力与相对太阳距离的平方成反比，而电动太阳风帆产生的推力与相对太阳距离的一次方成反比，因此，在星际远航任务中，电动太阳风帆的推力衰减速度慢于太阳帆的推力衰减速度。而且由于电动太阳风帆利用正电场对太阳风质子流进行反射，减少了反射材料质量。Janhunen 还对电动太阳风帆的推进效率与目前常规推进技术进行了对比分析。分析结果表明，由于电动太阳风帆在工作过程中不损耗任何推进剂，因此能够为飞行器提供持续不断的推力，工作寿命很长。理论计算表明，在为期 10 年的任务中，同样质量的电动太阳风帆所能产生的速度增量是同样质量化学火箭发动机所能产生增量的 1 000 倍左右，是同样质量电火箭发动机(SEP) 所能产生增量的 100 倍左右。在同等特征加速度要求下，电动太阳风帆相对于太阳帆质量更轻；在同等载荷比例的情况下，电动太阳风帆产生的加速度更大。

1.3　电动太阳风帆的任务介绍

欧盟于 2010 年 12 月组织召开了电动太阳风帆项目(项目编号:ESAIL EU FP7) 启动会议，资助“电动太阳风帆推进技术研究项目”170 万欧元资金，目标是在 3 年内完成电动太阳风帆航天器原型样机及其他关键技术的研究。在这次电动太阳风帆项目启动会议上，来自芬兰、意大利、瑞典、德国和爱沙尼亚的空间科学家和工程师们针对这个将会持续 3 年的研究项目制订具体实施方案，目标是完成电动太阳风帆航天器原型样机的研制和电动太阳风帆 GNC(导航制导控制)关键技术的研究。在“欧洲第七框架计划” 的资助下，欧洲各国相关学者研制了电动太阳风帆原理样机，电动太阳风帆航天器在轨测试图如图 1. 5 所示。

2008 年，芬兰天文气象研究所与赫尔辛基大学共同研制完成了一套电动太阳风帆航天器模型，如图 1. 6 所示。此电动太阳风帆航天器模型具备电动太阳风帆航天器的基本组成，包括航天器本体、导电金属链、金属链收放机构、太阳内电子枪模拟件和太阳能电池板模拟件等，其主要功能是对电动太阳风帆航天器这一新兴飞行器进行初步的设计，并不具备原理验证的功能。

NASA 马歇尔航天中心也正在实施太阳风静电高速运输系统(Heliopause Electrostatic Rapid Transit System, HERTS) 计划，计划将电动太阳风帆应用于太阳风层顶的探测。目前，HERTS 项目组已获得 NASA“创新先进概念计划”

图 1.5　电动太阳风帆航天器在轨测试图

图 1.6　芬兰天文气象研究所与赫尔辛基大学共同研制的电动太阳风帆航天器模型

两轮资助，预期于 2025 年前能将电动太阳风帆投入实际应用。HERTS 计划是 NASA 目前正在开展的项目，这一项目旨在应用电动太阳风帆航天器推进技术在较短的时间内到达太阳风顶层。HERTS 电动太阳风帆渲染图及高强度太阳能环境测试系统如图 1.7 和图1.8 所示。HERTS 项目负责人 Les Johnson 在 2015 年 10 月由 NASA 举办的百年飞船研讨会上做了汇报："HERTS团队的工作表明，在太阳帆探测器失去动力以后，电动太阳风帆航天器可以继续加速到达比太阳帆探测器能到达的更远距离。分析表明，在 10 年之内，电动太阳风帆可以将探测器送到太阳风层顶，也就是太阳影响范围的边缘地带，在那里太阳风可以接触到星际介质。而利用太阳帆技术达到同样的距离需要 20 年的时间"。据估计，运用该推进系统可以在最多 10 年的时间到达太阳风顶层，而此前 NASA 的旅行者一号为达到这一目标花费了 35 年。

图 1.7 HERTS电动太阳风帆渲染图

图 1.8 高强度太阳能环境测试系统

图1.8展示了电动太阳风帆的高强度太阳能环境测试系统，研究人员使用一根带正电的电线检测其与等离子体的碰撞速率，用于完善电动太阳风帆的数据模型。NASA的HERTS项目小组在Janhunen等人提出的远端单元基础上又构建了两种更加简单的电动太阳风帆带电金属链展开方式。其中展开方式一使用了火箭发动机展开系统，如图1.9所示，首先用火箭发动机展开系统展开带电金属链到指定长度，然后利用火箭发动机系统展开带电金属链成两个扇形，最终将两个扇形结合为一个圆平面。展开方式二则是模仿中国的扇子概念，如图1.10所示，在电动太阳风帆带电金属链收起时将它们盘成一束，并在带电金属链末端放置展开机构，其“扇子型”结构图如图1.11所示，并在两根相邻的带电金属链处放置一个“牵引装置”，在展开机构完成展开后应用牵引装置完成圆形构型。目前NASA的电动太阳风帆项目还处于等离子体测试阶段，下一阶段还需要两年的时间进行数据建模及电器元件的部署等，以得到相应的可行结果，预计该计划的真正实施还需要10年的时间。

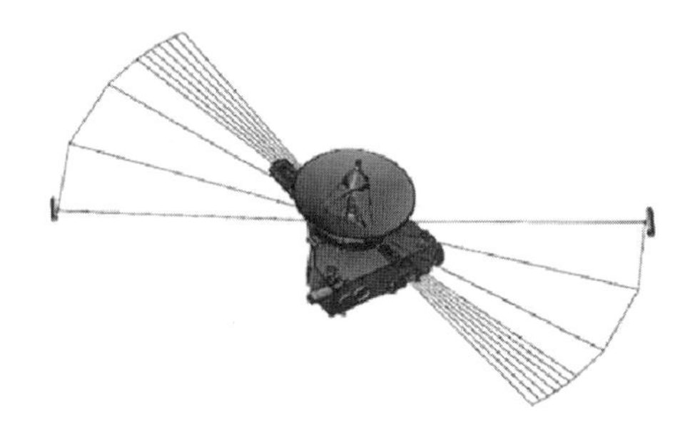

图 1.9 HERTS展开方式一

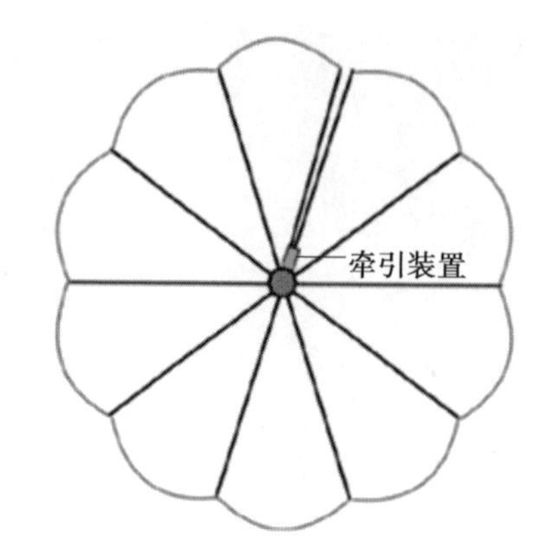

图 1.10　HERTS 展开方式二

图 1.11　HERTS 展开方式二“扇子型”结构图

1.4　电动太阳风帆的试验星介绍

为了对电动太阳风帆航天器在太阳风等离子流中的飞行原理和关键技术进行验证,“电动太阳风帆推进技术”研究项目组对电动太阳风帆原型测试样机进行了研制,电动太阳风帆原型测试样机ESTCube—1(爱沙立方星1号)实物图如图1.12所示。ESTCube—1卫星已于2013年5月7日于法国圭亚那(Kourou)发射基地发射升空。ESTCube—1卫星的主要测试任务是在极地太阳同步轨道上测量电动太阳风帆航天器的推力强度。采用地球低轨道电流层中的粒子流对电动太阳风帆的飞行原理进行验证,是对太阳风粒子流环境的一种低代价模拟。ESTCube—1卫星安装有一套10 m长的金属链,施加正电压后可以在地球低轨道电流层上产生一定推力,从而对单根金属链推力模型进行验证。

金属链长度为10 m,最大电压为450 V,ESTCube—1卫星主要由导电金属链、太阳能电池板、电子枪、控制器、太阳敏感器、导航装置和飞行器结构系统所组成。ESTCube—1卫星的质量约为1 kg,尺寸为10 cm×10 cm×10 cm,其组成结构图如图1.13所示,图中,PCB指印制电路板。

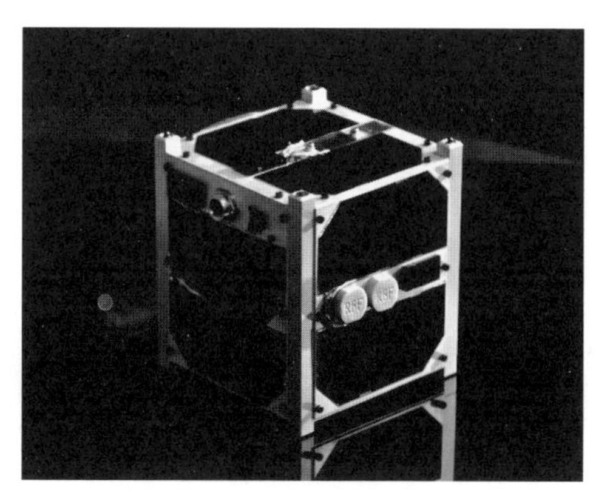

图 1.12　ESTCube－1 实物图

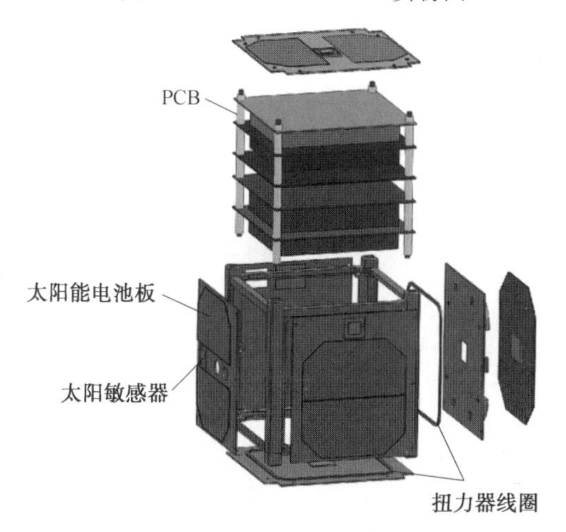

图 1.13　ESTCube－1 卫星组成结构图

ESTCube－1 卫星所携带带电金属链及相关机构模型如图 1.14 所示。卫星携带的单条金属链的一端与电子枪相连，电子枪连续为金属链提供正电荷。末端配备的质量块增加了带电金属链的质量，保证了相应的离心力，并配备有发射锁和卷锁，分别用在防止减少发射时的振动引起的末端质量块移动和带电金属链未释放时的存储。

但是，由于结构原因，ESTCube－1 卫星的金属链无法在太空中展开，因此无法完美完成任务。为了进一步验证电动太阳风帆在等离子流中受到的作用力，芬兰阿尔托大学于 2016 年 5 月发射了 Aalto－1 微卫星。该卫星的电动太阳风帆测试系统与 ESTCube－1 卫星的基本相同。为验证电动太阳风帆在地球极地轨道附近的推力，在 ESTCube－1 卫星的基础上，Aalto－1 卫星携带了一条更长的（100 m）电动太阳风帆带电金属链，未展开时，它会被卷起并放置在卫星的 z 轴上。与 ESTCube－1 卫星上的电动太阳风帆验证模型相比，Aalto－1 卫星还

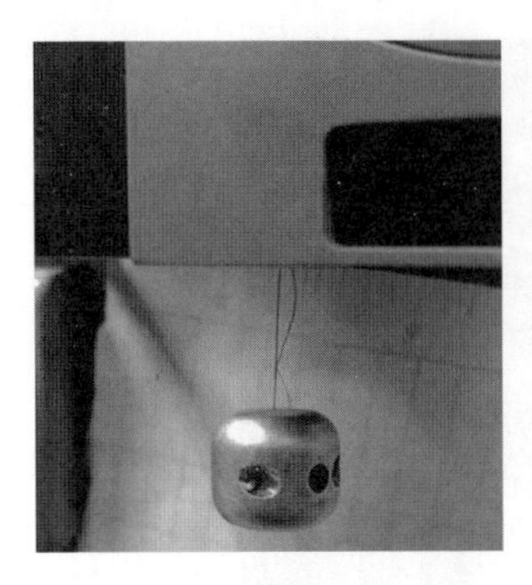

图 1.14　ESTCube－1 卫星所携带带电金属链及相关机构模型

携带更多电子枪，并对电子组件进行了一些调整。Aalto－1 卫星结构示意图如图 1.15 所示，其展开示意图如图 1.16 所示。

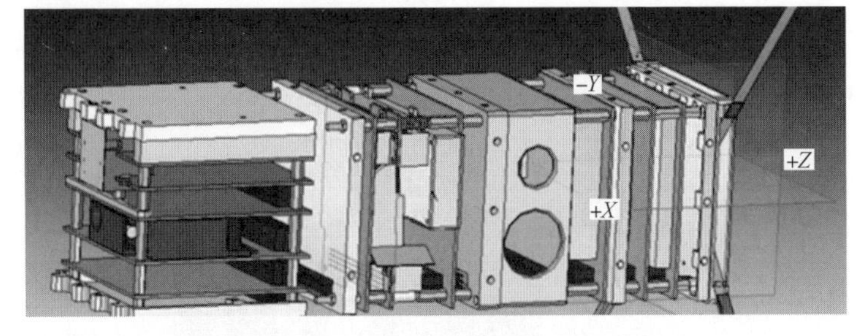

图 1.15　Aalto－1 卫星结构示意图

图 1.16　Aalto－1 卫星展开示意图

1.5　电动太阳风帆部件与构型

针对电动太阳风帆带电金属链间的防搭接问题和自旋展开问题，Janhunen 优化了电动太阳风帆的基本形式。为了防止电动帆带电金属链之间搭接造成事故，并考虑电动太阳风帆自旋展开的需要，在电动太阳风帆金属链远端增加了辅助绳和远置单元，远置单元配置有小推力器，可由电动太阳风帆航天器的初始自旋展开和后续的自旋角速度调整。辅助金属链的作用是防止带电金属链之间出现搭接事故，电动太阳风帆在自旋展开之后，可以依靠辅助金属链和离心力对构型进行保持。改进后的带有辅助链及远置单元的电动太阳风帆航天器如图 1.17 所示。

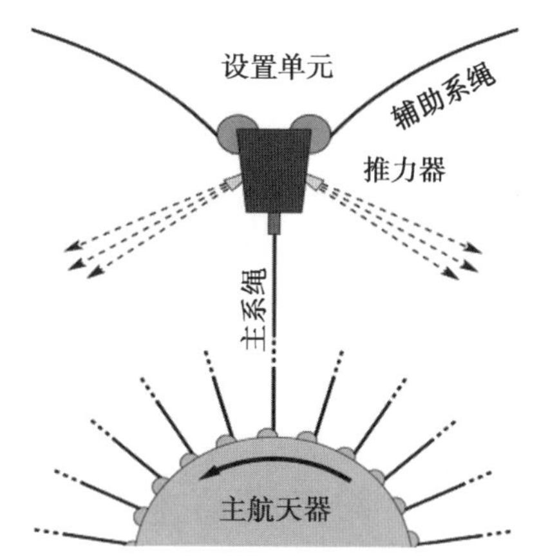

图 1.17　带有辅助链及远置单元的电动太阳风帆航天器

考虑到宇宙中到处流窜的微流星体可能会切断为电动太阳风帆提供动力的金属链，赫尔辛基大学就电动太阳风帆中的金属链加工技术进行了研究，通过采用 Hoytether 金属链形式可以将微流星体的威胁降至最低，当遇到微流星体时整个金属链结构不会被破坏，只是单条金属链被切断，Hoytether 金属链构型实物图如图 1.18 所示。

电动太阳风帆航天器中的金属链形状为 Hoytether 形，材质为铝合金，整体宽度为 9 mm 左右，单根金属丝界面直径为 50 μm；加工方式为超声波焊接，对焊接质量有较高的要求，并且要保证金属细丝处于正确的位置；储存方式为轮毂缠绕；展开方式为利用电动太阳风帆航天器自旋的离心力展开。针对以上要求赫尔辛基大学研制了一套半自动超声波焊接生产线，如图 1.19 所示。

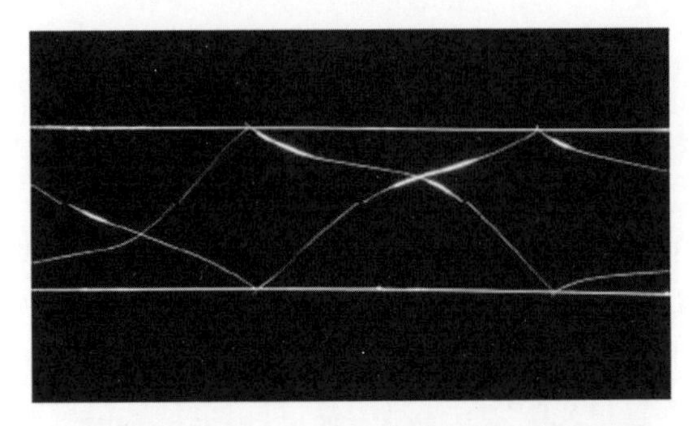

图 1.18　Hoytether 金属链构型实物图

图 1.19　半自动超声波焊接生产线

1.6　电动太阳风帆动力学研究现状

Janhunen 研究了在太阳风环境中电动太阳风帆航天器的单个带电金属链产生的推力。利用一维和二维静电等离子体环境，计算了太阳风帆带电金属链的推力模型，得到了近似值与分析模拟结果。分析结果表明，金属链电压、太阳风粒子密度、太阳风粒子速度和太阳风粒子温度都影响电动太阳风帆带电金属链的推力。随着电动太阳风帆远离太阳，太阳风的密度和温度将相应降低。因此，随着电动太阳风帆与太阳间距离的增加，电动太阳风帆的推力将减小。Janhunen 在理论推导的基础上，对电动太阳风帆带电金属链的推力模型进行了进一步的试验研究，试验研究结果表明，电动太阳风帆推力相对太阳距离的衰减成近似反比关系，即 $F \propto 1/r$。

研究员 Mengali 和 Quarta 基于此推力模型对电动太阳风帆的轨道动力学在二维极坐标系 $T(r,\theta)$ 进行了推导，在推导过程中忽略了电动太阳风帆姿态对推力标量的影响，并假设电动太阳风帆的推进角完全可控。在其推导的轨道动力

学中，推进锥角和推进钟角是控制变量，而推进锥角和推进钟角由太阳帆的姿态决定。但是，该推导没有研究电动太阳风帆的姿态与推进角之间的关系，只是近似任务中的推进锥角是光入射角的一半。

在 Janhunen 的研究基础上，Toivanen 研究了电动太阳风帆航天器中单个金属链的动力学。在动力学推导过程中，假定金属链的形状在离心力的作用下不发生变化。当太阳风粒子的运动方向不垂直于带电金属链时，推力由太阳风粒子速度相对于带电金属链的垂直分量确定，而推力方向始终垂直于带电金属链。

关于电动太阳风帆的动力学研究，Janhunen 通过理论分析和试验研究计算了在太阳风作用下单个带电金属帆的金属链的推力。Mengali 在此基础上推导出了电动太阳风帆的轨道动力学，但是忽略了电动太阳风帆的姿态对其推力值的影响，并且没有讨论推进角与姿态之间的关系。现有电动太阳风帆动力学存在的不足如图 1.20 所示。实际上，电动太阳风帆与太阳帆相同，推力的方向不仅取决于帆的姿态，而且在一定程度上还取决于帆相对于太阳光线的姿态。考虑到帆体的柔韧性将大大增加动力学的复杂性，根据分步研究策略，在电动太阳风帆的推力计算和姿态动力学研究中可以忽略结构变形。这也是许多太阳帆研究专家关注的焦点和初步研究过程中常用的假设。为了控制和优化电动太阳风帆的轨迹，有必要进一步推导电动太阳风帆的推力矢量。根据一些太阳帆研究的结论，由于推力矢量是由姿态决定的，因此轨道动力学和姿态动力学应该耦合，有必要对太阳帆的姿态 — 轨道耦合动力学进行研究。

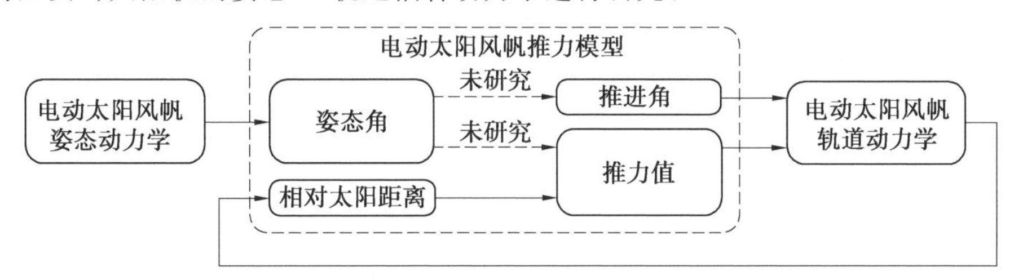

图 1.20　现有电动太阳风帆动力学存在的不足

1.7　电动太阳风帆控制研究现状

Toivanen 对电动太阳风帆的旋转平面和推力矢量的控制进行了初步研究。在研究中，他假定电动太阳风帆的推力矢量与太阳风速矢量和电动太阳风帆的自旋轴共面，并且两者之间的夹角相等，并假设电动太阳风帆的金属链不会由于离心力的作用而弯曲。目前，尚未对电动太阳风帆的姿态跟踪控制和稳定性控制进行研究。研究结果表明，当电动太阳风帆距太阳较远时，电动太阳风帆的旋转角速度应逐渐增大，以满足维持其形状所需的离心力。

Janhunen 建议在电动太阳风帆的带电金属链末端使用一个小型太阳帆，以控制电动太阳风帆起旋展开和展开后的自旋频率。研究结果表明，该组合方法不仅能使电动太阳风帆正常工作而没有推进剂的损失，还可以达到电动太阳风帆起旋展开和展开后的自旋频率控制的目的。

1.8 电动太阳风帆与太阳帆的对比分析

在无限比冲类推进器中，太阳帆无疑是发展最早且最为人熟知的一种推进方式。本节将电动太阳风帆与太阳帆进行对比，对比情况见表 1.1。为了更全面地了解电动太阳风帆的特性，主要对比以下几个方面。

(1) 在功耗方面，太阳帆采用被动反射的方式，工作中无须耗电，而电动太阳风帆为保持带电金属链的电压，需要向外喷射电子，所以在工作中需要耗电。

(2) 随着航天器相对太阳距离的增大，太阳光子和太阳风粒子的密度均会下降，试验证明太阳帆推力与相对太阳距离的平方成反比，而电动太阳风帆推力与相对太阳距离成反比。

(3) 在动力来源及工作介质方面，太阳帆利用反射光子所产生的太阳光压产生推力，而电动太阳风帆利用太阳风中正电粒子的动能产生推力。

(4) 在推力是否可调方面，太阳帆由于反射率固定，因此推力大小是不可调的，而电动太阳风帆可以通过调整金属链平均电压对推力进行调整。

(5) 在反射结构方面，太阳帆大多采用薄膜反射材料反射光子，而电动太阳风帆通过带电金属链产生的电场形成反射区域，通常一根很细的金属链就能够产生 20 m 左右的反射宽度。

(6) 在控制力矩产生方式方面，太阳帆的推力中心通常是不可调的，所以需要通过机械结构调整航天器质心，进而产生所期望的控制力矩；而电动太阳风帆可以通过调整带电金属链的电压分布对推力中心进行调整，从而产生期望的控制力矩。

表 1.1 电动太阳风帆与太阳帆的对比

对比项目	太阳帆	电动太阳风帆
功耗方面	不耗电	耗电
推力与相对太阳距离 r 的关系	$\propto 1/r^2$	$\propto 1/r$
动力来源	太阳光压	太阳风动能

续表1.1

对比项目	太阳帆	电动太阳风帆
工作介质	太阳光子	太阳风中正电粒子
推力是否可调	不可调	可调
反射结构	薄膜反射材料	带电金属链产生的电场
控制力矩产生方式	机械结构调整质心	调整带电金属链电压分布

1.9　电动太阳风帆相关应用概述

由于电动太阳风帆航天器能够利用太阳风动能冲力飞行而不需要消耗推进剂，因此电动太阳风帆非常适用于长期的空间飞行任务。本节对电动太阳风帆航天器可应用的空间飞行任务进行概述，如太阳系内行星探测、太阳系内矮行星及小行星探测、太阳系边界探测、非开普勒轨道任务和引力拖车任务等；并叙述其特点及意义，为后续电动太阳风帆航天器飞行控制及应用研究做铺垫。

1.9.1　太阳系内行星探测

截至2013年，太阳系内有8个已知行星：水星、金星、地球、火星、木星、土星、天王星和海王星(图1.21)。在现代摄影技术、分光技术和光度测量技术的帮助下，人类对行星表面的物理特征和化学成分有了一定的了解。但是，在地面通过大气层观察行星已不能满足人们对行星进行深入研究的需求。行星探测器和行星际探测器为行星研究开辟了新局面。意大利比萨大学的Mengali教授和

图1.21　太阳系内行星

Quarta 教授使用间接优化算法在火星探测任务的背景下优化了电动太阳风帆航天器和太阳帆航天器的运动轨迹，并比较了电动太阳风帆和太阳帆的性能。首先，由于电动太阳风帆推进系统在行星际轨道转移过程中不需要消耗燃料，因此对于长距离高能行星际轨道转移任务具有很大的优势。其次，通过比较可以看出，太阳帆产生的推力与相对太阳距离的平方成反比，而电动太阳风帆产生的推力与相对太阳距离成反比。因此，在星际航行任务中，电动太阳风帆的推力衰减速度要比太阳帆慢。而且由于电动太阳风帆使用正电场来反射太阳风的质子流，从而减少了反射材料的质量，因此在相同的特征加速度要求下，电动太阳风帆比太阳帆更轻。

1.9.2 太阳系内矮行星探测

由于电动太阳风帆在飞行过程中不受燃料的限制，因此非常适用于单颗矮行星甚至多颗矮行星的探索。矮行星是尺寸介于行星与小天体（包括小行星）之间的一类行星，目前被公认为矮行星的包括位于柯依伯带的冥王星（Pluto）、鸟神星（Makemake）和妊神星（Haumea），位于小行星带的谷神星（Ceres），以及位于黄道离散盘面的阋神星（Eris）。其中，谷神星是太阳系小行星带内最大的天体，于 45.7 亿年前在小行星带中形成，可能是尚存的留存下来较为完整的一颗原行星（萌芽期的行星）。不仅如此，谷神星的红外线光谱显示在其上面水合矿物是无所不在的，这表明在其内部存在着大量的水，谷神星可能的内部结构图如图 1.22 所示。因此，对谷神星等矮行星的探测不仅能够对行星形成理论提供佐证，也可以对上面是否存在水甚至是原始生命一探究竟。但是，到目前为止，还没有任何人造飞行器对上述矮行星完成探测，因此对矮行星的探测具有很大的科学意义和现实意义。

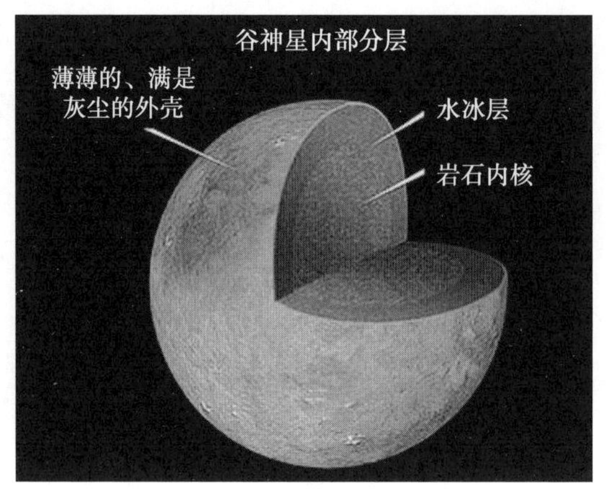

图 1.22　谷神星可能的内部结构图

1.9.3 太阳系边界探测

目前，唯一到达太阳系边界的人造飞行器为美国研制的旅行者1号深空探测器。旅行者1号深空探测器于1977年9月5日发射，截至2013年秋仍然正常运作。它是有史以来距离地球最远的人造飞行器，也是第一个离开太阳系的人造飞行器。它的主要任务在1979年经过木星系统、1980年经过土星系统之后，结束于1980年11月20日。它也是第一个提供了木星、土星及其卫星详细照片的探测器。截至2013年8月，它距离太阳约125 AU，旅行者1号探测器和旅行者2号探测器飞行轨迹如图1.23所示。

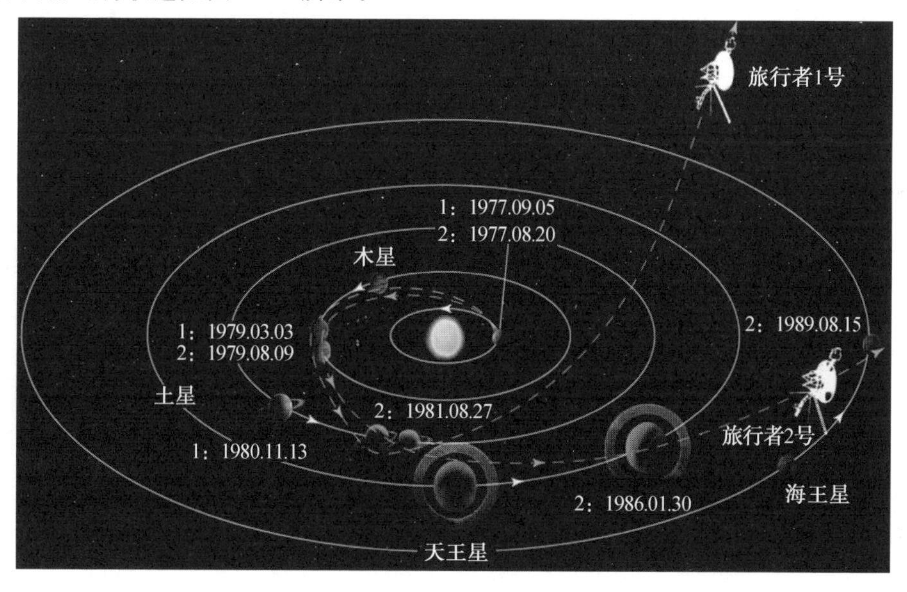

图1.23　旅行者1号探测器和旅行者2号探测器飞行轨迹

太阳系边界探测任务是典型的超远距离轨道转移任务，传统的化学推进系统由于受到燃料的限制无法完成该任务。太阳帆和电动太阳风帆这一类无燃料消耗的推进系统在实现这类超远距离深空任务时具有较大的优势。Mengali和Quarta将电动太阳风帆航天器应用于太阳系边界探测任务，并通过间接优化算法对不同特征加速度电动太阳风帆的太阳系外探测轨迹进行了优化设计。数学仿真结果表明，一个中等性能的电动太阳风帆航天器抵达太阳系边界所用的时间为15年左右，是旅行者1号探测器所用时间的1/3左右。由此可见，电动太阳风帆航天器在太阳系边界探测这类典型的超远距离轨道转移任务中具有很大优势。

1.9.4 非开普勒轨道任务

利用电动太阳风帆推进系统可将有效载荷运送至太阳极地上方进行连续观测，也可控制航天器运行于黄道平面上方的日心悬浮轨道。McInnes 对太阳帆悬浮轨道进行了大量深入的研究，太阳帆日心悬浮轨道如图 1.24 所示。借助太阳风动能冲力作用的电动太阳风帆具有持续产生推力的能力，基于此能力其可实现其他类型航天器无法实现的非开普勒轨道。Mengali 在太阳帆日心悬浮轨道的研究基础上，将电动太阳风帆航天器应用于日心悬浮轨道，对日心悬浮轨道参数及自地球至日心悬浮轨道的转移轨迹进行了设计和分析。

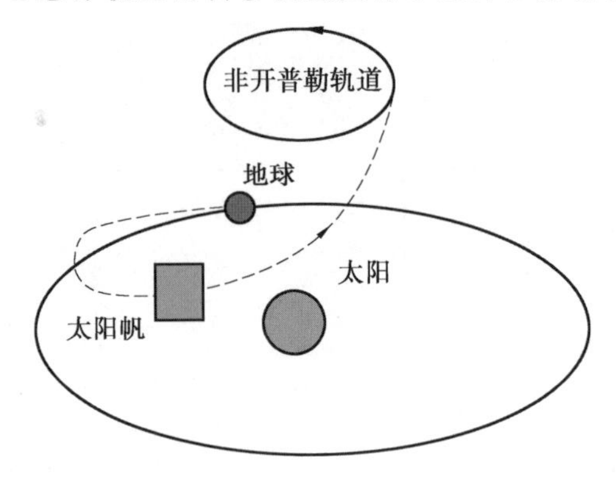

图 1.24 太阳帆日心悬浮轨道

1.9.5 引力拖车任务

新生代以来，地球发生过 6 次重大撞击事件，每次都会对地球造成重大影响，诱发气候环境灾变和生物灭绝。近年来，防御小行星的撞击成为一项越来越热门的科学问题。为了避免现有地球生态系统受到小行星毁灭性的打击，Lu 和 Love 在 2005 年提出了引力拖车的概念，引力拖车不与小行星发生物理接触，利用引力耦合改变小行星的轨道，引力拖车概念图如图 1.25 所示。引力拖车的原理是利用小推力抵消小行星对拖车的引力，引力拖车将稳定在小行星上空的平衡位置。Wie 讨论了利用太阳帆航天器受到的太阳光压力抵消小行星对引力拖车的引力以实现引力拖车。龚胜平在此基础上提出采用多个太阳帆进行编队实现大引力拖车。Mengali 提出将电动太阳风帆航天器应用于有潜在威胁小卫星的引力拖拽上，仿真结果证明，电动太阳风帆航天器能够在一定程度上有效避免潜在威胁小行星对地球的碰撞。

图 1.25　引力拖车概念图

1.10　本章小结

本章详细论述了电动太阳风帆的基本原理、发展过程、立项任务、试验卫星、部件构型、动力学及控制研究现状，并将其与更为人所熟知的太阳帆进行了对比，论证了电动太阳风帆可能的相关空间应用。经过十几年的发展，电动太阳风帆推进技术已经有了一定的进展，但在动力学及控制方面依然存在问题，需要进一步深入研究。

第 2 章

电动太阳风帆推力矢量模型

2.1 概 述

电动太阳风帆航天器通过带电金属链排斥太阳风中的带电粒子，从而利用太阳风的动能冲力推动空间飞行器驶向目标方向。考虑帆体的柔性会极大地增加动力学的复杂程度，本着循序渐进的研究策略，电动太阳风帆的推力计算忽略了电动太阳风帆的结构变形，这也是许多太阳帆研究领域专家在研究初期常用的假设。与太阳帆航天器一样，电动太阳风帆航天器的推力应由电动太阳风帆的姿态和相对太阳的距离决定。然而目前所用的推力模型只由相对太阳距离所决定，未对电动太阳风帆推力矢量与电动太阳风帆姿态和带电金属链分布之间的关系进行研究。本章作为本书后续研究的理论基础，将主要介绍电动太阳风帆航天器动力学及控制研究中所用到的主要数学模型。本章主要分为以下几个部分：(1) 介绍电动太阳风帆航天器动力学及控制研究中所用到的主要时间系统及坐标系统，并给出它们之间的转换关系；(2) 基于单根带电金属链在太阳风粒子环境中的推力模型，对电动太阳风帆的推力模型进行推导；(3) 对得出的推力模型与传统推力进行对比分析；(4) 建立电动太阳风帆的力矩矢量模型；(5) 根据要求的推力矢量及力矩矢量研究电压分布策略。

2.2　时间与坐标系统定义

2.2.1　时间系统定义

本书在进行电动太阳风帆航天器深空探测控制及轨迹优化研究时，所涉及的时间系统主要包括儒略日(Julian Day,JD) 历元系统和格里高利历元系统。

1. 儒略日历元系统

儒略日是指自公元前 4713 年 1 月 1 日，协调世界时中午 12 时开始所经过的天数。儒略日多为天文学家所采用，用以作为天文学的单一历法。利用儒略日非常方便计算相隔若干年的两个日期之间间隔的天数。

2. 格里高利历元系统

格里高利历是公元的标准名称，是由意大利哲学家 Aloysius Lilius 对儒略日历元系统加以改革，由格里高利十三世颁布的一种历法。由于格里高利历的内容比较简洁，便于记忆，而且精度较高，与天时符合较好，因此它逐步为世界各国所采用，成为现在世界上通用的历法。

3. 历元系统转换

由儒略日历元系统转换为格里高利历元系统的计算公式如下：

$$\begin{cases} D = [4 \times (\mathrm{JD} + 68\ 569)/146\ 097] \\ L_1 = \mathrm{JD} + 68\ 569 - [(D \times 146\ 097 + 3)/4] \\ B = [4\ 000 \times (L_1 + 1)/1\ 461\ 001] \\ L_2 = L_1 - [1\ 461 \times B/4] \\ C = [80 \times L_2/2\ 447] \\ L_3 = [C/11] \\ \mathrm{day} = L_2 - [(2\ 447 + C_1)/80] \\ \mathrm{month} = C + 2 - 12 \times L_3 \\ \mathrm{year} = [100 \times (D - 49) + B + L_3] \end{cases}$$

将格里高利历元系统转换为儒略日历元系统的计算公式如下：

$$\begin{cases} A = [(14 - \mathrm{month})/12] \\ Y = \mathrm{year} + 4\ 800 - a \\ M = \mathrm{month} + 12 \times a - 3 \\ \mathrm{JD} = \mathrm{day} + [(153 \times M + 2)/5] + 365 \times Y + [Y/4] - \\ \qquad [Y/100] + [Y/400] - 32\ 045 \end{cases}$$

其中，year、month 和 day 分别表示格里高利历日期中的年、月和日；运算符号“[]”表示向下取整运算。

2.2.2 参考系统定义与转换

本书在电动太阳风帆航天器动力学及控制研究中，所涉及的基本参考系包括：J2000 日心黄道参考系、轨道参考系和体参考系。

1. J2000 日心黄道参考系定义

J2000 日心黄道参考系 $O_s - x_s y_s z_s$ 的原点为太阳中心，正 x_s 轴指向历元 J2000.0 时刻平春分点方向，正 z_s 轴垂直于 J2000.0 时刻黄道面并指向黄道北极方向，y_s 轴与 x_s 轴和 z_s 构成右手系，如图 2.1 所示。本书中电动太阳风帆推力矢量模型及轨道动力学模型是在此参考系下进行描述的。

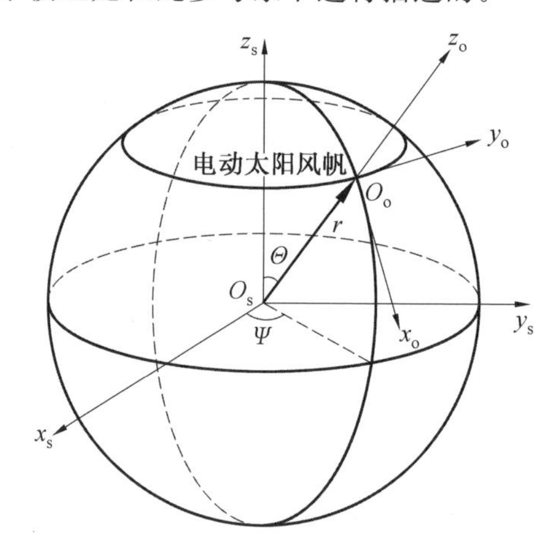

图 2.1 日心黄道参考系及轨道参考系

2. 轨道参考系定义

轨道参考系 $O_o - x_o y_o z_o$ 的原点位于电动太阳风帆航天器质心，正 z_o 轴为太阳－电动太阳风帆航天器的矢量方向，y_o 轴与 z_o 轴和日心黄道参考系中的 z_s 轴垂直，方向指向飞行运动方向，x_o 轴与 y_o 轴和 z_o 构成右手系(图 2.1)。

3. 体参考系定义

考虑一个由 N 根金属链组成的电动太阳风帆航天器，由于它在飞行过程中靠自旋的离心力对构型进行保持，假设在飞行过程中所有金属链均在一个平面内，即电动太阳风帆工作面，对其中的金属链按逆时针顺序进行编号。电动太阳风帆航天器体参考系如图 2.2 所示，$O_b - x_b y_b z_b$ 的原点位于电动太阳风帆航天器质心，正 x_b 轴沿着 1 号金属链方向，正 z_b 轴垂直于电动太阳风帆工作面，并指向自旋角速度矢量方向，x_b 轴与 y_b 轴和 z_b 轴构成右手系。本书中电动太阳风帆

姿态动力学模型是在此参考系下进行描述的。

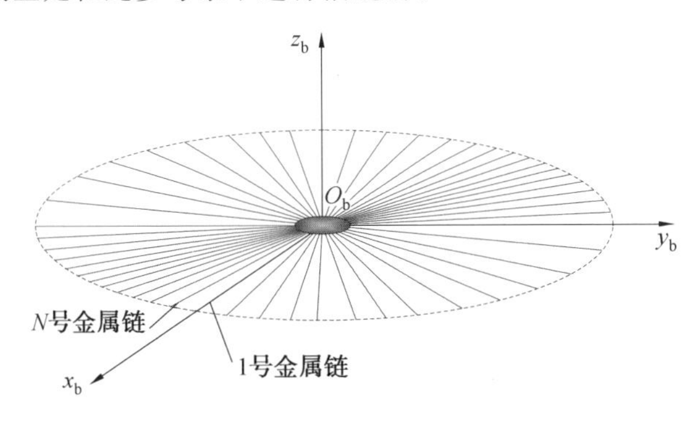

图 2.2　电动太阳风帆航天器体参考系

4. 坐标系转换

(1) 日心黄道参考系与轨道参考系之间的坐标系转换。

日心黄道参考系与轨道参考系之间可通过两个角进行描述，即方位角 Ψ 和俯仰角 Θ，如图 2.1 所示。由日心黄道参考系转换至轨道参考系的姿态旋转矩阵为

$$\boldsymbol{A}_{os}(\Psi,\Theta)=\begin{bmatrix}\cos\Theta & 0 & -\sin\Theta\\ 0 & 1 & 0\\ \sin\Theta & 0 & \cos\Theta\end{bmatrix}\begin{bmatrix}\cos\Psi & \sin\Psi & 0\\ -\sin\Psi & \cos\Psi & 0\\ 0 & 0 & 1\end{bmatrix}\tag{2.1}$$

同理，由轨道参考系转换至日心黄道参考系的姿态旋转矩阵为

$$\boldsymbol{A}_{so}(\Psi,\Theta)=\begin{bmatrix}\cos\Psi & -\sin\Psi & 0\\ \sin\Psi & \cos\Psi & 0\\ 0 & 0 & 1\end{bmatrix}\begin{bmatrix}\cos\Theta & 0 & \sin\Theta\\ 0 & 1 & 0\\ -\sin\Theta & 0 & \cos\Theta\end{bmatrix}\tag{2.2}$$

轨道参考系相对于日心黄道参考系的旋转角速度在轨道参考系下可写作

$$\boldsymbol{\omega}_{o/s}=\begin{bmatrix}\cos\Theta & 0 & -\sin\Theta\\ 0 & 1 & 0\\ \sin\Theta & 0 & \cos\Theta\end{bmatrix}\begin{bmatrix}0\\ 0\\ \dot{\Psi}\end{bmatrix}+\begin{bmatrix}0\\ \dot{\Theta}\\ 0\end{bmatrix}=\begin{bmatrix}-\dot{\Psi}\sin\Theta\\ \dot{\Theta}\\ \dot{\Psi}\cos\Theta\end{bmatrix}\tag{2.3}$$

(2) 轨道参考系与体参考系之间的坐标系转换。

电动太阳风帆航天器在轨道参考系下的姿态可以通过三个角进行描述，即 ϕ、θ 和 ψ 三个姿态角，姿态转换顺序为 $x(\phi)$—$y(\theta)$—$z(\psi)$。由轨道参考系转换至体参考系的姿态旋转矩阵为

$$\boldsymbol{A}_{\mathrm{bo}}(\phi,\theta,\psi)=\begin{bmatrix}\cos\psi & \sin\psi & 0\\ -\sin\psi & \cos\psi & 0\\ 0 & 0 & 1\end{bmatrix}\begin{bmatrix}\cos\theta & 0 & -\sin\theta\\ 0 & 1 & 0\\ \sin\theta & 0 & \cos\theta\end{bmatrix}\begin{bmatrix}1 & 0 & 0\\ 0 & \cos\phi & \sin\phi\\ 0 & -\sin\phi & \cos\phi\end{bmatrix} \tag{2.4}$$

同理，由体参考系转换至轨道参考系的姿态旋转矩阵为

$$\boldsymbol{A}_{\mathrm{ob}}(\phi,\theta,\psi)=\begin{bmatrix}1 & 0 & 0\\ 0 & \cos\phi & -\sin\phi\\ 0 & \sin\phi & \cos\phi\end{bmatrix}\begin{bmatrix}\cos\theta & 0 & \sin\theta\\ 0 & 1 & 0\\ -\sin\theta & 0 & \cos\theta\end{bmatrix}\begin{bmatrix}\cos\psi & -\sin\psi & 0\\ \sin\psi & \cos\psi & 0\\ 0 & 0 & 1\end{bmatrix} \tag{2.5}$$

体参考系相对于轨道参考系的旋转角速度在体参考系下可写作

$$\boldsymbol{\omega}_{\mathrm{b/o}}=\begin{bmatrix}\cos\theta\cos\psi & \sin\psi & 0\\ -\cos\theta\sin\psi & \cos\psi & 0\\ \sin\theta & 0 & 1\end{bmatrix}\begin{bmatrix}\dot{\phi}\\ \dot{\theta}\\ \dot{\psi}\end{bmatrix} \tag{2.6}$$

2.3 单根金属链推力模型

Janhunen对电动太阳风帆航天器单根刚性带电金属链在太阳风环境下产生的推力进行了研究，通过粒子模拟仿真发现了电子鞘现象。采用二维静电等离子环境对电动太阳风帆的带电金属链推力进行了计算，并得到了近似解析的仿真结果。仿真结果表明，电动太阳风帆带电金属链的推力取决于金属链电压、太阳风粒子密度、太阳风粒子速度和太阳风粒子温度等因素。随着电动太阳风帆相对太阳距离的增加，太阳风的密度和温度会相应降低，因此随着电动太阳风帆相对太阳距离的增加，电动太阳风帆的推力会减小。Janhunen在理论推导的基础上，对电动太阳风帆带电金属链的推力模型进行了进一步的试验研究，试验研究结果表明，电动太阳风帆推力相对太阳距离的衰减成近似反比关系，即 $F\propto 1/r$。Janhunen通过理论推导及试验研究得出的单位长度带电金属链推力矢量如下式所示：

$$\frac{\mathrm{d}\boldsymbol{F}}{\mathrm{d}l}=0.18\max(0,V_0-V_1)\sqrt{\varepsilon_0\boldsymbol{P}_{\mathrm{dyn}}} \tag{2.7}$$

其中，V_0 为电动太阳风帆带电金属链的电压；V_1 为太阳风离子动能所对应的电压；ε_0 为介电常数；$\boldsymbol{P}_{\mathrm{dyn}}=m_{\mathrm{p}}n_{\mathrm{w}}\boldsymbol{u}^2$ 为太阳风的动压，m_{p} 为太阳风粒子质量，n_{w} 为粒子数密度，$\boldsymbol{u}$ 为粒子飞行速度。

2.4　推力矢量模型建立

为了简化问题，假设电动太阳风帆航天器的带电金属链在电动太阳风帆工作平面内均匀分布，且金属链相对于电动太阳风帆航天器的指向由于旋转离心力和辅助金属链的作用而不会发生改变。参照图 2.2，第 $k(k=1,\cdots,N)$ 根金属链的方向单位矢量在电动太阳风帆体参考系下可写作$[\cos(2\pi(k-1)/N)\ \sin(2\pi(k-1)/N)\ 0]^{\mathrm{T}}$。则第 k 根金属链的单位矢量在轨道参考系下可写作

$$\boldsymbol{i}_k=\boldsymbol{A}_{\mathrm{ob}}\begin{bmatrix}\cos(2\pi(k-1)/N)\\ \sin(2\pi(k-1)/N)\\ 0\end{bmatrix}\tag{2.8}$$

对于第 k 根金属链来说，其单位推力矢量 $\boldsymbol{i}_{\mathrm{F}k}$ 应与其单位方向矢量 $\boldsymbol{i}_k$ 和太阳风流动方向单位矢量 $\boldsymbol{i}_{\mathrm{R}}$ 共面，且与其单位方向矢量 $\boldsymbol{i}_k$ 垂直，第 k 根金属链推力方向示意图如图 2.3 所示。因此，可以得到第 k 根金属链推力的单位矢量

$$\boldsymbol{i}_{\mathrm{F}k}=\frac{(\boldsymbol{i}_k\times\boldsymbol{i}_{\mathrm{R}})\times\boldsymbol{i}_k}{\|\boldsymbol{i}_k\times\boldsymbol{i}_{\mathrm{R}}\|}\tag{2.9}$$

其中，太阳风流动方向单位矢量 $\boldsymbol{i}_{\mathrm{R}}$ 应该沿着太阳—电动太阳风帆的方向，所以在轨道参考系下可写作 $\boldsymbol{i}_{\mathrm{R}}=[0\quad 0\quad 1]^{\mathrm{T}}$。

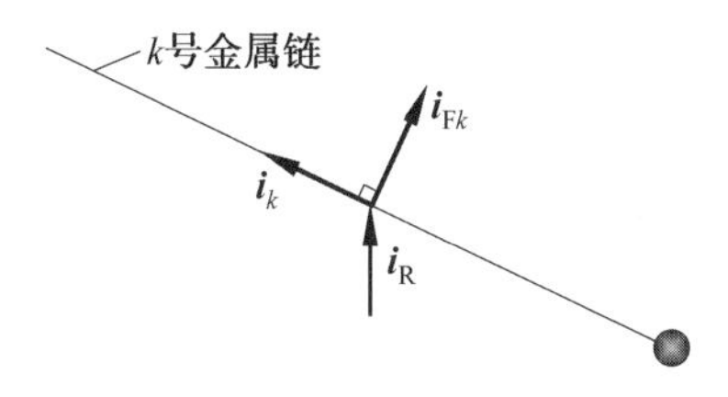

图 2.3　第 k 根金属链推力方向示意图

在式(2.9)的基础上，文献[31]考虑太阳风流动方向与带电金属链不垂直时，有效产生推力的太阳风分量为相对于金属链垂直的分量。因此，单位长度带电金属链推力矢量可写作

$$\frac{\mathrm{d}\boldsymbol{F}}{\mathrm{d}l}=0.18\max(0,V_0-V_1)\sqrt{\varepsilon_0 m_{\mathrm{p}} n_{\mathrm{w}}}\cdot\boldsymbol{u}_{\perp}\tag{2.10}$$

其中，$\boldsymbol{u}_{\perp}$ 为太阳风速度矢量垂直于金属链方向的分量，可写作

$$\boldsymbol{u}_{\perp}=u\|\boldsymbol{i}\times\boldsymbol{i}_{\mathrm{R}}\|\boldsymbol{i}_{\mathrm{F}}\tag{2.11}$$

将式(2.9)代入式(2.11)中，太阳风速度垂直分量 $\boldsymbol{u}_{\perp}$ 可写作

$$\boldsymbol{u}_{\perp}=u\boldsymbol{i}\times\boldsymbol{i}_{\mathrm{R}}\times\boldsymbol{i}\tag{2.12}$$

将式(2.12)代入式(2.10)中，便可以得到带电金属链在太阳风中产生的单

位推力矢量为

$$\frac{\mathrm{d}\boldsymbol{F}}{\mathrm{d}l}=\sigma\boldsymbol{j}_{\mathrm{F}} \tag{2.13}$$

其中，$\sigma=0.18\max(0,V_0-V_1)\sqrt{\varepsilon_0 m_{\mathrm{p}} n_{\mathrm{w}} u^2}$，主要由带电金属链的电压和太阳风粒子流的动压所决定，非单位矢量 $\boldsymbol{j}_{\mathrm{F}}=\boldsymbol{i}\times\boldsymbol{i}_{\mathrm{R}}\times\boldsymbol{i}$。

文献[10]通过对太阳风粒子流动压的研究，得到在电动太阳风帆航天器带电金属链电压不改变的情况下，其单位长度推力 σ 随着电动太阳风帆航天器相对太阳距离 r 的增大而减小，减小速度与 r 近似成反比关系，即电动太阳风帆航天器带电金属链产生的推力与相对太阳的距离近似成反比例关系。因此，电动太阳风帆航天器单位长度金属链推力为

$$\sigma\approx\sigma_{\oplus}\left(\frac{r_{\oplus}}{r}\right) \tag{2.14}$$

其中，$\sigma_{\oplus}$ 为在电动太阳风帆航天器距离太阳 $r_{\oplus}=1$ AU 时单位长度金属链产生的推力，$\sigma_{\oplus}$ 可通过改变金属链带电电压来调整，调整范围通常认为在 0 ~ 500 nN/m 之间。

将式(2.14)代入式(2.13)，单位长度带电金属链推力矢量可写作

$$\frac{\mathrm{d}\boldsymbol{F}}{\mathrm{d}l}=\sigma_{\oplus}\left(\frac{r_{\oplus}}{r}\right)\boldsymbol{j}_{\mathrm{F}} \tag{2.15}$$

通过积分可以得到第 k 根带电金属链的推力矢量

$$\boldsymbol{F}_k=\int_0^L\sigma_{\oplus k}\left(\frac{r_{\oplus}}{r}\right)\boldsymbol{j}_{\mathrm{F}k}\mathrm{d}l=L\sigma_{\oplus k}\left(\frac{r_{\oplus}}{r}\right)\boldsymbol{j}_{\mathrm{F}k} \tag{2.16}$$

电动太阳风帆航天器产生的推力矢量是 N 根带电金属链推力的矢量和，则可以得到电动太阳风帆的推力矢量

$$\boldsymbol{F}(\phi,\theta,\psi,r,L,\sigma_{\oplus 1},\cdots,\sigma_{\oplus N})=\sum_{k=1}^{N}\boldsymbol{F}_k(\phi,\theta,\psi,r,L,\sigma_{\oplus k}) \tag{2.17}$$

当电动太阳风帆航天器各个带电金属链的电压一致时，单根带电金属链的单位长度推力是一致的，即 $\sigma_{\oplus 1}=\cdots=\sigma_{\oplus N}=\sigma_{\oplus}$。通过有限级数求和可得到电压平均时在轨道参考系下描述的电动太阳风帆航天器推力矢量数学模型为

$$\boldsymbol{F}=\frac{1}{2}NL\sigma_{\oplus}\left(\frac{r_{\oplus}}{r}\right)\begin{bmatrix}\cos\phi\sin\theta\cos\theta\\-\sin\phi\cos\phi\cos^2\theta\\\cos^2\phi\cos^2\theta+1\end{bmatrix} \tag{2.18}$$

由式(2.18)可知，当各金属链电压一致时，电动太阳风帆的推力矢量是 ϕ 和 θ 的函数，而与相对自旋轴旋转的 ψ 角无关。即当金属链电压一致时，电动太阳风帆航天器相对自身体轴的旋转并不会对推力矢量产生影响。经过仿真验证，此模型在光线入射角小于 90° 的情况下不存在奇异。电动太阳风帆航天器的推力大小正比于 $\sigma_{\oplus}$，而 $\sigma_{\oplus}$ 可通过调节带电金属链电压进行调节。因此，电动太阳

风帆不像太阳帆那样额定推力固定，而是可以通过调节所有金属链的电压在一定范围内进行调节的。

2.5　推力矢量模型分析

近年来，电动太阳风帆推力矢量数学模型方面的研究得到了相关研究团体的关注。在电动太阳风帆的传统推力模型中，忽略了电动太阳风帆姿态对推力标量的影响，并假设电动太阳风帆的推进角为入射角的一半。针对此问题，本书推导得出一种解析形式的改进推力模型，并与最新的多项式拟合改进推力模型进行了对比。参考系及角度示意图如图 2.4 所示，太阳风入射角 α_n 为太阳风入射方向 z_o 与电动太阳风帆回转体轴 z_b 之间的夹角，推进锥角 α 为推进加速度矢量 $\boldsymbol{a}$ 与电动太阳风帆回转体轴 z_b 之间的夹角，推进钟角 δ 为推进加速度矢量在 $x_oO_oy_o$ 平面内的分量 $\boldsymbol{a}_t$ 与 x_o 轴之间的夹角。

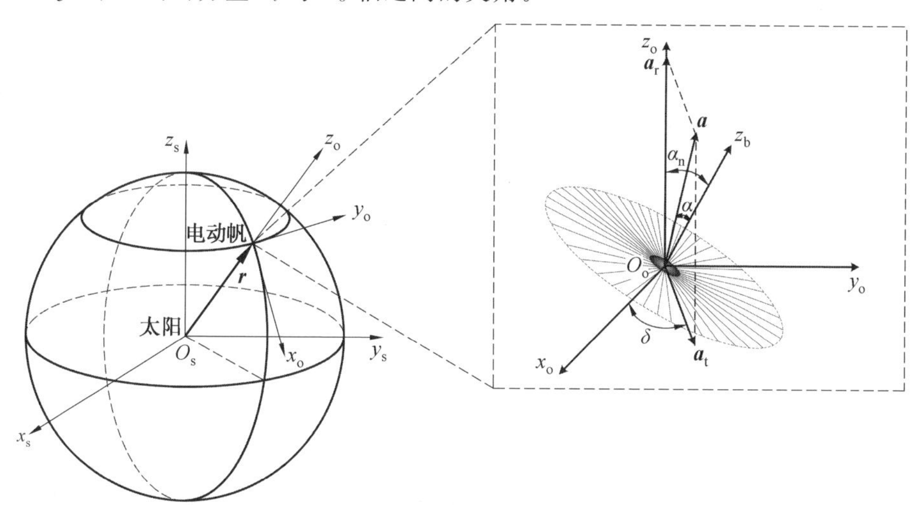

图 2.4　参考系及角度示意图

2.5.1　传统推力模型

在意大利比萨大学 Mengali 教授提出的电动太阳风帆传统推力模型中，忽略了电动太阳风帆姿态对推力标量的影响，即假设在电动太阳风帆工作面与太阳风入射方向不垂直时，推力幅值不变。实际上电动太阳风帆与太阳帆一样，不只推力的方向由帆体姿态所决定，推力大小也一定程度上取决于帆体相对太阳风速度方向的姿态，原因是当电动太阳风帆帆体平面相对太阳风粒子运动方向产生角度变化时,太阳风粒子与带电金属量的动量交互效率将发生改变,从而影响推力的大小。另外,传统推力模型中还假设推进锥角 α 近似等于太阳风入射角 α_n 的一半,即 $\alpha=\alpha_n/2$。传统推力模型中电动太阳风帆推力矢量 $\boldsymbol{a}$ 在轨道参考系 $O_o-x_oy_oz_o$ 下可写为

$$\boldsymbol{a}=\kappa a_{\oplus}\frac{r_{\oplus}}{r}\begin{bmatrix}\sin(\alpha_n/2)\cos\delta\\ \sin(\alpha_n/2)\sin\delta\\ \cos(\alpha_n/2)\end{bmatrix} \tag{2.19}$$

其中,$a_{\oplus}$ 为电动太阳风帆的特征加速度,即电动太阳风帆距离太阳 $r_{\oplus}=1$ AU 处所能产生的最大加速度值;$\kappa\in[0,1]$ 为电动太阳风帆推力开关系数,可以通过电子枪调整金属链电压来调整电动太阳风帆整体的推力。

为了表征太阳风入射角对推力大小的影响,引入无量纲加速度 a_w,其表达式为

$$a_w=\frac{\|\boldsymbol{a}\|}{a_{\oplus}(r_{\oplus}/r)} \tag{2.20}$$

由式(2.19)可知,电动太阳风帆传统推力模型中无量纲加速度 $a_w\triangleq 1$,即假设推力大小不受姿态的影响。

2.5.2 多项式改进推力模型

为了讨论太阳风入射角 α_n 对推进锥角 α 和推力大小 γ 的影响,日本学者 Yamaguchi 和 Yamakawa 通过部分试验和数学仿真的方法,以多项式拟合的形式得出了太阳风入射角 α_n 与推进锥角 α 的关系(式(2.21))和太阳风入射角 α_n 与推力大小 γ 的关系(式(2.22))。意大利学者 Quarta 在此模型基础上采用间接优化方法得出了多组优化轨迹。

$$\alpha=b_6\alpha_n^6+b_5\alpha_n^5+b_4\alpha_n^4+b_3\alpha_n^3+b_2\alpha_n^2+b_1\alpha_n+b_0 \tag{2.21}$$

$$\gamma=c_6\alpha_n^6+c_5\alpha_n^5+c_4\alpha_n^4+c_3\alpha_n^3+c_2\alpha_n^2+c_1\alpha_n+c_0 \tag{2.22}$$

其中,$b_k(k=0,1,\cdots,6)$ 和 $c_k(k=0,1,\cdots,6)$ 是多项式拟合系数,见表 2.1。

表 2.1 多项式拟合系数

k	0	1	2	3	4	5	6
b_k	0.000	4.853×10^{-1}	3.652×10^{-3}	-2.661×10^{-4}	6.322×10^{-6}	-8.295×10^{-8}	3.681×10^{-10}
c_k	1.000	6.904×10^{-5}	-1.271×10^{-4}	7.027×10^{-7}	-1.261×10^{-8}	1.943×10^{-10}	-5.896×10^{-13}

2.5.3 解析改进推力模型

在本书作者前期的研究中,以电动太阳风帆单根带电金属链推力模型为基

础，采用有限傅立叶级数加和方法，推导得出了考虑电动太阳风帆姿态影响的推力矢量模型，在轨道参考系 $O_o - x_o y_o z_o$ 下的表达式为

$$\boldsymbol{a} = \kappa a_{\oplus} \frac{r_{\oplus}}{r} \begin{bmatrix} \cos\phi\sin\theta\cos\theta \\ -\sin\phi\cos\phi\cos^2\theta \\ \cos^2\phi\cos^2\theta + 1 \end{bmatrix} \tag{2.23}$$

其中，ϕ 和 θ 为体参考系相对轨道系的姿态角。

由姿态角角度定义，太阳风入射角 α_n 的余弦、推进钟角 δ 的余弦和正弦可以写作如下形式：

$$\cos\alpha_n = [0 \quad 0 \quad 1] \cdot (\boldsymbol{A}_{ob}(\phi,\theta,\psi) \cdot [0 \quad 0 \quad 1]^{\mathrm{T}}) = \cos\phi\cos\theta \tag{2.24}$$

$$\begin{aligned}\cos\delta &= [1 \quad 0 \quad 0] \cdot \frac{\mathrm{diag}(1,1,0) \cdot \boldsymbol{A}_{ob}(\phi,\theta,\psi) \cdot [0 \quad 0 \quad 1]^{\mathrm{T}}}{|\mathrm{diag}(1,1,0) \cdot \boldsymbol{A}_{ob}(\phi,\theta,\psi) \cdot [0 \quad 0 \quad 1]^{\mathrm{T}}|} \\ &= \sin\theta / \sin\alpha_n\end{aligned} \tag{2.25}$$

$$\begin{aligned}\sin\delta &= [0 \quad 1 \quad 0] \cdot \frac{\mathrm{diag}(1,1,0) \cdot \boldsymbol{A}_{ob}(\phi,\theta,\psi) \cdot [0 \quad 0 \quad 1]^{\mathrm{T}}}{|\mathrm{diag}(1,1,0) \cdot \boldsymbol{A}_{ob}(\phi,\theta,\psi) \cdot [0 \quad 0 \quad 1]^{\mathrm{T}}|} \\ &= -\cos\theta\sin\phi / \sin\alpha_n\end{aligned} \tag{2.26}$$

将式(2.24)～(2.26)代入式(2.23)，可得到以太阳风入射角 α_n 和推进钟角 δ 描述的推力模型为

$$\boldsymbol{a} = \begin{bmatrix} a_x \\ a_y \\ a_z \end{bmatrix} = \kappa a_{\oplus} \frac{r_{\oplus}}{r} \begin{bmatrix} \cos\alpha_n \sin\alpha_n \cos\delta/2 \\ \cos\alpha_n \sin\alpha_n \sin\delta/2 \\ (\cos^2\alpha_n + 1)/2 \end{bmatrix} \tag{2.27}$$

由图 2.4 可知，推进锥角 α 的余弦可写成如下形式：

$$\cos\alpha = \frac{a_z}{\|\boldsymbol{a}\|} = \frac{(\cos^2\alpha_n + 1)/2}{\sqrt{(\cos\alpha_n \sin\alpha_n \cos\delta/2)^2 + (\cos\alpha_n \sin\alpha_n \sin\delta/2)^2 + [(\cos^2\alpha_n + 1)/2]^2}} \tag{2.28}$$

化简式(2.28)后，可得到推进锥角 α 与太阳风入射角 α_n 的解析关系式为

$$\alpha = \arccos\frac{\cos^2\alpha_n + 1}{\sqrt{3\cos^2\alpha_n + 1}} \tag{2.29}$$

参考 γ 的定义式(2.22)，可得到无量纲加速度 γ 与太阳风入射角 α_n 的解析关系式为

$$\gamma = \frac{1}{2}\sqrt{3\cos^2\alpha_n + 1} \tag{2.30}$$

2.5.4　推力模型对比

推进锥角 α 与太阳风入射角 α_n 的关系如图 2.5 所示，上述的三个推力模型在

$\alpha_n \in [0°,20°]$ 区间内能够很好地重合，说明传统推力模型的推进锥角假设 $\alpha \cong \alpha_n/2$ 在小太阳风入射角的情况下是适用的。但随着太阳风入射角的增加，Yamaguchi 得到的多项式改进模型和本书得到的解析改进模型都表现出了非常显著的非线性变化行为。本书所得到的推力模型在 $\alpha_n=54.75°$ 时，推进锥角 α 达到最大值 19.47°。

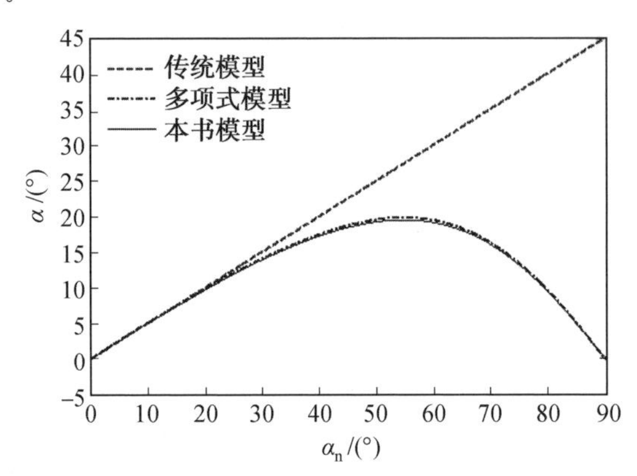

图 2.5　推进锥角 α 与太阳风入射角 α_n 的关系

无量纲加速度 γ 与太阳风入射角 α_n 的关系如图 2.6 所示，在两种改进的推力模型中无量纲加速度 γ 随着太阳风入射角 α_n 的增大而单调减小，并在 $\alpha_n=90°$ 时达到最小 $\gamma=0.5$。另外，本书还对无量纲径向加速度 γ_r（z_o 轴分量）与太阳风入射角 α_n 的关系和无量纲切向加速度 r_t（$x_oO_oy_o$ 平面内分量）与太阳风入射角 α_n 的关系进行了对比，如图 2.7 和图 2.8 所示。两种改进推力模型的无量纲径向加速度 γ_r 和无量纲切向加速度 γ_t 均小于传统模型的估计值。另外，由图 2.5～2.8 可知，本书的解析改进推力模型与多项式改进推力模型数值结果很接近，但本书的解析模型形式更简单。

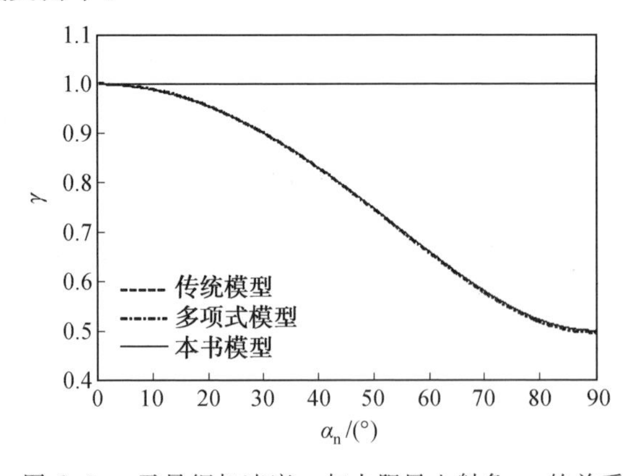

图 2.6　无量纲加速度 γ 与太阳风入射角 α_n 的关系

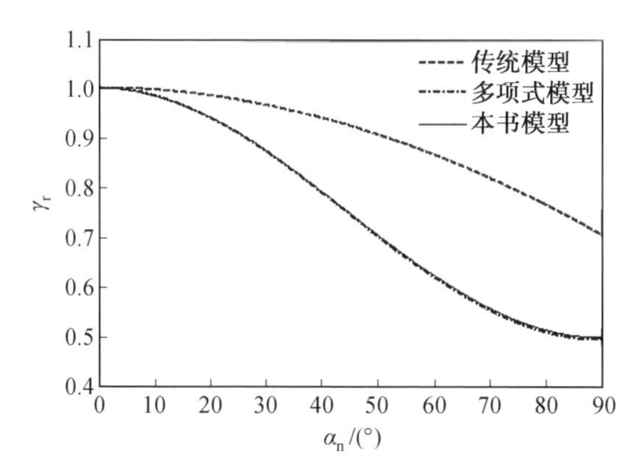

图 2.7　无量纲径向加速度 γ_r 与太阳风入射角 α_n 的关系

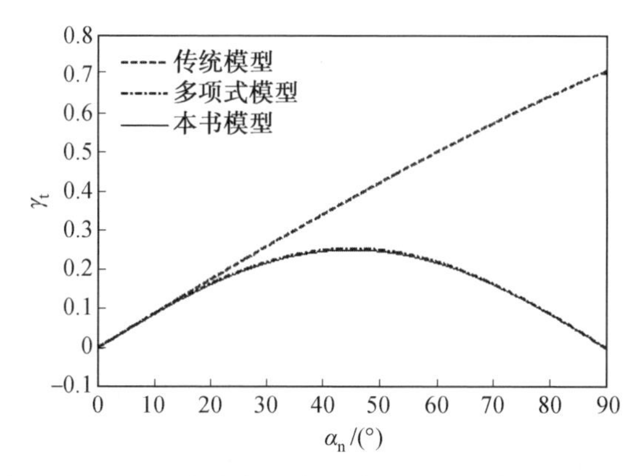

图 2.8　无量纲切向加速度 γ_t 与太阳风入射角 α_n 的关系

2.6　力矩矢量模型建立

由于单根带电金属链产生的推力不通过电动太阳风帆航天器的质心，因此在产生推力的同时，也会产生力矩。由于所产生的力矩方向应与推力方向和金属链指向方向垂直，因此距离电动太阳风帆航天器质心 l 处的带电金属链的单位长度力矩矢量如下：

$$\frac{\mathrm{d}\boldsymbol{T}}{\mathrm{d}l}=l\boldsymbol{i}\times\frac{\mathrm{d}\boldsymbol{F}}{\mathrm{d}l}=l\sigma_{\oplus}\left(\frac{r_{\oplus}}{r}\right)\boldsymbol{j}_{\mathrm{T}} \tag{2.31}$$

其中，$\boldsymbol{j}_{\mathrm{T}}=\boldsymbol{i}_{\mathrm{R}}\times\boldsymbol{i}$。

可见各带电金属链产生的力矩矢量均与太阳－电动太阳风帆矢量垂直。

对式(2.31) 积分可以得到第 k 根带电金属链相对于电动太阳风帆航天器质心的力矩

$$\boldsymbol{T}_k=\int_0^L l\sigma_{\oplus k}\left(\frac{r_\oplus}{r}\right)\boldsymbol{j}_{\mathrm{T}k}\mathrm{d}l=\frac{1}{2}L^2\sigma_{\oplus k}\left(\frac{r_\oplus}{r}\right)\boldsymbol{j}_{\mathrm{T}k} \tag{2.32}$$

作用在电动太阳风帆航天器的力矩矢量是 N 根带电金属链产生力矩的矢量和，所以可写作

$$\boldsymbol{T}(\phi,\theta,\psi,r,L,\sigma_{\oplus 1},\cdots,\sigma_{\oplus N})=\sum_{k=1}^{N}\boldsymbol{T}_k(\phi,\theta,\psi,r,L,\sigma_{\oplus k}) \tag{2.33}$$

当电动太阳风帆航天器各金属链的电压一致时，单根金属链的单位长度推力是一致的，即 $\sigma_{\oplus k}=\cdots=\sigma_{\oplus N}=\sigma_\oplus$。通过有限级数求和可得到电压平均时电动太阳风帆产生的力矩为$[0\ 0\ 0]^{\mathrm{T}}$。可见，当电动太阳风帆航天器带电金属链电压均匀分布时，由于产生的推力对称，因此不会产生力矩。

由于各带电金属链产生的力矩矢量均与太阳－电动太阳风帆单位矢量 $\boldsymbol{i}_{\mathrm{R}}$ 垂直，所以电动太阳风帆航天器力矩矢量在轨道参考系 z_o 向分量应该为0。由此可见，电动太阳风帆航天器产生的力矩在三个方向不是独立的。在体参考系下，电动太阳风帆航天器力矩分量之间有如下约束：

$$T_z=\frac{\tan\phi\sin\psi-\sin\theta\cos\psi}{\cos\theta}T_x+\frac{\tan\phi\cos\psi+\sin\theta\sin\psi}{\cos\theta}T_y \tag{2.34}$$

电动太阳风帆控制力及控制力矩的执行可通过调整带电金属链的电压分布来实现，具体的电压分布策略将在2.8节中进行讨论。

2.7　几何角度的电动太阳风帆推力模型

在数学模型中，电动太阳风帆推力矢量是根据太阳与航天器间距离和航行姿态的函数确定的，后者是太阳风向与航行姿态之间的夹角。数学模型的准确性和复杂性取决于几个因素，包括不同的等离子体动力学模型和加载系链的曲率效应。

本节的目的是提出一种对电动太阳风帆推进加速度的紧凑矢量描述，其中应考虑到任何单个系链产生的推力贡献。可以将获得的结果转换为几何解释，这对于优化控制律设计特别有效。

2.7.1　推力矢量分析模型

考虑一个电动太阳风帆，该帆由 $N\geqslant 2$ 个系链组成，每个系链的长度为 L，这些系链被航天器自旋离心拉伸，并从车辆主体径向移位。如图2.9(a)所示，假定所有系链都属于同一平面，则该平面称为帆标称平面，并且与航天器的旋转轴正交。

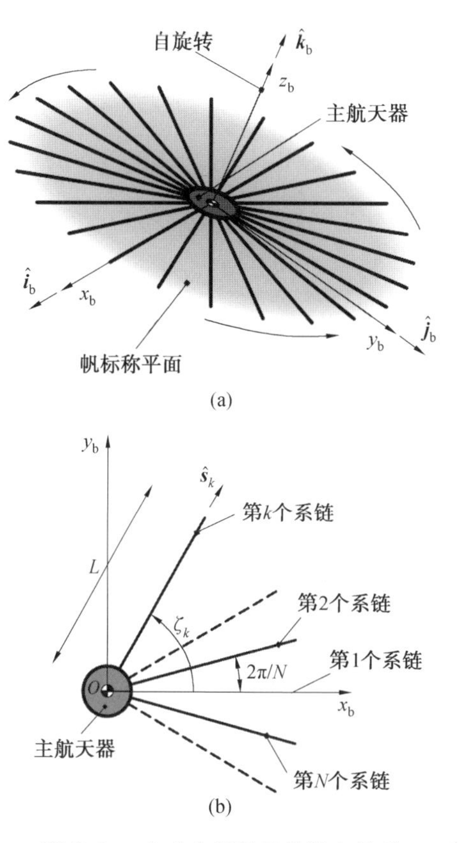

图 2.9　电动太阳风帆体轴坐标系

为了确定通用第 k 个系链的位置($k=1,2,\cdots,N$),引入一个体参考系 $T_b(O;x_b,y_b,z_b)$,其原点 O 为航天器的质心,单位矢量分别为 $\hat{\boldsymbol{i}}_b$、$\hat{\boldsymbol{j}}_b$ 和 $\hat{\boldsymbol{k}}_b$,如图 2.9(b) 所示。平面(x_b,y_b)与帆标称平面重合,x_b 与第一个系链对齐(对应于 $k=1$),而 $\hat{\boldsymbol{k}}_b$ 与航天器自旋速度单位矢量重合。另外,令 $\hat{\boldsymbol{s}}_k$ 为与第 k 个系链对齐并从其根指向尖端的单位矢量。假设所有系链彼此之间具有相同的角度(等于 $2\pi/N$ rad),则体轴参考系 T_b 中的 $\hat{\boldsymbol{s}}_k$ 分量为

$$[\hat{\boldsymbol{s}}_k]_{T_b}=[\cos\zeta_k\quad \sin\zeta_k\quad 0]^{\mathrm{T}},\quad \zeta_k\triangleq\frac{2\pi(k-1)}{N}\tag{2.35}$$

其中,ζ_k 是 $\hat{\boldsymbol{i}}_b$ 方向与 $\hat{\boldsymbol{s}}_k$ 方向之间的角度,从 x_b 轴逆时针测量(图 2.9(b))。

根据文献[31－36],当太阳与航天器间的距离约为 1 AU 时,第 k 个系链所产生的每单位长度 $\mathrm{d}s$ 的力 $\mathrm{d}\boldsymbol{F}$ 可写为

$$\frac{\mathrm{d}\boldsymbol{F}}{\mathrm{d}s}=0.18\ \max(0,V_k-V_w)\sqrt{\varepsilon_0 m_p n}\cdot\boldsymbol{u}_{\perp k}\tag{2.36}$$

其中，V_k 是第 k 个系链电压（约为 20～40 kV）；V_w 是与太阳风离子动能相对应的电势（典型值约为 1 kV）；ε_0 是真空介电常数；m_p 是太阳风离子（质子）质量；n 是该处太阳风数密度；$\boldsymbol{u}_{\perp_k}$ 是垂直于 k 系链方向的太阳风速 $\boldsymbol{u}$ 的分量。假设太阳风从太阳径向传播，则矢量 $\boldsymbol{u}$ 和 $\boldsymbol{u}_{\perp_k}$ 可写为

$$\boldsymbol{u} = u\hat{\boldsymbol{r}} \tag{2.37}$$

$$\boldsymbol{u}_{\perp k} = u(\hat{\boldsymbol{s}}_k \times \hat{\boldsymbol{r}}) \times \hat{\boldsymbol{s}}_k \equiv u[\hat{\boldsymbol{r}} - (\hat{\boldsymbol{s}}_k \cdot \hat{\boldsymbol{r}})\hat{\boldsymbol{s}}_k] \tag{2.38}$$

其中，u 是太阳风的流速（约为 400 km/s）；$\hat{\boldsymbol{r}}$ 是太阳 / 航天器的单位矢量，如图 2.10 所示。

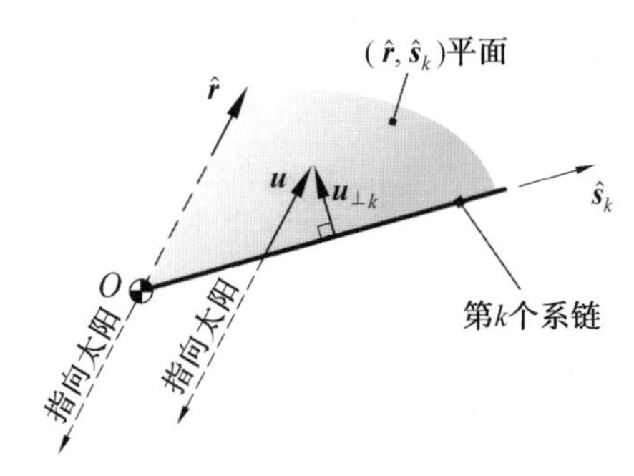

图 2.10　太阳风速度分量 $\boldsymbol{u}$

回想一下，当地的太阳风数密度 n 与到太阳距离的平方成正比，即

$$n = n_{\oplus}(r_{\oplus}/r)^2$$

其中，$n_{\oplus}$ 是 $r = r_{\oplus} \triangleq 1$ AU 处的太阳风数密度。

因此，将式(2.38) 代入式(2.36)，每单位长度的力变为

$$\frac{\mathrm{d}\boldsymbol{F}}{\mathrm{d}s} = \sigma_{\oplus k}\left(\frac{r_{\oplus}}{r}\right)[\hat{\boldsymbol{r}} - (\hat{\boldsymbol{s}}_k \cdot \hat{\boldsymbol{r}})\hat{\boldsymbol{s}}_k] \tag{2.39}$$

$$\sigma_{\oplus k} \triangleq 0.18\max(0, V_k - V_w)u\sqrt{\varepsilon_0 m_p n_{\oplus}} \tag{2.40}$$

代表第 k 个系链在太阳与航天器间距离 $r = r_{\oplus}$ 时给出的比力 $\|\mathrm{d}\boldsymbol{F}/\mathrm{d}s\|$ 的最大模量。除了式 (2.36)，对于正偏的系链，已经提出了推力的其他分析模型，参见文献[37]。但是，可用模型之间的差异仅限于 $\sigma_{\oplus k}$ 的表达式，因此，式(2.39) 的结构保持不变。

由于 $\mathrm{d}\boldsymbol{F}/\mathrm{d}s$ 沿着系链几乎恒定，因此长度为 L 的第 k 个系链提供的总力 $\boldsymbol{F}_k$ 为

$$\boldsymbol{F}_k = L\sigma_{\oplus k}\left(\frac{r_{\oplus}}{r}\right)[\hat{\boldsymbol{r}} - (\hat{\boldsymbol{s}}_k \cdot \hat{\boldsymbol{r}})\hat{\boldsymbol{s}}_k] \tag{2.41}$$

请注意，$\sigma_{\oplus k}$ 是系链电压 V_k 的函数，在使用适当电位控制的任何系链中，$\sigma_{\oplus k}$ 可能会略有变化。结果，对于所有系链，$\sigma_{\oplus k}$ 可能都不相同，并且电动太阳风帆总推力 $\boldsymbol{F}$ 的一般表达式为

$$\boldsymbol{F}=\tau\sum_{k=1}^{N}\boldsymbol{F}_k=\tau L\left(\frac{r_\oplus}{r}\right)\hat{\boldsymbol{r}}\sum_{k=1}^{N}\sigma_{\oplus k}-\tau L\left(\frac{r_\oplus}{r}\right)\hat{\boldsymbol{r}}\sum_{k=1}^{N}\sigma_{\oplus k}(\hat{\boldsymbol{s}}_k\cdot\hat{\boldsymbol{r}})\hat{\boldsymbol{s}}_k \tag{2.42}$$

其中，$\boldsymbol{F}_k$ 由式(2.41)给出，式(2.42)中引入了无量纲参数 $\tau=\{0,1\}$ 来模拟只需关闭电子枪即可随时关闭电动太阳风帆推力($\tau=0$)的事实。

当所有系链具有相同的电压 $V_k=V_0$，因此具有相同的最大比力模量 $\sigma_{\oplus k}$ 时，将获得一种有趣形式的电动太阳风帆推进加速度矢量 $\boldsymbol{a}=\boldsymbol{F}/m$，其中 m 为航天器总质量。在这种情况下，将 $\sigma_{\oplus k}=\sigma_\oplus$ 代入方程式(2.45)，推进加速度矢量变为

$$\boldsymbol{a}=\frac{\tau NL}{m}\sigma_\oplus\left(\frac{r_\oplus}{r}\right)\hat{\boldsymbol{r}}-\frac{\tau L}{m}\sigma_\oplus\left(\frac{r_\oplus}{r}\right)\sum_{k=1}^{N}(\hat{\boldsymbol{s}}_k\cdot\hat{\boldsymbol{r}})\hat{\boldsymbol{s}}_k \tag{2.43}$$

注意式(2.42)和式(2.43)忽略了系链之间的护套干扰，这取决于几个参数，如电压和系链数量。

现在将 $\boldsymbol{r}$ 的分量作为角度 $\alpha_r\in[0,\pi]$rad 和 $\delta_r\in[0,\pi]$rad 的函数写入体轴参考系 T_b 中(图 2.11)为

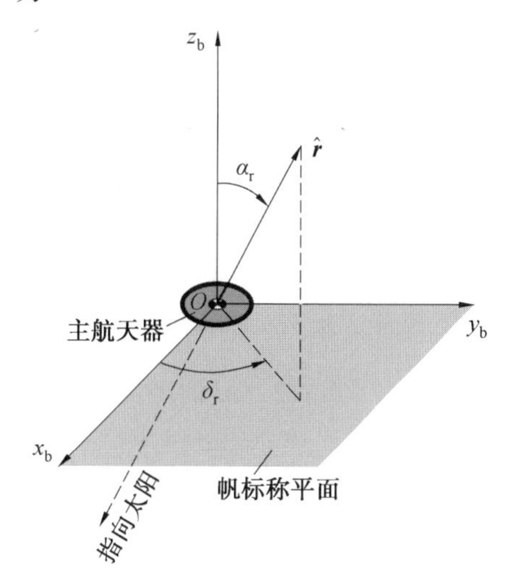

图 2.11　太阳与航天器单位距离矢量的分量 $\hat{\boldsymbol{r}}$

$$[\hat{\boldsymbol{r}}]_{T_b}=[\sin\alpha_r\cos\delta_r\quad \sin\alpha_r\sin\delta_r\quad \cos\alpha_r]^{\mathrm{T}} \tag{2.44}$$

因此，式(2.43)右边的求和变成

$$\sum_{k=1}^{N}(\hat{\boldsymbol{s}}_k\cdot\hat{\boldsymbol{r}})\hat{\boldsymbol{s}}_k=\sin\alpha_r[(A\cos\delta_r+B\sin\delta_r)\hat{\boldsymbol{i}}_b+(B\cos\delta_r+C\sin\delta_r)\hat{\boldsymbol{j}}_b] \tag{2.45}$$

$$A\triangleq\sum_{k=1}^{N}\cos^2\zeta_k,\quad B\triangleq\sum_{k=1}^{N}\cos\zeta_k\sin\zeta_k,\quad C\triangleq\sum_{k=1}^{N}\sin^2\zeta_k \tag{2.46}$$

由式(2.35)给出的 ζ_k 可知

$$A \equiv C = N/2, \quad B = 0 \tag{2.47}$$

调用式(2.44),式(2.45)中的求和减少为

$$\sum_{k=1}^{N} (\hat{\boldsymbol{s}}_k \cdot \hat{\boldsymbol{r}}) \hat{\boldsymbol{s}}_k = \frac{N}{2} \sin \alpha_r (\cos \delta_r \hat{\boldsymbol{i}}_b + \sin \delta_r \hat{\boldsymbol{j}}_b) \equiv \frac{N}{2} [\hat{\boldsymbol{r}} - (\hat{\boldsymbol{r}} \cdot \hat{\boldsymbol{k}}_b) \hat{\boldsymbol{k}}_b] \tag{2.48}$$

将式(2.48)代入式(2.43),航天器的推进加速度矢量变为

$$\boldsymbol{a} = \frac{\tau N L \sigma_{\oplus}}{2m} \left(\frac{r_{\oplus}}{r} \right) [\hat{\boldsymbol{r}} + (\hat{\boldsymbol{r}} \cdot \hat{\boldsymbol{k}}_b) \hat{\boldsymbol{k}}_b] \tag{2.49}$$

注意,$(\hat{\boldsymbol{r}} \cdot \hat{\boldsymbol{k}})\hat{\boldsymbol{k}} \equiv (\hat{\boldsymbol{r}} \cdot \hat{\boldsymbol{n}})\hat{\boldsymbol{n}}$,其中$\hat{\boldsymbol{r}} \cdot \hat{\boldsymbol{n}} \geqslant 0$,$\hat{\boldsymbol{n}}$是在太阳的相反方向上垂直于帆标称平面的单位矢量。可以使用航天器特征加速度a_c的概念来获得$\boldsymbol{a}$更紧凑的表达,即距太阳$r = r_{\oplus}$处的推进加速度的最大模量。因为$\|\boldsymbol{a}\|$对于纯径向推进加速度(即$\hat{\boldsymbol{r}} = \hat{\boldsymbol{k}}_b$时)最大,所以由式(2.49),特征加速度可以写成σ的函数,即

$$a_c = \frac{N L \sigma_{\oplus}}{m} \tag{2.50}$$

将式(2.50)代入式(2.49),电动帆推进加速度的最终表达式为

$$\boldsymbol{a} = \tau \frac{a_c}{2} \left(\frac{r_{\oplus}}{r} \right) [\hat{\boldsymbol{r}} + (\hat{\boldsymbol{r}} \cdot \hat{\boldsymbol{n}}) \hat{\boldsymbol{n}}] \tag{2.51}$$

通常,当$\hat{\boldsymbol{n}} \neq \hat{\boldsymbol{r}}$和$\tau = 1$时,$\boldsymbol{a}$属于$(\hat{\boldsymbol{r}};\hat{\boldsymbol{n}})$跨越的平面,其方向在$\hat{\boldsymbol{n}}$和$\hat{\boldsymbol{r}}$之间;俯仰角$\alpha_n$和锥角$\alpha$如图2.12所示。此外,可以将推进加速度模量写成电动太阳风帆俯仰角$\alpha_n \triangleq \arccos(\hat{\boldsymbol{r}} \cdot \hat{\boldsymbol{n}}) \in [0, \pi/2]$rad的函数(即$\hat{\boldsymbol{n}}$和$\hat{\boldsymbol{r}}$之间的角度),即

$$a \triangleq \|\boldsymbol{a}\| = \tau \frac{a_c}{2} \left(\frac{r_{\oplus}}{r} \right) \sqrt{1 + 3\cos^2 \alpha_n} \tag{2.52}$$

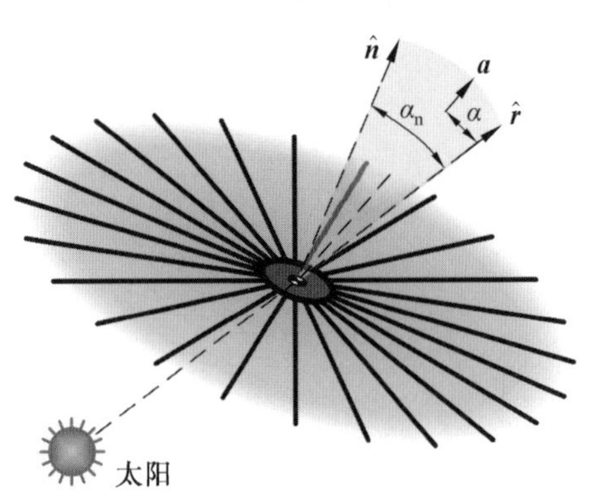

图 2.12　俯仰角 α_n 和锥角 α

俯仰角α_n与更常见的电动太阳风帆锥角$\alpha \in [0, \pi/2]$rad有关,定义为$\hat{\boldsymbol{r}}$和$\boldsymbol{a}$之间

的角度,如图 2.12 所示。实际上,用 $\hat{\boldsymbol{r}}$ 取式(2.51)两边的标量积,将式(2.52)代入结果关系,发现

$$\alpha = \arccos\left(\frac{\boldsymbol{a} \cdot \hat{\boldsymbol{r}}}{a}\right) = \arccos\left(\frac{1 + \cos^2\alpha_n}{\sqrt{1 + 3\cos^2\alpha_n}}\right) \tag{2.53}$$

式(2.53)表明 $\alpha \leqslant \alpha_n/2$,也就是说,推进加速度的方向更接近 $\hat{\boldsymbol{r}}$ 而不是 $\hat{\boldsymbol{n}}$。当电动帆标称平面正交于径向方向($\alpha = \alpha_n = 0$)时,式(2.51)减少为

$$\boldsymbol{a} = \tau a_c \left(\frac{r_\oplus}{r}\right)\hat{\boldsymbol{r}} \tag{2.54}$$

这是经典的表达方式,用于研究在行星际飞行任务场景中朝阳的电动太阳风帆的性能。对于较小的俯仰角值(即当 $\alpha_n \leqslant 20°$ 时),锥角的良好近似为 $\alpha \simeq \alpha_n/2$,如图 2.13(b)所示,这与用于表征推力矢量的简化模型一致。图 2.13 绘制了无量纲的推进加速度模量 $\dfrac{a}{a_c r_\oplus / r}$ 和电动太阳风帆锥角 α 作为电动太阳风帆俯仰角 α_n 的函数,见式(2.52)和式(2.53)。注意 $a_c r_\oplus / r$ 是在 $\alpha_n = 0$ 和 $\tau = 1$ 条件下,$\alpha_{max} = \arcsin(1/3)\text{rad} \approx 19.5°$ 获得的 $\boldsymbol{a}$ 的局部最大值。

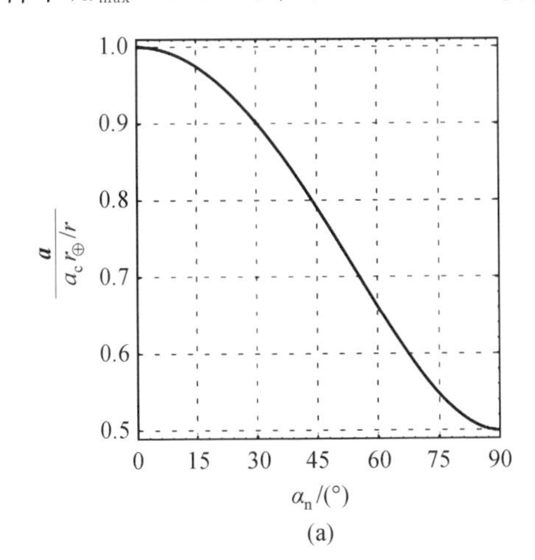

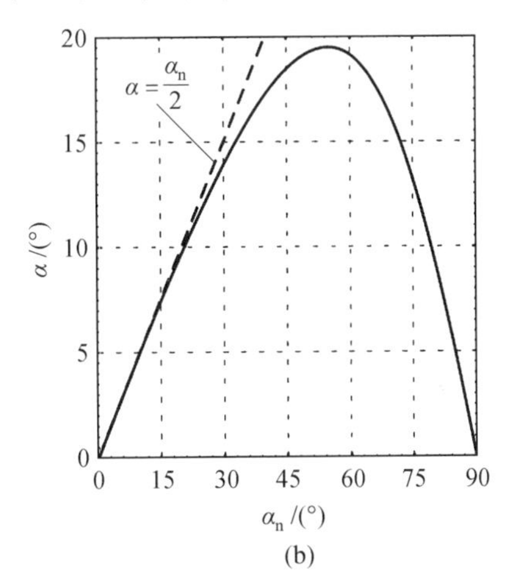

图 2.13　无量纲推进加速度系数和锥角的俯仰角函数($\tau = 1$)

锥角 α_{max} 的最大模量和电动太阳风帆俯仰角 $\alpha_n(\alpha_{max})$ 的对应值是通过在方程式中强制必要条件 $\partial\alpha/\partial\alpha_n = 0$ 来获得的(式(2.53))。结果是

$$\alpha_n(\alpha_{max}) = \arccos(1/\sqrt{3})\text{rad} \approx 35.3° \tag{2.55}$$

2.7.2　几何解释

在一般情况下,当 $\hat{\boldsymbol{n}} \neq \hat{\boldsymbol{r}}$ 且 $\tau = 1$ 时,存在一个有趣的电动太阳风帆推进加速

度矢量图形表示。为此，假设 $\alpha_n \neq 0$，则引入横向单位矢量 $\hat{\boldsymbol{t}} \triangleq [(\hat{\boldsymbol{r}} \times \hat{\boldsymbol{n}}) \times \hat{\boldsymbol{r}}]/\sin \alpha_n$。根据矢量三乘积规则，有

$$\hat{\boldsymbol{t}} = \frac{\hat{\boldsymbol{n}}}{\sin \alpha_n} - \frac{\hat{\boldsymbol{r}}}{\tan \alpha_n} \tag{2.56}$$

将式(2.56)代入式(2.51)中，推进加速度矢量可以用径向和横向分量来表示为

$$\boldsymbol{a} = \boldsymbol{a}_r + \boldsymbol{a}_t \tag{2.57}$$

其中

$$\boldsymbol{a}_r \triangleq \tau \frac{a_c}{4}\left(\frac{r_\oplus}{r}\right)(3 + \cos(2\alpha_n))\hat{\boldsymbol{r}} \tag{2.58}$$

$$\boldsymbol{a}_t \triangleq \tau \frac{a_c}{4}\left(\frac{r_\oplus}{r}\right)\sin(2\alpha_n)\hat{\boldsymbol{t}} \tag{2.59}$$

式(2.59)中，在俯仰角为 $\alpha_n = \pi/4$，即锥角为 $\alpha = \arccos(3/\sqrt{10})\ \text{rad} \simeq 18.5°$ 时，达到了横向推进加速度的最大模量。参见式(2.53)。该结果的重要性在于，推进加速度的横向分量会改变特定的轨道角动量矢量 $\boldsymbol{h}$，因此，电动太阳风帆俯仰角 $\alpha_n = \pi/4$ 使 $\|\boldsymbol{h}\|$ 的(局部)变化最大。后者的结果与Toivanen和Janhunen的分析一致，它们使用简化的方法对实际的系链曲率建模。

值得注意的是，假设 $\tau = 1$，可以使用图2.14所示的无量纲推进加速度分量极坐标图以图形形式描述电动太阳风帆推进加速度矢量，其中

$$\tilde{a}_r \triangleq \frac{\|\boldsymbol{a}_r\|}{a_c r_\oplus / r} = \frac{3 + \cos(2\alpha_n)}{4} \tag{2.60}$$

$$\tilde{a}_t \triangleq \frac{\|\boldsymbol{a}_t\|}{a_c r_\oplus / r} = \frac{\sin(2\alpha_n)}{4} \tag{2.61}$$

根据图2.14，函数 $\tilde{a}_r = \tilde{a}_r(\tilde{a}_t)$ 描述平面 $(\tilde{a}_t, \tilde{a}_r)$ 中的半圆，半径 $R = 1/4$，中心 $C = (0, 3/4)$。因此，从轴的原点 O 到半圆上的通用点 P 的矢量表示(当 $\tau = 1$ 时)无量纲推进加速度矢量 $\tilde{\boldsymbol{a}} \triangleq \frac{\boldsymbol{a}}{a_c r_\oplus / r}$，锥角 α 等于纵坐标轴和 OP 之间的角度，俯仰角 α_n 与纵坐标轴与 CP 间夹角的一半重合。参见图2.14、式(2.60)和式(2.61)。

2.7.3 最佳转向定律

现在使用图2.14所示的推进加速度矢量的图形表示切换参数 τ 的值和最优方向 $\boldsymbol{n}$，其使 $\boldsymbol{a}$ 沿着给定单位矢量 $\hat{\boldsymbol{p}}$ 的投影最大化。这等于最大化标量函数

$$J \triangleq \boldsymbol{a} \cdot \hat{\boldsymbol{p}} \tag{2.62}$$

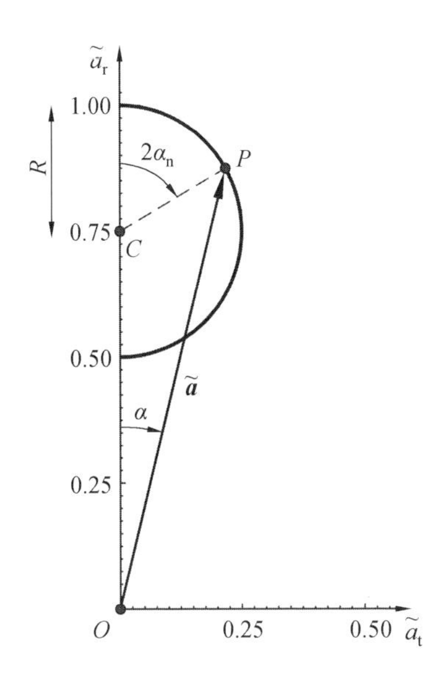

图 2.14　无量纲推进加速度分量极坐标图($\tau=1$)

该问题的解决方案在最佳日心轴传输的背景下非常重要，尤其是当使用间接方法(基于变分法)评估到达规定目标轨道的最小飞行时间时。当要最大化的性能指标是航天器振荡轨道参数的(局部)时间变化的函数时，使 J 最大化的转向定律还可以在局部最优传递中提供最优推力矢量。

在特殊情况下，当 $\hat{\boldsymbol{p}}\equiv\hat{\boldsymbol{r}}$ 时，只是一个朝向太阳的电动太阳风帆(即 $\hat{\boldsymbol{n}}=\hat{\boldsymbol{r}}\equiv\hat{\boldsymbol{p}}$)，其中 $\tau=1$。在这种情况下，推进加速度模量取其最大值(见式(2.51))且有 $\tau=1$。通常，当 $\hat{\boldsymbol{p}}\neq\hat{\boldsymbol{r}}$ 时，单位矢量 $\hat{\boldsymbol{n}}$ 必须属于 $\hat{\boldsymbol{r}}$ 和 $\hat{\boldsymbol{p}}$ 所跨越的平面，因为 $\boldsymbol{a}/\tau$ 仅取决于通过俯仰角的航行姿态，见式(2.49)。设 $\alpha_p\triangleq\arccos(\hat{\boldsymbol{p}}\cdot\hat{\boldsymbol{r}})\in[0,\pi]$ 是 $\hat{\boldsymbol{p}}$ 和 $\hat{\boldsymbol{r}}$ 之间的角度。调用式(2.51)，函数 J 变为

$$J=\tau\frac{a_c}{2}\left(\frac{r_\oplus}{r}\right)(\cos\alpha_p+\cos\alpha_n\cos(\alpha_p-\alpha_n))\tag{2.63}$$

强制必要条件 $\dfrac{\partial(J/\tau)}{\partial\alpha_n}=0$，最后一个关系为最优俯仰角 α_n^* 提供了一个紧凑表达式，即

$$\alpha_n^*=\alpha_p/2\tag{2.64}$$

而式(2.63)给出了比率 J/τ 的最大值与角度 α_p 的关系，即

$$\max(J/\tau)=\frac{a_c}{4}\left(\frac{r_\oplus}{r}\right)(1+3\cos\alpha_p)\tag{2.65}$$

换句话说，根据式(2.64)，$\hat{\boldsymbol{n}}$ 的最佳方向与 $\hat{\boldsymbol{r}}$ 和 $\hat{\boldsymbol{p}}$ 之间角度的平分线一致。

通过观察 J 是 τ 的线性函数,可以找到最佳值 τ_{optimal},见式(2.65)。因此,当 $\max(J/\tau)\geqslant 0$ 时,最终的 bang－bang 最优控制律为 $\tau^*=1$;而当 $\max(J/\tau)<0$ 时,则为 $\tau^*=0$。其他情况下有

$$\tau^*=\frac{\operatorname{sgn}(1+3\cos\alpha_{\mathrm{p}})+1}{2}\equiv\frac{\operatorname{sgn}(1+3\hat{\boldsymbol{p}}\cdot\hat{\boldsymbol{r}})+1}{2} \tag{2.66}$$

其中,sgn(•)是符号函数。

式(2.64)和式(2.66)的结果也可以使用图 2.15 所示的图形作几何方法解释。实际上,通过寻找既与半圆(描述矢量 $\tilde{\boldsymbol{a}}$ 的尖端所在的点的轨迹)相切又与 $\hat{\boldsymbol{p}}$ 正交的 PH 段,也可以找到 $\boldsymbol{a}/\tau$ 沿 $\hat{\boldsymbol{p}}$ 投影的最大值。由于 CP 和 OH 是平行段,因此可以得出 $\alpha_{\mathrm{p}}=\alpha_{\mathrm{n}}$。注意,考虑到由式(2.55)给出的 $\alpha_{\max}$ 的表达式,当 $\hat{\boldsymbol{p}}$ 方向在图 2.15 所示阴影区域时,得到式(2.66)所描述的条件 $\tau^*=0$。

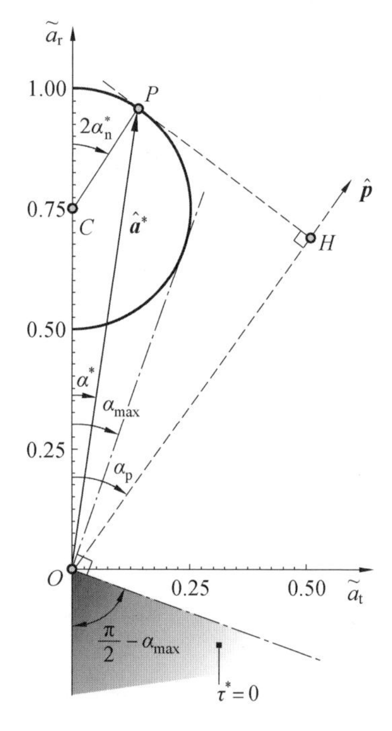

图 2.15　无量纲推进加速度分量极坐标图($\tau=1$)

从式(2.64)中可以看出,由单位矢量 $\hat{\boldsymbol{n}}^*\triangleq\hat{\boldsymbol{n}}(\alpha_{\mathrm{n}}^*)$ 定义的最佳航行方位为

$$\hat{\boldsymbol{n}}^*=\frac{\cos(\alpha_{\mathrm{p}}/2)}{1+\cos(\alpha_{\mathrm{p}})}(\hat{\boldsymbol{r}}+\hat{\boldsymbol{p}}) \tag{2.67}$$

将式(2.66)和式(2.67)代入式(2.51),最佳推进加速度 $\hat{\boldsymbol{a}}^*=\boldsymbol{a}(\alpha_{\mathrm{n}}^*,\tau^*)$;$\tau^*$

可以写为 $\hat{\boldsymbol{p}}$、$\hat{\boldsymbol{r}}$ 和 a_c 的函数，则

$$\hat{\boldsymbol{a}}^* = \frac{a_c}{8}\left(\frac{r_\oplus}{r}\right)(3\hat{\boldsymbol{r}} + \hat{\boldsymbol{p}})(\text{sgn}(1 + 3\hat{\boldsymbol{p}} \cdot \hat{\boldsymbol{r}}) + 1) \tag{2.68}$$

在特殊情况下，当 $\alpha_p = 0$（即 $\hat{\boldsymbol{p}} = \hat{\boldsymbol{n}}$）时，式(2.67)简单地指出，$\hat{\boldsymbol{n}}^* = \boldsymbol{r}$，而式(2.68)在 $\tau = 1$ 时可简化为式(2.54)。

2.7.3　对比

先前的推力矢量模型为 Yamaguchi 和 Yamakawa 提出的数值模型提供了很好的分析证明，其中锥角 α 和推进加速度模量 a 都是电动太阳风帆俯仰角 α_n 的函数。

特别是，根据文献[34,40]，当推进器处于开启状态（$\tau = 1$）时，电动太阳风帆锥角通过拟合数值结果的六阶多项式方程取决于电动太阳风帆俯仰角，即

$$\alpha = b_6\alpha_n^6 + b_5\alpha_n^5 + b_4\alpha_n^4 + b_3\alpha_n^3 + b_2\alpha_n^2 + b_1\alpha_n^1 + b_0 \tag{2.69}$$

其中，系数 $b_i(i = 1,2,\cdots,6)$，总结在表 2.2 中。

Yamaguchi 和 Yamakawa 的模型还为推进加速度模量提供了以下表达式：

$$a = a_c\tau\left(\frac{r_\oplus}{r}\right)\gamma \tag{2.70}$$

其中，γ 是一种无量纲的推进加速度。γ 的值再次取决于最合适的六阶多项式方程的电动太阳风帆倾角 α_n，其形式为

$$\gamma = c_6\alpha_n^6 + c_5\alpha_n^5 + c_4\alpha_n^4 + c_3\alpha_n^3 + c_2\alpha_n^2 + c_1\alpha_n^1 + c_0 \tag{2.71}$$

表 2.2　Yamakawa 对推力模型的插值系数（角度）进行了最佳拟合

i	0	1	2	3	4	5	6
b_i	0	4.853×10^{-1}	3.652×10^{-3}	-2.661×10^{-4}	6.322×10^{-6}	-8.295×10^{-8}	3.681×10^{-10}
c_i	1	6.904×10^{-5}	-1.271×10^{-4}	-7.027×10^{-7}	-1.261×10^{-8}	1.943×10^{-10}	-5.896×10^{-13}

图 2.13 的结果与式(2.69)中函数 $\alpha = \alpha(\alpha_n)$ 的图完全一致，系数 b_i 取自表 2.2。比较式(2.70)和式(2.52)，无量纲推进加速度 γ 可以用电动太阳风帆俯仰角表示

$$\gamma = \frac{\sqrt{1 + 3\cos^2\alpha_n}}{2} \tag{2.72}$$

最后一个关系的正确性由式(2.71)给出的多项式函数 $\gamma = \gamma(\alpha_n)$ 的曲线确定，与图 2.13 中绘制的上部曲线重叠。

Quarta 和 Mengali 从 Yamaguchi 和 Yamakawa 的模型开始，讨论了使用分

析和图形方法的最优控制律。在后一种情况下，曲线 $\tilde{a}_r = \tilde{a}_r(\tilde{a}_t)$ 用式(2.69) 和式(2.71) 计算，近似为一个半径为 $\rho \cong 0.252\,3$ 且中心为 $C=(0,d)$ 的圆，γ 和 α 的结果表达式为

$$\gamma = \sqrt{d^2 + \rho^2 + 2\rho d \cos 2\alpha_n} \tag{2.73}$$

$$\alpha = \arctan \frac{\rho \sin 2\alpha_n}{d + \rho \cos 2\alpha_n} \tag{2.74}$$

值得注意的是，当 $\rho=R=1/4$ 和 $d=3/4$ 时，式(2.73) 和式(2.74) 与式(2.53) 和式(2.72) 重合，如图 2.14 所示。此外，在文献[53] 中获得的结果表明，最佳的俯仰角约为 α_p 的一半，如式(2.64) 所示。并且当 α_p 大于约 110° 的临界值时，最佳开关参数为零。 实际上，根据图 2.15 和式(2.66)，α_p 的临界值为 $\arccos(-1/3) \equiv (\alpha_{max} + \pi/2) \cong 110°$。

最后，将 $\hat{\boldsymbol{r}} \cdot \hat{\boldsymbol{n}} \geqslant 0$ 代入 $(\hat{\boldsymbol{r}} \cdot \hat{\boldsymbol{k}})\hat{\boldsymbol{k}} \equiv (\hat{\boldsymbol{r}} \cdot \hat{\boldsymbol{n}})\hat{\boldsymbol{n}}$，当假定系链是直的时，式(2.51) 的矢量模型给出与文献[88] 相同的结果。 但是，值得注意的是，Toivanen 和 Janhunen 的分析是基于系链的连续角度分布的假设，因此是基于足够数量的 N 个可用系链。相反，本注释的模型可以应用于 $N \geqslant 2$ 的任意数量的系链，并提供矢量关系，这对于初步分析轨道转移非常有用。

2.8 电压分布策略研究

电动太阳风帆航天器在执行深空探测任务过程中，需要通过调整姿态进而调整推力驶向目标方向。而姿态的调整是通过调整电动太阳风帆金属链电压分布，从而产生控制力矩实现的。因此，电动太阳风帆航天器得出所需要的控制推力 $\boldsymbol{F}_c$ 和控制力矩 $\boldsymbol{T}_c$ 后，需要通过调整电压分布从而调整各金属链特征单位长度推力 $\sigma_{\oplus 1}, \sigma_{\oplus 2}, \cdots, \sigma_{\oplus N}$ 来实现。为了达到较大的载荷或较大的特征加速度，电动太阳风帆航天器的金属链数量 N 通常为 20 ~ 100。而控制推力和控制力矩提供的约束只有 6 个，不能得到唯一解。因此，可以将电压分布问题转化成一个非线性规划问题，设计变量为 $\sigma_{\oplus 1}, \sigma_{\oplus 2}, \cdots, \sigma_{\oplus N}$。为了实现在达到要求控制推力和控制力矩的情况下，所需要的功率尽量小，优化性能指标可以选为

$$J = \sum_{k=1}^{N} \sigma_{\oplus k} \tag{2.75}$$

为了使电动太阳风帆航天器产生控制器所需的控制推力 $\boldsymbol{F}_c$ 和控制力矩 $\boldsymbol{T}_c$，这个非线性规划问题应包括以下等式约束：

$$\begin{cases} \sum_{k=1}^{N} \sigma_{\oplus k} L \left(\dfrac{r_{\oplus}}{r}\right) \boldsymbol{j}_{\mathrm{F}k} = \boldsymbol{F}_{\mathrm{c}} \\ \sum_{k=1}^{N} \dfrac{1}{2} \sigma_{\oplus k} L^{2} \left(\dfrac{r_{\oplus}}{r}\right) \boldsymbol{j}_{\mathrm{T}k} = \boldsymbol{T}_{\mathrm{c}} \end{cases} \tag{2.76}$$

2.9　本章小结

本章首先介绍了电动太阳风帆航天器动力学及控制研究中所用到的主要时间系统及坐标系统，并给出了不同参考系统之间的转换关系；然后，基于单根带电金属链在太阳风粒子环境中的推力模型，对电动太阳风帆航天器的推力矢量模型和力矩矢量模型进行了推导，对电压分布策略进行了初步研究，并对电动太阳风帆推力矢量与太阳帆推力进行了分析和对比。

第 3 章

电动太阳风帆姿态轨道耦合动力学

3.1 概 述

由于电动太阳风帆航天器推力矢量取决于姿态，所以轨道动力学和姿态动力学之间应该是耦合的，需要对电动太阳风帆的姿态－轨道耦合动力学开展研究。考虑帆体的柔韧性会极大地增加动力学的复杂程度，本着循序渐进的研究策略，电动太阳风帆的姿态动力学研究忽略了电动太阳风帆结构变形，这也是许多太阳帆研究领域专家在研究初期常用的假设。本章主要分为以下几个部分：(1) 在所获得的推力模型基础上，对电动太阳风帆航天器日心二体轨道动力学模型进行推导；(2) 在不考虑电动太阳风帆航天器帆体柔韧性的情况下，对其姿态动力学进行推导；(3) 结合姿态动力学及轨道动力学模型，获得电动太阳风帆姿态轨道耦合动力学方程。

3.2 轨道动力学建模

本节基于电动太阳风帆推力模型，研究电动太阳风帆航天器日心二体轨道动力学模型。分别在球坐标系和笛卡尔直角坐标系下描述电动太阳风帆航天器轨道动力学模型。其中，在球坐标系下描述的动力学模型主要用于电动太阳风

帆日心悬浮轨道设计和分析，在笛卡尔直角坐标系下描述的动力学模型主要用于电动太阳风帆轨迹优化研究。

3.2.1 球坐标系下轨道动力学模型

球坐标系下描述的电动太阳风帆轨道动力学模型在日心悬浮轨道设计及分析中应用十分方便，可以通过(r,Ψ,Θ) 三个参数描述电动太阳风帆航天器在球坐标系下的位置。其中，r 为相对原点的直线距离；Ψ 为方向角，即连线方向在 $x_sO_sy_s$ 平面的投影与 x_s 轴之间的夹角；Θ 为俯仰角，即连线方向与 z_s 轴之间的夹角。在轨道参考系下，电动太阳风帆航天器轨道动力学模型可写作

$$\ddot{\boldsymbol{r}}+2\boldsymbol{\omega}_{o/s}\times\dot{\boldsymbol{r}}+\boldsymbol{\omega}_{o/s}\times(\boldsymbol{\omega}_{o/s}\times\boldsymbol{r})=-(\mu_{\odot}/r^3)\boldsymbol{r}+\boldsymbol{a}_o \tag{3.1}$$

其中，$\boldsymbol{r}$ 为电动太阳风帆航天器位置矢量，在轨道参考系下为$[0\quad 0\quad r]^{\mathrm{T}}$；$\boldsymbol{\omega}_{o/s}$ 为轨道参考系相对日心黄道参考系的旋转角速度矢量，在轨道参考系下为$[-\dot{\Psi}\sin\Theta\quad\dot{\Theta}\quad\dot{\Psi}\cos\Theta]^{\mathrm{T}}$；$\mu_{\odot}$ 为太阳引力常数，即万有引力常数与太阳质量的乘积；$\boldsymbol{a}_o$ 为在轨道参考系下描述的电动太阳风帆航天器产生的推力加速度矢量。

由式(2.10) 可知，电动太阳风帆推力加速度矢量应由相对太阳距离、电动太阳风帆姿态和平均电压共同决定，所以在轨道参考系下的电动太阳风帆推力加速度矢量可以写成如下形式：

$$\boldsymbol{a}_o=\left(\frac{\kappa a_{\oplus}r_{\oplus}}{2r}\right)\begin{bmatrix}\cos\phi\sin\theta\cos\theta\\-\sin\phi\cos\phi\cos^2\theta\\\cos^2\phi\cos^2\theta+1\end{bmatrix} \tag{3.2}$$

其中，$a_{\oplus}=NL\sigma_{\oplus\max}/m$ 为电动太阳风帆航天器最大特征加速度，即电动太阳风帆距离太阳 1 AU 处所能产生的最大加速度值；m 为电动太阳风帆航天器质量，包括电动太阳风帆推进系统质量、有效载荷质量和飞行器结构质量；$\kappa\in[0,1]$ 为电动太阳风帆推力开关系数，$\kappa\in[0,1]$，可以通过电子枪调整金属链的电压来调整电动太阳风帆整体的推力，这一特性与太阳帆有很大的不同。

将式(3.2) 代入式(3.1)，便可以获得电动太阳风帆航天器在球坐标系下描述的日心二体轨道动力学方程，即

$$\begin{cases}\dot{r}=v_r\\\dot{\Theta}=\omega_{\Theta}\\\dot{\Psi}=\omega_{\Psi}\\\dot{v}_r=r\omega_{\Psi}^2\sin^2\Theta+r\omega_{\Theta}^2-\dfrac{\mu_{\odot}}{r^2}+\dfrac{\kappa a_{\oplus}r_{\oplus}}{2r}(\cos^2\phi\cos^2\theta+1)\\\dot{\omega}_{\Theta}=\omega_{\Psi}^2\sin\Theta\cos\Theta-\dfrac{2v_r\omega_{\Theta}}{r}+\dfrac{\kappa a_{\oplus}r_{\oplus}}{2r^2}(\cos\phi\sin\theta\cos\theta)\\\dot{\omega}_{\Psi}=-\dfrac{2v_r\omega_{\Psi}}{r}-2\omega_{\Theta}\omega_{\Psi}\cot\Theta+\dfrac{\kappa a_{\oplus}r_{\oplus}}{2r^2}(-\sin\phi\cos\phi\cos^2\theta)\end{cases} \tag{3.3}$$

其中，v_r 为电动太阳风帆径向速度；ω_Θ 和 ω_Ψ 分别为角 Θ 和角 Ψ 的角速率。

3.2.2 笛卡尔直角坐标系下轨道动力学模型

电动太阳风帆航天器笛卡尔直角坐标系下描述的轨道动力学模型非常适用于电动太阳风帆轨迹优化的研究。可以通过(x,y,z)三个坐标参数描述电动太阳风帆航天器在直角坐标系下的位置。在日心黄道参考系下，电动太阳风帆航天器日心二体动力学可以写作

$$\ddot{\boldsymbol{r}} = -(\mu_\odot / r^3)\boldsymbol{r} + \boldsymbol{a}_s \tag{3.4}$$

其中，$\boldsymbol{a}_s$ 为在日心黄道参考系下描述的电动太阳风帆航天器推力加速度矢量。结合式(2.2)和式(3.2)，可以获得其在日心黄道参考系下描述的矢量为

$$\boldsymbol{a}_s = \left(\frac{\kappa a_\oplus r_\oplus}{2r}\right)\begin{bmatrix}\cos\Psi & -\sin\Psi & 0\\ \sin\Psi & \cos\Psi & 0\\ 0 & 0 & 1\end{bmatrix}\begin{bmatrix}\cos\Theta & 0 & \sin\Theta\\ 0 & 1 & 0\\ -\sin\Theta & 0 & \cos\Theta\end{bmatrix}\begin{bmatrix}\cos\phi\sin\theta\cos\theta\\ -\sin\phi\cos\phi\cos^2\theta\\ \cos^2\phi\cos^2\theta+1\end{bmatrix} \tag{3.5}$$

其中，$\sin\Theta = \sqrt{x^2+y^2}/r$；$\cos\Theta = z/r$；$\sin\Psi = y/r$；$\cos\Psi = x/r$；$r=\sqrt{x^2+y^2+z^2}$。

将式(3.5)代入式(3.4)，便可以获得电动太阳风帆航天器在笛卡尔坐标系下描述的日心二体轨道动力学方程：

$$\begin{cases}\dot{x} = v_x\\ \dot{y} = v_y\\ \dot{z} = v_z\\ \dot{v}_x = -\mu_\odot \dfrac{x}{r^3} + \\ \qquad \kappa a_\oplus r_\oplus \dfrac{x\sqrt{x^2+y^2}(\cos^2\phi\cos^2\theta+1) + xz\cos\phi\sin\theta\cos\theta + yr\sin\phi\cos\phi\cos^2\theta}{2r^2\sqrt{x^2+y^2}}\\ \dot{v}_y = -\mu_\odot \dfrac{y}{r^3} + \\ \qquad \kappa a_\oplus r_\oplus \dfrac{y\sqrt{x^2+y^2}(\cos^2\phi\cos^2\theta+1) + yz\cos\phi\sin\theta\cos\theta - xr\sin\phi\cos\phi\cos^2\theta}{2r^2\sqrt{x^2+y^2}}\\ \dot{v}_z = -\mu_\odot \dfrac{z}{r^3} + \\ \qquad \kappa a_\oplus r_\oplus \dfrac{z(\cos^2\phi\cos^2\theta+1) - \sqrt{x^2+y^2}\cos\phi\sin\theta\cos\theta}{2r^2}\end{cases} \tag{3.6}$$

其中，v_x、v_y 和 v_z 为电动太阳风帆航天器在日心黄道参考系下的速度分量。

3.3　姿态动力学建模

本节主要研究电动太阳风帆航天器刚体姿态动力学，在研究过程中不考虑电动太阳风帆航天器的结构变形。由于体参考系是建立在电动太阳风帆航天器之上的，所以体参考系相对于J2000日心黄道参考系的角速度与电动太阳风帆相对于J2000日心黄道参考系的角速度相等。将J2000日心黄道参考系假设为惯性空间，则电动太阳风帆航天器的姿态角速度矢量可以写作

$$\boldsymbol{\omega}=\boldsymbol{\omega}_{\mathrm{b/o}}+\boldsymbol{\omega}_{\mathrm{o/s}} \tag{3.7}$$

其中，$\boldsymbol{\omega}_{\mathrm{b/o}}$ 为体参考系相对于轨道参考系的姿态角速度矢量；$\boldsymbol{\omega}_{\mathrm{o/s}}$ 为轨道参考系相对于日心黄道参考系的姿态角速度矢量。

将第2章式(2.3)和式(2.6)代入式(3.7)并整理，可得到欧拉角速率与姿态角速度矢量之间的关系为

$$\begin{bmatrix}\dot{\phi}\\ \dot{\theta}\\ \dot{\psi}\end{bmatrix}=\frac{1}{\cos\theta}\begin{bmatrix}\cos\psi & -\sin\psi & 0\\ \cos\theta\sin\psi & \cos\theta\cos\psi & 0\\ -\sin\theta\cos\psi & \sin\theta\sin\psi & \cos\theta\end{bmatrix}\begin{bmatrix}\omega_{\mathrm{b}x}\\ \omega_{\mathrm{b}y}\\ \omega_{\mathrm{b}z}\end{bmatrix}+ \frac{1}{\cos\theta}\begin{bmatrix}-\cos\theta & -\sin\phi\sin\theta & \cos\phi\sin\theta\\ 0 & -\cos\phi\cos\theta & -\sin\phi\cos\theta\\ 0 & \sin\phi & -\cos\phi\end{bmatrix}\begin{bmatrix}-\dot{\Psi}\sin\Theta\\ \dot{\Theta}\\ \dot{\Psi}\cos\Theta\end{bmatrix} \tag{3.8}$$

其中，$[\omega_{\mathrm{b}x}\quad\omega_{\mathrm{b}y}\quad\omega_{\mathrm{b}z}]^{\mathrm{T}}=\boldsymbol{\omega}$ 为体参考系下描述的电动太阳风帆航天器姿态角速度矢量。

电动太阳风帆航天器刚体姿态动力学方程可写作

$$\boldsymbol{I}\dot{\boldsymbol{\omega}}+\boldsymbol{\omega}\times(\boldsymbol{I}\boldsymbol{\omega})=\boldsymbol{T} \tag{3.9}$$

其中，$\boldsymbol{I}$ 为电动太阳风帆航天器惯性张量，由于电动太阳风帆相对于惯性主轴对称，所以可以假设电动太阳风帆航天器惯性张量中的惯性积为0，式(3.9)经过整理可以写作

$$\begin{bmatrix}\dot{\omega}_{\mathrm{b}x}\\ \dot{\omega}_{\mathrm{b}y}\\ \dot{\omega}_{\mathrm{b}z}\end{bmatrix}=\begin{bmatrix}1/I_x & 0 & 0\\ 0 & 1/I_y & 0\\ 0 & 0 & 1/I_z\end{bmatrix}\begin{bmatrix}T_x\\ T_y\\ T_z\end{bmatrix}+\begin{bmatrix}\omega_{\mathrm{b}y}\omega_{\mathrm{b}z}(I_y-I_z)/I_x\\ \omega_{\mathrm{b}x}\omega_{\mathrm{b}z}(I_z-I_x)/I_y\\ \omega_{\mathrm{b}x}\omega_{\mathrm{b}y}(I_x-I_y)/I_z\end{bmatrix} \tag{3.10}$$

通过整理式(3.8)和式(3.10)，可以得到在体参考系下描述的电动太阳风帆航天器刚体姿态动力学方程：

$$
\begin{cases}
\dot{\phi}=\omega_{bx}\cos\psi/\cos\theta-\omega_{by}\sin\psi/\cos\theta+\omega_{\Psi}\sin\Theta-\omega_{\Theta}\sin\phi\tan\theta+\\
\quad\omega_{\Psi}\cos\Theta\cos\phi\tan\theta\\
\dot{\theta}=\omega_{bx}\sin\psi+\omega_{by}\cos\psi-\omega_{\Theta}\cos\phi-\omega_{\Psi}\cos\Theta\sin\phi\\
\dot{\psi}=-\omega_{bx}\tan\theta\cos\psi+\omega_{by}\tan\theta\sin\psi+\omega_{bz}+\omega_{\Theta}\sin\phi/\cos\theta-\\
\quad\omega_{\Psi}\cos\Theta\cos\phi/\cos\theta\\
\dot{\omega}_{bx}=\omega_{by}\omega_{bz}(I_y-I_z)/I_x+T_x/I_x\\
\dot{\omega}_{by}=\omega_{bx}\omega_{bz}(I_z-I_x)/I_y+T_y/I_y\\
\dot{\omega}_{bz}=\omega_{bx}\omega_{by}(I_x-I_y)/I_z+T_z/I_z
\end{cases}
\tag{3.11}
$$

3.4 姿态轨道耦合动力学模型

通过对电动太阳风帆航天器轨道动力学和姿态动力学的研究可以发现，由于电动太阳风帆的推力矢量很大程度上取决于电动太阳风帆的姿态，因此电动太阳风帆的姿态动力学与轨道动力学是耦合的。结合式(3.3)和式(3.11)可得到电动太阳风帆航天器的姿态－轨道耦合动力学方程为

$$
\begin{cases}
\dot{r}=v_r\\
\dot{\Theta}=\omega_{\Theta}\\
\dot{\Psi}=\omega_{\Psi}\\
\dot{v}_r=r\omega_{\Psi}^2\sin^2\Theta+r\omega_{\Theta}^2-\mu_{\odot}/r^2+\kappa a_{\oplus}r_{\oplus}(\cos^2\phi\cos^2\theta+1)/(2r)\\
\dot{\omega}_{\Theta}=\omega_{\Psi}^2\sin\Theta\cos\Theta-2v_r\omega_{\Theta}/r+\kappa a_{\oplus}r_{\oplus}(\cos\phi\sin\theta\cos\theta)/(2r^2)\\
\dot{\omega}_{\Psi}=-2v_r\omega_{\Psi}/r-2\omega_{\Theta}\omega_{\Psi}\cot\Theta+\kappa a_{\oplus}r_{\oplus}(-\sin\phi\cos\phi\cos^2\theta)/(2r^2)\\
\dot{\phi}=\omega_{bx}\cos\psi/\cos\theta-\omega_{by}\sin\psi/\cos\theta+\omega_{\Psi}\sin\Theta-\omega_{\Theta}\sin\phi\tan\theta+\\
\quad\omega_{\Psi}\cos\Theta\cos\phi\tan\theta\\
\dot{\theta}=\omega_{bx}\sin\psi+\omega_{by}\cos\psi-\omega_{\Theta}\cos\phi-\omega_{\Psi}\cos\Theta\sin\phi\\
\dot{\psi}=-\omega_{bx}\tan\theta\cos\psi+\omega_{by}\tan\theta\sin\psi+\omega_{bz}+\omega_{\Theta}\sin\phi/\cos\theta-\\
\quad\omega_{\Psi}\cos\Theta\cos\phi/\cos\theta\\
\dot{\omega}_{bx}=\omega_{by}\omega_{bz}(I_y-I_z)/I_x+T_x/I_x\\
\dot{\omega}_{by}=\omega_{bx}\omega_{bz}(I_z-I_x)/I_y+T_y/I_y\\
\dot{\omega}_{bz}=\omega_{bx}\omega_{by}(I_x-I_y)/I_z+T_z/I_z
\end{cases}
\tag{3.12}
$$

由电动太阳风帆航天器姿态－轨道耦合动力学方程可以看出，方程中共有12个状态变量，分别是r、Θ、Ψ、v_r、ω_{Θ}、ω_{Ψ}、ϕ、θ、ψ、ω_{bx}、ω_{by}、ω_{bz}（或x、y、z、v_x、v_y、

v_z、ϕ、θ、ψ、ω_{bx}、ω_{by}、ω_{bz}）。共有 4 个控制变量，分别是 κ、T_x、T_y、T_z，其中，κ 为电动太阳风帆推进系数，可通过调整电动太阳风帆带电金属链平均电压进行调整；T_x、T_y 和 T_z 分别为电动太阳风帆通过调整金属链电压分布所产生的控制力矩。电动太阳风帆推进系数(κ) 和控制力矩(T_x，T_y，T_z) 由飞行控制器给出后，即可得到所需的推力矢量 $\boldsymbol{F}$ 和力矩矢量 $\boldsymbol{T}$。然后通过对第 2 章中式(2.24) 给出的非线性规划问题进行求解，得出应达到的金属链电压分布，从而最终实现电动太阳风帆的姿态－轨道耦合控制。由方程可以看出，电动太阳风帆航天器姿态对轨道的影响主要体现在两个姿态角 ϕ 和 θ 上，而电动太阳风帆绕体轴的旋转角度 ψ 并不对电动太阳风帆的轨道产生影响，这方面与太阳帆是一致的。

3.5　本章小结

本章在所获得的推力矢量模型基础上，分别在球坐标系和笛卡尔直角坐标系下对电动太阳风帆航天器日心二体轨道动力学模型进行了推导。在不考虑电动太阳风帆航天器帆体柔韧性的情况下，对其姿态动力学进行了推导。由于电动太阳风帆的推力矢量取决于电动太阳风帆的姿态，所以电动太阳风帆的轨道动力学与姿态动力学是耦合的。最后，将电动太阳风帆轨道动力学和姿态动力学进行归纳总结，得出了电动太阳风帆姿态－轨道耦合动力学方程。

第4章

电动太阳风帆飞行轨迹解析快速估计

4.1 概　述

本章的主要研究内容如下:电动太阳风帆航天器轨道设计与轨迹优化问题,其实质为连续小推力和引力中心作用的非线性两点边值问题。直接法、间接法、混合法及智能算法已经广泛应用于轨迹优化问题。但是这些方法在开始迭代之前都需要估计初始值,且存在收敛性能较差、优化时间较长等问题,从而很难得到最优解。其中,直接法对初始值的敏感性不如间接法。为了有效且快速地得到能量最优的连续小推力转移轨道,目前通常将电动太阳风帆这类小推力轨道设计过程分为初始设计和精确设计。而近年来的轨迹成型法恰好能够为小推力轨道多圈转移提供快速初始设计,即能够为求解两点边值问题提供状态变量和控制变量的初始值。轨迹成形法是一种基于反向设计思想的轨道设计方法,无须了解飞行过程中的信息,它利用某种函数来预先设计航天器的飞行轨迹。形状参数由边界条件确定,结合动力学模型可推导得到正切推力加速度的解析形式,通过积分可计算出飞行时间及速度增量。针对电动太阳风帆共面多圈轨道转移和交会问题,提出基于有限傅立叶级数形状法和贝塞尔(Bezier)形状法,用于电动太阳风帆飞行轨迹解析快速估计。

4.2 小推进加速度二维飞行轨迹估计

4.2.1 数学模型

电动太阳风帆航天器最初停在半长轴 a_0 和偏心率 $e_0 < 1$ 的日心(开普勒)椭圆形轨道上。假设是二维任务场景,引入日心中心极坐标系 $T(O;r,\theta)$,其中 r 是电动太阳风帆航天器与太阳的距离($r_{\oplus} \triangleq 1$ AU),θ 是从停泊轨道的近点线逆时针测量的极角,参考坐标系与推力锥角如图 4.1 所示。令 $\hat{\boldsymbol{i}}_r$(或 $\hat{\boldsymbol{i}}_\theta$)为极坐标系 T 的径向(或横向)单位矢量。

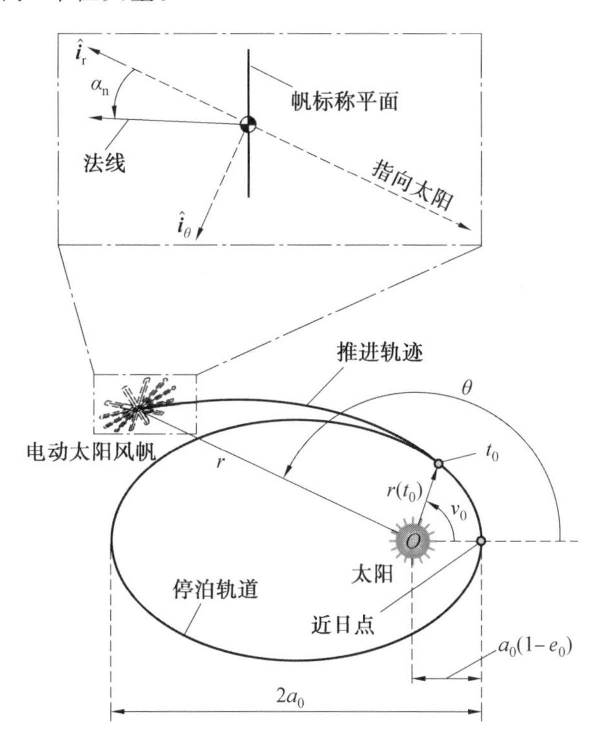

图 4.1　参考坐标系与推力锥角

电动太阳风帆的推进加速度矢量 $\boldsymbol{a}$ 取决于太阳与航天器的距离 r 和俯仰角为 $\alpha_n \in [-\pi/2, \pi/2]$ 的电动太阳风帆的姿态。在这种二维情况下,俯仰角是唯一的控制变量。推进加速度矢量 $\boldsymbol{a}$ 可以紧凑形式写为

$$\boldsymbol{a} = a_r \hat{\boldsymbol{i}}_r + a_\theta \hat{\boldsymbol{i}}_\theta \tag{4.1}$$

$$a_{\mathrm{r}}=\frac{a_{\mathrm{c}}r_{\oplus}\left(\cos^{2}\alpha_{\mathrm{n}}+1\right)}{2r} \tag{4.2}$$

$$a_{\theta}=\frac{a_{\mathrm{c}}r_{\oplus}\sin\alpha_{\mathrm{n}}\cos\alpha_{\mathrm{n}}}{2r} \tag{4.3}$$

其中，a_{c} 是特征加速度，即 $r=r_{\oplus}$ 时的 $\|\boldsymbol{a}\|$ 的最大值。请注意，在实际情况下，在计算推进性能时要考虑实际的系链布置，而 a_{c} 的值实际上取决于系链的形状和航天器的自旋速率。

当 $r=r_{\oplus}$ 时，作为俯仰角 α_{n} 的函数，图 4.2 中以无量纲形式表示电动太阳风帆推进加速度分量。当太阳与航天器距离为 1 AU 时，特征加速度与朝阳电动太阳风帆（即俯仰角为 $\alpha_{\mathrm{n}}=0$ 的电动太阳风帆）的推进加速度模量一致，如图 4.2(c) 所示。a_{c} 是初步任务设计中的经典性能参数，因为它取决于航天器的质量和电动太阳风帆设计特性，如总系链长度和电缆电压。

假设推进系统 $t_0\triangleq 0$ 时接通，并且在 $t\geqslant t_0$ 时工作。考虑到式(4.1)～(4.3)，极坐标系 T 中的电动太阳风帆运动方程为

$$\dot{r}=u \tag{4.4}$$

$$\dot{\theta}=\frac{h}{r^{2}} \tag{4.5}$$

$$\dot{u}=-\frac{\mu_{\odot}}{r^{2}}+\frac{h^{2}}{r^{3}}+\frac{a_{\mathrm{c}}r_{\oplus}\left(\cos^{2}\alpha_{\mathrm{n}}+1\right)}{2r} \tag{4.6}$$

$$\dot{h}=-\frac{a_{\mathrm{c}}r_{\oplus}\sin\alpha_{\mathrm{n}}\cos\alpha_{\mathrm{n}}}{2} \tag{4.7}$$

其中，$\mu_{\odot}$ 是太阳的引力参数；u 是航天器速度的径向分量；h 是振荡轨道（特定）角动量的模量。

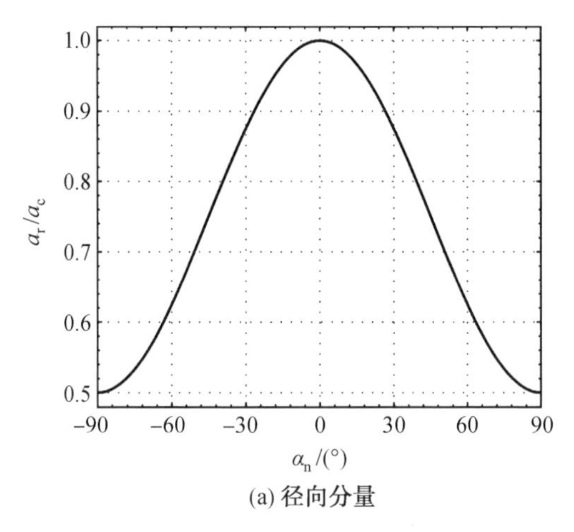

(a) 径向分量

图 4.2　$r=r_{\oplus}$ 时电动太阳风帆俯仰角函数的推进加速度

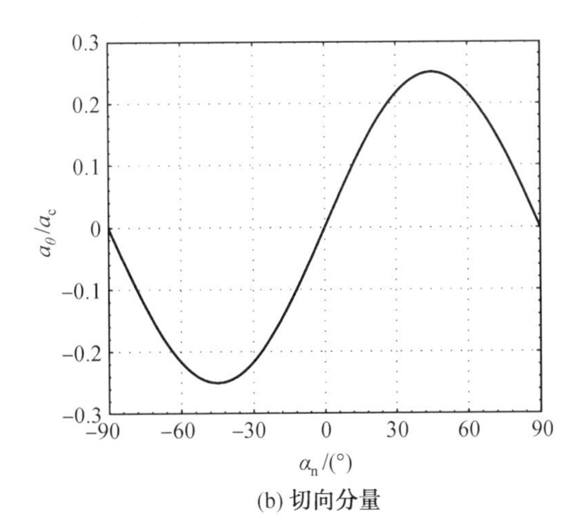

(b) 切向分量

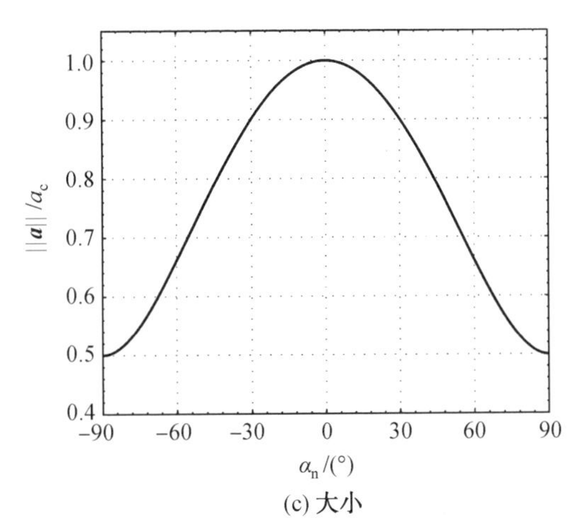

(c) 大小

续图 4.2

航天器速度的横向分量可以写成 h 和 r 的函数，即

$$v=\frac{h}{r} \tag{4.8}$$

式(4.4)～(4.7)的微分系统由 4 个初始条件在时间 $t=t_0$ 处完成。

$$\begin{cases} r(t_0)=\dfrac{a_0(1-e_0^2)}{1+e_0\cos v_0} \\ \theta(t_0)=v_0 \\ u(t_0)=e_0\sin v_0\sqrt{\dfrac{\mu_\odot}{a_0(1-e_0^2)}} \\ h(t_0)=\sqrt{\mu_{a0}(1-e_0^2)} \end{cases} \tag{4.9}$$

其中，v_0 是推进系统启动时沿(螺旋中心)停泊轨道的航天器真近点角(图 4.1)。

对日电动太阳风帆在特殊的情况下(即 $\alpha_n=0$)，事实上 h 是运动常数(式(4.7))，可以通过分析找到一些值得注意的轨迹特征，例如限制运动发生的条件。但是，通常对于给定的控制变量 $\alpha_n=\alpha_n(t)$ 的时间变化，实际的电动太阳风帆轨迹(即极坐标系中的 $r=r(\theta)$) 只能通过求解由式(4.4)～(4.9)给出的相应柯西问题得到数值形式。当俯仰角 α_n 在整个航天器运动期间保持恒定时，极坐标系 T 中的推力矢量方向是固定的。此属性简化了航天器热控制系统以及电源子系统的设计。

在这种情况下，Niccolai 等人最近使用 Bom bardelli 等人引入的渐近展开算法分析了电动太阳风帆的动力学。Niccolai 等人提出的近似方法也已应用于基于太阳帆的任务场景，并且更简单。但是，Niccolai 等人使用的方法需要对航天器动力学进行复杂的分析，必须以非奇异的轨道元素来表示。值得注意的是，航天器轨迹的极坐标形式可以解析形式准确描述，而无须借助渐近展开法。如现在将要讨论的那样，对 Quarta 和 Mengali 中开发的方法进行适当的改进是可能的。

1. 数学基础

要使飞行器的轨迹成为极坐标形式 $r=r(\theta)$，第一步需要适应 Huo 等人的精确推力模型，以适应 Quarta 和 Mengali 开发的程序。为此，假设电动太阳风帆俯仰角 α_n 对于 $t>t_0$ 是恒定的。从式(4.7)可以看出，角动量的大小 h 随时间线性增加，即

$$h(t)=h_0+\left(\frac{a_c r_\oplus \sin\alpha_n \cos\alpha_n}{2}\right)t \tag{4.10}$$

其中，$h=h_0$，下标0表示沿着停泊(螺旋中心)轨道计算的量。只要电动太阳风帆姿态相对于轨道参考系保持恒定，则式(4.10)是精确的并提供运动的第一积分。也可以将其代入式(4.6)，以方便日心轨迹分析。但是，即使借助式(4.10)，如果不引入其他合适的假设，也无法恢复航天器速度的径向分量的封闭形式(精确)解。

例如，当停泊轨道为圆形(即 $e_0=0$ 和 $r(t_0)\equiv a_0$)并且航天器特性加速度 a_c 与初始重力加速度相比足够小或者 $a_c\ll\mu/a_0^2$ 时，可以找到航天器轨迹的近似解析表达式。特别是，忽略地球的轨道偏心率并假设 $a_0=r_\oplus=1$ AU，这种情况发生在质量推力比较高的电动太阳风帆航天器以双曲线过剩速度为零离开行星的影响范围时。在那种情况下，初始真实异常也可以假定为零，并且初始条件变为

$$\begin{cases}r(t_0)=a_0, \quad \theta(t_0)=0, \quad u(t_0)=0\\ h(t_0)=h_0=\sqrt{\mu_\odot a_0}\end{cases} \tag{4.11}$$

此时航天器速度的横向分量为 $v_0=\sqrt{\mu_\odot/a_0}$。

由于低性能推进器的推进加速度 a_r 的径向分量比局部重力加速度 μ/r^2 小得多，并且回想起停泊轨道是圆形的，因此可以将等式 $\dot{u}\approx 0$ 引入式(4.6)简化对航天器动力学的分析。将航天器轨迹的近似分析形式与轨道模拟器的数值结果进行比较，可以证明这种近似的合理性是后验的。当将条件 $\dot{u}=0$ 代入式(4.6)时，太阳飞船距离 r 可以写为 h 的函数：

$$r=\frac{\mu_{\odot}}{a_c r_{\oplus}(\cos^2\alpha_n+1)}\left[1-\sqrt{1-\frac{2a_c r_{\oplus}(\cos^2\alpha_n+1)h^2}{\mu_{\odot}^2}}\right] \tag{4.12}$$

其中，h 是通过式(4.10)得到的时间的显式函数。注意，如果 $\alpha_n>0$，则当 $t>t^*$ 时，式(4.12)中平方根下的项变为负，其中

$$t^*=\frac{2\mu_{\odot}/\sqrt{2a_c r_{\oplus}(\cos^2\alpha_n+1)}-2h_0}{a_c r_{\oplus}\sin\alpha_n\cos\alpha_n} \tag{4.13}$$

因此，式(4.13)给出了时间间隔的上界，在该时间间隔内，由式(4.12)给出的近似值是合理的。图 4.3 所示为当 $a_0=r_{\oplus}$ 时，t^* 作为 a_c 和 α_n 的函数的图形表示。假设 $a_c<0.4\ \text{mm/s}^2$(低性能推进器)，则式(4.12)的平方根下的项在较长的时间间隔内为正，因为 t^* 的最小值远超过 10 年。当 $\alpha_n=[-\pi/2,\pi/2]$(纯径向推力)时式(4.13)指出 $t^*\to\infty$。

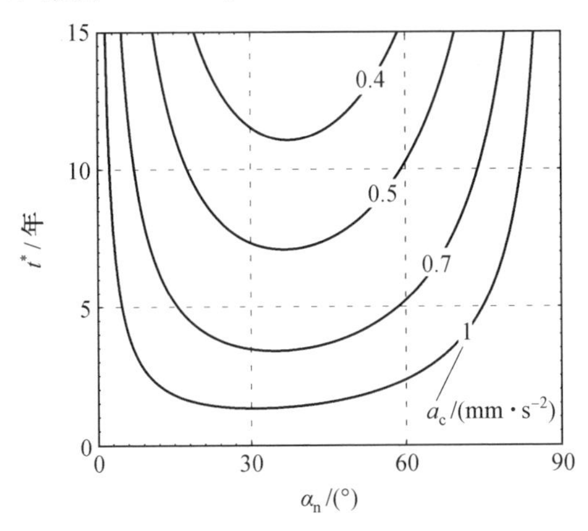

图 4.3　当 $a_0=r_{\oplus}$ 时，t^* 作为 a_c 和 α_n 的函数的图形表示

随着变量的变化可获得航天器轨迹的极坐标形式为

$$\chi\triangleq 1-\frac{2a_c r_{\oplus}(\cos^2\alpha_n+1)h^2}{\mu_{\odot}^2} \tag{4.14}$$

因此式(4.12)可以被写为

$$r(\chi)=\frac{\mu_{\odot}}{a_c r_{\oplus}(\cos^2\alpha_n+1)}(1-\sqrt{\chi}) \tag{4.15}$$

当 $\alpha_n=[-\pi/2,\pi/2]$ 时，h 和 χ 均为运动常数，见式(4.7)和式(4.14)。相

反，如果 $\alpha_n \neq [-\pi/2, \pi/2]$（表示 $\dot{\chi} \neq 0$），则式(4.5)可以转化为具有可分离变量的微分方程，即

$$\begin{cases} \theta' = \dfrac{\dot{\theta}}{\dot{\chi}} \equiv -\dfrac{\cos^2\alpha_n + 1}{2\sin\alpha_n\cos\alpha_n(1-\sqrt{\chi})^2} \\ \alpha_n \neq \left\{-\dfrac{\pi}{2}, 0, \dfrac{\pi}{2}\right\} \quad \text{rad} \end{cases} \tag{4.16}$$

其中素数符号表示相对于辅助变量 χ 的微分，并且 $\dot{\chi} = \dot{h}/h'$。可以对式(4.16)进行积分以得出极角 θ 作为辅助变量 χ 的函数。结果是

$$\begin{cases} \theta(\chi) = \dfrac{\cos^2\alpha_n + 1}{2\sin\alpha_n\cos\alpha_n}[F(\chi_0) - F(\chi)] \\ \alpha_n \neq \left\{-\dfrac{\pi}{2}, 0, \dfrac{\pi}{2}\right\} \quad \text{rad} \end{cases} \tag{4.17}$$

其中，χ_0 是 χ 的初始值，有

$$\chi = 1 - \frac{2a_c a_0 r_\oplus(\cos^2\alpha_n + 1)}{\mu_\odot^2} \tag{4.18}$$

$F = F(y)$ 是辅助函数，定义为

$$F(y) \triangleq \frac{2}{1-\sqrt{y}} + 2\ln(1-\sqrt{y}) \tag{4.19}$$

推进轨迹的参数方程由式(4.15)和式(4.17)给出。这些方程使用了 Huo 等人引入的最新电动太阳风帆推力模型，更新了 Quarta 和 Mengali 的结果。极角的近似时间变化也可以通过将式(4.17)～(4.19)与式(4.10)和式(4.14)组合而获得。

借助式(4.15)，可以将航天器速度的径向分量改写为 h 的函数：

$$u = \frac{\dot{h}r'}{h'} \equiv \frac{a_c r_\oplus \sin\alpha_n \cos\alpha_n h}{\sqrt{\mu_\odot^2 - 2a_c r_\oplus(\cos^2\alpha_n + 1)h^2}}, \quad \alpha_n \neq \left\{-\frac{\pi}{2}, 0, \frac{\pi}{2}\right\} \quad \text{rad} \tag{4.20}$$

而从式(4.8)可知，航天器速度的横向分量为

$$v = \frac{a_c r_\oplus(\cos^2\alpha_n + 1)h}{\mu_\odot - \sqrt{\mu_\odot^2 - 2a_c r_\oplus(\cos^2\alpha_n + 1)h^2}}, \quad \alpha_n \neq \left\{-\frac{\pi}{2}, 0, \frac{\pi}{2}\right\} \quad \text{rad} \tag{4.21}$$

注意，式(4.20)和式(4.21)不满足圆形停泊轨道的初始条件。这是分析模型开发中使用的近似 $\dot{u}=0$ 的结果。在太阳与航天器距离 r 的计算中也会出现相同的问题，见式(4.12)或式(4.15)，当 $h=h_0$ 或 $\chi=\chi_0$ 时，其初始值与式(4.11)给出的初始值不同。假设 $a_0 = r_\oplus$，用式(4.12)和式(4.20)获得的关于距离和径向

速度的初始误差的示例以无量纲形式显示在图 4.4 和图 4.5 中。只要 $a_c < 0.1\ \mathrm{mm/s^2}$，$r(t_0)$ 和 a_0 之间的差值始终小于 $r_\oplus$ 的 2%。而且，当特征加速度接近零时，涉及初始径向距离（或径向速度）的无量纲误差趋于零，这与方程 $a_c \to \infty$ 的极限中的式(4.12) 和式(4.20) 一致。

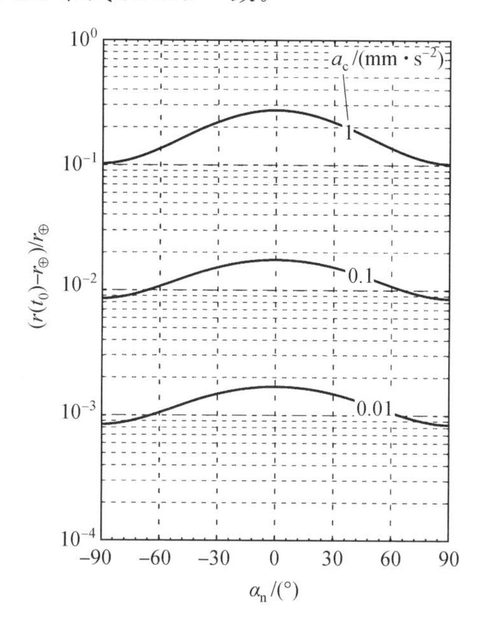

图 4.4　近似值与实际初始太阳和航天器距离之间的无量纲差异

2. 轨迹逼近的验证

通过将解析关系给出的结果与运动方程数值积分得出的结果进行比较，来检查上一部分中讨论的近似数学模型的准确性。为此，使用可变阶的 AdamsBashforth − Moulton 求解器以绝对精度和相对误差 10^{-12} 将式(4.4)～(4.7) 进行双精度积分。

仿真过程可以总结如下。对于给定的一对 $\{\alpha_n, a_c\}$，运动方程式(4.4)～(4.7)（初始方程为式(4.11)，其中 $a_0 = r_\oplus = 1\ \mathrm{AU}$）在时间间隔 $t \in [0, 10]$ 年内积分。状态变量的相应（实际）值用下标“num”表示。将由式(4.10) 和式(4.14) 组合在同一时间间隔内计算出的函数 $\chi = \chi(t)$ 代入式(4.12) 和式(4.17) 获得 r 和 θ 的时间变化，航天器位置矢量写为

$$\boldsymbol{r} = r\cos\theta\,\hat{\boldsymbol{i}}_x + r\sin\theta\,\hat{\boldsymbol{i}}_y \tag{4.22}$$

其中，$\hat{\boldsymbol{i}}_x$、$\hat{\boldsymbol{i}}_y$ 是日心参考系 $T(O; r, \theta)$ 的单位矢量。日心惯性参考系和相对（无量纲）距离如图 4.6 所示。在每个时刻 t 获得精确（数字）位置和近似（分析）位置之间的无量纲距离 d 为

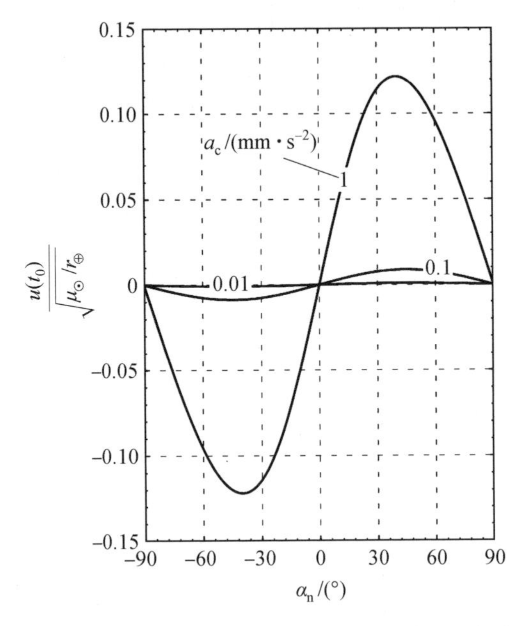

图 4.5　近似值与速度的实际初始 E 型帆径向分量之间的无量纲差异

$$d(a_c,a_n,t)=\frac{\sqrt{(r\cos\theta-r_{num}\cos\theta_{num})^2+(r\sin\theta-r_{num}\sin\theta_{num})^2}}{r_{num}}\tag{4.23}$$

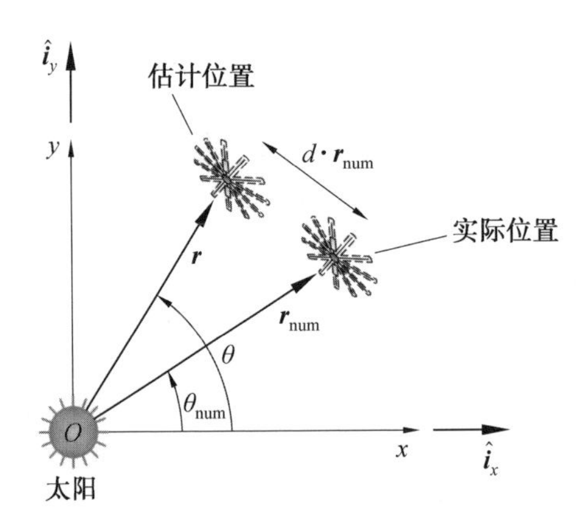

图 4.6　日心惯性参考系和相对(无量纲)距离

在时间间隔 $t\in[0,10]$ 中 d 的最大值为

$$d_{max}(a_c,\alpha_n)\triangleq\max_t\{d(a_c,\alpha_n,t)\}\tag{4.24}$$

请注意,d_{max} 与 Quarta 和 Mengali 引入的索引 ρ 实质上不同,因为在后一种情况下,ρ 涉及角坐标 θ 固定值的径向距离。

图 4.7 所示为特征加速度 a_c 的一些(较小)值的 d_{max} 随 α_n 的变化。当下降轨

道$\alpha_n \approx -45°(\alpha_n < 0)$，而上升轨道$\alpha_n \approx 45°(\alpha_n > 0)$时，获得最大无量纲误差，几乎与$a_c$无关。这些$\alpha_n$的值使横向加速度$a_\theta$最大化，如图 4.2(b) 所示。实际上，在式(4.3) 中强制执行必要条件$\partial a_\theta / \partial \alpha_n = 0$，结果是$\alpha_n = \pm 45°$。

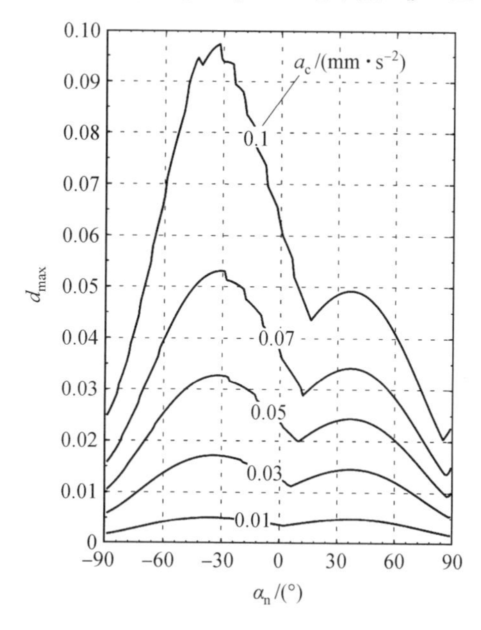

图 4.7　无量纲距离误差d_{max}与俯仰角和特征加速度的关系

图 4.7 还证实了所提出的分析模型可以合理地逼近实际的电动太阳风帆动力学，特别是当特征加速度足够小时。实际上，当$a_c < 0.1$ mm/s^2 时，d_{max}的值低于 10% r_{num}，也就是说，实际和大约的电动太阳风帆位置之间的距离小于$r_{num}/10$。另外，当$a_c < 0.01$ mm/s^2 时，距离误差的最大值仅减小到$d_{max} < 0.5\% \ r_{num}$。

首先通过计算对应于给定极角θ的无量纲径向误差ρ来判断估计航天器轨迹的极坐标形式的能力，即

$$\rho(a_c, \alpha_n, \theta) = \frac{|r_{num} - r|}{r_{num}} \tag{4.25}$$

其次找到$\{a_c, \alpha_n\}$的函数最大值，有

$$\rho_{max}(a_c, \alpha_n) \triangleq \max_\theta \{\rho(a_c, \alpha_n, \theta)\} \tag{4.26}$$

假设(最后) 飞行时间为 10 年，对于$a_0 = r_\oplus$，图 4.8 所示为ρ_{max}随$\{a_c, \alpha_n\}$的变化。当$a_c = 0.1$ mm/s^2 时，无量纲径向误差略小于实际径向距离r_{num}的 2%。改进的分析模型的准确性得到改善是可能的，这将在下一节中讨论。

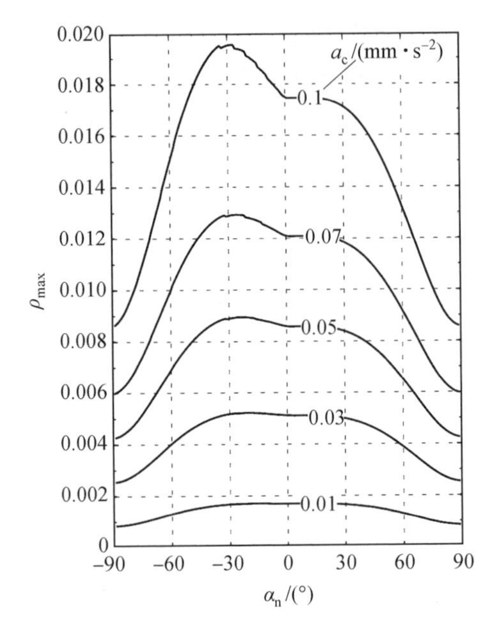

图 4.8　无量纲径向距离误差 ρ_{max} 与俯仰角和特征加速度的关系

4.2.2　轨迹逼近的改进

图 4.9 所示为当 $a_c=\{0.01, 0.1\}$ mm/s^2 时，假设 $a_0=r_{\oplus}$，$\alpha_n=45°$ 飞行时间为 10 年，径向距离 r 随角坐标 θ 的实际和近似变化。特别地，由式(4.15) 和式(4.17) 获得虚线。如果 a_c 取一个很小的值，如小于 0.1 mm/s^2，则对于仿真中使用的所有俯仰角都可获得类似的结果。函数 $r=r(\theta)$(实线) 的特征是具有叠加振荡行为的长期变化，周期约为 2π rad，如图 4.9 所示。长期变化通过式(4.15) 的两个解析近似描述式(4.17)，但是，它们不能捕捉到短期振荡。后者是由推进力作用引起的角动量变化而来的，并且可以借助以下形式的附加项 Δr 来简单有效地建模：

$$\Delta r \triangleq A\cos\theta + B\sin\theta \tag{4.27}$$

这样式(4.15) 中的太阳与航天器距离方程变为

$$r=\frac{\mu_{\odot}}{a_c r_{\oplus}(\cos^2\alpha_n+1)}\left[1-\sqrt{1-\frac{2a_c r_{\oplus}(\cos^2\alpha_n+1)h^2}{\mu_{\odot}^2}}\right]+A\cos\theta+B\sin\theta \tag{4.28}$$

其中，A 和 B 是要选择的常数项，以使 r 和 $\dot{r}$ 满足式(4.11) 的初始条件。特别要注意

$$\dot{r}=\frac{a_c r_\oplus \sin\alpha_n \cos\alpha_n h}{\sqrt{\mu_\odot^2-2a_c r_\oplus(\cos^2\alpha_n+1)h^2}}+\frac{4ha_c^2 r_\oplus^2(B\cos\theta-A\sin\theta)(\cos^2\alpha_n+1)^2}{\mu_\odot^2\left(1-\sqrt{1-\frac{2a_c r_\oplus(\cos^2\alpha_n+1)h^2}{\mu_\odot^2}}\right)^2} \tag{4.29}$$

其中，右边的第一项与式(4.20)给出的 u 表达式重合，而在前面等式的第二项中使用式(4.5)和式(4.12)来获得 $\dot{\theta}=\dot{\theta}(h)$ 的表达式。

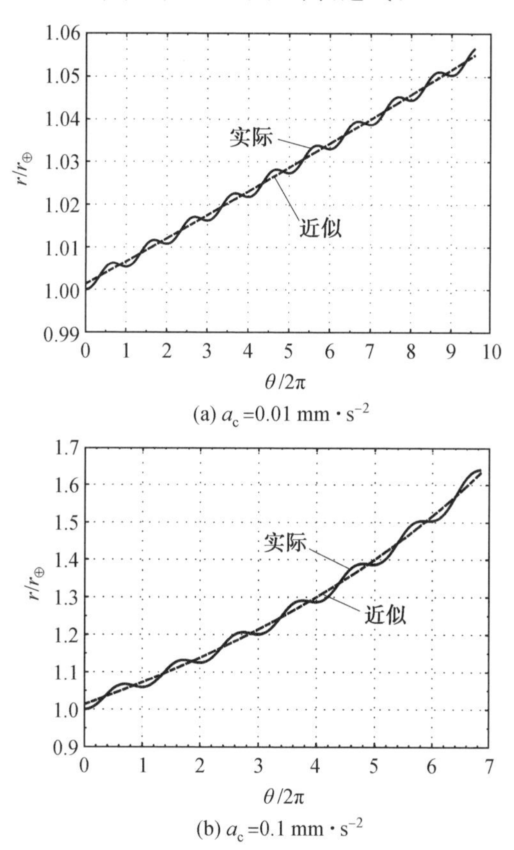

(a) a_c=0.01 mm·s^{-2}

(b) a_c=0.1 mm·s^{-2}

图 4.9　实际和近似解决方案

由于 $r_0=a_0, h_0=\sqrt{\mu_\odot a_0}$，由式(4.28)得出 A 的值为

$$A=a_0\left[1+\left(\frac{\mu_\odot}{a_c r_\oplus a_0}\right)\frac{1-\sqrt{\left(\frac{2a_c r_\oplus a_0}{\mu_\odot}\right)(\sin^2\alpha_n-2)+1}}{\sin^2\alpha_n-2}\right] \tag{4.30}$$

同样，$\dot{r}_0=0$，由式(4.29)得出 B 的值为

$$B=-\frac{\mu_s \sin\alpha_n\cos\alpha_n\left(\sqrt{1-\frac{2a_c r_\oplus a_0(1+\cos^2\alpha_n)}{\mu_\odot}}-1\right)^2}{a_c r_\oplus (1+\cos^2\alpha_n)^2\sqrt{1-\frac{2a_c r_\oplus a_0(1+\cos^2\alpha_n)}{\mu_\odot}}} \tag{4.31}$$

总而言之,式(4.17)和式(4.28)给出了推进轨迹的精化参数形式,其中两个常数A和B分别由式(4.30)和式(4.31)给出。径向速度分量u的新近似值由式(4.29)给出,而横向分量为$v=h/r^2$,其中r由式(4.28)给出。

4.2.3 模型验证

在上一节中讨论的精确近似能够显著减小由式(4.25)定义的无因次径向误差ρ_{max}。通过将图4.8中的结果与改进方法获得的结果(图4.10)进行比较,可以清楚地发现这一点,这两种情况使用相同的初始条件(即$a_0=r_\oplus$,飞行时间为10年)。如图4.10所示,当$a_c=0.1\ \mathrm{mm/s^2}$时,与先前的近似值相比,ρ_{max}减少了约20%;当$a_c=0.03\ \mathrm{mm/s^2}$时,误差减少超过80%。图4.11(b)证实了改进的表达式的有效性,图4.11(b)显示了$r=r(\theta)$在10年的轨道上升中,$a_0=r_\oplus$,$\alpha_n=45°$,并且具有两个不同的特征加速度。特别地,实线是由数值模拟所得,而虚线是使用式(4.28)获得的。为了进行比较,还用点划线表示了相同的数字下由Niccolai等人讨论的渐近展开方法(无校正)获得的结果。注意,通过构造,只要特征加速度和极角足够小,后面的过程将给出准确的结果。另外,当θ(或a_c)增

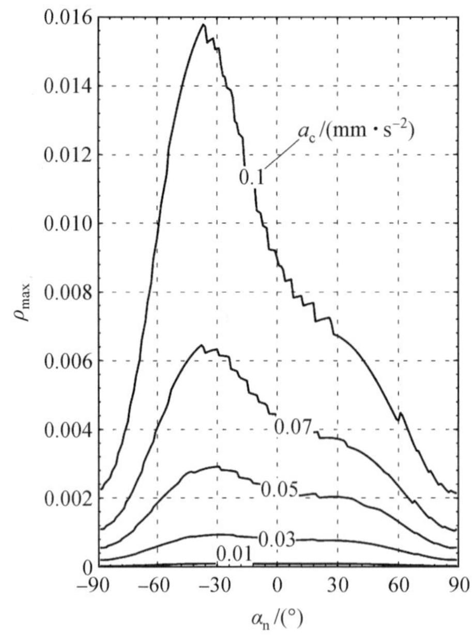

图 4.10 精细的解析近似为无因次径向距离误差ρ_{max}与α_n和a_c的函数

加时，渐近展开法给出的近似值与数值法给出的数值结果明显不同。

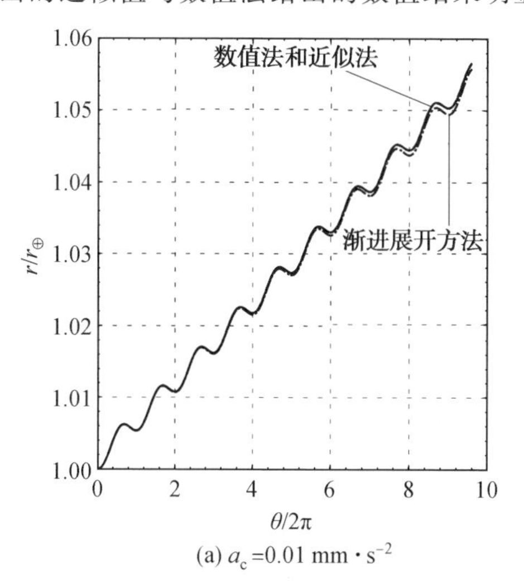

(a) $a_c=0.01\ \mathrm{mm\cdot s^{-2}}$

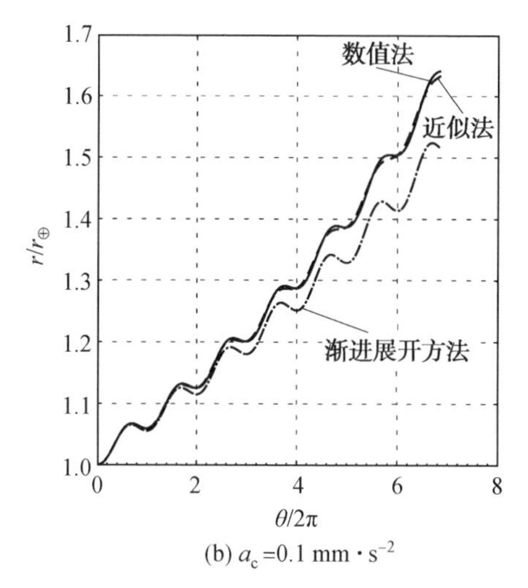

(b) $a_c=0.1\ \mathrm{mm\cdot s^{-2}}$

图 4.11　$\alpha_n=45°$，$a_0=r_{\oplus}$ 并且飞行 10 年时的径向距离与极角，数值解与近似解

精细的解析近似准确地捕获了 $r=r(\theta)$ 的短时振荡，远优于未经校正的渐近展开法。新结果甚至与 $a_c=0.1\ \mathrm{mm/s^2}$ 时的精确（数值）解几乎吻合（图 4.10）。渐进展开方法可以通过引入适当数量的校正来大大减少无量纲误差，通过简单的分析即可获得较高的准确性，从而证实新结果的重要性。

这项工作的自然延伸涉及通过先前的分析方法对航天器轨迹上的太阳风（时空）变化进行分析。在这种情况下，Toivanen 和 Janhunen 提出了一个有趣的数学模型，用于评估电动太阳风帆推力矢量作为时间、深空位置和俯仰角的函数所必需的太阳风特征。

具有低推进加速度大小的电动太阳风帆的日心轨迹可以通过对初步任务设计有用的解析关系来描述。分析中所做的假设是考虑具有恒定俯仰角的圆形停泊轨道、二维运动和电动太阳风帆。所提出的模型能够捕获由推进加速度引起的电动太阳风帆航天器距离的短期变化。仿真结果表明,新模型高度准确地逼近了实际(模拟)的航天器轨迹,特别是当航天器特性加速度足够小时。

本节说明的结果扩展并完善了文献[41]中的最新模型,但仍保持了最终关系的简单形式。将来还可以添加其他约束来处理更复杂的情况,包括中等大小的推进加速度值,即约 1 $\mathrm{mm/s^2}$ 的特征加速度。

4.3 小推进加速度三维飞行轨迹估计

4.3.1 解析模型的轨道动力学

1. 问题说明

日心黄道惯性参考系 $O_s-x_s y_s z_s$ 中电动太阳风帆航天器的运动方程可写为

$$\dot{\boldsymbol{r}}=\boldsymbol{v} \tag{4.32}$$

$$\dot{\boldsymbol{v}}=-\frac{\mu_s}{r^3}\boldsymbol{r}+[\boldsymbol{a}]_{O_s-x_s y_s z_s} \tag{4.33}$$

其中,μ_s 是太阳的引力参数;$\boldsymbol{r}=[r_x \quad r_y \quad r_z]^{\mathrm{T}}$ 是航天器位置矢量,$r=\|\boldsymbol{r}\|=\sqrt{r_x^2+r_y^2+r_z^2}$ 是位置矢量的模量;$\boldsymbol{v}=[v_x \quad v_y \quad v_z]^{\mathrm{T}}$ 是航天器的速度矢量;$[\boldsymbol{a}]_{O_s-x_s y_s z_s}$ 是日心黄道惯性参考系 $O_s-x_s y_s z_s$ 中描述的推进加速度矢量。根据推力模型,$[\boldsymbol{a}]_{O_s-x_s y_s z_s}$ 可以写成

$$[\boldsymbol{a}]_{O_s-x_s y_s z_s}=\frac{a_c\tau}{2}\left(\frac{r_\oplus}{r}\right)\begin{bmatrix}\cos\Psi & -\sin\Psi & 0\\ \sin\Psi & \cos\Psi & 0\\ 0 & 0 & 1\end{bmatrix}\cdot\begin{bmatrix}\cos\Theta & 0 & \sin\Theta\\ 0 & 1 & 0\\ -\sin\Theta & 0 & \cos\Theta\end{bmatrix}\cdot \begin{bmatrix}\cos\alpha_n\sin\alpha_n\cos\delta/2\\ \cos\alpha_n\sin\alpha_n\sin\delta/2\\ (\cos^2\alpha_n+1)/2\end{bmatrix} \tag{4.34}$$

令 Ψ 是黄道经度,Θ 是黄道纬度,考虑以下几何关系:

$$\begin{cases}\sin\Theta=\sqrt{r_x^2+r_y^2}/r\\ \cos\Theta=r_z/r\\ \sin\Psi=r_y/r\\ \cos\Psi=r_x/r\end{cases} \tag{4.35}$$

电动太阳风帆航天器的运动方程可以紧凑形式写为

$$\dot{\boldsymbol{x}}(t)=f(\boldsymbol{x},\boldsymbol{u},t) \tag{4.36}$$

其中，$\boldsymbol{x}=[r_x \quad r_y \quad r_z \quad v_x \quad v_y \quad v_z]^{\mathrm{T}}$ 是状态矢量；$\boldsymbol{u}=[\alpha_{\mathrm{n}} \quad \delta \quad \tau]^{\mathrm{T}}$ 是控制矢量。

2. 优化问题描述

使用以下假设研究从地球到 Vesta（灶神星）和 Ceres（谷神星）的任务场景的轨迹优化。电动太阳风帆航天器在初始时间 t_0 离开地球轨道，相对于地球的速度为零，并在时间 t_1 与 Vesta 交会。在飞越 Vesta 后一段时间内，航天器在时间 t_2 离开 Vesta 轨道，并在时间 t_3 到达 Ceres。通过最小化与目标行星（Vesta 和 Ceres）会合所需的总飞行时间，可以找到最佳控制律，即三重态 $\boldsymbol{u}=[\alpha_{\mathrm{n}} \quad \delta \quad \tau]^{\mathrm{T}}$ 的时间历程。要最小化的目标函数可以写成

$$J=\Delta t_1+\Delta t_2+\Delta t_3 \tag{4.37}$$

其中，Δt_1 是从地球到 Vesta 的转移时间，$\Delta t_1=t_1-t_0$；Δt_2 是到 Vesta 的飞行时间，$\Delta t_2=t_2-t_1\in[\Delta t_{2\min},\infty]$，$\Delta t_{2\min}$ 被选为 1 年；Δt_3 是从 Vesta 到 Ceres 的转移时间，$\Delta t_3=t_3-t_2$。初始时间 t_0 和飞行时间 Δt_1、Δt_2、Δt_3 是在优化过程中优化的设计变量。

最优控制律必须同时考虑初始条件和最终交会条件，即

$$\begin{cases}\boldsymbol{x}(t_0)=\boldsymbol{x}_{\mathrm{E}}(t_0)=[r_{x\mathrm{E}}(t_0) \quad r_{y\mathrm{E}}(t_0) \quad r_{z\mathrm{E}}(t_0) \quad v_{x\mathrm{E}}(t_0) \quad v_{y\mathrm{E}}(t_0) \quad v_{z\mathrm{E}}(t_0)]^{\mathrm{T}}\\ \boldsymbol{x}(t_1)=\boldsymbol{x}_{\mathrm{V}}(t_1)=[r_{x\mathrm{V}}(t_1) \quad r_{y\mathrm{V}}(t_1) \quad r_{z\mathrm{V}}(t_1) \quad v_{x\mathrm{V}}(t_1) \quad v_{y\mathrm{V}}(t_1) \quad v_{z\mathrm{V}}(t_1)]^{\mathrm{T}}\\ \boldsymbol{x}(t_2)=\boldsymbol{x}_{\mathrm{V}}(t_2)=[r_{x\mathrm{V}}(t_2) \quad r_{y\mathrm{V}}(t_2) \quad r_{z\mathrm{V}}(t_2) \quad v_{x\mathrm{V}}(t_2) \quad v_{y\mathrm{V}}(t_2) \quad v_{z\mathrm{V}}(t_2)]^{\mathrm{T}}\\ \boldsymbol{x}(t_3)=\boldsymbol{x}_{\mathrm{C}}(t_3)=[r_{x\mathrm{C}}(t_3) \quad r_{y\mathrm{C}}(t_3) \quad r_{z\mathrm{C}}(t_3) \quad v_{x\mathrm{C}}(t_3) \quad v_{y\mathrm{C}}(t_3) \quad v_{z\mathrm{C}}(t_3)]^{\mathrm{T}}\end{cases} \tag{4.38}$$

其中，$\boldsymbol{x}_{\mathrm{E}}$ 是地球的状态矢量；$\boldsymbol{x}_{\mathrm{V}}$ 是 Vesta 的状态矢量；$\boldsymbol{x}_{\mathrm{C}}$ 是 Ceres 的状态矢量。

4.3.2　轨迹优化和数值结果

本节使用解析高级推力模型重新评估了电动太阳风帆航天器到原行星（Vesta 和 Ceres）的行星际转移中的性能。特别地，最佳分析允许使用一组真实的行星星历数据在 20 年（2017 年 1 月 1 日 ～ 2036 年 12 月 31 日）范围内根据特征加速度 a_{c} 找到最小转移时间（使用混合直接优化方法）。

1. 实例探究

通常，a_{c} 的值取决于有效载荷质量和电动太阳风帆的技术特性，如系链的数量及长度。例如，使用文献[43] 中描述的参数质量预算模型，总质量为 487 kg，有效载荷质量为 100 kg 的航天器由带有 44 个系链（每个长度为15.4 km）的电动太阳风帆推进，能够产生约 0.8 mm/s^2 的特征加速度。文献[43] 中的数值结果

表明，电动太阳风帆推进系统可能是要求特征加速度高达 3 mm/s^2 的各种深空任务的选择。此外，一些零件级改进可以进一步降低电动太阳风帆的有效质量（在特定情况下为 28%）。因此，在这种情况下选择的特征加速度（a_c = 0.8 mm/s^2）在不久的将来是合理的。

在本书中，根据航天器特征加速度的值对问题进行参数化，并给出了 a_c = 0.8 mm/s^2 的任务场景的仿真结果。假设以 0.8 mm/s^2 的航天器特征加速度实现最佳的地球－Vesta－Ceres 转移，转移轨迹如图 4.12 所示。如果电动太阳风帆航天器于 2018 年 1 月 1 日离开地球的影响范围，从地球到 Vesta 的转移需要 1 317 天。经过一年的观察，该航天器离开 Vesta 进入 Ceres 的影响范围将需要 1 970 天。由电动太阳风帆以 0.8 mm/s^2 的特征加速度推动的地球－Vesta－Ceres 探索的总飞行时间为 3 652 天，比黎明飞船的飞行时间（约 2 750 天）更长。其主要原因是，不能任意地调节电动太阳风帆的推力锥角（α_{max} = 19.47）。相比之下，黎明飞船由三台氙离子推进器推动以产生所需的推力，并且在 2009 年通过火星的重力辅助飞行而得到加速。但是，黎明飞船到达谷神星时几乎耗尽了所有机载推进剂（425 kg 氙气），因此它无法继续探索其他目标。另外，电动太阳风帆可以在不需要推进剂的情况下产生连续的推力，这对于后续探索更多目标具有重要意义。

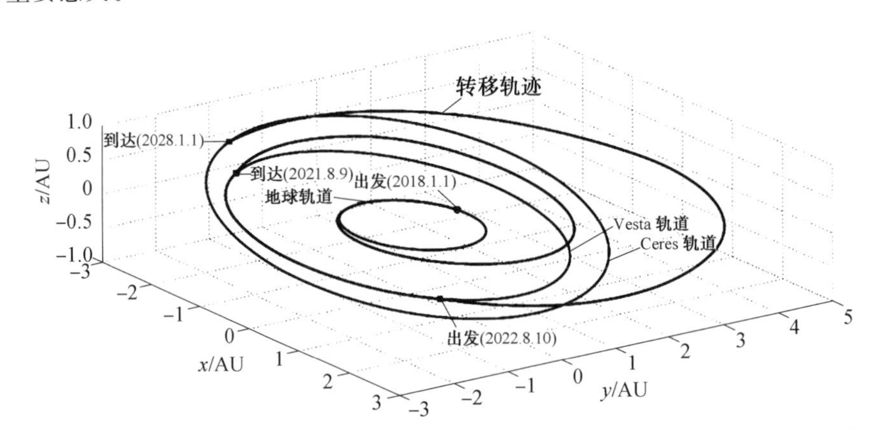

图 4.12　地球－Vesta－Ceres 转移轨迹（a_c = 0.8 mm/s^2）

图 4.13 和图 4.14 所示为航天器的位置和速度矢量（在惯性参考系中）的 3 个分量。推力锥角和推力效率的变化曲线分别如图 4.15 和图 4.16 所示。值得注意的是，最佳轨迹中存在 3 个滑行弧，这不包括与 Vesta 掠过对应的滑行弧。另外，通过混合优化方法生成的命令姿态角是平滑且连续的。根据获得的俯仰角 α_n，可以获得推力锥角 α，如图 4.15 所示。在两个传递过程的中间，推力锥角 α 保持最大值 19.47°，对应于俯仰角 α_n = 54.75°。

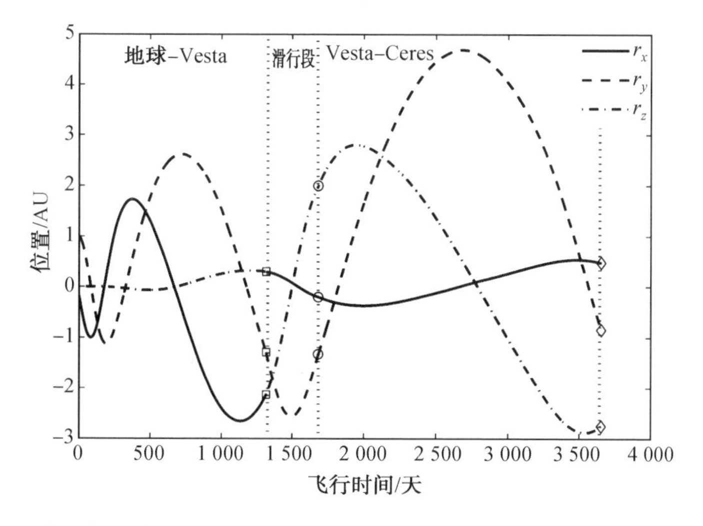

图 4.13 先进推力模型下地球－Vesta－Ceres 的位置变化曲线($a_c = 0.8$ mm/s²)

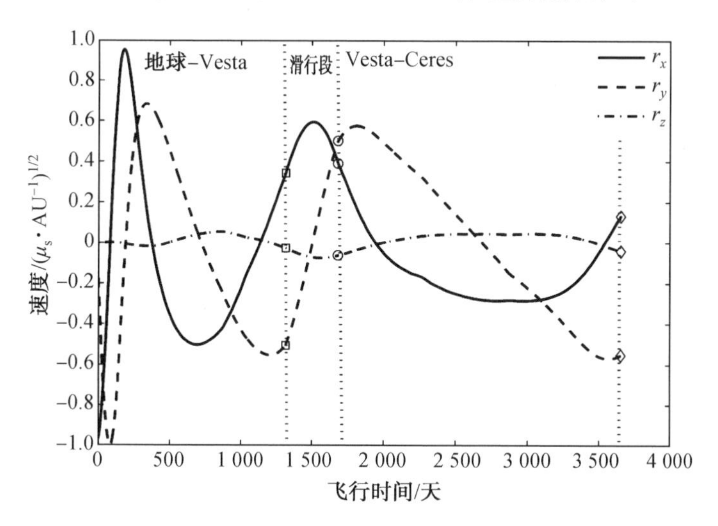

图 4.14 先进推力模型下地球－Vesta－Ceres 的速度变化曲线($a_c = 0.8$ mm/s²)

2. 飞行时间比较

为了使用先进推力模型重新评估电动太阳风帆航天器的性能，还采用经典推力模型对轨迹进行了优化，作为对比参考。当特征加速度在 $a_c \in [0.8, 5]$ mm/s² 的范围内变化时，图4.17所示为具有先进分析推力模型和经典推力模型的电动太阳风帆航天器的最小飞行时间，图4.17表明当加速度减小时，转移时间增加了。此外，使用先进推力模型的电动太阳风帆的转移时间比使用经典推力模型的转移时间更长。经典推力模型和高级模型之间的性能差异是由经典推

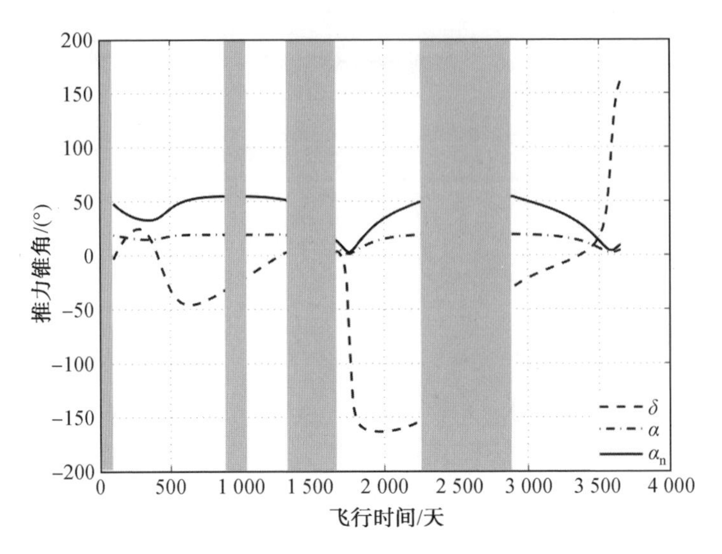

图 4.15　先进推力模型下地球－Vesta－Ceres 的推力锥角变化曲线($a_c = 0.8\ \mathrm{mm/s^2}$)

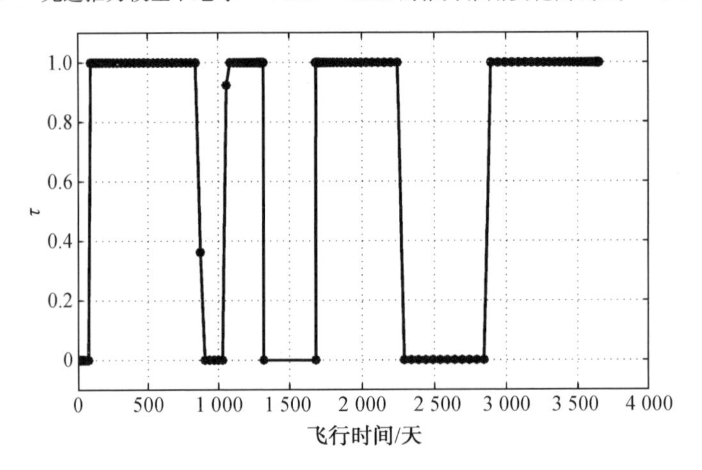

图 4.16　先进推力模型下地球－Vesta－Ceres 的推力效率变化曲线($a_c = 0.8\ \mathrm{mm/s^2}$)

力模型对最大推力锥角和推力模量的过高估计所致。在经典推力模型中，电动太阳风帆的最大推力锥角估计在 30°～35° 范围内，而电动太阳风帆姿态对推力模量的影响被忽略。但是，在高级推力模型中，电动太阳风帆的最大推力锥角 $\alpha_{\max}$ 约为 19.5°，并且当俯仰角 α_n 从 0° 变为 90° 时，推力模量减小。

在具有相同数量优化变量和约束的优化程序的相同终止条件(NLP 的收敛标准是最大约束为 1×10^{-9}，一次迭代成本函数的减少小于 1×10^{-6})下，先进推力模型产生电动太阳风帆最优轨迹的平均计算时间(所需迭代的平均次数)比经典推力模型长约 30%(大 26%)。这说明实际问题更难解决，因为先进推力模型中的推力分量要小于经典推力模型中的推力分量。

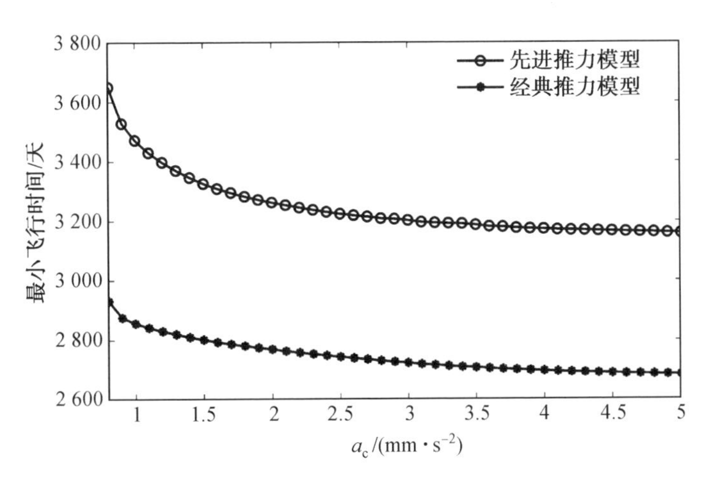

图 4.17　不同特征加速度的最小飞行时间

4.4　基于有限傅立叶级数形状法的三维飞行轨迹估计

由于电动太阳风帆的推进加速度低且连续,因此其轨迹通常具有较长的飞行时间。为了探索更多的飞行计划,快速轨迹设计对于初步的任务分析和设计很有用。本节提出了一种基于有限傅立叶级数形状的快速生成电动太阳风帆最小时间三维轨迹的方法。与传统的电动推进器不同,电动太阳风帆的推力矢量受到约束。为了考虑电动太阳风帆推力的特性,基于最近的推力模型研究了推力加速度的不等式约束。数值仿真结果表明,所提出的方法对于考虑推力矢量的实际特征,可以快速设计电动太阳风帆的飞行轨迹。

近年来,基于形状(SB) 的方法已经推动了快速轨迹生成技术的发展。在 SB 方法中,假设轨迹形状预先具有某些特定函数的形式。计算函数中的一些未知参数,使之同时满足运动方程(EoM)和边界约束(BCs)。在所有 SB 方法中,正确选择轨迹形状函数是一项基本任务。SB 的概念首先由 Petropoulos 和 Longuski 提出,他们提出了一种指数正弦曲线形状来匹配出发和到达位置。Wall 和 Conway 提出了多项式的逆,以分别匹配轨迹边界处的位置和速度。谢等人提供了一种基于初始轨道和目标轨道的径向坐标形式的低成本成形方法。但是,当推力的方向与整个飞行轨迹中的速度矢量重合时,这些先前的工作只能解析地解决共面情况。此外,还研究了三维(3D) 情况下的低推力 SB 方法。DePascale 和 Vasile 为低推力多重力辅助轨迹的初步设计提出了一种伪等距形状方法。Novak 和 Vasile 提出了一种球形成形方法。Gondelach 和 Noomen 提出了一种用于三维低推力行星际轨迹设计的方法。谢等人采用了一种复合函数来对平面外运动较大的低推力轨迹进行近似成形。Zeng 等提供了一种 SB 解析轨迹设计方法。最近，Peloni 等使用指数项和正弦项的组合来生成转移轨迹。

近年来，基于二维平面中有限傅立叶级数(FFS) 近似，开发了一种灵活的方法。在 FFS 近似方法中，假设轨道坐标为 FFS 函数，通过优化 FFS 的未知系数，可以在获得某些最佳性能指标(如推进剂消耗或飞行时间) 下同时满足 EoM 和 BCs。与原始的傅立叶表示相比，Taheri 和 Abdelkhalik 提出了一种新的 FFS 表示，在这种新的 FFS 表示中，由于系数矩阵仅取决于傅立叶项和离散点的数量，因此可以一次计算系数矩阵并将其存储，然后在优化的每次迭代中使用。因为这避免了在每个迭代步骤中重新计算系数矩阵，所以有效地减少了计算量。此外，Taheri 和 Abdelkhalik 将近似轨迹的维数从二维扩展到了三维，并考虑了低推力发动机的推进加速度约束。最近，Taheri 等人将低推力发动机的推力约束极限作为不等式约束纳入优化问题。

受此启发，本书将 FFS－SB 近似方法应用于电动太阳风帆的三维转移轨迹的初始猜测。但是，与 Taheri 和 Abdelkhalik 讨论的低推力离子发动机不同，电动太阳风帆的推力方向不能是任意的。考虑电动太阳风帆推力矢量的特性，基于最新的电动太阳风帆推力模型，推导了推进加速度的不等式约束。

4.4.1 FFS 逼近

1. 状态 FFS 逼近

在一般的三维交会问题中，对 ρ、θ、z 的 FFS 逼近需要满足以下 12 个 BCs：

$$\begin{gathered}\rho(\tau=0)=\rho_{\mathrm{i}},\quad \rho(\tau=1)=\rho_{\mathrm{f}},\quad \rho'(\tau=0)=T\dot{\rho}_{\mathrm{i}},\quad \rho'(\tau=1)=T\dot{\rho}_{\mathrm{f}}\\ \theta(\tau=0)=\theta_{\mathrm{i}},\quad \theta(\tau=1)=\theta_{\mathrm{f}},\quad \theta'(\tau=0)=T\dot{\theta}_{\mathrm{i}},\quad \theta'(\tau=1)=T\dot{\theta}_{\mathrm{f}}\\ z(\tau=0)=z_{\mathrm{i}},\quad z(\tau=1)=z_{\mathrm{f}},\quad z'(\tau=0)=T\dot{z}_{\mathrm{i}},\quad z'(\tau=1)=T\dot{z}_{\mathrm{f}}\end{gathered}\tag{4.39}$$

其中，τ 是无量纲时间，$0\leqslant\tau=t/T\leqslant1$，$t$ 是飞行时刻，T 是总飞行时间；下标“i”和“f”分别表示初始条件和最终条件；符号“·”表示相对于时间 t 的导数；上标“′”表示相对于无量纲时间 τ 的导数。

在原始 FFS 表示中，需要在每个迭代步骤中计算未知的傅立叶系数以满足 12 个 BCs，而不是保证自然地满足 BCs。显然，该特征增加了未知傅立叶系数的计算量。但是，Taheri 和 Abdelkhalik 提出了 FFS 近似的新表示形式，该表达式用 BCs 表示每个傅立叶近似的前 4 个系数，以自然满足 BCs。这种新的表示形式不仅减少了计算量，而且还将未知傅立叶系数的数量从 $2(n_\rho+n_\theta+n_z)+3$ 减少到 $2(n_\rho+n_\theta+n_z)-9$。在新的 FFS 表示中，使用 FFS 在时域中扩展了轨道坐标 (ρ,θ,z)。

$$\begin{cases}\rho(\tau)=B_{\rho}(\tau)+C_{a0}(\tau)a_{0}+\sum\limits_{n=3}^{n_{\rho}}\{C_{an}(\tau)a_{n}+C_{bn}(\tau)b_{n}\}\\ \theta(\tau)=B_{\theta}(\tau)+C_{c0}(\tau)c_{0}+\sum\limits_{n=3}^{n_{\theta}}\{C_{cn}(\tau)c_{n}+C_{dn}(\tau)d_{n}\}\\ z(\tau)=B_{z}(\tau)+C_{e0}(\tau)e_{0}+\sum\limits_{n=3}^{n_{z}}\{C_{en}(\tau)e_{n}+C_{fn}(\tau)f_{n}\}\end{cases} \tag{4.40}$$

其中，n_ρ、n_θ、n_z 是每个坐标的傅立叶项数；a_0、$a_n(n\in[3,n_\rho])$、$b_n(n\in[3,n_\rho])$、c_0、$c_n(n\in[3,n_\theta])$、$d_n(n\in[3,n_\theta])$、e_0、$e_n(n\in[3,n_z])$ 和 $f_n(n\in[3,n_z])$ 是未知的傅立叶系数；$B_\rho(\tau)$、$C_{a0}(\tau)$、$C_{an}(\tau)(n\in[3,n_\rho])$、$C_{bn}(\tau)(n\in[3,n_\rho])$、$B_\theta(\tau)$、$C_{c0}(\tau)$、$C_{dn}(\tau)(n\in[3,n_\theta])$、$C_{e0}(\tau)$、$C_{en}(\tau)(n\in[3,n_\theta])$、$B_z(\tau)$、$C_{en}(\tau)$ $(n\in[3,n_z])$、$C_{fn}(\tau)(n\in[3,n_z])$ 是坐标的傅立叶近似项（有关详细信息，请参见文献[76] 和文献[77]）。

为了避免重复，下面仅介绍坐标 ρ 的过程，其他两个坐标 θ、z 可以类似地处理。坐标 ρ 的近似函数的一阶和二阶 τ 导数可写为

$$\rho'(\tau)=B'_{\rho}(\tau)+C'_{a0}(\tau)a_{0}+\sum_{n=3}^{n_{\rho}}\{C'_{an}(\tau)a_{n}+C'_{bn}(\tau)b_{n}\} \tag{4.41}$$

$$\rho''(\tau)=B''_{\rho}(\tau)+C''_{a0}(\tau)a_{0}+\sum_{n=3}^{n_{\rho}}\{C''_{an}(\tau)a_{n}+C''_{bn}(\tau)b_{n}\} \tag{4.42}$$

其中，$B'_\rho(\tau)$、$C'_{a0}(\tau)$、$C'_{an}(\tau)(n\in[3,n_\rho])$、$C'_{bn}(\tau)(n\in[3,n_\rho])$ 是傅立叶逼近项的一阶 τ 导数；$B''_\rho(\tau)$、$C''_{a0}(\tau)$、$C''_{an}(\tau)(n\in[3,n_\rho])$、$C''_{bn}(\tau)(n\in[3,n_\rho])$ 是傅立叶近似项的二阶 τ 导数（详细信息，请参见文献[76] 和文献[77]）。

需要在一些离散点进行评估，以给沿航迹的电动太阳风帆推力加速度提供足够数量的约束。本书采用了 m 次 Legendre 多项式的根的 Legendre－Gauss（勒让德－高斯，LG）离散点分布

$$\tau_1=0<\tau_2<\cdots<\tau_{m-1}<\tau_m=1 \tag{4.43}$$

因为按比例缩放的时间矢量表示为列矢量，所以可以以紧凑的矩阵符号形式编写坐标(ρ,θ,z) 及其相关的一阶和二阶 τ 导数。再次以坐标 ρ 为例，有

$$\begin{cases}[\rho]_{m\times1}=[A_\rho]_{m\times(2n_\rho-3)}[X_\rho]_{(2n_\rho-3)\times1}+[B_\rho]_{m\times1}\\ [\rho']_{m\times1}=[A'_\rho]_{m\times(2n_\rho-3)}[X_\rho]_{(2n_\rho-3)\times1}+[B'_\rho]_{m\times1}\\ [\rho'']_{m\times1}=[A''_\rho]_{m\times(2n_\rho-3)}[X_\rho]_{(2n_\rho-3)\times1}+[B''_\rho]_{m\times1}\end{cases} \tag{4.44}$$

其中，$[X_\rho]_{(2n_\rho-3)\times1}=[a_0,a_3,\cdots,a_{n_\rho},b_3,\cdots,b_{n_\rho}]^{\mathrm{T}}$ 是由未知傅立叶系数组成的列矢量；可以参考文献[76] 和文献[77] 得出矩阵$[A_\rho]_{m\times(2n_\rho-3)}$、$[A'_\rho]_{m\times(2n_\rho-3)}$、$[A''_\rho]_{m\times(2n_\rho-3)}$、$[B_\rho]_{m\times1}$、$[B'_\rho]_{m\times1}$、$[B''_\rho]_{m\times1}$。

使用坐标(ρ,θ,z) 的矩阵符号形式及其相关的一阶和二阶 τ 导数，推力加速

度分量的方程可以写成紧凑的矩阵形式，即

$$\begin{cases}[a_\rho]_{m\times1}=a_\rho([\rho]_{m\times1},[z]_{m\times1},[\theta']_{m\times1},[\rho'']_{m\times1})\\ [a_\theta]_{m\times1}=a_\theta([\rho]_{m\times1},[\rho']_{m\times1},[\theta']_{m\times1},[\theta'']_{m\times1})\\ [a_z]_{m\times1}=a_z([\rho]_{m\times1},[z]_{m\times1},[z'']_{m\times1})\end{cases}\tag{4.45}$$

2. 问题描述

与经典的离子推进器不同，电动太阳风帆的推力方向不能是任意的。考虑电动太阳风帆推力的特性，基于改进的电动太阳风帆推力模型得出推力加速度的不等式约束。在轨道参考系中描述的精细推力模型，a_{ox} 和 a_{oy} 的平方和可以写成

$$a_{ox}^2+a_{oy}^2=\left(\frac{a_c r_\oplus \kappa}{2r}\right)^2\cos^2(\alpha_n)\sin^2(\alpha_n)\tag{4.46}$$

将 $\cos^2(\alpha_n)=(2ra_{oz})/(a_c r_\oplus \kappa)-1$ 代入式(4.46)，可以得到推力系数 κ 的二次方程为

$$2\left(\frac{a_c r_\oplus}{2r}\right)^2\kappa^2-3\left(\frac{a_c r_\oplus a_{oz}}{2r}\right)\kappa+(a_{ox}^2+a_{oy}^2+a_{oz}^2)=0\tag{4.47}$$

通过简单的推导，可以得到上述二次方程的两个解为

$$\kappa=\frac{r(3a_{oz}\pm\sqrt{a_{oz}^2-8a_{ox}^2-8a_{oy}^2})}{2a_c r_\oplus}\tag{4.48}$$

当 $\alpha_n=0°(a_{ox}=a_{oy}=0)$ 时考虑 $\kappa=a_{oz}r/a_c r_\oplus$，推力系数 κ 可写为 a_{ox}、a_{oy}、a_{oz} 和 r 的函数，即

$$\kappa=\frac{r(3a_{oz}-\sqrt{a_{oz}^2-8a_{ox}^2-8a_{oy}^2})}{2a_c r_\oplus}\tag{4.49}$$

考虑到轨道参考系和圆柱坐标之间的几何关系以及推力加速度分量的矩阵方程，推力系数 κ 可以用紧凑的矩阵符号形式表示为

$$[\kappa]_{m\times1}=\frac{[r]\cdot[3(\sin[\phi]\cdot[a_\rho]+\cos[\phi]\cdot[a_z])-\sqrt{[D]}]}{2a_c r_\oplus}\tag{4.50}$$

其中

$$[D]_{m\times1}=(\sin[\phi]\cdot[a_\rho]+\cos[\phi]\cdot[a_z])^2-8[a_\theta]^2-8(\cos[\phi]\cdot[a_\rho]-\sin[\phi]\cdot[a_z])^2\geqslant0\tag{4.51}$$

因此，可以获得 $3m$ 个不等式约束，它们是 $[\kappa]_{m\times1}\geqslant0$，$[\kappa]_{m\times1}\leqslant1$ 和 $[D]_{m\times1}\geqslant0$。此外，推力分量 $[a_{oz}]_{m\times1}$ 的值必须大于零，因为电动太阳风帆推力矢量和太阳风向矢量之间的角度为锐角。在航天器的一般轨迹优化问题中，目标函数通常是燃料消耗或转移时间。由于电动太阳风帆可以利用太阳风的动压力产生连续推力而无须消耗燃油，因此选择转移时间作为最优化性能指标，以使其最小化。最后，将连续轨迹优化问题转换为非线性规划问题(NLP)，可以写成

$$\begin{aligned} &\min_{[X_\rho],[X_\theta],[X_z],T} && T \\ &\text{s.t.} && 0 \leqslant [\kappa]_{m\times1} \leqslant 1 \\ & && [D]_{m\times1} \geqslant 0 \\ & && [a_{oz}]_{m\times1} \geqslant 0 \end{aligned} \tag{4.52}$$

其中，$[X_\rho]_{(2n_\rho-3)\times1}$、$[X_\theta]_{(2n_\theta-3)\times1}$ 和 $[X_z]_{(2n_z-3)\times1}$ 是每个坐标的未知傅立叶系数；T 是总飞行时间。对于时间自由交汇问题，当给出傅立叶系数时，优化的变量数为 $2n_\rho+2n_\theta+2n_z-8$。

3. 傅立叶系数的初始化

与文献[75－77]不同，本书中的总飞行时间 T 不是固定的，而是一个需要优化的变量。在本书中，近似飞行时间 T_{APP} 被估算为最终轨道和初始轨道之间角动量矢量差的绝对值与估算的电动太阳风帆推力扭矩的比值，可以写为

$$T_{\mathrm{APP}}=\frac{\sqrt{\sqrt{\mu_\odot a_0}^2+\sqrt{\mu_\odot a_\mathrm{f}}^2-2\sqrt{\mu_\odot a_0}\sqrt{\mu_\odot a_\mathrm{f}}\cos(i_\mathrm{f}-i_0)}}{\kappa_{\mathrm{APP}}a_\mathrm{c}r_\oplus\cos(\alpha_{\mathrm{n1}})\sin(\alpha_{\mathrm{n1}})} \tag{4.53}$$

其中，a_0、a_f 是初始轨道、最终轨道的半长轴；i_0、i_f 是初始轨道、最终轨道的轨道倾角；κ_{APP} 是估计的平均推力系数；$\alpha_{\mathrm{n1}}=54.7°$ 是可使推力锥角最大化的俯仰角。在本书中，κ_{APP} 的值估计为1/3。

为了初始化未知的傅立叶系数，使用三次多项式生成了 m 个 Legendre－Gauss 离散点处的坐标(ρ,θ,z)的近似值。然后，通过将傅立叶级数拟合到这组离散点来计算未知傅立叶系数。通过使用三次多项式，可以将$(\rho_{\mathrm{APP}},\theta_{\mathrm{APP}},z_{\mathrm{APP}})$的近似值写为

$$\begin{cases}\rho_{\mathrm{APP}}(\tau)=g_{\rho0}+g_{\rho1}\tau+g_{\rho2}\tau^2+g_{\rho3}\tau^3\\ \theta_{\mathrm{APP}}(\tau)=g_{\theta0}+g_{\theta1}\tau+g_{\theta2}\tau^2+g_{\theta3}\tau^3\\ z_{\mathrm{APP}}(\tau)=g_{z0}+g_{z1}\tau+g_{z2}\tau^2+g_{z3}\tau^3\end{cases} \tag{4.54}$$

其中，$g_{\rho0}$、$g_{\rho1}$、$g_{\rho2}$、$g_{\rho3}$、$g_{\theta0}$、$g_{\theta1}$、$g_{\theta2}$、$g_{\theta3}$、g_{z0}、g_{z1}、g_{z2}、g_{z3} 是每个坐标的多项式系数。考虑到BCs，这些多项式系数可以计算为

$$\begin{cases}g_{s0}=s_i,\ g_{s1}=T_{\mathrm{APP}}\dot{s}_i\\ g_{s2}=3(s_\mathrm{f}-s_i)-T_{\mathrm{APP}}(2\dot{s}_i+\dot{s}_\mathrm{f})\\ g_{s3}=2(s_i-s_\mathrm{f})-T_{\mathrm{APP}}(\dot{s}_i+\dot{s}_\mathrm{f})\end{cases} \tag{4.55}$$

其中，下标 s 是坐标 ρ、θ 或 z。

通过将$[\tau]_{m\times1}$代入，可以获得离散的近似数据值$[\rho_{\mathrm{APP}}]_{m\times1}$、$[\theta_{\mathrm{APP}}]_{m\times1}$ 和 $[z_{\mathrm{APP}}]_{m\times1}$。根据式(4.45)，通过使用逆矩阵乘法过程，可以得到对于各个未知FFS参数的初始猜测如下：

$$
\begin{aligned}
[X_{\rho\mathrm{APP}}] &= [A_{\rho\mathrm{APP}}] - 1([\rho_{\mathrm{APP}}] - [B_{\rho\mathrm{APP}}]) \\
[X_{\theta\mathrm{APP}}] &= [A_{\theta\mathrm{APP}}] - 1([\theta_{\mathrm{APP}}] - [B_{\theta\mathrm{APP}}]) \\
[X_{z\mathrm{APP}}] &= [A_{z\mathrm{APP}}] - 1([z_{\mathrm{APP}}] - [B_{z\mathrm{APP}}])
\end{aligned} \tag{4.56}
$$

4.4.2 数值结果

为了验证所提出的 FFS－SB 方法在电动太阳风帆轨迹优化方面的有效性，采用改进的推力模型进行探索行星（火星）和小行星（Dinoysus）的初始三维轨迹设计。通过将设计的轨迹作为 Gauss 伪谱方法（GPM）解算器的初始猜测，可以评估所获得解对直接解算器的适用性。GPM 是一种直接优化方法，详细内容请参见文献[79]。在使用 FFS－SB 方法的初始三维轨迹设计中，转换后的 NLP 是使用内点法求解的。在使用 GPM 进行轨迹优化时，Legendre－Gauss 点的数量选择为 60，NLP 通过序列二次规划算法求解。

1. 固定最大加速度的地球－火星转移

在使用 FFS－SB 方法进行火星电动太阳风帆航行的初始三维轨迹设计中，分别将傅立叶系数和离散点的数目选择为 $n_\rho=6$，$n_\theta=6$，$n_z=6$ 和 $m=20$。地球－火星转移的电动太阳风帆特征加速度为 1 $\mathrm{mm/s^2}$，发射日期为 2016 年 4 月 21 日。图 4.18 所示为使用FFS－SB设计的初始轨迹和使用 GPM 获得的进一步优化的轨迹。在本算例下，使用 FFS－SB 获得的总转移时间为 650.825 6 天，而使用 GPM 获得的总转移时间为 637.222 6 天。FFS－SB 和 GPM 解决方案之间的差异仅约为 2.09%。但是，两种方法之间的计算时间差异很大。当仿真程序在 2.2 GHz 双核 PC 上运行时，使用 FFS－SB 生成初始轨迹的计算时间为 7.93 s，

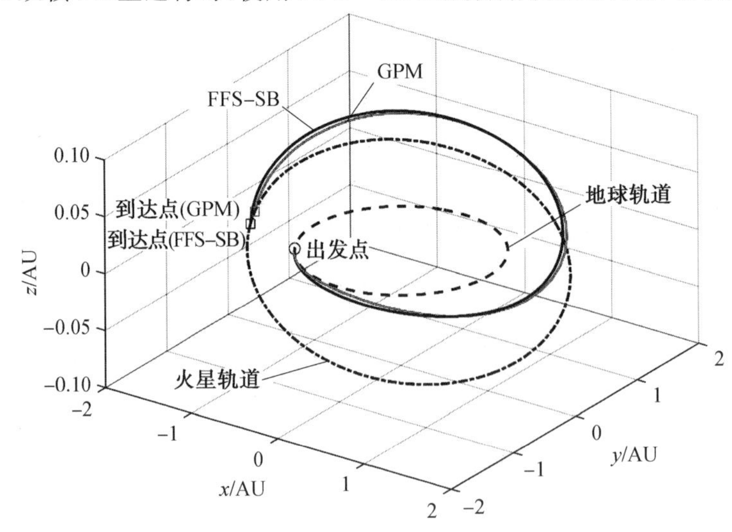

图 4.18　FFS－SB 和 GPM 获得的地球－火星转移轨迹（$a_c=1\ \mathrm{mm/s^2}$）

这仅是使用 GPM(764 s) 生成轨迹所用的计算时间的 1.04%。

图 4.19 和图 4.20 所示分别为使用FFS－SB和GPM获得的电动太阳风帆航天器的位置矢量和速度矢量的 3 个分量(在日心黄道惯性坐标系 $O_s - x_s y_s z_s$ 中)。FFS－SB 在圆柱坐标系中获得的结果将转换为笛卡尔坐标系,以进行比较。如图 4.19 和图 4.20 所示,由 FFS－SB 和 GPM 生成的位置矢量和速度矢量都可以很好地满足 BCs。这表明电动太阳风帆航天器以较低的相对速度成功进入了火星的影响范围。推力系数κ、推力角α_n和δ随飞行时间变化曲线如图 4.21 所示,该图表明 FFS－SB 方法很好地估计了最佳控制变量的趋势。FFS－SB 和 GPM 生成的控制角随时间变化曲线是连续且平滑的,因此对于电动太阳风帆的姿态跟踪控制非常有帮助。此外,在大多数飞行时间中,GPM 获得的推力角α_n约为 54.7°。这种现象与先前的分析相吻合,后者确定了推力锥角α在$\alpha_n = 54.7°$时达到最大值$\alpha_{max} = 19.5°$。图 4.22 所示为使用 FFS－SB 获得的推力加速度矢量的分量(在轨道参考系 $O_o - x_o y_o z_o$ 中),推力分量a_{oz}始终大于零。图 4.21 中κ和图 4.22 中a_{oz}表明,电动太阳风帆推力满足所有不等式约束。

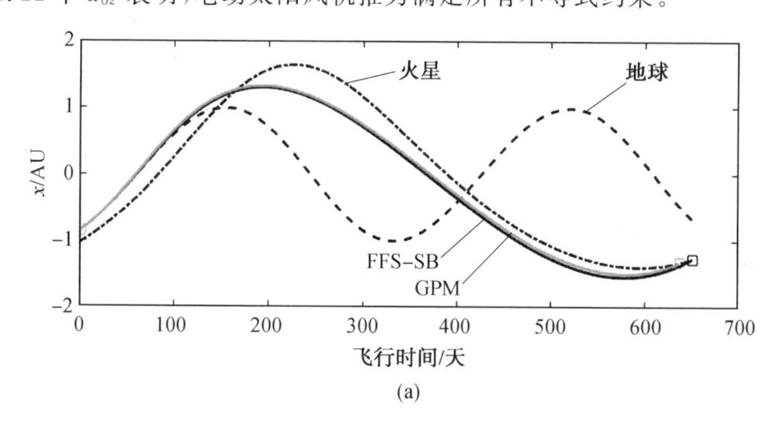

(a)

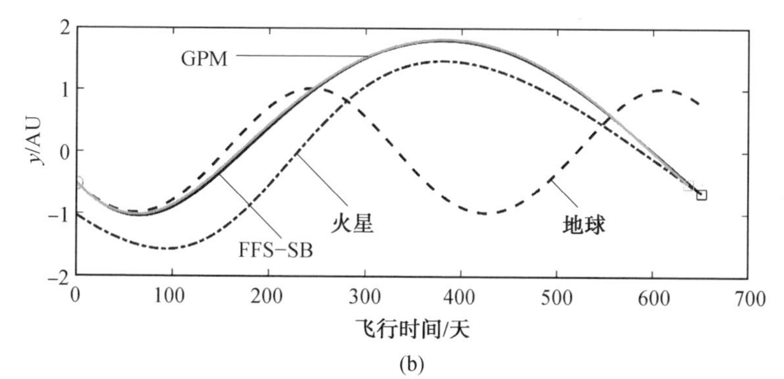

(b)

图 4.19　FFS－SB 和 GPM 获得的地球－火星转移位置矢量的分量(在日心黄道惯性系 $O_s - x_s y_s z_s$ 中,$a_c = 1\ mm/s^2$)

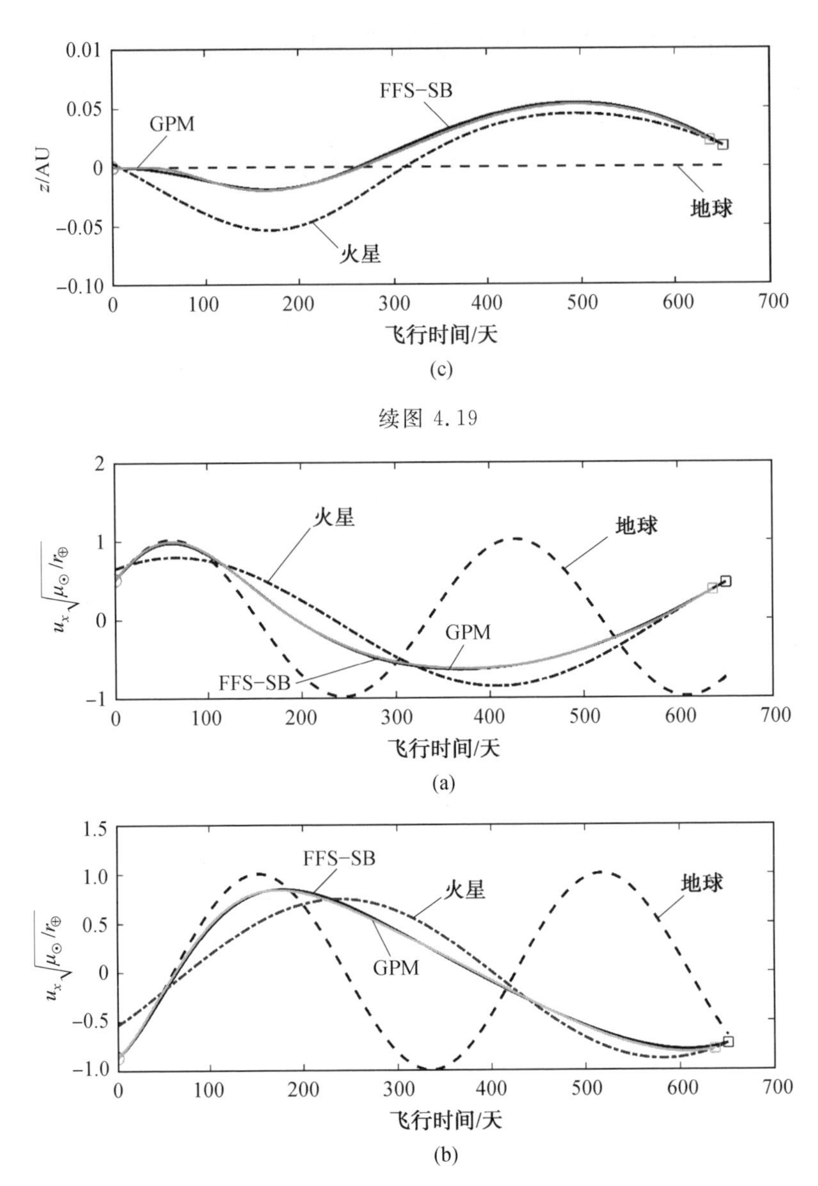

(c)

续图 4.19

(a)

(b)

图 4.20　FFS－SB 和 GPM 获得的地球－火星转移速度矢量的无量纲分量(在日心黄道惯性系 $O_s-x_sy_sz_s$ 中,$a_c=1\ \mathrm{mm/s^2}$)

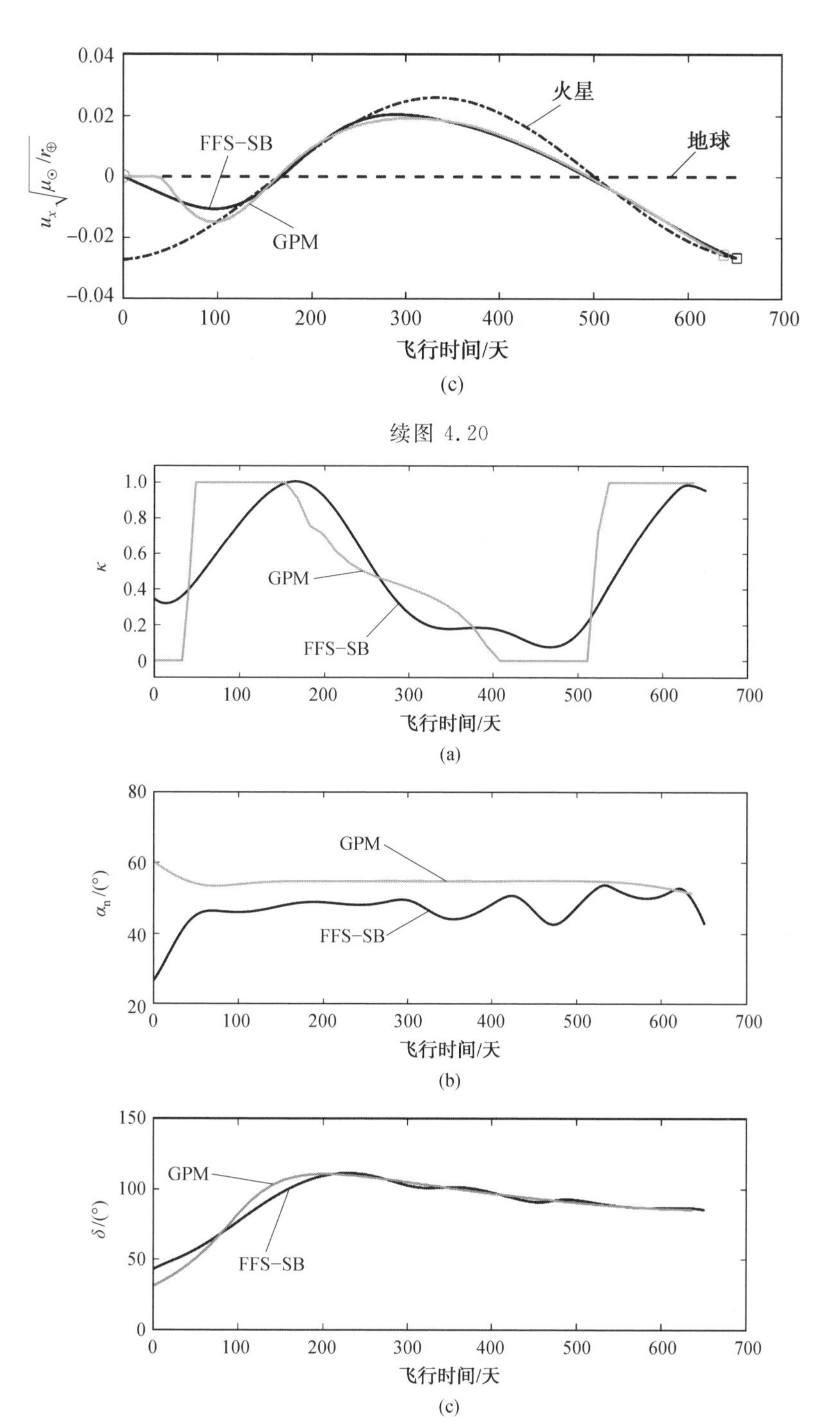

续图 4.20

图 4.21　FFS－SB 和 GPM 获得的推力系数和推力角

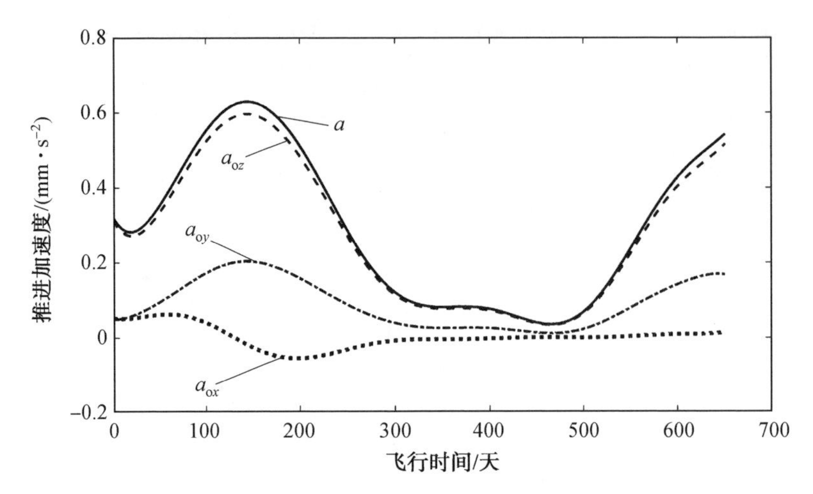

图 4.22　FFS－SB 获得地球－火星转移的推力加速度矢量分量(轨道参考系 $O_o-x_oy_oz_o$，$a_c=1\ \mathrm{mm/s^2}$)

2.固定最大加速度的地球－Dinoysus 转移

为了测试FFS－SB方法在处理棘手问题上的性能，对小行星Dinoysus的电动太阳风帆进行了最初的三维轨迹设计，这是一个偏心率和倾角都发生较大变化的困难目标，在本书中得以实现。在使用FFS－SB方法对Dinoysus小行星进行电动太阳风帆探索的初始三维轨迹设计中，傅立叶项和离散点的数量选择为 $n_\rho=10$，$n_\theta=10$，$n_z=10$ 和 $m=40$。假设地球－Dinoysus的最佳转移具有 $0.5\ \mathrm{mm/s^2}$ 的电动太阳风帆特征加速度，且最佳发射日期为2019年8月14日(发射窗口也可通过优化程序获得)，使用FFS－SB和使用GPM获得的进一步优化的转移轨迹如图4.23所示。在此任务方案中，使用FFS－SB获得的总转移时间为1 534.0天，而使用GPM获得的总转移时间为1 451.6天。FFS－SB和GPM解决方案之间的差异约为5.37%。使用FFS－SB生成初始轨迹的计算时间为39.31 s，仅占使用GPM生成轨迹的计算时间(4 092.93 s)的0.99%。推力系数 κ 和推力加速度矢量的分量随飞行时间变化情况如图4.24和图4.25所示。使用FFS－SB和GPM优化地球－Dinoysus转移轨迹的计算时间比优化地球－火星转移轨迹的计算时间要长。造成这种现象的主要原因是，地球－Dinoysus转移问题需要更多的计算迭代才能满足推力约束。

另外，如果将傅立叶项数增加到50，则使用FFS－SB获得的总转移时间将减少到1 461.7天。但是，计算时间增加到大约6 min。尽管FFS－SB和GPM最优解之间的差异随着傅立叶项数的增加而显著减小，但是使用FFS－SB获得的推力系数与使用GPM获得的最佳控制力不同。

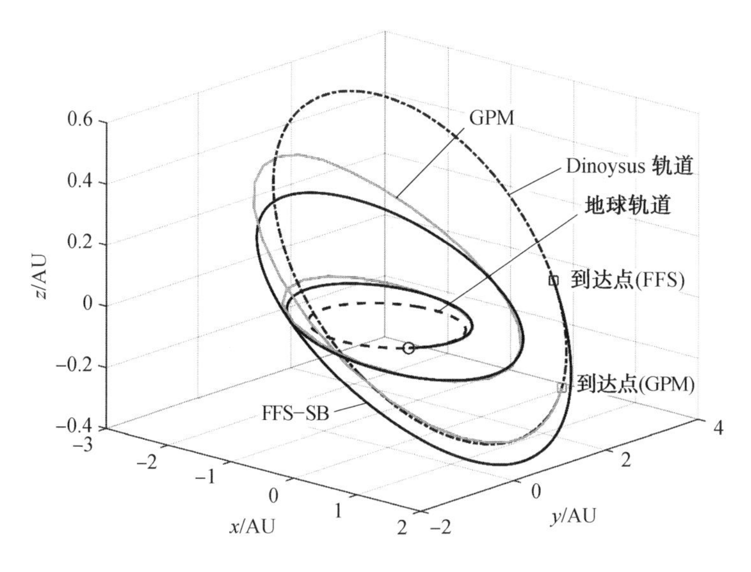

图 4.23 使用 FFS－SB 和 GPM 获得的地球－Dinoysus 转移轨迹($a_c = 1\ \mathrm{mm/s^2}$)

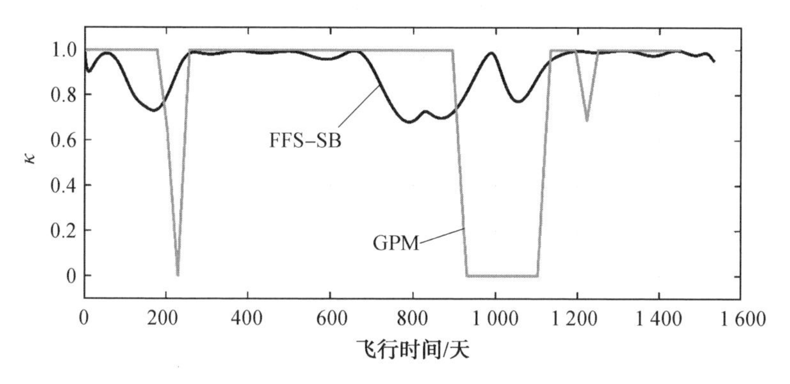

图 4.24 地球－Dinoysus转移过程中推力系数随飞行时间变化情况($a_c = 1\ \mathrm{mm/s^2}$)

3. 不同最大加速度的地球－火星转移和地球－Dinoysus 转移

表 4.1 所示为当特征加速度在 $a_c \in [0.5, 1.1]\ \mathrm{mm/s^2}$ 范围内变化时，地球－火星转移和地球－Dinoysus 转移的总转移时间和计算时间。仿真结果表明，转移时间 T 随着特征加速度的增加而减小。使用 FFS－SB 和 GPM 获得的最佳飞行时间和计算时间是不同的，由 FFS－SB 和 GPM 获得的最佳飞行时间之间的平均差异仅为约 2.33%。使用 FFS－SB 生成初始轨迹的平均计算时间为6.85 s，大约为使用 GPM 生成轨迹的平均计算时间的 0.98%。以上结果表明，由于电动太阳风帆的推力特性而存在一些不等式约束，尽管如此，FFS－SB 方法仍可以在短时间内为优化求解器设计合理的三维初始轨迹。这对于在初步任务设计阶段对数百个电动太阳风帆的飞行场景进行快速可行性评估具有重要意义。

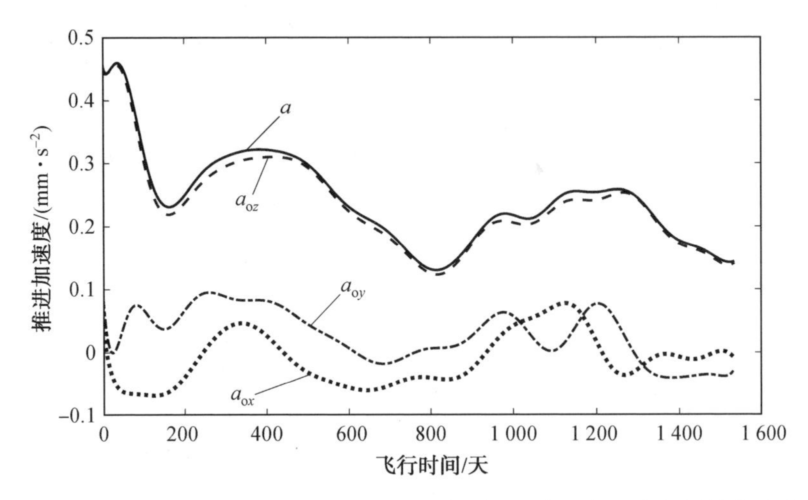

图 4.25　FFS－SB 获得的地球－Dinoysus 转移过程推力加速度矢量的分量随飞行时间变化情况(在轨道参考系 $O_o - x_o y_o z_o$，$a_c = 1\ \mathrm{mm/s^2}$)

表 4.1　总转移时间和计算时间(C1:使用 FFS－SB 改进推力模型，C2:使用 GPM 改进推力模型)

a_c/(mm·s^{-2})	总转移时间 / 天				计算时间 /s			
	地球－火星		地球－Dinoysus		地球－火星		地球－Dinoysus	
	C1	C2	C1	C2	C1	C2	C1	C2
0.5	920.5	897.7	1 534.0	1 451.6	5.81	516.23	39.31	4 092.93
0.6	780.8	764.0	1 301.5	1 231.6	5.43	614.47	38.27	3 984.47
0.7	702.1	683.2	1 167.0	1 104.3	5.14	710.91	35.44	3 690.25
0.8	678.4	661.6	1 130.1	1 069.4	6.17	724.75	35.61	3 708.28
0.9	661.7	646.7	1 101.6	1 042.5	7.02	747.58	40.52	4 219.14
1.0	650.8	637.2	1 092.9	1 030.3	7.93	764.00	45.77	4 718.03
1.1	646.0	632.5	1 065.1	1 007.9	10.47	808.77	46.04	4 585.76

本节提出了一种基于 FFS 的快速生成电动太阳风帆三维轨迹的方法。通过改进的电动太阳风帆推力模型研究推力加速度的不等式约束，考虑电动太阳风帆推力的特性。FFS 和离散化概念将电动太阳风帆的连续轨迹优化转换为代数方程组，使用内点法求解。为了验证所提出的方法用于电动太阳风帆轨迹优化的有效性，使用改进的推力模型实现了用于探索行星(火星)和小行星(Dinoysus)的初始三维轨迹设计。数值仿真表明，FFS－SB 可用于在短时间内为高保真优化求解器设计近乎最优的三维初始轨迹。与 GPM 相比，FFS－SB 的目标函数相差约 2% ～ 5%，但仅花费约 1% 的计算时间。

4.5 基于贝塞尔(Bezier)形状法的三维飞行轨迹估计

快速初始轨道设计是低推力推进系统进行初步任务分析和优化的基本要求。事实上，无论使用间接还是直接方法来获得最优轨迹，都需要对状态变量进行合理的初始猜测，以确保数值方法收敛于给定性能指标的最优值。此外，间接和直接方法通常都需要大量的计算时间，在任务设计的初期阶段，它们不适合对大量飞行场景进行快速的可行性评估。因此，近年来出现了快速生成轨迹的新技术，这些新技术大多是由基于形状的方法推动的，这些方法将轨迹的形状提前选择为给定的解析函数，通过计算有限的未知参数集来确定用于近似一般状态变量的解析函数的形状，同时满足航天器的运动方程和边界约束。上一节给出了利用有限 FFS 来近似航天器轨道的方法。本节则利用贝塞尔曲线的概念来有效地设计由电动太阳风帆推动的航天器的三维行星际轨道。在该方法中，航天器位置矢量分量的时间变化假设为贝塞尔曲线函数的形式。对于一个典型的行星际交会任务，通过对航天器位置和速度矢量施加边界约束，可以解析计算 12 个贝塞尔系数。其他未知系数是通过最小化总飞行时间和考虑电动太阳风帆推力矢量大小和方向的约束来获得的。将基于贝塞尔曲线的近似方法得到的结果作为初始猜测，代入 Gauss 伪谱法实现进一步数值优化。

4.5.1 电动太阳风帆航天器轨道动力学

对于电动太阳风帆的航天器 S，引入日心黄道惯性参考系 $T_s(O_s - x_s y_s z_s)$ 如图 4.26 所示，原点与太阳质心 O 重合，x_s 轴指向春分点，z_s 轴指向黄道北极。推进加速度矢量 $\boldsymbol{a}$ 可以用紧凑的解析形式写为

$$\boldsymbol{a}=\frac{\kappa a_c}{2}\left(\frac{r_\oplus}{r}\right)[\hat{\boldsymbol{r}}+(\hat{\boldsymbol{r}}\cdot\hat{\boldsymbol{n}})\hat{\boldsymbol{n}}] \tag{4.57}$$

其中，$\kappa\in[0,1]$ 是无量纲的推力调制参数（当机载电子枪关闭时 $\kappa=0$）；$\hat{\boldsymbol{r}}=\boldsymbol{r}/r$ 是航天器的位置单位矢量；r 是太阳到航天器的距离（$r_\oplus=1$ AU）；$\hat{\boldsymbol{n}}$ 是垂直于帆标称平面并且背离太阳的方向单位矢量；a_c 是航天器的特征加速度，定义为在距离 $r=r_\oplus$ 处推进加速度幅度 a 的最大值。a_c 的值是典型的性能参数，它取决于电动太阳风帆的设计特征（如系链的数量和电网电压）及航天器的总体质量。κ 为电动太阳风帆的固有能力，即在一定范围内以有限的程度通过改变电网电压来调节推力大小。因此，可以将在 0（无推力）和 1（全推力）之间连续变化的 κ 值视为实际电动太阳风帆的有效数学近似。

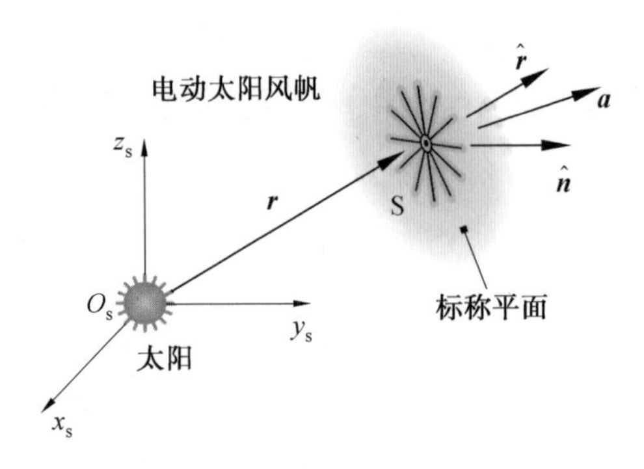

图 4.26　日心黄道惯性参考系 T_s

通过引入一个轨道参考系 $T_o(O_o - x_o y_o z_o)$(图 4.27) 可以方便地描述电动太阳风帆的姿态，该参考系的原点与航天器的质心重合，z_o 轴沿太阳与航天器的连线方向。y_o 轴垂直于(z_o, z_s)平面并具有与航天器惯性速度相同的方向，T_o 中 $\boldsymbol{r}$ 和 $\hat{\boldsymbol{n}}$ 的分量是

$$[\boldsymbol{r}]_{T_o} = \begin{bmatrix} 0 \\ 0 \\ r \end{bmatrix}, \quad [\hat{\boldsymbol{n}}]_{T_o} = \begin{bmatrix} \sin\alpha_n \cos\sigma \\ \sin\alpha_n \sin\sigma \\ \cos\alpha_n \end{bmatrix} \tag{4.58}$$

其中，$\alpha_n \in [0, \pi/2]$ rad是电动太阳风帆的俯仰角，即 $\hat{\boldsymbol{n}}$ 与电动太阳风帆航天器连线之间的夹角；$\sigma \in [0, 2\pi]$ rad是电动太阳风帆的时钟角，即 x_o 轴与 $\hat{\boldsymbol{n}}$ 在(x_o, y_o)平面上的投影之间的角度(从 x_o 轴逆时针测量)。

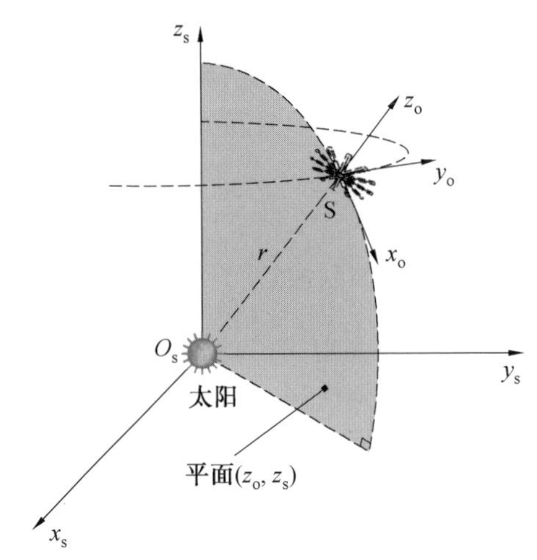

图 4.27　轨道参考系 T_o

从式(4.57) 和式(4.58) 可以看出，T_o 中推进加速度矢量的分量是

$$[\boldsymbol{a}]_{T_o} = \begin{bmatrix} a_{ox} \\ a_{oy} \\ a_{oz} \end{bmatrix} = \frac{\kappa a_c}{2}\left(\frac{r_\oplus}{r}\right)\begin{bmatrix} \cos\alpha_n \sin\alpha_n \cos\sigma \\ \cos\alpha_n \sin\alpha_n \sin\sigma \\ \cos^2\alpha_n + 1 \end{bmatrix} \tag{4.59}$$

其中，$\boldsymbol{a}$ 的大小取决于推力调制参数 α 和电动太阳风帆俯仰角 α_n，即

$$a = \frac{\kappa a_c}{2}\left(\frac{r_\oplus}{r}\right)\sqrt{4 - 3\sin^2\alpha_n} \tag{4.60}$$

图 4.28 所示为帆偏航和时钟角度图。图 4.29 所示为当 $r = r_\oplus$（且 $\kappa = \{0.2, 0.4, 0.6, 0.8, 1\}$）时推进加速度的无量纲量值。在特殊情况下，当 $\kappa = 1$ 且 $r = r_\oplus$ 时，表示 $\alpha_n = 0$ 时 $a = a_c$，这被称为朝阳帆。

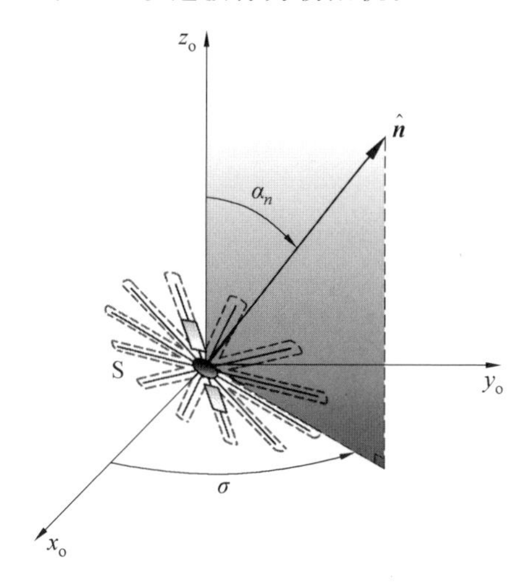

图 4.28　帆偏航和时钟角度图

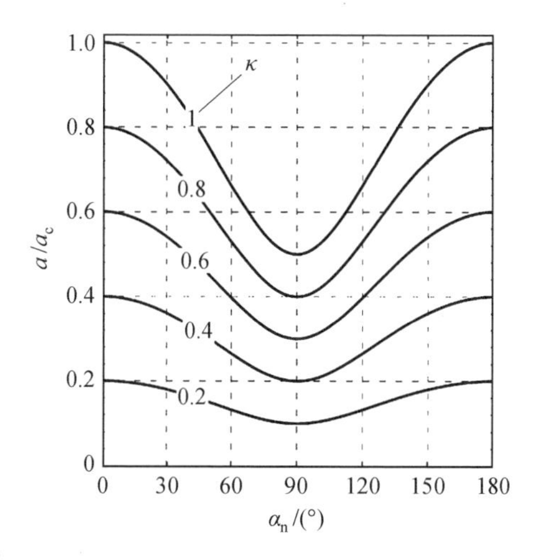

图 4.29　当 $r = r_\oplus$ 时推进加速度的无量纲量值

电动太阳风帆航天器的日心运动在圆柱参考系 $T_c(O;\rho,\theta,z)$（图 4.30）中描述，其中，ρ 为电动太阳风帆位置矢量 $\boldsymbol{r}$ 在黄道平面上的标量投影，θ 为从春分方向逆时针测量的极角，z 为垂直高度。太阳到电动太阳风帆航天器的距离为

$$r=\sqrt{\rho^2+z^2} \tag{4.61}$$

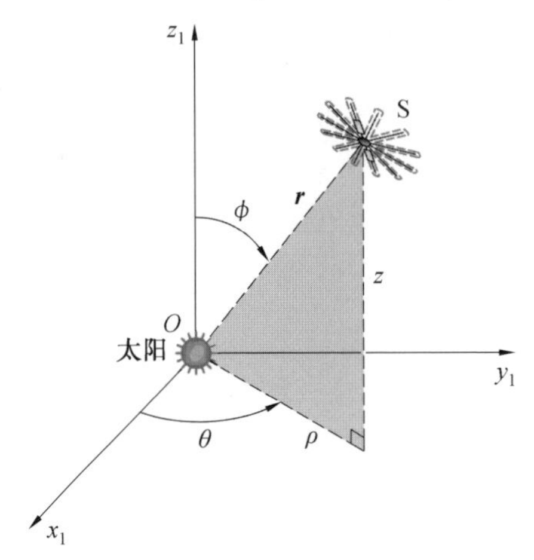

图 4.30　圆柱参考系

而电动太阳风帆方位角 $\phi\in[0,\pi]$，即 z_1 轴与 $\boldsymbol{r}$ 之间的夹角，且

$$\sin\phi=\frac{\rho}{\sqrt{\rho^2+z^2}},\quad \cos\phi=\frac{z}{\sqrt{\rho^2+z^2}} \tag{4.62}$$

电动太阳风帆在圆柱坐标系中的运动方程为

$$\ddot{\rho}-\rho\dot{\theta}^2=a_\rho-\frac{\mu_\odot\rho}{r^3} \tag{4.63}$$

$$\rho\ddot{\theta}+2\dot{\rho}\dot{\theta}=a_\theta \tag{4.64}$$

$$\ddot{z}=a_z-\frac{\mu_\oplus z}{r^3} \tag{4.65}$$

其中，$\mu_\oplus$ 是太阳的引力参数；a_ρ、a_θ、a_z 是 T_c 中电动太阳风帆推进加速度矢量的分量，或$[\boldsymbol{a}]_{T_c}=[a_\rho,a_\theta,a_z]^{\mathrm{T}}$。注意，式(4.63)～(4.65)为忽略所有轨道扰动时航天器日心向动力学建模。在初步的轨迹设计阶段，这种假设是合理的。

$$[\boldsymbol{a}]_{T_c}=\begin{bmatrix}\cos\phi & 0 & \sin\phi\\ 0 & 1 & 0\\ -\sin\phi & 0 & \cos\phi\end{bmatrix}[\boldsymbol{a}]_{T_o}\equiv\begin{bmatrix}a_{ox}\cos\phi+a_{oz}\sin\phi\\ a_{oy}\\ a_{oz}\cos\phi-a_{ox}\sin\phi\end{bmatrix} \tag{4.66}$$

$[\boldsymbol{a}]_{T_c}$ 的分量还可以写为

$$[\boldsymbol{a}]_{T_c}=\begin{bmatrix}a_\rho\\ a_\theta\\ a_z\end{bmatrix}=\frac{\kappa a_c r_\oplus}{2(\rho^2+z^2)}\begin{bmatrix}\rho\cos^2\alpha_n+z\sin\alpha_n\cos\alpha_n\cos\sigma+\rho\\ \cos\alpha_n\sin\alpha_n\sin\sigma\sqrt{\rho^2+z^2}\\ z\cos^2\alpha_n-\rho\sin\alpha_n\cos\alpha_n\cos\sigma+z\end{bmatrix} \tag{4.67}$$

将式(4.67)代入式(4.63)～(4.65)，将航天器动力学表示为一组一阶微分方程

$$\dot{\rho}=v_{\rho} \tag{4.68}$$

$$\dot{\theta}=\frac{v_{\theta}}{\rho} \tag{4.69}$$

$$\dot{z}=v_{z} \tag{4.70}$$

$$\dot{v}_{\rho}=\frac{v_{\theta}^{2}}{\rho}-\frac{\mu_{\odot}\rho}{(\rho^{2}+z^{2})^{3/2}}+\frac{\kappa a_{c}r_{\oplus}}{2(\rho^{2}+z^{2})}(\rho\cos^{2}\alpha_{n}+z\sin\alpha_{n}\cos\alpha_{n}\cos\sigma+\rho) \tag{4.71}$$

$$\dot{v}_{\theta}=-\frac{v_{\rho}v_{\theta}}{\rho}+\frac{\kappa a_{c}r_{\oplus}}{2(\rho^{2}+z^{2})}\cos\alpha_{n}\sin\alpha_{n}\sin\sigma\sqrt{\rho^{2}+z^{2}} \tag{4.72}$$

$$\dot{v}_{z}=-\frac{\mu_{\odot}z}{(\rho^{2}+z^{2})^{3/2}}+\frac{\kappa a_{c}r_{\oplus}}{2(\rho^{2}+z^{2})}(z\cos^{2}\alpha_{n}-\rho\sin\alpha_{n}\cos\alpha_{n}\cos\sigma+z) \tag{4.73}$$

其中，v_{ρ}、v_{θ}、v_{z} 是 T_{c} 中航天器速度矢量的分量。通过使用 $r_{\oplus}$ 作为距离单位，并引入无量纲时间，可以更方便地将式(4.68)～(4.73)以无量纲形式编写，令

$$\tau=\frac{t}{t_{f}},\quad \tau\in[0,1] \tag{4.74}$$

其中，$t\in[0,t_{f}]$ 为飞行时刻，t_{f} 为总飞行时间。

$$\tilde{\rho}'=\tilde{v}_{\tilde{\rho}}=f_{\tilde{\rho}} \tag{4.75}$$

$$\theta'=\frac{\tilde{v}_{\theta}}{\tilde{\rho}}=f_{\theta} \tag{4.76}$$

$$\tilde{z}'=\tilde{v}_{\tilde{z}}=f_{\tilde{z}} \tag{4.77}$$

$$\tilde{v}'_{\tilde{\rho}}=\frac{\tilde{v}_{\theta}^{2}}{\tilde{\rho}}-\frac{\tilde{\mu}_{\oplus}\tilde{\rho}}{(\tilde{\rho}^{2}+\tilde{z}^{2})^{3/2}}+\frac{\kappa\tilde{a}_{c}}{2}(\tilde{\rho}\cos^{2}\alpha_{n}+\tilde{z}\sin\alpha_{n}\cos\alpha_{n}\cos\sigma+\tilde{\rho})=f_{\tilde{v}_{\tilde{\rho}}} \tag{4.78}$$

$$\tilde{v}'_{\theta}=-\frac{\tilde{v}_{\tilde{\rho}}\tilde{v}_{\theta}}{\tilde{\rho}}+\frac{\kappa\tilde{a}_{c}}{2}\cos\alpha_{n}\sin\alpha_{n}\sin\sigma\sqrt{\tilde{\rho}^{2}+\tilde{z}^{2}}=f_{\tilde{v}_{\theta}} \tag{4.79}$$

$$\tilde{v}'_{\tilde{z}}=-\frac{\tilde{\mu}_{\oplus}\tilde{z}}{(\tilde{\rho}^{2}+\tilde{z}^{2})^{3/2}}+\frac{\kappa\tilde{a}_{c}}{2}(\tilde{z}\cos^{2}\alpha_{n}-\tilde{\rho}\sin\alpha_{n}\cos\alpha_{n}\cos\sigma+\tilde{z})=f_{\tilde{v}_{\tilde{z}}} \tag{4.80}$$

其中，上标“′”表示 a 关于 τ 的导数。且有

$$\tilde{\rho}=\frac{\rho}{r_{\oplus}},\quad \tilde{z}=\frac{z}{r_{\oplus}},\quad \tilde{\mu}_{\oplus}=\frac{\mu_{\oplus}t_{f}^{2}}{r_{\oplus}^{3}},\quad \tilde{a}_{c}=\frac{a_{c}t_{f}^{2}}{r_{\oplus}}$$

$$\tilde{v}_{\tilde{\rho}}=\frac{\nu_{\rho}t_{f}}{r_{\oplus}},\quad \tilde{v}_{\theta}=\frac{\nu_{\theta}t_{f}}{r_{\oplus}},\quad \tilde{v}_{\tilde{z}}=\frac{\nu_{z}t_{f}}{r_{\oplus}} \tag{4.81}$$

微分方程组的等价矢量形式为

$$\boldsymbol{x}'(\tau)=\boldsymbol{f}(\boldsymbol{x},\boldsymbol{u}) \tag{4.82}$$

其中，$\boldsymbol{f}=[f_{\hat{\rho}} \quad f_{\hat{\theta}} \quad f_{\hat{z}} \quad f_{\tilde{v}_{\rho}} \quad f_{\tilde{v}_{\theta}} \quad f_{\tilde{v}_{z}}]^{\mathrm{T}}$，其标量分量在式(4.75)～(4.80)中指出；$\boldsymbol{x}$ 是无量纲状态矢量，定义为

$$\boldsymbol{x}=[\tilde{\rho} \quad \theta \quad \tilde{z} \quad \widetilde{\nu}_{\tilde{\rho}} \quad \widetilde{\nu}_{\theta} \quad \widetilde{\nu}_{\tilde{z}}]^{\mathrm{T}} \tag{4.83}$$

$\boldsymbol{u}$ 是控制矢量，定义为

$$\boldsymbol{u}=[\kappa \quad \alpha_{\mathrm{n}} \quad \sigma]^{\mathrm{T}} \tag{4.84}$$

4.5.2 问题描述和轨迹优化

在电动太阳风帆航天器的典型任务场景中，选择 t_{f} 的值和控制律 $u=u(\tau)$，以使达到规定的最终状态所需的飞行时间最小。例如，在行星际交会任务中，x_0 与起始行星的状态一致，而 x_{f} 与到达行星的状态一致。因此，优化问题为求解最优性能指标

$$J=-t_{\mathrm{f}} \tag{4.85}$$

在整个转移轨迹上，控制变量中包含约束条件

$$\kappa\in[0,1]\cap\alpha_{\mathrm{n}}\in[0,\pi/2]\mathrm{rad} \tag{4.86}$$

还有边界约束条件

$$x(0)=x_0\cap x(1)=x_{\mathrm{f}} \tag{4.87}$$

注意，对式(4.86)中定义的控制变量 $\{\kappa,\alpha_{\mathrm{n}}\}$ 的约束可以与推进加速度的分量 $(a_{x_{\mathrm{o}}},a_{y_{\mathrm{o}}},a_{z_{\mathrm{o}}})$ 相关并且以图形方式解释。为此，假设 $\alpha_{\mathrm{n}}\geqslant 0$，并引入横向单位矢量 $\hat{\boldsymbol{t}}=[(\hat{\boldsymbol{r}}\times\hat{\boldsymbol{n}})\times\hat{\boldsymbol{r}}]/\sin\alpha_{\mathrm{n}}$。推进加速度矢量位于由 $\hat{\boldsymbol{r}}$ 和 $\hat{\boldsymbol{t}}$ 跨越的平面上，因为它可以用径向和横向分量表示为

$$\boldsymbol{a}=a_{\mathrm{c}}\left(\frac{r_{\oplus}}{r}\right)(\tilde{a}_{\mathrm{r}}\hat{\boldsymbol{r}}+\tilde{a}_{\mathrm{t}}\hat{\boldsymbol{t}}) \tag{4.88}$$

$$\tilde{a}_{\mathrm{r}}=\kappa\frac{\cos^2\alpha_{\mathrm{n}}+1}{2} \tag{4.89}$$

$$\tilde{a}_{\mathrm{t}}=\kappa\frac{\sin\alpha_{\mathrm{n}}\cos\alpha_{\mathrm{n}}}{2} \tag{4.90}$$

无量纲推进加速度分量和推进加速度的容许区域如图 4.31 所示。

区域 S 的几何分析如图 4.32 所示。

将式(4.89)和式(4.59)进行比较可得

$$a_{\mathrm{r}}=\tilde{a}_{\mathrm{r}}a_{\mathrm{c}}\left(\frac{r_{\oplus}}{r}\right)\equiv a_{\mathrm{oz}} \tag{4.91}$$

$$a_{\mathrm{t}}=\tilde{a}_{\mathrm{t}}a_{\mathrm{c}}\left(\frac{r_{\oplus}}{r}\right)=\sqrt{a_{\mathrm{ox}}^2+a_{\mathrm{oy}}^2} \tag{4.92}$$

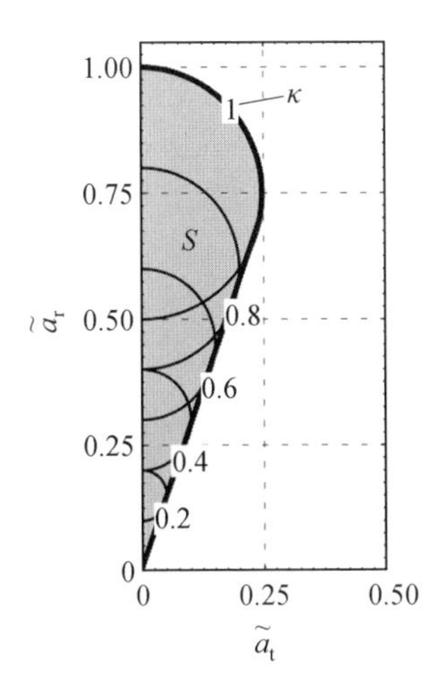

图 4.31　无量纲推进加速度分量和推进加速度的容许区域

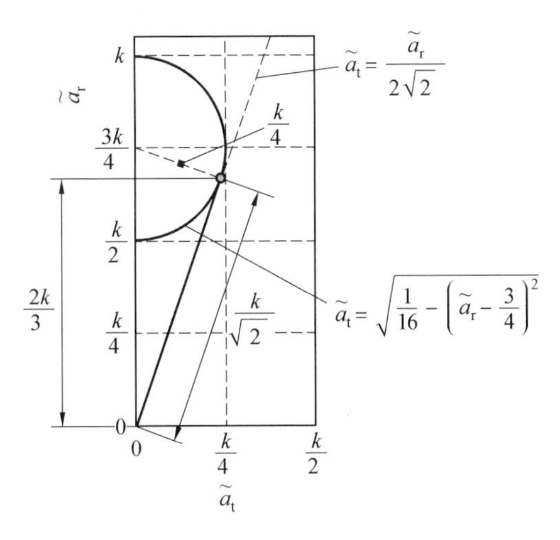

图 4.32　区域 S 的几何分析

再结合式(4.89)、式(4.90) 可以证实

$$\tilde{a}_t^2+\left(\tilde{a}_r-\frac{3}{4}\kappa\right)^2=\left(\frac{\kappa}{4}\right)^2 \tag{4.93}$$

它表示平面($\tilde{a}_t$,$\tilde{a}_r$) 中以(0,$3\kappa/4$) 为中心且半径等于 $\kappa/4$ 的圆的方程。图 4.31 显示了不同 κ 值的无量纲推进力分量。注意,当 κ 在其范围[0,1] 中连续变化时,由等式(4.93) 描述的圆限定了区域 S,无量纲的推进加速度被限制在该区域 S 中。因为 n 总是指向与太阳相反的方向,所以 $\alpha_n \in [0,\pi/2]$rad。对于给定的 κ 值,过原点在图 4.32 中绘制式(4.93) 的圆的切线。借助于图中的几何形状可以看出,该切线的方程为 $\tilde{a}_r=2\sqrt{2}\,\tilde{a}_t$,与 κ 无关。这意味着允许区域 S 的下界实际上是斜率等于 $2\sqrt{2}$ 的线。因此,整个区域 S 可以写成

$$S=\{\tilde{a}_{\rm t},\tilde{a}_{\rm r}\}:\begin{cases}\tilde{a}_{\rm t}\dfrac{\tilde{a}_{\rm r}}{2\sqrt{2}}, & \tilde{a}_{\rm r}\in\left[0,\dfrac{2}{3}\right]\\ \tilde{a}_{\rm t}\sqrt{\dfrac{1}{16}-\left(\tilde{a}_{\rm r}-\dfrac{3}{4}\right)^2}, & \tilde{a}_{\rm r}\in\left[\dfrac{2}{3},1\right]\end{cases} \tag{4.94}$$

最后,式(4.91)和式(4.92)可以用来检查推进加速度分量(a_{ox}、a_{oy}、a_{oz})是否与式(4.86)的约束一致。实际上,在给定的太阳/航天器的距离 r 和指定的特征加速度 a_c 下,要满足的约束是

$$\sqrt{a_{ox}^2+a_{oy}^2}\ \frac{a_{oz}}{2\sqrt{2}},\quad \frac{a_{oz}}{a_c(r_\oplus/r)}\in\left[0,\frac{2}{3}\right] \tag{4.95}$$

$$\sqrt{a_{ox}^2+a_{oy}^2}a_c\frac{r_\oplus}{r}\sqrt{\frac{1}{16}-\left[\frac{a_{oz}}{a_c(r_\oplus/r)}-\frac{3}{4}\right]^2},\quad \frac{a_{oz}}{a_c(r_\oplus/r)}\in\left[\frac{2}{3},1\right] \tag{4.96}$$

使用基于形状的方法进行最优的转移轨迹设计,航天器无量纲位置矢量的分量($\tilde{\rho},\theta,\tilde{z}$)使用贝塞尔函数在阶 $n\in\mathbf{N}$ 且 $n\geqslant 3$ 的情况下,在 τ 的域中展开

$$i(\tau)=\sum_{j=0}^{n}B_j(\tau)P_{i,j},\quad i=\{\tilde{\rho},\theta,\tilde{z}\} \tag{4.97}$$

其中,$P_{i,j}$ 是未知的几何系数;$B_j(\tau)$ 是基础多项式,定义为

$$B_j(\tau)=\frac{n!\ \tau^j(1-\tau)^{n-j}}{j!\ (n-j)!},\quad j\in\{1,2,\cdots,n\} \tag{4.98}$$

一般情况下,每个航天器状态可以选择不同的 n 值。但为了简单起见,本书对所有状态变量考虑相同的 n 值。考虑到式(4.97)、式(4.98),坐标近似的第一阶导数和第二阶导数可以紧凑地写成

$$i'(\tau)\equiv\tilde{v}_i=\sum_{j=0}^{n}B'_j(\tau)P_{i,j},\quad i=\{\tilde{\rho},\theta,\tilde{z}\} \tag{4.99}$$

$$i''(\tau)\equiv\tilde{v}'_i=\sum_{j=0}^{n}B''_j(\tau)P_{i,j},\quad i=\{\tilde{\rho},\theta,\tilde{z}\} \tag{4.100}$$

$$B'_j(\tau)=\begin{cases}-n(1-\tau)^{n-1}, & j=0\\ \dfrac{n!\ \tau^{j-1}(1-\tau)^{n-j}}{(j-1)!\ (n-j)!}-\dfrac{n!\ \tau^j(1-\tau)^{n-j-1}}{j!\ (n-j-1)!}, & j\in[1,n-1]\\ n\tau^{n-1},\quad j=n\end{cases} \tag{4.101}$$

$$B''_j(\tau)=\begin{cases}n(n-1)(1-\tau)^{n-2}, & j=0\\ n(n-1)(n-2)\tau(1-\tau)^{n-3}-2n(n-1)(1-\tau)^{n-2}, & j=1\\ \dfrac{n!\ \tau^{j-2}\ (1-\tau)^{n-j}}{(j-2)!\ (n-j)!}-\dfrac{2n!\ \tau^{j-1}\ (1-\tau)^{n-j-1}}{(j-1)!\ (n-j-1)!}+\dfrac{n!\ \tau^{j}\ (1-\tau)^{n-j-2}}{j!\ (n-j-2)!}, & j\in[2,n-2]\\ n(n-1)(n-2)\tau^{n-3}(1-\tau)-2n(n-1)\tau^{n-2}, & j=n-1\\ n(n-1)\tau^{n-2}, & j=n\end{cases} \tag{4.102}$$

通过将 $\tau=0$（初始时刻）或 $\tau=1$（最终时刻）代入式（4.99）和式（4.101）来获得 B_j 及其边界值，即

$$B_j(0)=\begin{cases}1, & j=0\\ 0, & j\in[1,n]\end{cases} \tag{4.103}$$

$$B_j(1)=\begin{cases}0, & j\in[0,n-1]\\ 1, & j=n\end{cases} \tag{4.104}$$

$$B'_j(0)=\begin{cases}-n, & j=0\\ n, & j=1\\ 0, & j\in[2,n]\end{cases} \tag{4.105}$$

$$B'_j(1)=\begin{cases}0, & j\in[0,n-2]\\ -n, & j=n-1\\ n, & j=n\end{cases} \tag{4.106}$$

使用式（4.97）和式（4.99），通用无量纲坐标近似的边界值及其一阶 τ 导数由下式给出：

$$\begin{gathered}i(0)=P_{i,0},\quad i(1)=P_{i,n}\\ \tilde{v}_i(0)=n(P_{i,1}-P_{i,0}),\quad \tilde{v}_i(1)=n(P_{i,n}-P_{i,n-1})\end{gathered} \tag{4.107}$$

其中，$i=\{\rho,\theta,z\}$。通过将式（4.81）与式（4.75）～（4.77）、式（4.107）组合可以获得初始和最终时间的航天器状态矢量分量的函数，即 12 个几何系数 $\{P_{i,0},P_{i,1},P_{i,n},P_{i,n-1}\}$，其结果为

$$P_{\tilde{\rho},0}=\frac{\rho_0}{r_\oplus},\quad P_{\theta,0}=\theta_0,\quad P_{\tilde{z},0}=\frac{z_0}{r_\oplus} \tag{4.108}$$

$$P_{\tilde{\rho},0}=\frac{\nu_{\rho_0}t_f}{nr_\oplus}+\frac{\rho_0}{r_\oplus},\quad P_{\theta,1}=\frac{\nu_{\theta_0}t_f}{nr_\oplus}+\theta_0,\quad P_{\tilde{z},1}=\frac{\nu_{z_0}t_f}{nr_\oplus}+\frac{z_0}{r_\oplus} \tag{4.109}$$

$$P_{\tilde{\rho},n-1}=\frac{\rho_f}{r_\oplus}-\frac{\nu_{\rho_f}t_f}{nr_\oplus},\quad P_{\theta,n-1}=\theta_f-\frac{\nu_{\theta_f}t_f}{nr_\oplus},\quad P_{\tilde{z},n-1}=\frac{z_f}{r_\oplus}-\frac{\nu_{z_f}t_f}{nr_\oplus} \tag{4.110}$$

$$P_{\tilde{\rho},n}=\frac{\rho_f}{r_\oplus},\quad P_{\theta,n}=\theta_f,\quad P_{\tilde{z},n}=\frac{z_f}{r_\oplus} \tag{4.111}$$

因此,对于 $n \geqslant 3$,未知几何系数的数量 N_p 为

$$N_p = 3(n+1) - 12 = 3n - 9 \tag{4.112}$$

然而,考虑到飞行时间是优化过程的输出,通过式(4.97)和式(4.99)近似航天器轨迹所需的未知数总数 N 为

$$N = N_p + 1 = 3n - 8 \tag{4.113}$$

当总飞行时间为给定值,即 $n=3$ 时,式(4.112)指出,$N_p=0$,因此,转移轨道的形状完全取决于式(4.108)~(4.111)的边界条件。这个特征类似于 Wall 和 Conway 提出的逆多项式方法,以及 Xie 等人讨论的径向坐标形式。但是,参考文献中分析的这些方法被用于由离子发动机推动的航天器的共面转移,该电动推力器的推力矢量方向不受限制。本书中提出的基于 Bezier 曲线的方法可用于三维任务场景,并且具有足够的灵活性,可以根据其推力大小和方向对电动太阳风帆推力矢量进行约束建模。

对于给定的任务场景,问题在于找到最短飞行时间的转移轨迹,以使式(4.86)受到约束或式(4.95)~(4.96)的约束都被满足。为此,将推进加速度矢量 $\{a_{x_o}, a_{y_o}, a_{z_o}\}$ 的分量写为式(4.97)和式(4.99)给定的基于贝塞尔曲线的近似函数,使用以下步骤。

对于给定的飞行时间 t_f 和一组未知几何系数 $\{P_{1,2}, \cdots, P_{i,n-2}\}$,其中 $n>3$ 并且 $i=\{\rho, \theta, z\}$,从式(4.78)~(4.80)获得推进加速度 $\{\tilde{a}_{\tilde{\rho}}, \tilde{a}_{\theta}, \tilde{a}_{\tilde{z}}\}$ 无量纲航天器状态矢量的分量。

然后根据式(4.67)计算出推进加速度的分量 $\{a_\rho, a_\theta, a_z\}$。而根据方程式(4.62),式(4.66)和式(4.81),可以写出分量 $\{a_{x_o}, a_{y_o}, a_{z_o}\}$。

$$\begin{bmatrix} a_{x_o} \\ a_{y_o} \\ a_{z_o} \end{bmatrix} = \begin{bmatrix} \cos\phi & 0 & -\sin\phi \\ 0 & 1 & 0 \\ \sin\phi & 0 & \cos\phi \end{bmatrix} \begin{bmatrix} a_\rho \\ a_\theta \\ a_z \end{bmatrix} \equiv \begin{bmatrix} \dfrac{a_\rho \tilde{z} - a_z \tilde{\rho}}{\sqrt{\tilde{\rho}^2 + \tilde{z}^2}} \\ a_\theta \\ \dfrac{a_\rho \tilde{\rho} + a_z \tilde{z}}{\sqrt{\tilde{\rho}^2 + \tilde{z}^2}} \end{bmatrix} \tag{4.114}$$

因此,如果获得的值 $\{a_{x_o}, a_{y_o}, a_{z_o}\}$ 满足式(4.95)~(4.96)的约束,则转移轨迹是可行的。

最后,通过最大化在式(4.85)中定义的性能指标 J 来获得 t_f 和 $\{P_{1,2}, \cdots, P_{i,n-2}\}$ 的值。换句话说,将连续轨迹优化问题转换为非线性规划问题(NLP),可以使用内点方法求解。

在 NLP 求解器中初始化未知系数的基本思想是提供 m 个 Legendre-Gauss 离散点处的航天器坐标 $\{\rho, \theta, z\}$ 的近似值。然后可以通过这组离散点拟合贝塞尔曲线的函数来计算未知系数。注意,总飞行时间 t_f 是必须优化的变量。然而,

飞行时间 $t_{f_{\mathrm{APP}}}$ 的猜测值可以是出发和到达轨道的角动量之间的矢量差的范数与由推力引起的电动太阳风帆扭矩的比值之比。

$$t_{f_{\mathrm{APP}}}=\frac{\sqrt{\mu_{\odot}(p_0+p_{\mathrm{f}})-2\mu_{\odot}\sqrt{p_0 p_{\mathrm{f}}}\cos\Delta i}}{\kappa_{\mathrm{APP}} a_{\mathrm{c}} r \oplus \cos\alpha_{\mathrm{n}}\sin\alpha_{\mathrm{n}}} \tag{4.115}$$

其中，p_0、p_{f} 是出发轨道、到达轨道的半长轴；i 是轨道倾角的变化；κ_{APP} 是估计的平均推力系数，$\kappa_{\mathrm{APP}}=1/3$；$\alpha_{\mathrm{n}}$ 是使推力锥角最大化的帆的俯仰角，$\alpha_{\mathrm{n}}=54.7°$。

对于三阶贝塞尔曲线（$n=3$），ρ_{APP}、θ_{APP}、z_{APP} 的近似值可以写为

$$\rho_{\mathrm{APP}}(\tau)=(1-\tau)^3 P_{\rho,0}+3\tau(1-\tau)^2 P_{\rho,1}+3\tau^2(1-\tau)P_{\rho,2}+\tau^3 P_{\rho,3} \tag{4.116}$$

$$\theta_{\mathrm{APP}}(\tau)=(1-\tau)^3 P_{\theta,0}+3\tau(1-\tau)^2 P_{\theta,1}+3\tau^2(1-\tau)P_{\theta,2}+\tau^3 P_{\theta,3} \tag{4.117}$$

$$z_{\mathrm{APP}}(\tau)=(1-\tau)^3 P_{z,0}+3\tau(1-\tau)^2 P_{z,1}+3\tau^2(1-\tau)P_{z,2}+\tau^3 P_{z,3} \tag{4.118}$$

考虑到边界条件，控制点 $P_{i,j}$ 由下式给出：

$$P_{\rho,0}=\rho_i,\quad P_{\rho,1}=\rho_i+t_{f_{\mathrm{APP}}}\dot{\rho}_i/3,\quad P_{\rho,2}=\rho_{\mathrm{f}}-t_{f_{\mathrm{APP}}}\dot{\rho}_{\mathrm{f}}/3,\quad P_{\rho,3}=\rho_{\mathrm{f}} \tag{4.119}$$

$$P_{\theta,0}=\theta_i,\quad P_{\theta,1}=\theta_i+t_{f_{\mathrm{APP}}}\dot{\theta}_i/3,\quad P_{\theta,2}=\theta_{\mathrm{f}}-t_{f_{\mathrm{APP}}}\dot{\theta}_{\mathrm{f}}/3,\quad P_{\theta,3}=\theta_{\mathrm{f}} \tag{4.120}$$

$$P_{z,0}=z_i,\quad P_{z,1}=z_i+t_{f_{\mathrm{APP}}}\dot{z}_i/3,\quad P_{z,2}=z_{\mathrm{f}}-t_{f_{\mathrm{APP}}}\dot{z}_{\mathrm{f}}/3,\quad P_{z,3}=z_{\mathrm{f}} \tag{4.121}$$

因此，可通过在 m 个 Legendre－Gauss 离散点处评估式（4.116）～（4.118）获得 ρ_{APP}、θ_{APP}、z_{APP} 的离散近似数据值。

4.5.3　数值结果

在两个不同的星历约束任务中测试了上述方法的有效性。第一个模拟航天器实现地球－火星三维交会，第二个模拟航天器实现地球－Dinoysus 小行星的交会。然后将获得的结果用作基于 GPM 的轨迹优化软件中的初始猜测进行验证。基于 GPM 的轨迹优化过程使用 60 个 Legendre－Gauss 点。

1. 地球－火星转移

假设 $n=12$，$a_{\mathrm{c}}=0.5\ \mathrm{mm/s^2}$，发射日期为 2029 年 2 月 1 日。使用基于贝塞尔曲线的方法获得的总飞行时间为 912 天，而 GPM 给出的值约为 897 天，相差小于 2%。用基于贝塞尔曲线的方法获得的转移轨迹以及用 GPM 进一步优化的轨迹如图 4.33 所示。

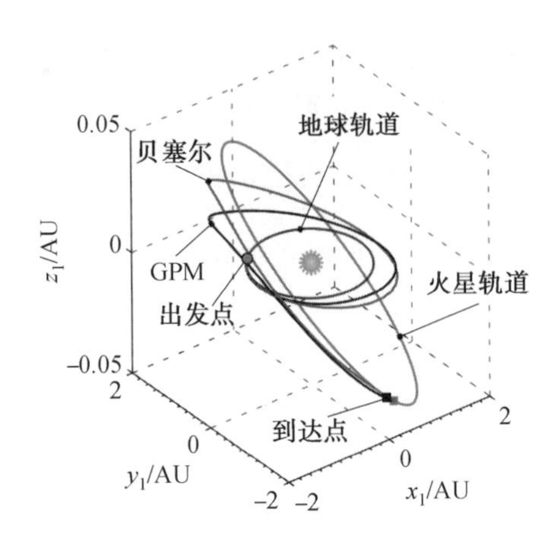

图 4.33　地球－火星转移轨道，$a_c = 0.5\ \mathrm{mm/s^2}$

图 4.34 和图 4.35 所示为惯性参考系 T_I 中航天器位置矢量和速度矢量的三个分量的时间变化。由贝塞尔和 GPM 方法生成的位置矢量和速度矢量都满足式(4.87)的边界条件。这意味着航天器以相对较小的速度成功进入了火星的影响范围。

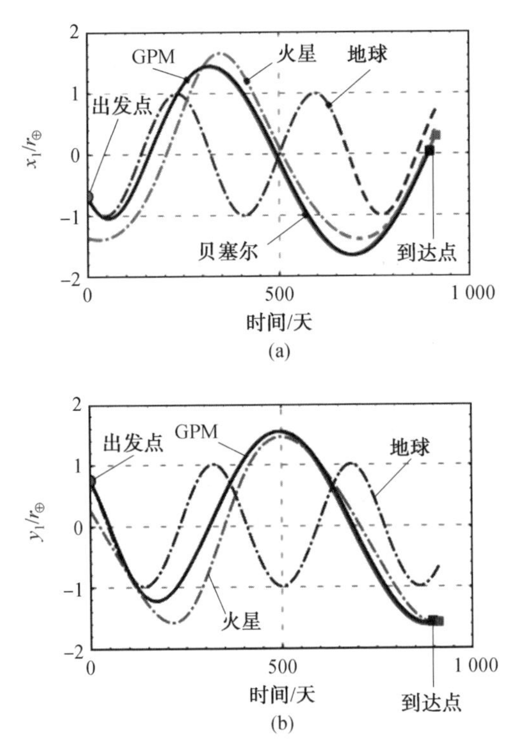

图 4.34　地球－火星转移，航天器位置矢量随时间变化

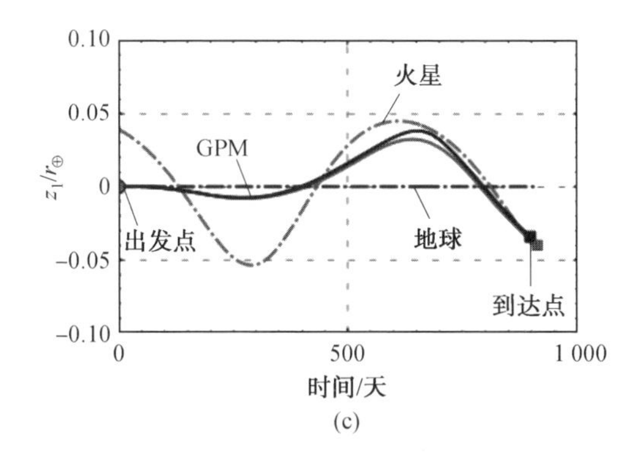

(c)

续图 4.34

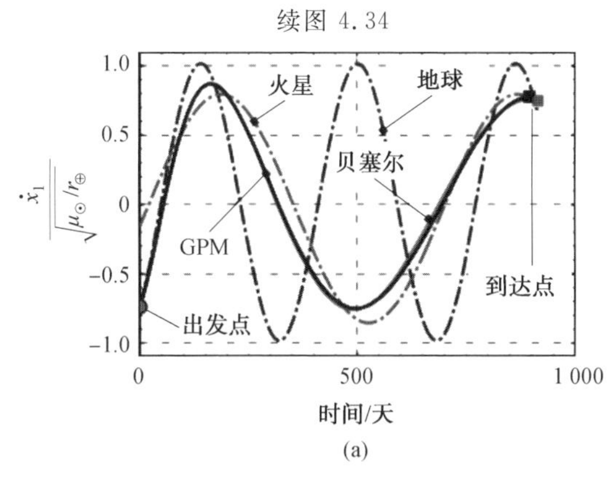

(a)

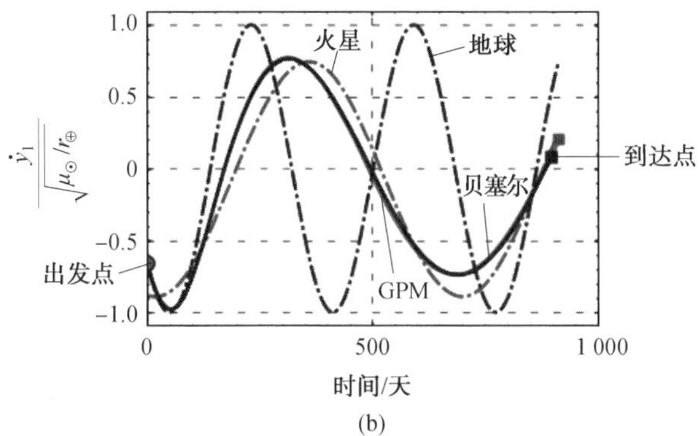

(b)

图 4.35 地球－火星转移，航天器速度矢量随时间变化

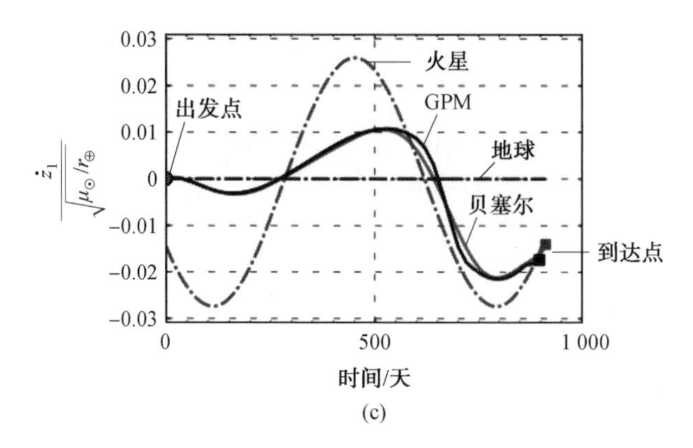

(c)

续图 4.35

推力系数κ、俯仰角α_n和时钟角σ随时间变化如图 4.36 所示，值得注意的是，基于贝塞尔曲线的方法可以很好地估计控制变量κ和α_n的最佳时间变化。实际上，通过所提出的方法产生的控制角的时间曲线是连续且平滑的，这对于电动太阳风帆航天器的姿态跟踪控制是非常有益的特征。地球—火星转移的最小飞行时间如图 4.37 所示。

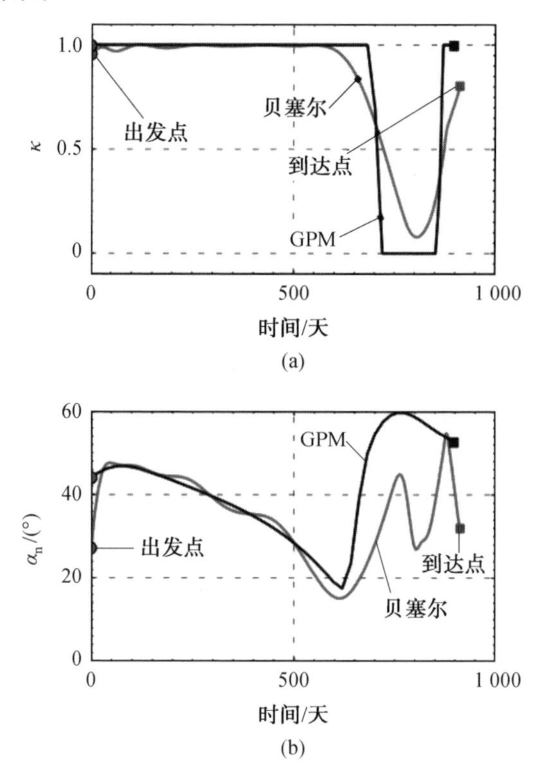

图 4.36　地球—火星转移，航天器控制变量随时间变化

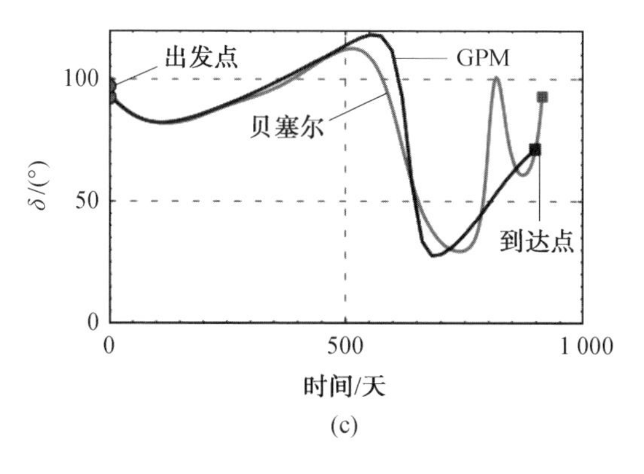

(c)

续图 4.36

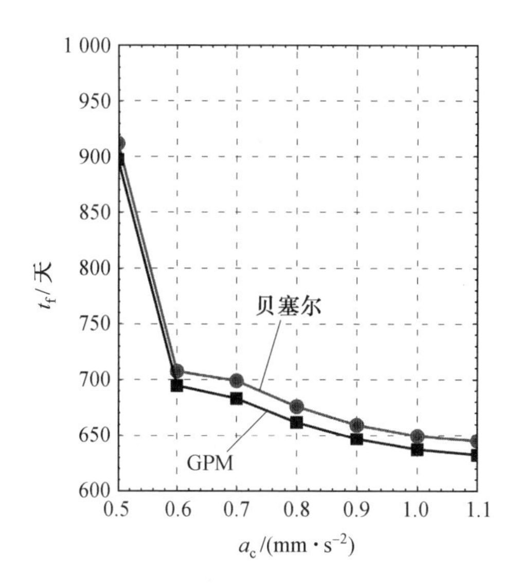

图 4.37　地球－火星转移的最小飞行时间

当电动太阳风帆特征加速度在 $a_c \in [0.5, 1.1]$ mm/s^2 的范围内变化时，$n=12$ 的地球－火星转移的性能指标和计算时间见表 4.2。在这种情况下，通过贝塞尔和 GPM 获得的最小飞行时间之间的平均差仅为 1.95%。另外，使用贝塞尔方法的平均计算时间约为 6.5 s，约占使用 GPM 优化轨迹的平均计算时间的 1%。因此，所提出的方法能够以减少的仿真时间来生成最优传递轨迹的精确三维近似。

表 4.2　$n=12$ 的地球－火星转移的性能指标和计算时间

$a_c/(\mathrm{mm \cdot s^{-2}})$	总飞行时间 / 天		计算时间 /s	
	贝塞尔	GPM	贝塞尔	GPM
0.5	912	897	3.7	707
0.6	707	695	4.6	382
0.7	699	683	4.5	679
0.8	676	662	5.1	806
0.9	659	647	7.4	709
1.0	649	637	9.1	862
1.1	645	632	12.1	882

2. 地球－Dinoysus 小行星交会

为了测试基于贝塞尔的方法在处理复杂的三维场景中的性能，对 Dinoysus 小行星的电动太阳风帆探测的初步任务设计进行了分析。从轨迹设计的角度来看，这无疑是一个挑战性的问题，因为到达目标轨道所需的轨道参数有很大变化，其偏心率为 0.541，轨道倾角约为 13.5°。

进行轨迹设计时，假设了最佳的地球－Dinoysus 传递时的电动太阳风帆特征加速度 $a_c=1\ \mathrm{mm/s^2}$，发射日期为 2024 年 3 月 20 日。图 4.38 所示为由贝塞尔和 GPM 获得的转移轨迹。图 4.39 所示为 κ 和 α_n 随时间的变化过程。

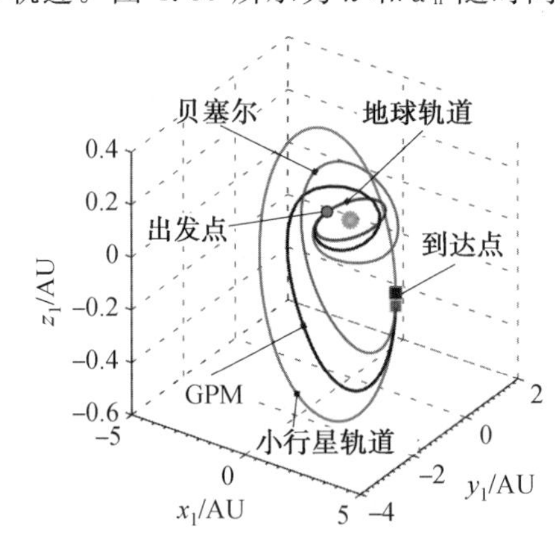

图 4.38　地球－Dinoysus 转移轨迹

在这种情况下，贝塞尔方法获得的总转移时间约为 1 085 天，而 GPM 获得的总转移时间约为 1 073 天，解决方案之间的差异为 1.13%。用贝塞尔函数生成初始轨迹所需的计算时间为 71 s，仅相当于 GPM 所需计算时间的 0.80%。值得注意的是，通过贝塞尔的方法和 GPM 优化地球－Dinoysus 转移轨迹的计算时间长于解决地球－火星转移问题所需的时间。造成这种现象的主要原因是，地球－Dinoysus 转移问题需要

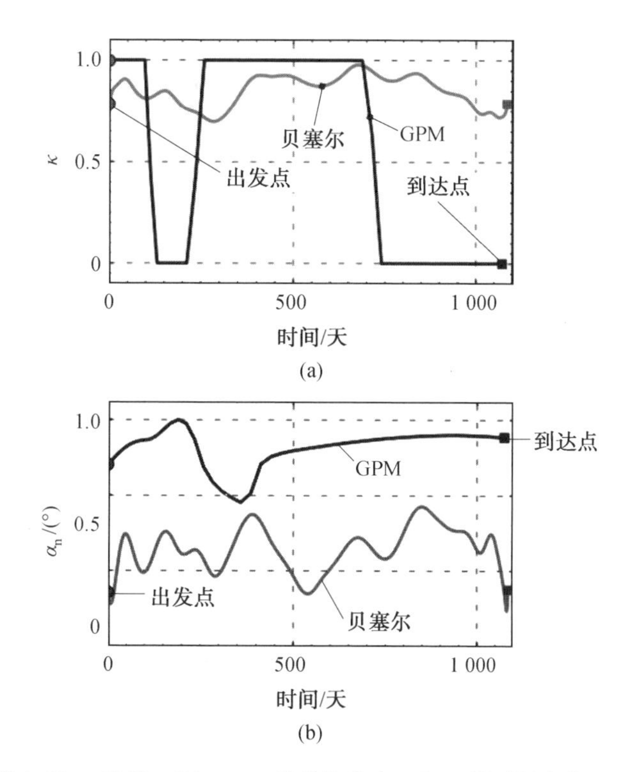

图 4.39　地球－Dinoysus 转移轨迹中 κ 和 α_n 随时间变化

更多迭代才能满足推力矢量约束。

对贝塞尔函数的阶数 n 进行灵敏度分析，结果见表 4.3。注意，当 $n \geqslant 20$ 时，所提出的过程给出的最佳飞行时间基本上与贝塞尔函数的阶数无关，计算时间随 n 增加而迅速增长。

表 4.3　向 $a_c = 1\ \mathrm{mm/s^2}$ 的 Dinoysus 小行星转移的性能指标和计算时间

n	总飞行时间 / 天	计算时间 /s
10	1 203	32
15	1 100	58
20	1 085	71
30	1 081	182
40	1 078	320

本节通过贝塞尔形状方法，获得了电动太阳风帆航天器最优转移轨迹。在这种情况下，假设航天器位置矢量分量的无量纲时间变化具有贝塞尔曲线的形式，并且对于典型的行星际交会任务场景，通过 12 个几何系数来满足边界约束。

数值结果表明，所提出的基于贝塞尔曲线的形状方法能够实现地球－火星、地球－Dionysus 小行星任务场景中的最佳(即最短时间)三维转移轨迹,且减少了计算量。这对于在初步任务设计阶段对大量转移轨迹进行快速可行性评估具有重要意义。

4.6 本章小结

本章针对电动太阳风帆航天器轨道设计与轨迹优化问题,针对电动太阳风帆多圈轨道转移和交会问题,提出基于有限傅立叶级数形状法和贝塞尔形状法,用于电动太阳风帆飞行轨迹解析快速估计。将电动太阳风帆的转移轨迹假设为相应的函数形状,通过优化未知参数使函数满足相应的约束条件,能够快速获得电动太阳风帆的转移轨迹。

第5章

电动太阳风帆推力矢量模型

5.1 概　述

作为一种具有无限大比冲的航天器，电动太阳风帆航天器非常适用于长期的太空任务，如星际轨迹转移和太阳系外探索。电动太阳风帆航天器完成这些太空任务所需的飞行时间从数百天到数十年不等。为了使电动太阳风帆航天器在最短的时间内完成任务，有必要优化电动太阳风帆航天器的飞行轨迹。目前，国外学者对电动太阳风帆航天器的轨迹优化进行了一定的研究。他们采用的轨迹优化方法是间接优化方法，选择协变量的初始值存在一定困难，并且在电动太阳风帆轨迹优化中难以处理路径约束。同时，所采用的模型均假设电动太阳风帆的姿态不会影响推力值，并且将电动太阳风帆的推进角作为控制变量，推进角与姿态角之间的关系没有讨论。通过对航天器轨迹优化方法的研究和比较，发现将传统直接优化方法与现代启发方法相结合是一个好主意。针对电动太阳风帆航天器传递轨迹的优化问题，提出一种结合Gauss伪谱法和遗传算法的混合优化方法。这种混合优化方法是通过遗传算法的全局优化来获得Gauss伪谱方法中非线性规划问题的状态变量和控制变量的初始值，然后使用顺序二次规划算法(SQP)来获得基于遗传算法的初始值进行优化，从而无须进行任何初步猜测就可以实现对电动太阳风帆航天器轨迹的全局最优搜索。此功能非常适合缺少先验知识的电动太阳风帆航天器的轨迹优化问题。

本章首先对结合Gauss伪谱法和遗传算法的混合优化方法进行描述，这种方法基于Gauss伪谱法将连续的最优控制问题转化成一个非线性规划问题，再采用结合遗传算法和序列二次规划算法的混合参数化寻优方法对此非线性规划问题进行求解；其次对电动太阳风帆航天器轨迹优化问题进行描述，讨论优化问题中的微分约束、路径约束、性能指标和终端条件等，并且将之前所讨论的混合优化方法应用于电动太阳风帆航天器的轨迹优化问题中；最后，以数个电动太阳风帆航天器深空探测任务为例，对所提出混合优化算法的有效性进行验证，并对基于新旧模型的轨迹优化结果进行对比。

5.2 混合优化方法理论基础

5.2.1 Gauss 伪谱法理论基础

伪谱法的原理是首先根据特定规则将时间轴离散为一定数量的离散点，这些离散点上的状态变量和控制变量是未知变量，通过这些未知变量表示出性能指标函数、微分方程和约束条件，从而将连续最优控制问题转换为非线性规划问题(NLP)；然后通过求解 NLP，获得原始最优控制问题的解。早期配置方法采用分段多项式逼近，收敛速度低。伪谱法具有以下优点：首先，状态变量的导数可以表示为状态变量在离散点上的值的线性组合的形式，而且精度很高；其次，Gauss 积分公式具有很高的精度；最后，使用全局正交多项式近似变量，其收敛速度优于使用普通分段多项式的配点法。目前，伪谱法是最有可能满足非线性最优控制实时性要求的一种方法。因此，伪谱法得到了很多关注，在越来越多的实际问题中表现出很好的优势，为求解复杂的非线性最优控制问题提供了一个方向。其中Guass伪谱法是近年来新发展起来的一种伪谱法，其最重要的成果是证明了非线性规划的Karush－Kuhn－Tucker条件(KKT条件)与离散哈密顿边值问题的一阶最优性条件具有一致性。该方法避免了一般直接法的缺点，使 NLP 的解满足传统间接法的一阶最优性必要条件。

本节主要研究 Gauss 伪谱法在一般的非线性最优控制问题中的应用，即 Bolza 问题。所谓非线性最优控制问题就是指状态方程、性能指标、状态约束或边界约束中存在非线性项。由于非线性项的存在，因此一般很难得出解析解。考虑一般的非线性系统状态方程为

$$\dot{\boldsymbol{x}}(t)=\boldsymbol{f}[\boldsymbol{x}(t),\boldsymbol{u}(t),t],\quad t\in[t_0,t_f] \tag{5.1}$$

其中，状态变量 $\boldsymbol{x}\in\mathbf{R}^n$；状态变量 $\boldsymbol{u}\in\mathbf{R}^m$；$t_0$、$t_f$ 分别为初始时刻和终端时刻，可以是固定的，也可以是自由的。边界条件为

$$E[\boldsymbol{x}(t_0),\boldsymbol{x}(t_f),t_0,t_f]=0 \tag{5.2}$$

等式及不等式路径约束为

$$C[\boldsymbol{x}(t),\boldsymbol{u}(t),t]\leqslant 0,\quad t\in[t_0,t_f] \tag{5.3}$$

在满足状态方程式(5.1)、边界条件式(5.2)和路径约束式(5.3)的情况下，求解控制变量 u，使得性能指标方程达到极小，即为 Bolza 问题。

性能指标方程如下式所示：

$$J=\Phi[\boldsymbol{x}(t_0),t_0,\boldsymbol{x}(t_f),t_f]+\int_{t_0}^{t_f} g[\boldsymbol{x}(t),\boldsymbol{u}(t),t]\mathrm{d}t \tag{5.4}$$

上述最优控制问题的时间区间为$[t_0,t_f]$，而 Gauss 伪谱法的离散点分布在区间$[-1,1]$之间。所以需要通过引入一个新的时间变量 τ，将上述定义在$[t_0,t_f]$区间上的最优控制问题转化成定义在$[-1,1]$区间上的问题，时间变换关系为

$$\tau=\frac{2t-t_f-t_0}{t_f-t_0} \tag{5.5}$$

为了将原无限维的连续非线性最优控制问题转化成有限维的非线性规划问题，需要用 N 阶 Lagrange 插值多项式对原问题中连续的状态变量和控制变量进行插值

$$\boldsymbol{x}(\tau)\approx\boldsymbol{X}(\tau)=\sum_{k=1}^{N}\boldsymbol{x}(\tau_k)\cdot L_k(\tau) \tag{5.6}$$

$$\boldsymbol{u}(\tau)\approx\boldsymbol{U}(\tau)=\sum_{k=1}^{N}\boldsymbol{u}(\tau_k)\cdot L_k(\tau) \tag{5.7}$$

其中，$\boldsymbol{X}(\tau)$ 和 $\boldsymbol{U}(\tau)$ 分别为状态变量和控制变量的 N 阶近似多项式；$L_k(\tau)$，$k=1,2,\cdots,N$ 为 N 阶 Lagrange 插值多项式，且有

$$L_k(\tau)=\prod_{j=1,j\neq k}^{N}\frac{\tau-\tau_j}{\tau_k-\tau_j} \tag{5.8}$$

其中，τ_k，$k=1,2,\cdots,N$ 为 N 个 Legendre－Gauss(LG) 点，状态变量和控制变量是在这些非均匀分布的 LG 点上进行离散化的。这 N 个 LG 点是 N 次 Legendre 多项式的零点，N 次 Legendre 多项式的表达式如下：

$$P_N(\tau)=\frac{1}{2^N N!}\,\frac{\mathrm{d}^N}{\mathrm{d}\tau^N}(\tau^2-1)^N \tag{5.9}$$

但是这些离散点未包括初始时刻及终端时刻所对应的点，所以定义$\tau_0=-1$ 和 $\tau_{N+1}=1$ 分别对应初始时刻和终端时刻。为了表达方便，简记状态变量在离散点 τ_i，$i=0,1,\cdots,N+1$ 上的值 $\boldsymbol{X}(\tau_i)$ 为 $\boldsymbol{X}_i$，控制变量在离散点 τ_i，$i=0,1,\cdots,N+1$ 上的值 $\boldsymbol{U}(\tau_i)$ 为 $\boldsymbol{U}_i$，时间在离散点 τ_i，$i=0,1,\cdots,N+1$ 上的值 $t(\tau_i)$ 为 t_i。

为了将连续的非线性最优控制问题转化成 NLP，需要把状态方程中的状态变量微分约束转化成等式约束。对式(5.6)求导可得

$$\dot{\boldsymbol{x}}(\tau_k)\approx\dot{\boldsymbol{X}}(\tau_k)=\sum_{i=0}^{N}\dot{L}_i(\tau_k)\boldsymbol{X}_i=\sum_{i=0}^{N}D_{k,i}\boldsymbol{X}_i \tag{5.10}$$

其中，$D_{k,i}$，$i=0,1,\cdots,N$，$k=1,2,\cdots,N$ 是状态微分矩阵 $\boldsymbol{D}$ 中的一个元素，可通过下式进行计算：

$$D_{k,i}=\dot{L}_i(\tau_k)=\begin{cases}\dot{b}(\tau_k)/(\dot{b}(\tau_i)(\tau_k-\tau_i)), & k\neq i\\ \ddot{b}(\tau_k)/(2\dot{b}(\tau_k)), & k=i\end{cases}\tag{5.11}$$

其中，$b(\tau)=\prod\limits_{i=0}^{N}(\tau-\tau_i)$。

至此，便可以将式(5.1)中状态变量的微分约束转化成下面所示的代数等式约束：

$$\sum_{i=0}^{N}D_{k,i}\boldsymbol{X}_i=\frac{t_f-t_0}{2}f(\boldsymbol{X}_k,\boldsymbol{U}_k,\tau_k),\quad k=1,2,\cdots,N\tag{5.12}$$

由于性能指标函数式(5.4)中一般含有积分项，所以采用 Gauss 积分公式对其进行计算。由于 Gauss 伪谱法采用基于 LG 点的 Gauss 积分，精度要高于 Radau 伪谱法和 Legendre 伪谱法，这也是其优点之一。基于 Gauss 积分公式，式(5.4)中的积分部分可以写作

$$\int_{t_0}^{t_f}g[\boldsymbol{x}(t),\boldsymbol{u}(t),t]\mathrm{d}t=\frac{t_f-t_0}{2}\sum_{k=1}^{N}w_kg(\boldsymbol{X}_k,\boldsymbol{U}_k,\tau_k)\tag{5.13}$$

同理，由于最优控制问题中通常存在终端状态约束，因此也可以采用 Gauss 积分公式对终端状态进行计算，即

$$\boldsymbol{X}_f=\boldsymbol{X}_{N+1}=\boldsymbol{X}_0+\frac{t_f-t_0}{2}\sum_{k=1}^{N}w_kf(\boldsymbol{X}_k,\boldsymbol{U}_k,\tau_k)\tag{5.14}$$

其中，w_k，$k=1,2,\cdots,N$ 为 Gauss 积分中的积分权重，具体表达式为

$$w_k=\frac{2}{(1-\tau_k^2)(\dot{P}_N(\tau_k))^2},\quad k=1,2,\cdots,N\tag{5.15}$$

将路径约束式(5.3)在 LG 点上进行离散化，便可得到离散化的路径约束

$$C(\boldsymbol{X}_k,\boldsymbol{U}_k,\tau_k)\leqslant 0,\quad k=1,2,\cdots,N\tag{5.16}$$

至此，便可以将式(5.1)～(5.4)描述的非线性最优控制问题转化成 NLP，即

$$\begin{cases}\min\quad J=\Phi(X_0,t_0,X_f,t_f)+\dfrac{t_f-t_0}{2}\sum\limits_{k=1}^{N}w_kg(X_k,U_k,\tau_k)\\ \text{s.t.}\quad \sum\limits_{i=0}^{N}D_{k,i}X_i-\dfrac{t_f-t_0}{2}f(X_k,U_k,\tau_k)=0\\ \qquad X_0-X_f+\dfrac{t_f-t_0}{2}\sum\limits_{k=1}^{N}w_kf(X_k,U_k,\tau_k)=0\\ \qquad C(X_k,U_k,\tau_k)\leqslant 0\end{cases}\tag{5.17}$$

其中，$k=1,2,\cdots,N$。

5.2.2　混合优化方法基本策略

直接应用一般的 Gauss 伪谱法，从理论上分析可以求解电动太阳风帆航天器的轨迹优化问题，然而在实际应用中却存在以下困难：①Gauss 伪谱法将动力学微分约束方程转化为代数等式约束方程，当选取配点较多时，相应的代数约束方程将较多，在约束较多的情况下，寻找到可行解比较困难。② 当选取配点较多时，设计变量数目会比较庞大，给定设计变量初值的工作会比较烦琐，且不恰当的初值会使问题收敛到不可行解。③ 传统 Gauss 伪谱法中解 NLP 的序列二次规划算法不具备全局寻优的能力，所得到的解主要取决于所猜测的初值。

针对上述问题，本书提出了一种结合 Gauss 伪谱法和遗传算法的混合优化方法。混合优化算法的优化策略如下：首先，离散化离散点较少的 Gauss 伪谱法，利用惩罚函数将约束优化问题转化为无约束优化问题，并利用遗传算法全局优化这个优化问题。根据遗传算法获得的结果执行三次样条插值；然后用更多离散点 Gauss 伪谱方法离散，并将可行解插值结果用作最优解计算的初始值；最后，使用序列二次规划算法，在该初始值的基础上计算出最优解。基于混合优化算法的电动太阳风帆轨迹优化流程图如图 5.1 所示。

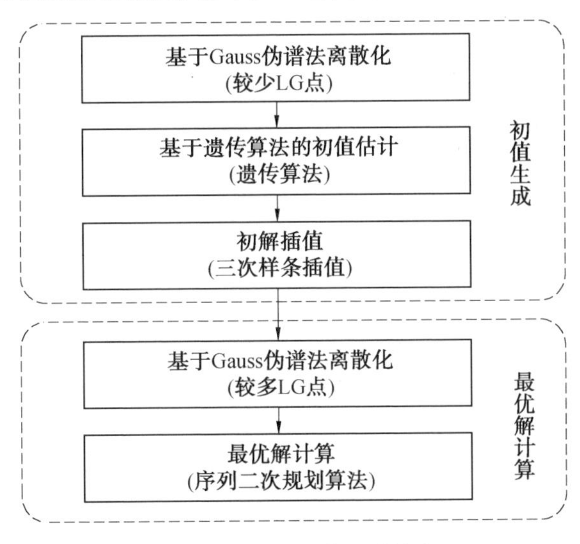

图 5.1　混合优化算法计算流程

这种混合优化方法是通过遗传算法的全局优化来获得 Gauss 伪谱方法中非线性规划问题的状态变量和控制变量的初始值，然后使用序列二次规划算法(SQP) 来获得基于遗传算法的初始值并进行优化，以实现对电动太阳风帆航天器飞行轨迹的全局最优搜索，而无须任何初值猜测。此功能非常适合缺少先验知识的电动太阳风帆航天器的轨迹优化问题。

5.3 电动太阳风帆轨迹优化问题的数学描述

为了进行后续的轨迹优化研究，本节主要介绍了电动太阳风帆航天器的轨迹优化问题，主要包括微分约束、优化性能指标选取、路径约束和边界约束描述等问题。由于行星引力球内行星磁场的作用使太阳风粒子流变得更加复杂，因此本书中的电动太阳风帆轨迹的优化问题主要集中在以太阳为中心的两体问题上。为了提高数值计算的效率，引入了参考距离和参考时间来无量纲化处理整个轨迹优化问题。在无量纲处理的基础上，对电动太阳风帆航天器的轨迹优化问题进行以下数学描述。参考距离为一个天文单位(1 AU)，参考时间为地球相对太阳的公转周期(365 天 6 小时 9 分 10 秒)。

5.3.1 优化性能指标

传统航天器轨迹优化问题的性能指标大致可以分成三种，即时间最优、燃料最优和时间燃料混合最优。由于电动太阳风帆航天器在飞行过程中利用太阳风中带电粒子的动能产生推力而不消耗任何推进剂，因此电动太阳风帆航天器轨迹优化问题的优化性能指标通常选为时间最优，优化性能指标如下：

$$J = t_f - t_0 \tag{5.18}$$

其中，t_0 为任务初始时刻；t_f 为任务终端时刻。在电动太阳风帆轨迹优化问题中，初始时刻 t_0 可以是一个已知变量，也可以当作一个未知变量来处理，终端时刻 t_f 通常为一个未知变量。当初始时刻 t_0 为未知变量时，轨迹优化问题不仅要得出最优的过渡轨迹，还要得出使性能指标最优的任务开始时间。

5.3.2 动力学微分约束

电动太阳风帆航天器日心二体轨道动力学已经在 2.4.2 节中进行了推导。根据式(2.36)，电动太阳风帆航天器轨迹优化中的动力学微分约束可以写成如下形式：

$$\dot{\boldsymbol{x}}(t) = \boldsymbol{f}[\boldsymbol{x}(t), \boldsymbol{u}(t), t], \quad t_0 \leqslant t \leqslant t_f \tag{5.19}$$

其中，$\boldsymbol{u}$ 为控制变量，$\boldsymbol{u} = [\kappa \quad \phi \quad \theta]$；$\boldsymbol{x}$ 为状态变量，$\boldsymbol{x} = [x \quad y \quad z \quad v_x \quad v_y \quad v_z]$；$\boldsymbol{f}[\boldsymbol{x}(t), \boldsymbol{u}(t), t]$ 为状态微分函数，简记为$[f_1 \quad f_2 \quad f_3 \quad f_4 \quad f_5 \quad f_6]$，且有

$$
\begin{cases}
f_1 = v_x \\
f_2 = v_y \\
f_3 = v_z \\
f_4 = -\mu_\odot \dfrac{x}{r^3} + \kappa a_\oplus r_\oplus \cdot \\
\qquad \dfrac{x\sqrt{x^2+y^2}(\cos^2\phi\cos^2\theta+1) + xz\cos\phi\sin\theta\cos\theta + yr\sin\phi\cos\phi\cos^2\theta}{2r^2\sqrt{x^2+y^2}} \\
f_5 = -\mu_\odot \dfrac{y}{r^3} + \kappa a_\oplus r_\oplus \cdot \\
\qquad \dfrac{y\sqrt{x^2+y^2}(\cos^2\phi\cos^2\theta+1) + yz\cos\phi\sin\theta\cos\theta - xr\sin\phi\cos\phi\cos^2\theta}{2r^2\sqrt{x^2+y^2}} \\
f_6 = -\mu_\odot \dfrac{z}{r^3} + \kappa a_\oplus r_\oplus \dfrac{z(\cos^2\phi\cos^2\theta+1) - \sqrt{x^2+y^2}\cos\phi\sin\theta\cos\theta}{2r^2}
\end{cases}
\tag{5.20}
$$

其中，太阳引力常数 $\mu_\odot$、地球公转轨道平均半径 $r_\oplus$ 和电动太阳风帆特征加速度 $a_\oplus$ 均为常数；相对太阳距离 r 是状态变量的函数，$r=\sqrt{x^2+y^2+z^2}$。

5.3.3　边界约束

电动太阳风帆航天器轨迹优化问题中的边界条件约束主要包括初始状态约束和终端状态约束。初始状态约束可写为

$$
\begin{cases}
x(t_0)=x_0, \quad y(t_0)=y_0, \quad z(t_0)=z_0 \\
v_x(t_0)=v_{x0}, \quad v_y(t_0)=v_{y0}, \quad v_z(t_0)=v_{z0}
\end{cases}
\tag{5.21}
$$

其中，x_0、y_0、z_0 为初始时刻电动太阳风帆航天器的位置；v_{x0}、v_{y0}、v_{z0} 为初始时刻电动太阳风帆航天器的速度。若电动太阳风帆航天器在初始时刻位于地球逃逸抛物线轨迹上，且逃逸剩余能量 $C_3=0\ \mathrm{km^2/s^2}$，初始状态约束可写为

$$
\begin{cases}
x(t_0)=x_\oplus(t_0), \quad y(t_0)=y_\oplus(t_0), \quad z(t_0)=z_\oplus(t_0) \\
v_x(t_0)=v_{\oplus x}(t_0), \quad v_y(t_0)=v_{\oplus y}(t_0), \quad v_z(t_0)=v_{\oplus z}(t_0)
\end{cases}
\tag{5.22}
$$

其中，$x_\oplus(t_0)$、$y_\oplus(t_0)$、$z_\oplus(t_0)$ 和 $v_{\oplus x}(t_0)$、$v_{\oplus y}(t_0)$、$v_{\oplus z}(t_0)$ 为地球在 t_0 时刻的位置和速度，可通过美国喷气推进实验室(Jet Propulsion Laboratory，JPL) 发布的 DE405 星历计算得出。

终端状态约束根据空间飞行任务不同，形式有一定的差异。对于行星和矮行星探测任务，终端状态约束可写为

$$\begin{cases} x(t_f)=x_{\otimes}(t_f), & y(t_f)=y_{\otimes}(t_f), & z(t_f)=z_{\otimes}(t_f) \\ v_x(t_f)=v_{\otimes x}(t_f), & v_y(t_f)=v_{\otimes y}(t_f), & v_z(t_f)=v_{\otimes z}(t_f) \end{cases} \tag{5.23}$$

其中，$x_{\otimes}(t_f)$、$y_{\otimes}(t_f)$、$z_{\otimes}(t_f)$和$v_{\otimes x}(t_f)$、$v_{\otimes y}(t_f)$、$v_{\otimes z}(t_f)$为探测目标星体在t_f时刻的位置和速度。

太阳系边界探测任务对终端的速度没有要求，只对相对太阳的距离有要求，所以终端状态约束可写为

$$\sqrt{x(t_f)^2+y(t_f)^2+z(t_f)^2}=r_{bor} \tag{5.24}$$

其中，r_{bor}为太阳系边界与太阳的距离。参照文献[21]，本书假设太阳系边界与太阳的距离$r_{bor}=100$ AU。

5.3.4 路径约束

Janhunen通过实验表明，电动太阳风帆航天器的光线入射角不能超过一个安全稳定阈值β_{max}，否则会造成电动太阳风帆航天器构型的不稳定，本书假定$\beta_{max}=70°$。同时，电动太阳风帆航天器距离太阳越近，其所接触到的太阳风高能粒子的密度、温度和速度都会越大。在飞行过程中，为保证电动太阳风帆中的金属细链能够长期稳定工作，要求电动太阳风帆相对太阳的距离不小于电动太阳风帆航天器允许的最小距离r_{min}。依据电动太阳风帆航天器现有技术，估计r_{min}在0.3～0.5 AU，本书假设$r_{min}=0.5$ AU。综上所述，电动太阳风帆航天器在飞行过程中的路径约束可写作

$$\begin{cases} \sqrt{x^2+y^2+z^2} \geqslant r_{min} \\ \cos\phi\cos\theta \geqslant \cos\beta_{max} \end{cases} \tag{5.25}$$

5.4 基于混合优化方法的电动太阳风帆轨迹优化

5.4.1 基于Gauss伪谱法的离散化

为了提高计算效率，首先引入归一化时间$\tau\in[-1,1]$，有

$$\tau=\frac{2t-t_f-t_0}{t_f-t_0} \tag{5.26}$$

则电动太阳风帆航天器轨迹优化问题的动力学微分约束方程式(5.19)可写成

$$\frac{\mathrm{d}\boldsymbol{x}}{\mathrm{d}\tau}=\frac{t_{\mathrm{f}}-t_0}{2}\boldsymbol{f}(\boldsymbol{x},\boldsymbol{u}) \tag{5.27}$$

引入状态变量 $\boldsymbol{x}(\tau)$ 和控制变量 $\boldsymbol{u}(\tau)$ 的 Lagrange 插值多项式

$$\boldsymbol{x}(\tau)\approx\boldsymbol{X}(\tau)=\sum_{k=1}^{N}\boldsymbol{x}(\tau_k)\cdot L_k(\tau) \tag{5.28}$$

$$\boldsymbol{u}(\tau)\approx\boldsymbol{U}(\tau)=\sum_{k=1}^{N}\boldsymbol{u}(\tau_k)\cdot L_k(\tau) \tag{5.29}$$

其中，$L_k(\tau)$，$k=1,2,\cdots,N$ 为Lagrange插值基函数；Lagrange插值节点 τ_k，$k=1,2,\cdots,N$ 为LG点，即 N 次 Legendre多项式的零点；由于LG点未包括初始时刻及终端时刻所对应的点，所以定义 $\tau_0=-1$ 和 $\tau_{N+1}=1$ 分别对应初始时刻和终端时刻。为了表达方便，简记状态变量在离散点 τ_i，$i=0,\cdots,N+1$ 上的值 $\boldsymbol{X}(\tau_i)$ 为 $\boldsymbol{X}_i$，控制变量在离散点 τ_i，$i=0,\cdots,N+1$ 上的值$\boldsymbol{U}(\tau_i)$ 为$\boldsymbol{U}_i$，时间在离散点 τ_i，$i=0,\cdots,N+1$ 上的值 $t(\tau_i)$ 为 t_i。

由于电动太阳风帆航天器轨迹优化问题中的性能指标函数不包含积分项，所以在离散化后的 NLP 中仍可以写成非常简单的形式

$$J=t_{\mathrm{f}}-t_0 \tag{5.30}$$

通过微分矩阵 $\boldsymbol{D}$ 可以将动力学微分约束方程式(5.27) 转化为代数等式约束，即

$$\begin{cases}E_k=\sum\limits_{i=0}^{N}D_{k,i}\cdot x(\tau_k)-\dfrac{t_{\mathrm{f}}-t_0}{2}f_1(X_k,U_k)=0\\E_{N+k}=\sum\limits_{i=0}^{N}D_{k,i}\cdot y(\tau_k)-\dfrac{t_{\mathrm{f}}-t_0}{2}f_2(X_k,U_k)=0\\E_{2N+k}=\sum\limits_{i=0}^{N}D_{k,i}\cdot z(\tau_k)-\dfrac{t_{\mathrm{f}}-t_0}{2}f_3(X_k,U_k)=0\\E_{3N+k}=\sum\limits_{i=0}^{N}D_{k,i}\cdot v_x(\tau_k)-\dfrac{t_{\mathrm{f}}-t_0}{2}f_4(X_k,U_k)=0\\E_{4N+k}=\sum\limits_{i=0}^{N}D_{k,i}\cdot v_y(\tau_k)-\dfrac{t_{\mathrm{f}}-t_0}{2}f_5(X_k,U_k)=0\\E_{5N+k}=\sum\limits_{i=0}^{N}D_{k,i}\cdot v_z(\tau_k)-\dfrac{t_{\mathrm{f}}-t_0}{2}f_6(X_k,U_k)=0\end{cases} \tag{5.31}$$

其中，$k=1,2,\cdots,N$；$D_{k,i}$ 为微分矩阵 $\boldsymbol{D}$ 的第(k,i) 个元素，可通过式(5.11) 计算得出；在 τ_k 时刻的状态变量 $\boldsymbol{X}_k=[x(\tau_k)\quad y(\tau_k)\quad z(\tau_k)\quad v_x(\tau_k)\quad v_y(\tau_k)\quad v_z(\tau_k)]$，在 τ_k 时刻的控制变量 $\boldsymbol{U}_k=[\kappa(\tau_k)\quad \phi(\tau_k)\quad \theta(\tau_k)]$。

参考式(5.14),通过 Gauss 积分可对终端状态进行计算

$$\begin{cases} x(t_f)=x(\tau_{N+1})=x(\tau_0)+\dfrac{t_f-t_0}{2}\sum\limits_{k=1}^{N}w_k f_1(\boldsymbol{X}_k,\boldsymbol{U}_k) \\ y(t_f)=y(\tau_{N+1})=y(\tau_0)+\dfrac{t_f-t_0}{2}\sum\limits_{k=1}^{N}w_k f_2(\boldsymbol{X}_k,\boldsymbol{U}_k) \\ z(t_f)=z(\tau_{N+1})=z(\tau_0)+\dfrac{t_f-t_0}{2}\sum\limits_{k=1}^{N}w_k f_3(\boldsymbol{X}_k,\boldsymbol{U}_k) \\ v_x(t_f)=v_x(\tau_{N+1})=v_x(\tau_0)+\dfrac{t_f-t_0}{2}\sum\limits_{k=1}^{N}w_k f_4(\boldsymbol{X}_k,\boldsymbol{U}_k) \\ v_y(t_f)=v_y(\tau_{N+1})=v_y(\tau_0)+\dfrac{t_f-t_0}{2}\sum\limits_{k=1}^{N}w_k f_5(\boldsymbol{X}_k,\boldsymbol{U}_k) \\ v_z(t_f)=v_z(\tau_{N+1})=v_z(\tau_0)+\dfrac{t_f-t_0}{2}\sum\limits_{k=1}^{N}w_k f_6(\boldsymbol{X}_k,\boldsymbol{U}_k) \end{cases} \tag{5.32}$$

其中,$w_k,k=1,2,\cdots,N$ 为 Gauss 积分中的积分权重,可通过式(5.15)进行计算。

参照式(5.23),电动太阳风帆航天器进行行星和矮行星探测任务中边界条件约束共有 6 个,即

$$\begin{cases} E_{6N+1}=x(t_f)-x_{\otimes}(t_f)=0, & E_{6N+2}=y(t_f)-y_{\otimes}(t_f)=0 \\ E_{6N+3}=z(t_f)-z_{\otimes}(t_f)=0, & E_{6N+4}=v_x(t_f)-v_{x\otimes}(t_f)=0 \\ E_{6N+5}=v_y(t_f)-v_{y\otimes}(t_f)=0, & E_{6N+6}=v_z(t_f)-v_{z\otimes}(t_f)=0 \end{cases} \tag{5.33}$$

参照式(5.24),电动太阳风帆航天器进行太阳系边界探测任务中边界条件约束共有 1 个,即

$$E_{6N+1}=\sqrt{x(t_f)^2+y(t_f)^2+z(t_f)^2}-r_{\mathrm{bor}}=0 \tag{5.34}$$

参照路径约束式(5.25),电动太阳风帆轨迹优化问题转化成的 NLP 共有 $2N$ 个不等式约束

$$\begin{cases} C_k=r_{\min}-\sqrt{x(t_k)^2+y(t_k)^2+z(t_k)^2}\leqslant 0, & k=1,2,\cdots,N \\ C_{N+k}=\cos\beta_{\max}-\cos\phi(t_k)\cos\theta(t_k)\leqslant 0, & k=1,2,\cdots,N \end{cases} \tag{5.35}$$

至此,便可以将式(5.18)~(5.25)描述的连续最优控制问题转化成下述的 NLP:

$$\begin{cases} \min & J=t_f-t_0 \\ \mathrm{s.t.} & E_i=0, \quad i=1,2,\cdots,N_E \\ & C_j\leqslant 0, \quad j=1,2,\cdots,2N \end{cases} \tag{5.36}$$

其中,N_E 为等式约束个数,对于行星及矮行星探测任务 $N_E=6N+6$,对于太阳系边界探测任务 $N_E=6N+1$。

对于初始时间 t_0 不固定的电动太阳风帆航天器轨迹优化问题，通过Gauss伪谱法离散化所得到的非线性规划问题中共有 $9N+2$ 个设计变量，有 N_E 个代数等式约束，有 $2N$ 个不等式约束。设计变量分别是 $3N$ 个控制变量 $\boldsymbol{U}_k=[\kappa(\tau_k)\quad \phi(\tau_k)\quad \theta(\tau_k)]$，$k=1, 2,\cdots,N$，$6N$ 个状态变量 $\boldsymbol{X}_k=[x(\tau_k)\quad y(\tau_k)\quad z(\tau_k)\quad v_x(\tau_k)\quad v_y(\tau_k)\quad v_z(\tau_k)]$，$k=1,2,\cdots,N$，以及初始时间 t_0 和终端时间 t_f。代数等式约束包括由动力学微分约束离散化出的 $6N$ 个等式约束，以及终端边界约束转化来的 1 个(太阳系边界探测任务)或 6 个(星体探测任务)等式约束。不等式约束是由路径约束离散化而来，以保证在飞行过程中光线入射角和太阳最小距离能够在合理范围内。用来处理上述非线性规划问题的参数化寻优方法需要在满足所有等式约束和不等式约束的条件下，得到一组设计变量使性能指标函数 J 最小。

5.4.2　基于遗传算法的初值计算

对于式(5.36)描述的NLP，序列二次规划算法是最常用的参数化优化方法。但是，序列二次规划算法全局优化能力获得的解主要由猜测的设计变量的初始值确定，因此它多数是最接近初始值的局部最优解。此外，在选择了大量的LG点时，设计变量的数量会比较大，并且难以得到序列二次规划算法设计变量的初始值。假设LG点个数 $N=100$，根据上一节讨论的内容，设计变量的数量为902。对于这么多的设计变量，在序列二次规划算法应用中给出设计变量的初始值的任务将会变得更加烦琐，并且初始值不正确将使问题收敛到不可行解。因此，序列二次规划算法在实际应用中存在一定的困难。本书提出采用遗传算法全局寻优获得Gauss伪谱法中NLP状态变量及控制变量的初值，然后采用序列二次规划算法在遗传算法获得初值的基础上进一步寻优，以实现对电动太阳风帆航天器飞行轨迹的全局最优搜索，而无须任何初始值的猜测。此功能非常适合缺乏先验知识的电动太阳风帆航天器的轨迹优化问题。

遗传算法通过模拟自然选择和遗传机制，实现了不依赖梯度信息的智能全局优化搜索。它是当前使用最广泛的现代启发算法。遗传算法无须在优化过程中猜测初始值，因为它可以随机生成初始值。由于遗传算法在NLP中对等式约束的处理能力较弱，因此遗传算法作为通过离散逼近解决连续优化问题的工具并不是特别有吸引力。但是，NLP的初始值仅需要遗传算法获得的解在收敛范围内。由于遗传算法具有全局随机搜索能力，因此适用于NLP的初值估计。本书中所使用的遗传算法程序是谢菲尔德大学基于二进制编码遗传算法程序开发的。

本书中的NLP具有等式约束和不等式约束。一般而言，遗传算法只能用于处理无约束的参数优化问题。因此，优化问题的目标函数不仅包括时间最优问题，而且还

应通过添加惩罚函数来考虑等式约束。基于遗传算法优化问题的性能指标函数(适应度函数)可写成

$$J_{GA}=t_f-t_0+M\left(\sum_{i=1}^{2N}\max[0,C_i]+\sum_{i=1}^{N_E}|E_i|\right) \tag{5.37}$$

其中,M 为惩罚系数。

5.4.3 基于序列二次规划的最优解求解

序列二次规划法使用一阶必要条件在每个迭代点处建立二次规划子问题,并求解二次规划子问题以获得最佳迭代方向。它是目前使用最广泛且适用性最好的一种基于梯度的非线性规划问题求解方法。序列二次规划法的优点是收敛速度快,计算效率高,求解精度高。缺点是需要初始值猜测,并且所获得的解对设计变量的初始值猜测具有一定的依赖性,并且很容易获得局部最优解。因此,本书使用遗传算法通过全局搜索生成具有较少 LG 离散点的初始解,而无须任何初始猜测,然后通过插值获得序列二次规划法所需的初始猜测。这样,无须任何初始输入就可以得到电动太阳风帆航天器轨迹优化问题的最优解。它避免了在没有先验知识的情况下猜测初始值的麻烦和困难情况。并且由于使用的设计变量的初始值是通过全局搜索生成的,因此获得的解更接近于全局最优解。本书中序列二次规划算法所要处理的 NLP 如式(5.36)所示,这类 NLP 可通过非线性规划求解器 SNOPT 进行求解。

5.5 电动太阳风帆深空探测任务分析

本节将电动太阳风帆航天器应用于多个深空探测任务中,包括火星探测、谷神星探测和太阳系边界探测。通过数学仿真形式验证所提出的结合 Gauss 伪谱法和遗传算法的混合优化方法的有效性,以及电动太阳风帆航天器在深空探测任务中的性能表现。

5.5.1 基于电动太阳风帆航天器的火星探测

1. 电动太阳风帆火星探测轨迹优化算例

本节在电动太阳风帆航天器自地球至火星转移轨迹优化中,假设电动太阳风帆航天器在初始时刻位于地球逃逸抛物线轨迹上,且逃逸剩余能量 $C_3=0\ \mathrm{km^2/s^2}$。火星的位置和速度通过轨道根数计算得出,计算中忽略了火星轨道的章动影响。电动太阳风帆航天器的特征加速度为 $a_{\oplus}=1\ \mathrm{mm/s^2}$,最小允许相对太阳距离 $r_{\min}=$

0.3 AU,最大允许光线入射角$\beta_{max}=70°$,姿态角ϕ、θ的选取范围为$-70°\sim70°$。飞行初始时刻的选择范围为 2014 年 1 月 1 日(JD 2 456 658.5) 到 2020 年 12 月 31 日(JD 2 459 214.5)。在基于遗传算法的初值计算中,LG 离散点个数为 10,种群大小为 80。在基于序列二次规划算法的最优解计算中,LG 离散点个数为 90,约束允许误差为 10^{-7},地球—火星轨迹优化仿真参数见表 5.1。

表 5.1　地球—火星轨迹优化仿真参数

参数名称	仿真参数	参数名称	仿真参数
火星轨道半长轴	1.524 AU	初始时刻选择范围	2014 年 1 月 1 日
火星轨道偏心率	0.093 4		至 2020 年 12 月 31
火星轨道倾角	1.850°	初值猜测 LG 点个数	10
火星轨道升交点黄经	49.558	遗传算法种群大小	80
火星轨道近日点角距	286.502°	遗传算法迭代次数	50
火星平近点角(J2000)	19.373°	遗传算法惩罚系数	100
电动太阳风帆特征加速度	1 mm/s^2	最优解计算 LG 点个数	90
最大光线入射角	70°	最优解约束允许误差	10^{-7}
最小相对太阳距离	0.3 AU	姿态角 ϕ、θ 取值范围	$-70°\sim70°$

基于上述参数对电动太阳风帆航天器自地球—火星飞行轨迹进行了优化,运行平台为双核 2.7 GHz 主频的个人计算机,得出优化轨迹所用时间为 34 min 32 s。由于基于所提出的混合优化算法不需要进行积分,因此计算效率相对较高。地球—火星电动太阳风帆航天器飞行轨迹如图 5.2 所示,若电动太阳风帆航天器于2018年8月21日离开地球影响球,将历时567.62天于2020年3月11日抵

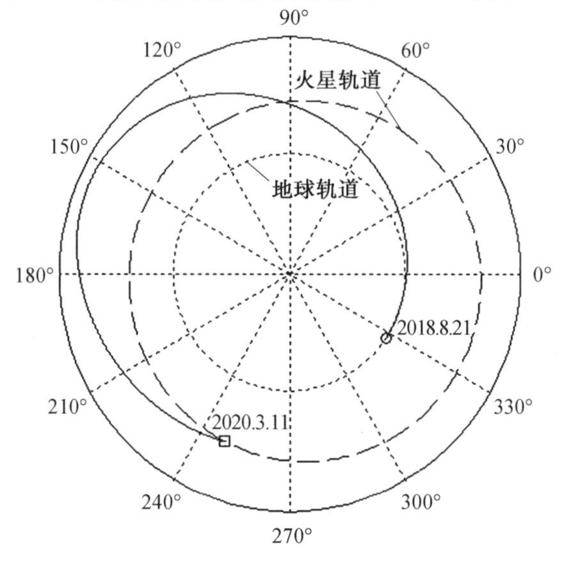

图 5.2　地球—火星电动太阳风帆航天器飞行轨迹

达火星重力影响范围。

电动太阳风帆航天器的速度及位置曲线如图 5.3 所示，从图中可以看出，电动太阳风帆航天器通过调整相对于太阳风粒子流的姿态来改变其推力加速度，以使其位置和速度与火星重合，最终实现与火星的交会。从图中还可以看出，基于混合优化方法的飞行轨迹可以很好地满足终端约束。因此，本书提出的将 Gauss 伪谱法与遗传算法相结合的混合优化算法是有效的，无须任何初步猜测就可以完成电动太阳风帆航天器的轨迹优化。

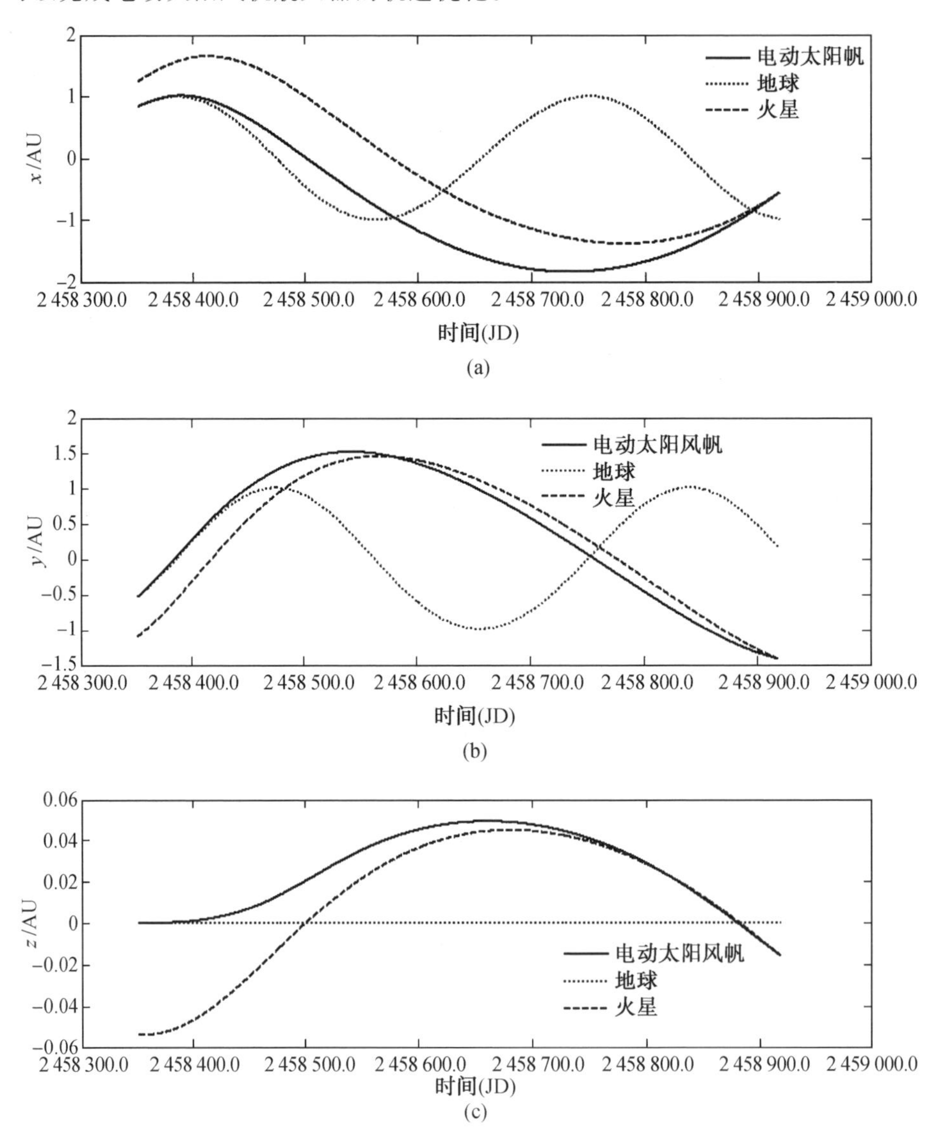

图 5.3　电动太阳风帆航天器的速度及位置曲线

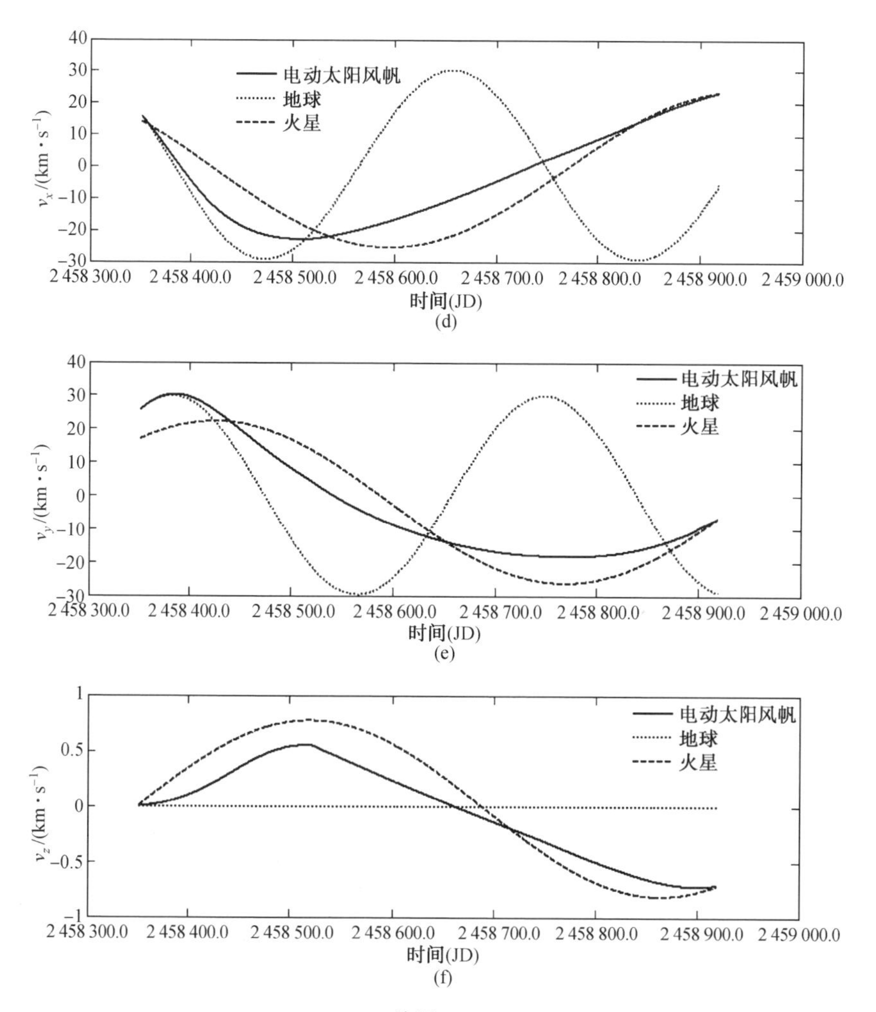

续图 5.3

电动太阳风帆航天器期望的姿态和推力开关系数如图 5.4 所示。由图中曲线可以看出，期望姿态角 ϕ 和 θ 的时间轨迹是十分连续平滑的，这一特性非常有利于姿态控制系统跟踪期望姿态。从推力开关系数曲线可以看出，在从地球到火星的过渡过程中，为了实现与火星的交会，电动太阳风帆航天器需要两次关闭推力系统。可以通过停止电子枪来关闭推力系统，这与太阳帆航天器有很大的不同。

2. 电动太阳风帆火星探测轨迹精度验证

为了验证轨迹优化算法的精度，将所得到的控制变量插值后代入控制模型中进行积分。积分公式为四阶－五阶龙格库塔积分公式，积分函数为 ode45，积分相对精度为 10^{-9}，积分得出轨道与优化得出轨道之间的位置偏差及速度偏差

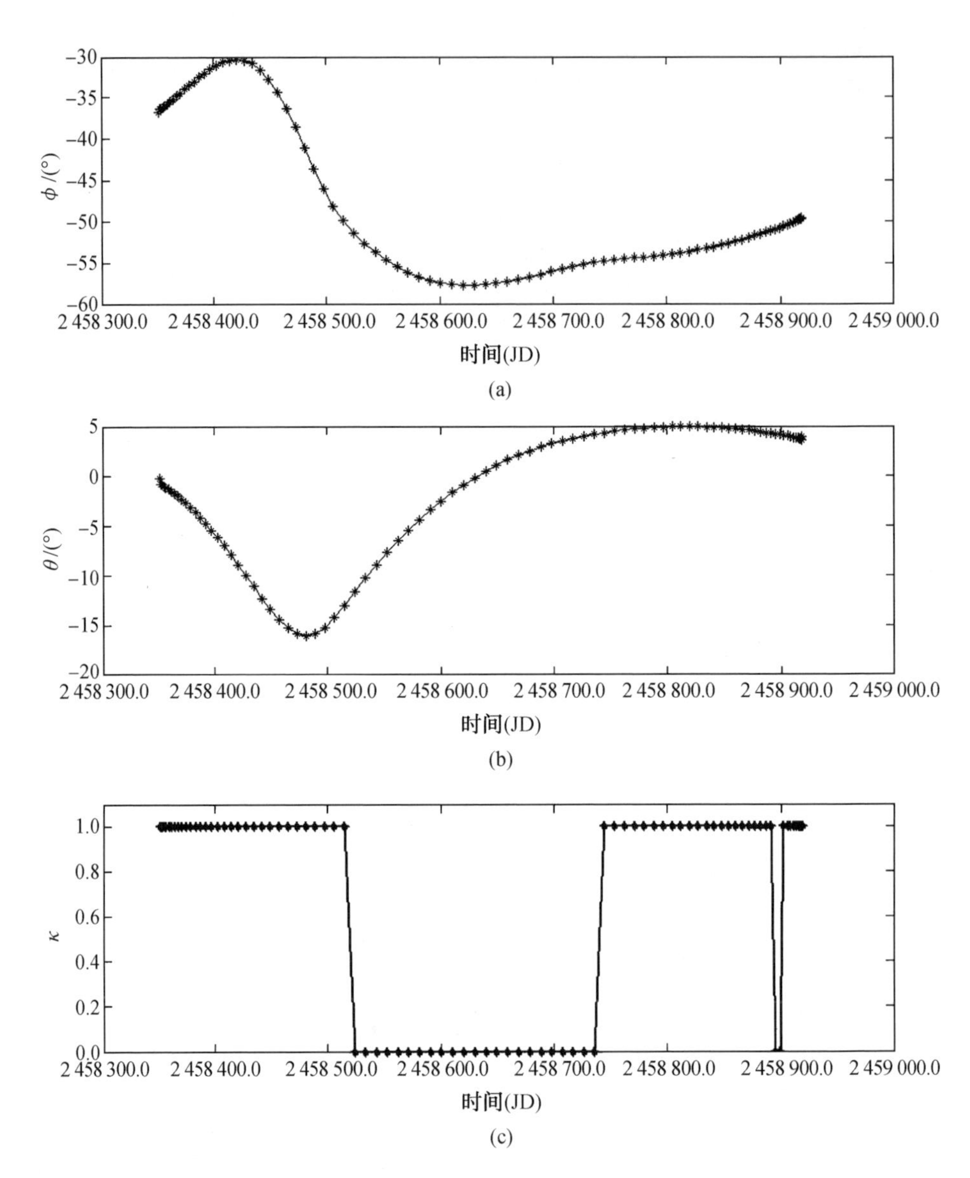

图 5.4　电动太阳风帆航天器

如图 5.5 和图 5.6 所示。从这两个图可以看出,由于 Gauss 伪谱法所采用的 Gauss 积分公式具有较高的精度,混合优化算法得到的轨迹与相同控制变量积分得到的轨迹偏差较小。通过积分结果对交会处的相对位置和相对速度进行分析,位置终端误差为 76 090 km(5.086×10^{-4} AU),小于火星的引力球半径(约为 679 400 km);速度终端误差为 5.852 m/s,相对火星的逃逸能量小于零,能够实现与火星的交会。在真实的任务轨迹优化中,可通过增加 Gauss 伪谱法的 LG 点个数来进一步提高交会精度。

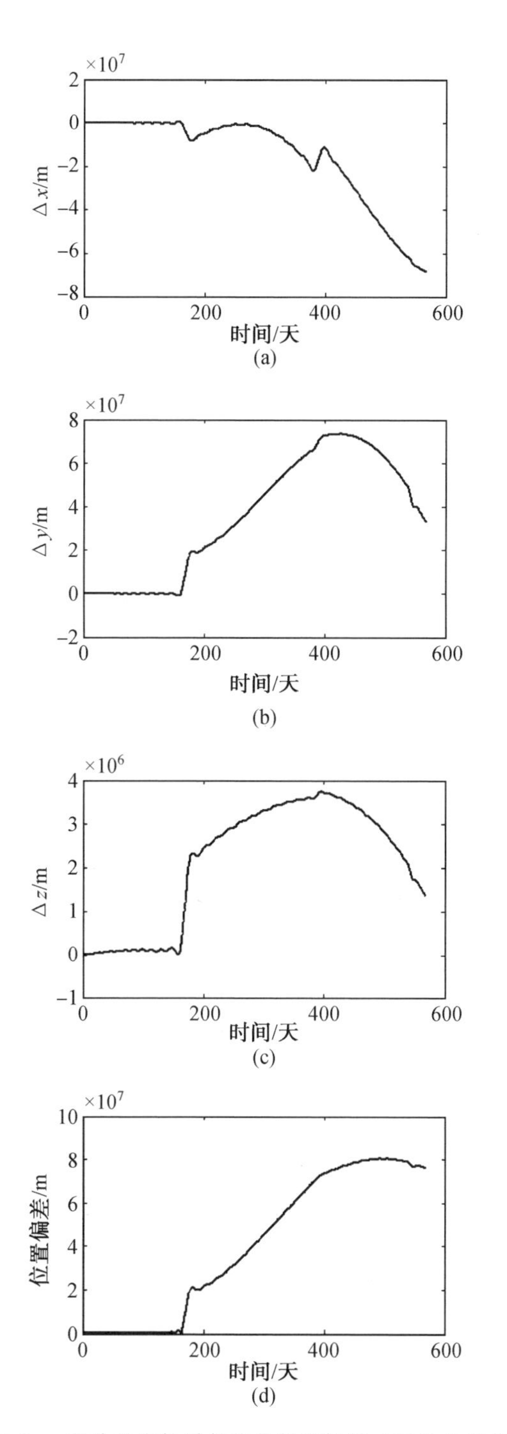

图 5.5　积分得出轨道与优化得出轨道之间的位置偏差

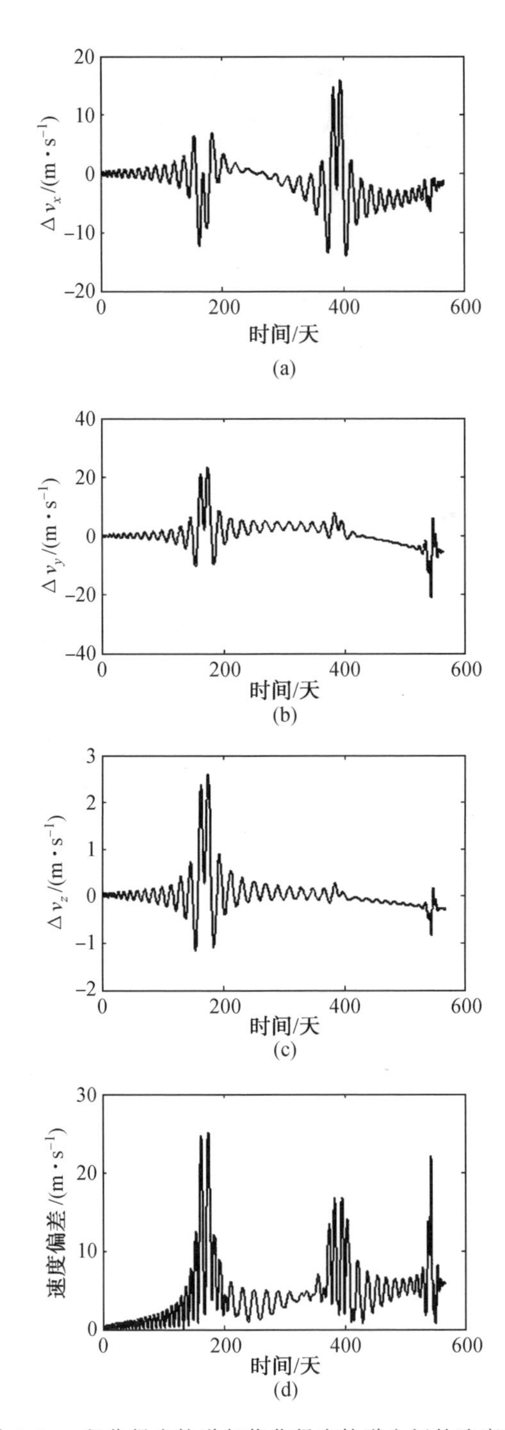

图 5.6　积分得出轨道与优化得出轨道之间的速度偏差

3. 电动太阳风帆特征加速度对火星探测飞行时间的影响

为了研究电动太阳风帆航天器特征加速度 $a_{\oplus}$ 对所需飞行时间的影响，对特征加速度范围为 0.5 ~ 4 mm/s^2 的电动太阳风帆自地球至火星的过渡轨迹进行了优化仿真。每个仿真之间的特征加速度间隔为 0.1 mm/s^2，不同电动太阳风帆特征加速度下地球 — 火星过渡时间如图 5.7 所示。电动太阳风帆航天器特征加速度越小，完成过渡所需要的飞行时间越长。当特征加速度小于 1.3 mm/s^2 时，飞行时间有显著的增加。

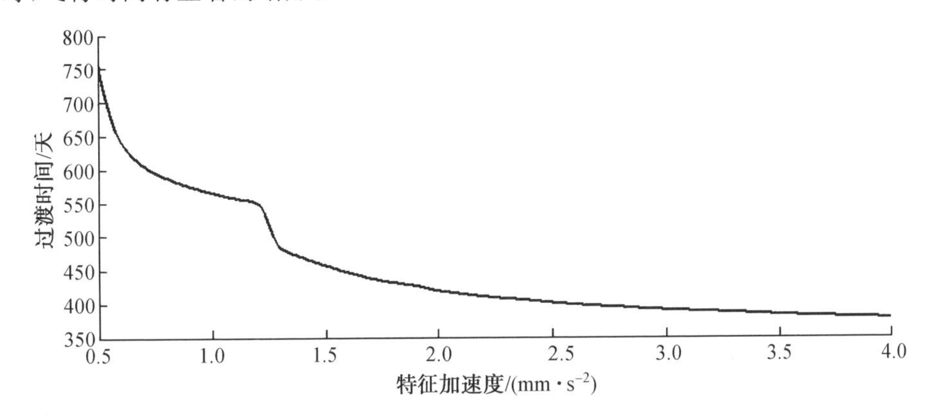

图 5.7　不同电动太阳风帆特征加速度下地球 — 火星过渡时间

4. 基于原电动太阳风帆推力模型的火星探测轨迹优化

本节基于 Mengali 提出的电动太阳风帆动力学模型，采用混合优化算法对其轨迹进行优化，并对比所得优化结果与基于本书建立的动力学模型优化结果。在过去使用的推力模型中，假定电动太阳风帆的推力大小不随姿态的变化而变化。另外，在先前关于电动太阳风帆的轨迹优化的研究中，所使用的电动太阳风帆的推力矢量模型不是由电动太阳风帆的姿态角描述的，而是由推进锥角 α 和推进钟角 δ 所决定的。参考坐标系及推进加速度特征角如图 5.8 所示，电动太阳风帆推进锥角 α 是指推力加速度矢量 $\boldsymbol{a}$ 与 z_o 轴之间的夹角，推进钟角 δ 是推力加速度矢量 $\boldsymbol{a}$ 在 $x_oO_oy_o$ 平面的投影与 x_o 轴之间的夹角，逆时针为正。实际上电动太阳风帆应与太阳帆一样，不只推力的方向由帆体姿态所决定，推力大小也一定程度上取决于帆体相对太阳光线的姿态（太阳帆推力大小正比于光线入射角余弦的平方），原因是当帆体平面相对太阳风粒子运动方向产生角度变化时，太阳风粒子与带电金属量的动量交互效率将发生改变，从而最终影响推力的大小。

电动太阳风帆的推力矢量在日心黄道参考系 $O_s - x_sy_sz_s$ 下可写作如下形式：

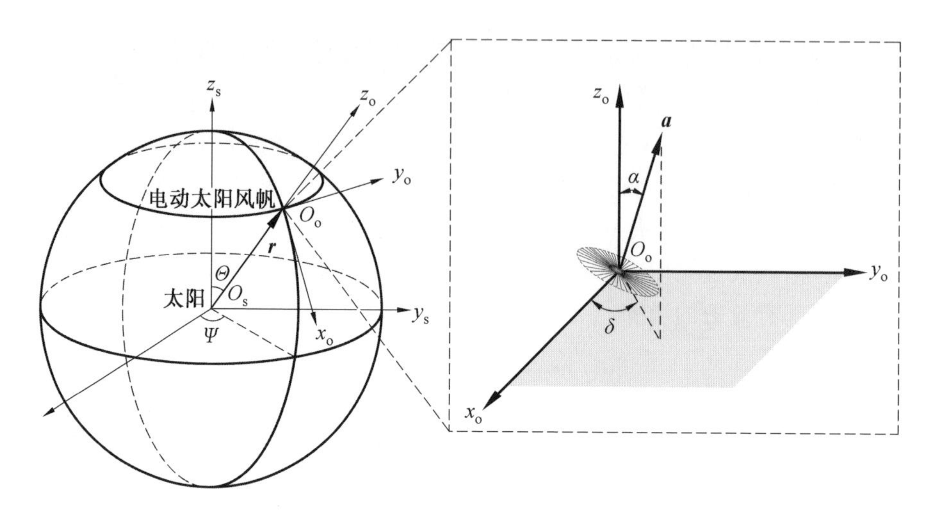

图 5.8　参考坐标系及推进加速度特征角

$$
\boldsymbol{a}_s=\kappa a_{\oplus}\frac{r_{\oplus}}{r}\begin{bmatrix}\cos\Psi & -\sin\Psi & 0\\ \sin\Psi & \cos\Psi & 0\\ 0 & 0 & 1\end{bmatrix}\begin{bmatrix}\cos\Theta & 0 & \sin\Theta\\ 0 & 1 & 0\\ -\sin\Theta & 0 & \cos\Theta\end{bmatrix}\begin{bmatrix}\sin\alpha\cos\delta\\ \sin\alpha\sin\delta\\ \cos\alpha\end{bmatrix} \tag{5.38}
$$

其中，κ 为电动太阳风帆推力开关系数，可以通过电子枪调整金属链的电压来调整电动太阳风帆整体的推力，$\kappa\in[0,1]$。当 $\kappa=0$ 时，电子枪处于关闭状态，电动太阳风帆无推力输出；当 $\kappa=1$ 时，电动太阳风帆以最大特征加速度进行工作。$a_{\oplus}$ 为电动太阳风帆的特征加速度，即电动太阳风帆距离太阳 $r_{\oplus}=1$ AU 处所能产生的最大加速度值。$\alpha\in[0,\alpha_{\max}]$ 为推进锥角，即电动太阳风帆推进加速度矢量与 z_o 轴之间的夹角，Janhunen 通过试验表明，电动太阳风帆航天器的推进锥角不能超过安全稳定阈值 $\alpha_{\max}$，否则会造成电动太阳风帆航天器构型的不稳定，本节中取 $\alpha_{\max}=35°$。$\delta\in[-\pi,\pi]$ 为推进钟角，即电动太阳风帆推进加速度矢量在 $x_oO_oy_o$ 平面投影分量与 x_o 轴之间的夹角，逆时针为正。将推力模型方程式(5.38)代入式(2.34)即可得到轨迹优化问题中的动力学微分约束，优化问题中的优化性能指标、路径约束和边界约束均与 3.3 节中描述的一致，在此不再赘述。

本节以上述动力学模型为基础，采用基于 Gauss 伪谱法和遗传算法的混合优化算法对火星探测轨迹进行优化，并将所得优化结果与 5.5.1 节优化结果进行对比。轨迹优化计算中的参数均与 5.5.1 节中的参数一致，特征加速度 $a_{\oplus}$ 均为 1 mm/s^2，地球－火星的电动太阳风帆航天器飞行轨迹和控制变量时间曲线如图 5.9 和图 5.10 所示。由这两个图可以看出，基于原动力学模型电动太阳风帆只需要 322 天即可完成自地球至火星的过渡，比基于新模型优化出的飞行时间少了 245 天。

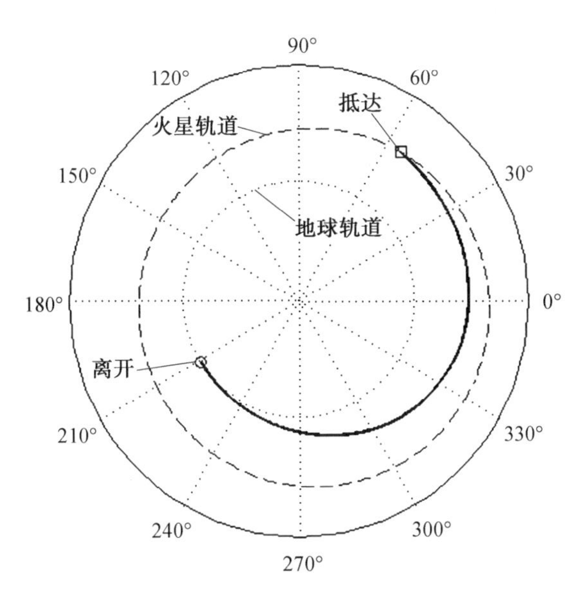

图 5.9　地球—火星的电动太阳风帆航天器飞行轨迹

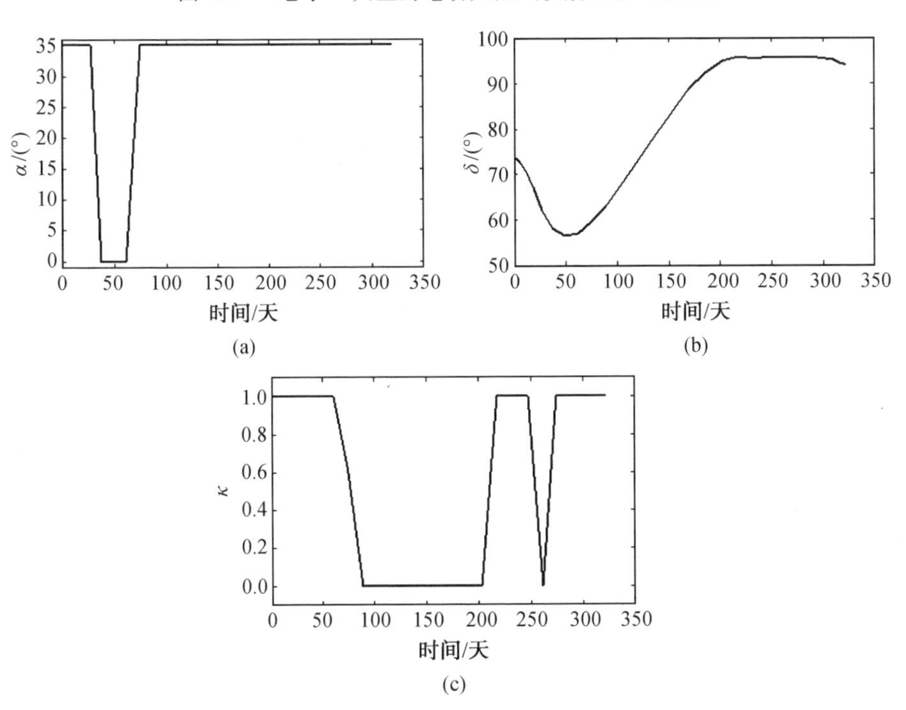

图 5.10　地球—火星探测过程中控制变量时间曲线

以不同特征加速度下电动太阳风帆自地球至火星的过渡轨迹进行优化仿

真，考虑的特征加速度范围为 0.5 ～ 1.1 mm/s^2，每个仿真之间的特征加速度间隔为 0.1 mm/s^2，基于以往推力模型和基于本书推力模型优化得出的不同特征加速度下的地球－火星过渡时间如图 5.11 所示。从图中可以看出，不管是将先前的推力模型用于优化仿真，还是将本书提出的推力模型用于优化仿真，电动太阳风帆航天器的特征加速度越小，完成过渡所需的飞行时间越长。这表明电动太阳风帆的推进能力越强，完成任务所需的飞行时间越短。

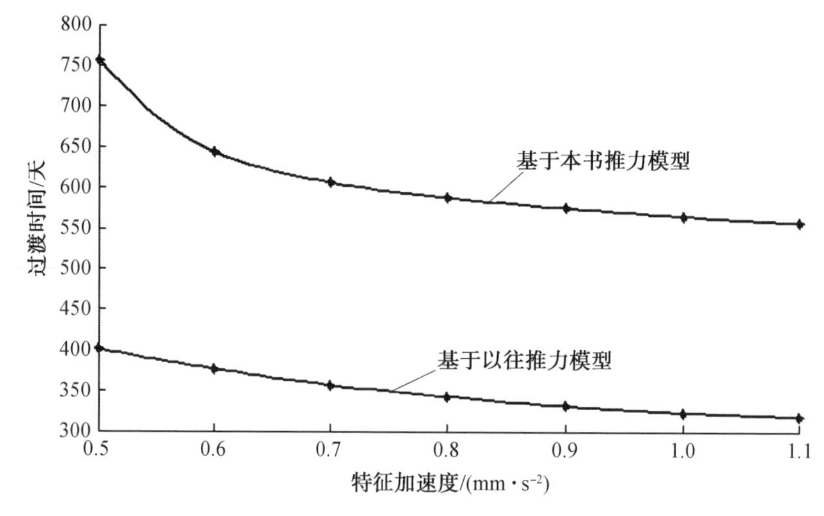

图 5.11　不同特征加速度下的地球－火星过渡时间

两者之间的区别在于，基于以往电动太阳风帆推力模型优化的飞行时间小于基于本书中建立的推力模型优化的飞行时间。此现象有两个原因：① 以往推力模型中忽略了姿态改变对推力加速度大小的影响，假定即使帆体平面与太阳风粒子速度方向不垂直时，动量交换效率依然不会减弱；② 以往推力模型中估计得出的最大推进锥角 α_{max} 假定为 35°，比本书计算得出的最大推进锥角 $\alpha_{max} = 19.47°$ 大，高估了电动太阳风帆的切向推进能力。

5.5.2　基于电动太阳风帆航天器的谷神星探测

谷神星是太阳系小行星带中最大的天体，它可能是现存的原行星之一，形成于 45.7 亿年前的小行星带。不仅如此，谷神星的红外光谱显示水合矿物质无处不在，这表明其内部有大量的水。欧洲航天局已确认谷神星上有水蒸气。因此，对谷神星的探测不仅可以为行星形成理论提供依据，而且可以探索其上是否有水甚至原始生命。但是，到目前为止，还没有人造飞船完成对谷神星的探测，因此对矮行星的探测具有重大的科学和现实意义。NASA 于 2007 年 9 月 27 日发射了“黎明号”航天器，“黎明号”航天器于北京时间 2015 年 3 月 7 日正式进入谷

神星轨道，成为第一个近距离观察谷神星的人造探测器。并对谷神星进行了长达8个月的低轨探测。本节将电动太阳风帆航天器应用于谷神星探测任务中，通过Gauss伪谱法和遗传算法混合优化方法对地球—谷神星过渡轨迹进行优化，讨论电动太阳风帆航天器在谷神星探测任务中的适用性。

1. 电动太阳风帆谷神星探测轨迹优化算例

在电动太阳风帆航天器自地球至谷神星转移轨迹优化中，假设与前一节基本一致，即依然假设电动太阳风帆航天器在初始时刻位于地球逃逸抛物线轨迹上，且逃逸剩余能量 $C_3=0\ \mathrm{km^2/s^2}$。计算中忽略了谷神星轨道的章动影响，谷神星的位置和速度通过轨道根数计算得出。飞行初始时刻的选择范围为 2014 年 1 月 1 日(JD 2 456 658.5) 到 2020 年 12 月 31 日(JD 2 459 214.5)。电动太阳风帆航天器的最大允许光线入射角 $\beta_{\max}=70°$，特征加速度为 $a_{\oplus}=1\ \mathrm{mm/s^2}$，最小允许相对太阳距离 $r_{\min}=0.3$ AU，姿态角 ϕ、θ 的取值范围为 $-70°\sim70°$。在基于遗传算法的初值计算中，LG 离散点个数为 10，种群大小为 80，迭代次数为 50，惩罚系数为 100。由于谷神星的影响球半径相比于火星的影响球半径要小很多，所以在轨迹优化中对其转移轨迹精度要求要高一些。因此，在基于序列二次规划算法的最优解计算中，LG 离散点个数为 120，约束允许误差为 10^{-8}，地球—谷神星轨迹优化仿真参数见表 5.2。

表 5.2　地球—谷神星轨迹优化仿真参数

参数名称	仿真参数	参数名称	仿真参数
谷神星轨道半长轴	2.766 3 AU	初始时刻选择范围	2014 年 1 月 1 日至 2020 年 12 月 31
谷神星轨道偏心率	0.079 34		
谷神星轨道倾角	10.585°	初值猜测 LG 点个数	10
谷神星轨道升交点黄经	80.399	遗传算法种群大小	80
谷神星轨道近日点角距	72.825°	遗传算法迭代次数	50
谷神星平近角(JD 2 455 000.5)	27.448°	遗传算法惩罚系数	100
电动太阳风帆特征加速度	1 mm/s²	最优解计算 LG 点个数	120
最大光线入射角	70°	最优解约束允许误差	10^{-8}
最小相对太阳距离	0.3 AU	姿态角 ϕ、θ 取值范围	$-70°\sim70°$

基于上述参数对电动太阳风帆航天器自地球—谷神星飞行轨迹进行了优化，运行平台为双核 2.7 GHz 主频的个人计算机，得出优化轨迹所用时间为 40 min 15 s。地球—谷神星电动太阳风帆航天器飞行轨迹如图 5.12 所示，若电动太阳风帆航天器于 2015 年 5 月 7 日离开地球影响球，将历时1 355.54 天 于 2019 年 1 月 22 日抵达谷神星重力影响范围，飞行所需时间要比使用传统推进方式的黎明号航天器少 4 年左右。由电动太阳风帆航天器地球—谷神星过渡过程中位置—时间曲线和速度—时间曲线(图 5.13 和图 5.14) 可以看出，基于所提出

的混合优化方法得出的飞行轨迹能够很好地满足终端约束条件。

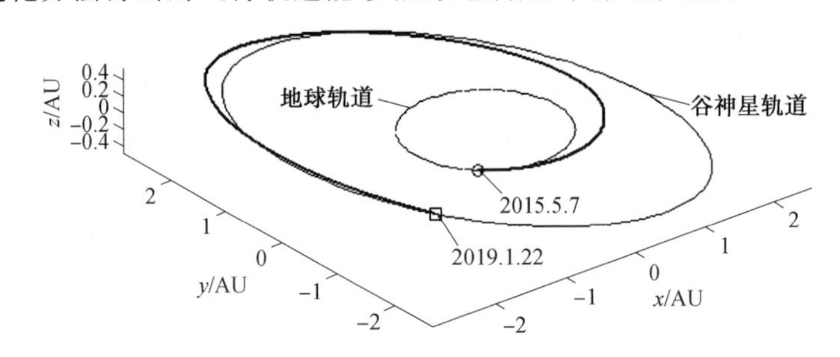

图 5.12　地球－谷神星电动太阳风帆航天器飞行轨迹

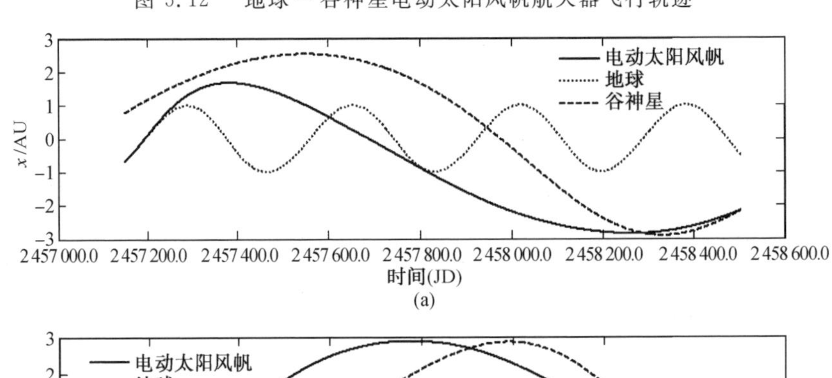

(a)

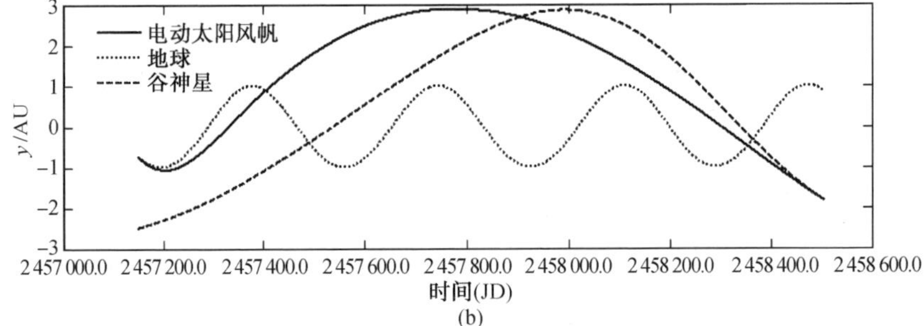

(b)

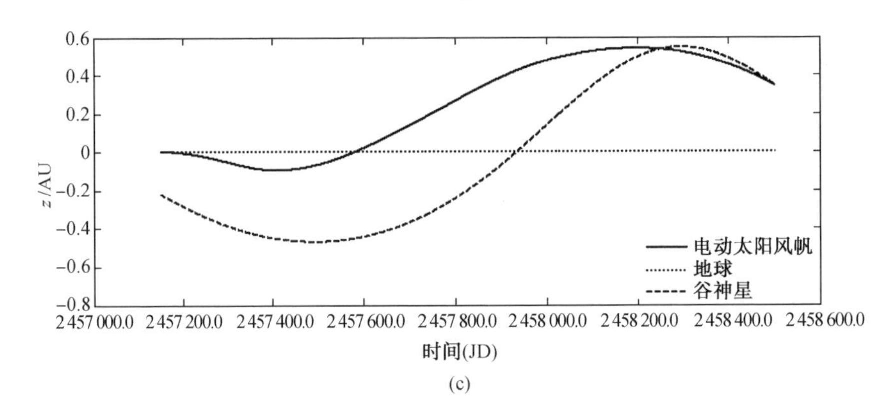

(c)

图 5.13　地球－谷神星过渡过程中位置－时间曲线

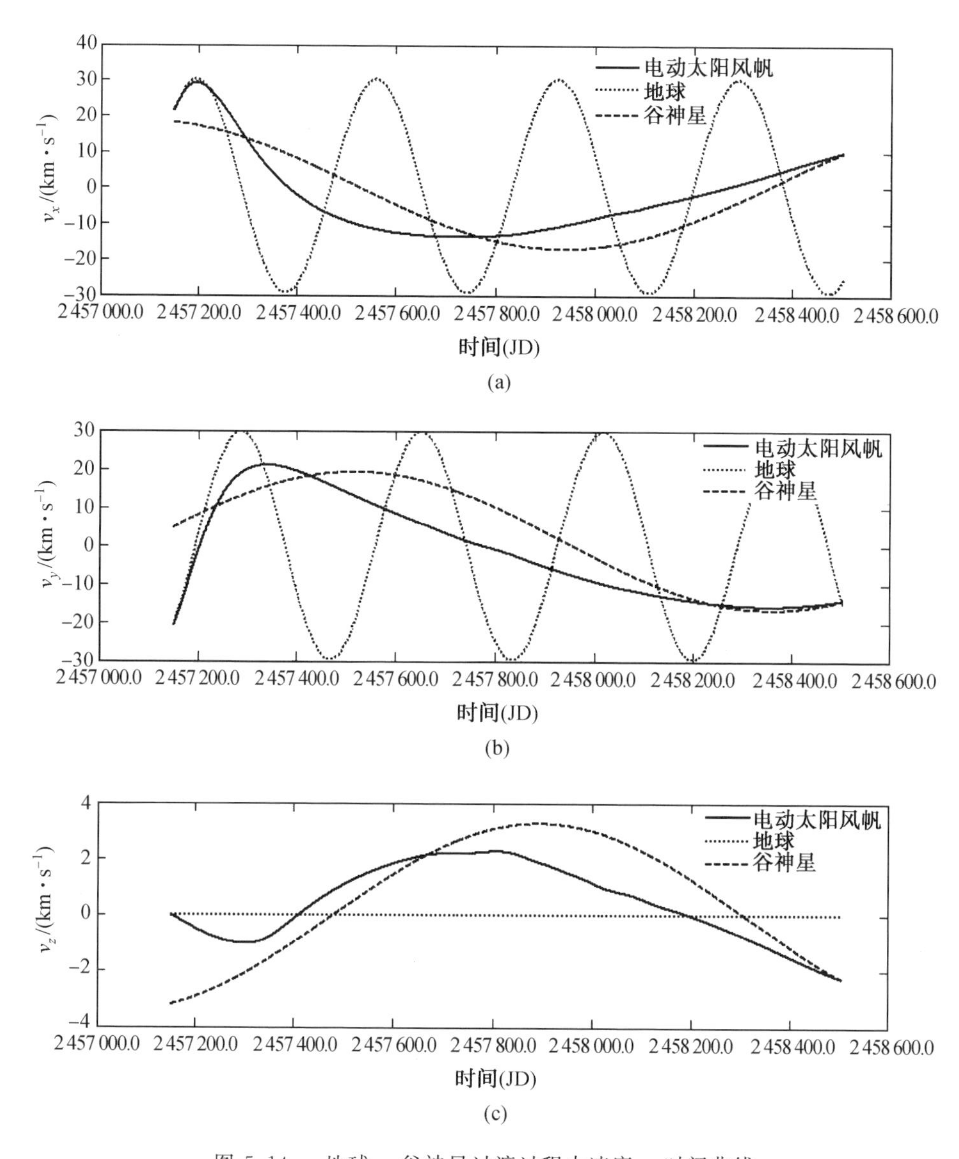

图 5.14　地球－谷神星过渡过程中速度－时间曲线

电动太阳风帆航天器自地球至谷神星轨迹优化中期望的姿态和推力开关系数如图 5.15 所示。由图中曲线可以看出，期望姿态角 ϕ 和 θ 的时间轨迹是十分连续平滑的，这一特性非常有利于姿态控制系统对期望姿态进行跟踪。推力开关系数 κ 存在 0 和 1 之间的数值，仍然可以通过调节电子枪工作功率来实现。

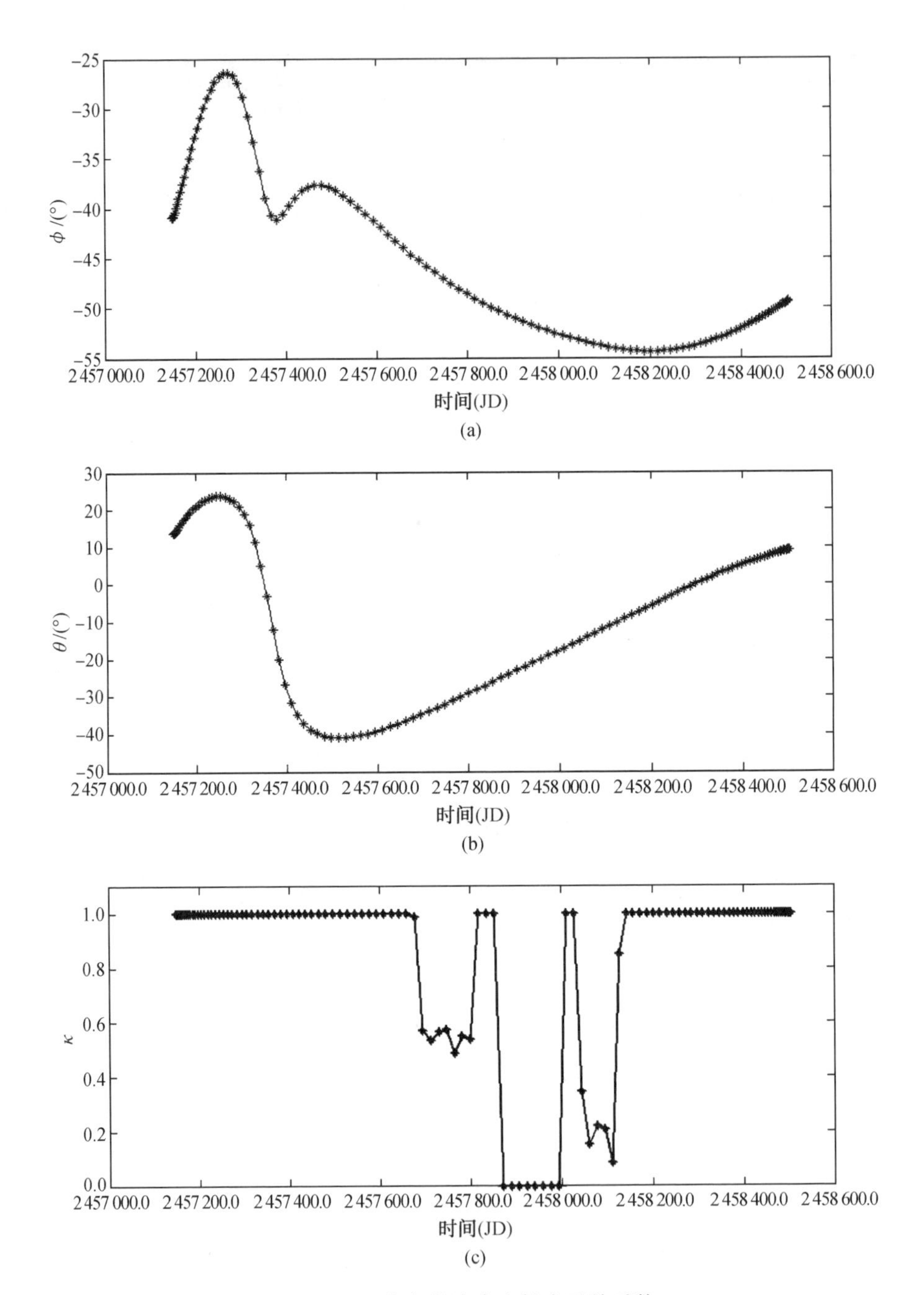

图 5.15　期望的姿态和推力开关系数

2. 电动太阳风帆谷神星探测轨迹精度验证

将所得到的控制变量插值后代入控制模型中进行积分，来验证轨迹优化算法的精度。积分公式为四阶－五阶龙格库塔积分公式，积分函数为 ode45，积分

相对精度为 10^{-9}，积分得出轨道与优化得出轨道之间的位置偏差及速度偏差如图 5.16 和图 5.17 所示。

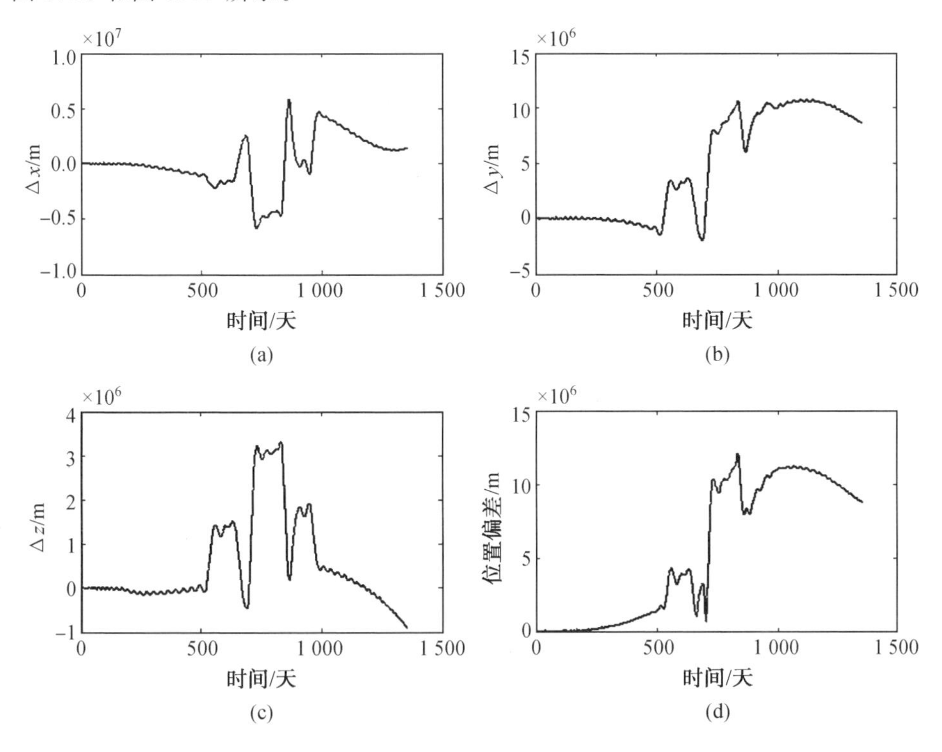

图 5.16　积分得出轨道与优化得出轨道之间的位置偏差

由这两个图可以看出，混合优化算法得到的轨迹比相同控制变量积分得到的轨迹偏差小。这是由于 Gauss 伪谱法所采用的 Gauss 积分公式具有较高的精度，这也正是Gauss伪谱法近年来得到相关学者重视的原因之一。通过积分结果对交会处的相对位置和相对速度进行分析，位置终端误差为8 758 km(5.855×10^{-5} AU)，小于火星的引力球半径(约为 47 000 km)；速度终端误差为 0.179 m/s，相对谷神星的逃逸能量小于零，能够实现与谷神星的交会。另外，将本节的仿真结果与 5.5.1 节的仿真结果对比可知，通过增加 LG 点个数可以提高优化方法的精度，代价是优化所需时间的增长。

3. 基于原电动太阳风帆推力模型的谷神星探测轨迹优化

本节以 Mengali 提出的动力学模型为基础，采用基于 Gauss 伪谱法和遗传算法的混合优化算法对谷神星探测轨迹进行优化，并将所得优化结果与5.5.2 节优化结果进行对比。轨迹优化计算中的参数均与 5.5.2 节中的参数一致，特征加速度 $a_{\oplus}$ 均为1 mm/s^2，地球－谷神星的电动太阳风帆航天器飞行轨迹和控制变量时间曲线如图 5.18 和图 5.19 所示。由这两个图可以看出基于原动力学模型电

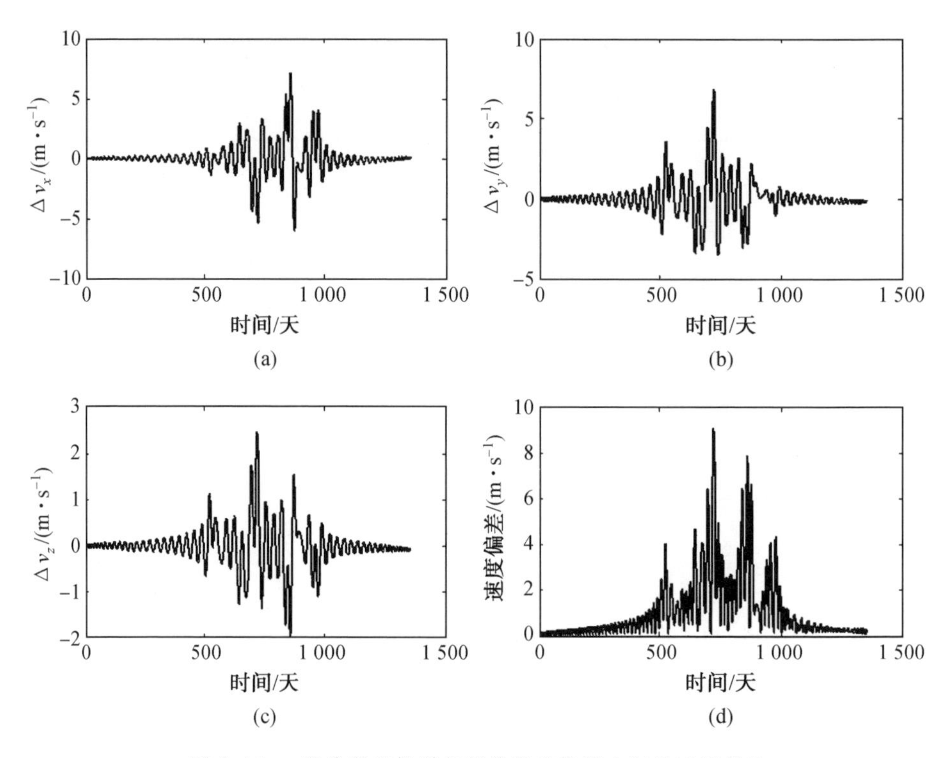

图 5.17　积分得出轨道与优化得出轨道之间的速度偏差

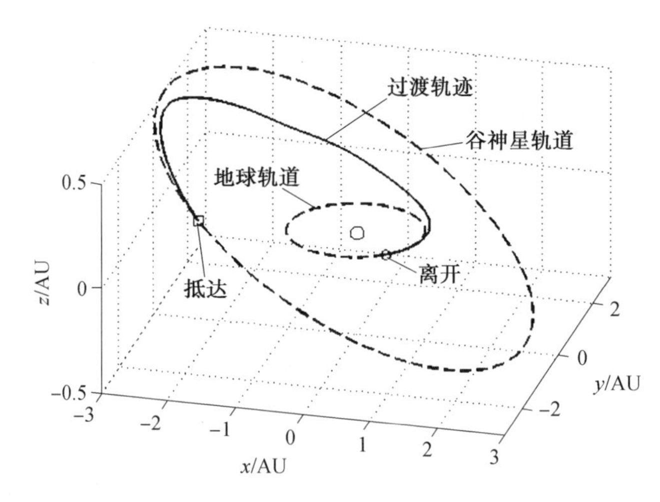

图 5.18　地球－谷神星的电动太阳风帆航天器飞行轨迹

动太阳风帆只需要 865 天即可完成自地球至谷神星的过渡，相比基于新模型优化出的飞行时间少了 490 天。

由 5.5.2 节 1 和 3 仿真结果可知，基于原电动太阳风帆推力模型优化得出的

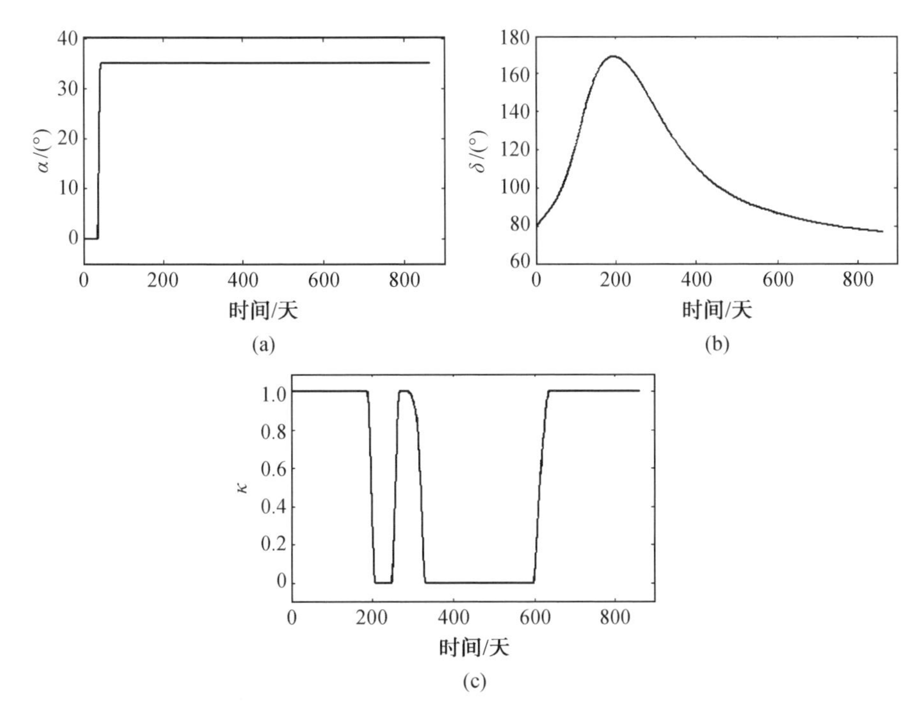

图 5.19　地球—谷神星探测过程中控制变量时间曲线

飞行时间要比基于本书建立推力模型优化得出的飞行时间少。出现这种现象的原因共有两点:① 原推力模型中估计得出的最大推进锥角 α_{max} 假定为 35°,比本书计算得出的最大推进锥角 $\alpha_{max}=19.47°$ 大,高估了电动太阳风帆的切向推进能力;② 原推力模型中忽略了姿态改变对推力加速度大小的影响,假定即使帆体平面与太阳风粒子速度方向不垂直时,动量交换效率依然不会减弱。

5.5.3　基于电动太阳风帆航天器的太阳系边界探测

目前,美国研制的旅行者 1 号深空探测器是唯一到达太阳系边界的人造飞行器。旅行者 1 号深空探测器于 1977 年 9 月 5 日发射,在 2006 年 9 月相对太阳的距离约为100 AU,整个过程共耗时约 29 年。太阳系边界探测任务是典型的超长距离轨道转移任务。 由于燃料的限制,传统的化学推进系统需要很长时间才能完成任务。 因此,当实现这种超长距离深空飞行任务时,电动太阳风帆航天器的无燃料推进系统具有很大的优势。

1. 电动太阳风帆太阳系边界探测轨迹优化算例

在电动太阳风帆航天器自地球至太阳系边界转移轨迹优化中,依然假设电动太阳风帆航天器在初始时刻位于地球逃逸抛物线轨迹上,且逃逸剩余能量 $C_3=0\ km^2/s^2$。飞行初始时刻的选择范围为 2014 年 1 月 1 日(JD 2 456 658.5)

到2020年12月31日(JD 2 459 214.5)。终端约束为电动太阳风帆航天器相对太阳的距离为100 AU,详见式(5.24)。电动太阳风帆航天器的特征加速度为$a_{\oplus}=1\ \mathrm{mm/s^2}$,最小允许相对太阳距离$r_{\min}=0.3$ AU,最大允许光线入射角$\beta_{\max}=70°$,姿态角ϕ、θ的取值范围为$-70°\sim70°$。在基于遗传算法的初值计算中,LG离散点个数为10,种群大小为80,迭代次数为50,惩罚系数为100。在基于序列二次规划算法的最优解计算中,LG离散点个数为60,约束允许误差为10^{-7},地球—太阳系边界轨迹优化仿真参数见表5.3。

表5.3　地球—太阳系边界轨迹优化仿真参数

参数名称	仿真参数	参数名称	仿真参数
太阳系边界距离	100 AU	初值猜测LG点个数	10
初始时刻选择范围	2014年1月1日	遗传算法种群大小	80
	至2020年12月31	遗传算法迭代次数	50
电动太阳风帆特征加速度	1 mm/s^2	最优解计算LG点个数	60
最大光线入射角	70°	最优解约束允许误差	10^{-7}
最小相对太阳距离	0.3 AU	姿态角ϕ、θ取值范围	$-70°\sim70°$

基于上述参数对电动太阳风帆航天器自地球—太阳系边界飞行轨迹进行了优化,运行平台为双核2.7 GHz主频的个人计算机,得出优化轨迹所用时间为25 min 40 s。地球—太阳系边界电动太阳风帆航天器飞行轨迹如图5.20所示,若电动太阳风帆航天器于2014年3月1日离开地球影响方位,将历时8.804年于2022年12月20日抵达距离太阳100 AU的位置,飞行所需时间要比使用传统推进方式的旅行者1号航天器少20年左右。从仿真曲线中还可以看出,电动太阳风帆航天器在初始阶段会减小相对太阳的距离以获得更大的推进加速度,但是相对太阳的距离满足最小允许相对太阳距离$r_{\min}=0.3$ AU这一路径约束条件。

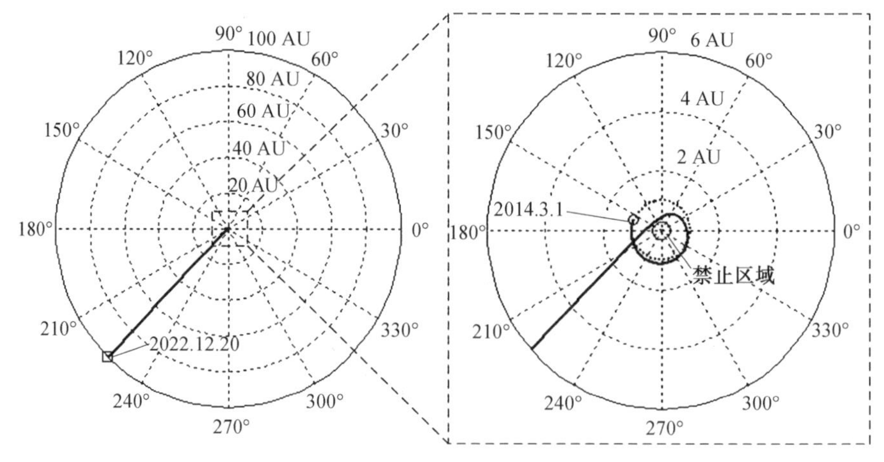

图5.20　地球—太阳系边界的电动太阳风帆航天器飞行轨迹

2. 电动太阳风帆及太阳帆在太阳系边界探测任务中的对比

本书使用相同的轨迹优化策略和优化参数来优化太阳帆航天器的轨迹，以比较电动太阳风帆航天器和太阳帆航天器的性能。轨迹优化的优化方法是提出的 Gauss 伪谱方法和遗传算法的混合优化方法，仿真参数见表 5.3。电动太阳风帆航天器和太阳帆航天器的相对太阳距离曲线如图 5.21 所示。

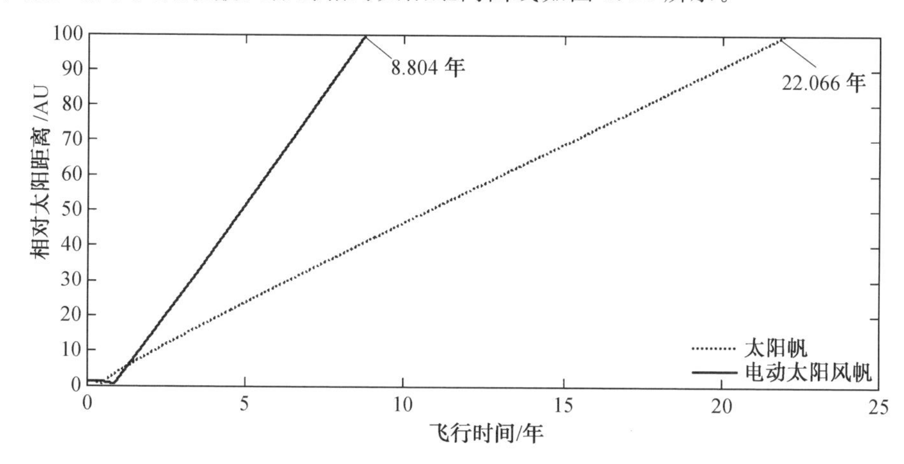

图 5.21　电动太阳风帆航天器和太阳帆航天器的相对太阳距离曲线

仿真结果表明，尽管电动太阳风帆航天器的结构对推进锥角有一定的限制，但太阳帆航天器的推力加速度与相对太阳距离的平方成反比，电动太阳风帆航天器的推力加速度与距太阳的距离成反比。随着距太阳距离的增加，电动太阳风帆航天器的推力加速度相对于太阳帆航天器的推力加速度衰减缓慢。因此，与太阳帆航天器相比，电动太阳风帆航天器可以在更短的时间内完成太阳系边界探测任务。

5.6　本章小结

在本章中，针对电动太阳风帆航天器的轨迹优化，提出了一种结合 Gauss 伪谱法和遗传算法的混合优化算法。本章首先说明了混合优化方法的理论基础，然后用数学方法描述了电动太阳风帆航天器的轨迹优化问题。其次基于以上内容，将混合优化方法应用于电动太阳风帆航天器的轨迹优化问题，并以火星探测任务、谷神星探测任务和太阳系边界探测任务为例进行了数学模拟。仿真结果表明，具有 1 mm/s^2 特征加速度的电动太阳风帆航天器比传统航天器完成任务用时更少。这表明电动太阳风帆航天器在飞行过程中不消耗任何推进剂，因此在长期任务中具有一定的优势。仿真结果还表明,该混合优化算法可以完成电动太阳风帆航天器的轨迹优化,而无须进行任何初步猜测。此功能非常适合缺少先验知识的电动太阳风帆航天器的轨迹优化问题。最后以太阳系边界探测任务为例,比较了电动太阳风帆航天器和太阳帆航天器的性能。仿真结果表明,与太阳帆航天器相比,电动太阳风帆航天器的推力加速度随相对太阳距离的增加衰减更缓慢,因此与太阳帆航天器相比,电动太阳风帆航天器可以在更短的时间内完成太阳系边界探测任务。

第6章

电动太阳风帆姿态跟踪控制研究

6.1 概　述

在深空探测过程中，电动太阳风帆航天器需要通过调整姿态来实现推力调整，以此来实现对其轨道的控制。电动太阳风帆航天器需要处理多自由度大角度姿态机动问题，其姿态动力学方程是非线性的，通道间存在耦合效应。在过去的研究中，为了简化航天器姿态控制问题，往往假设姿态角变化很小，因此可以在“工作点”附近用泰勒多项式展开姿态动力学方程，然后采用经典控制理论和成熟的多变量线性系统理论设计姿态控制系统。然而，在电动太阳风帆的轨道机动过程中，姿态角变化较大，不存在所谓的“工作点”，很难用泰勒展开近似线性化。本章针对电动太阳风帆航天器在深空探测任务中的大角度机动控制问题，首先描述了姿态控制问题，其次设计了反馈线性化(FBL)和滑模变结构联合控制器，最后通过数值仿真验证了所设计控制器在电动太阳风帆大角度机动控制中的有效性。

6.2 控制问题描述

为了便于电动太阳风帆航天器大角度姿态控制的研究，以状态空间的形式

对控制问题进行了描述。电动太阳风帆航天器姿态控制中的状态变量为

$$\boldsymbol{x}=[x_1 \quad x_2 \quad x_3 \quad x_4 \quad x_5 \quad x_6]^{\mathrm{T}}=[\phi \quad \theta \quad \psi \quad \omega_{\mathrm{b}x} \quad \omega_{\mathrm{b}y} \quad \omega_{\mathrm{b}z}]^{\mathrm{T}} \tag{6.1}$$

在第 2 章中讨论了电动太阳风帆航天器所产生的力矩在 3 个方向上并不是完全独立的，所以控制变量只有两个，即

$$\boldsymbol{u}=[u_1 \quad u_2]^{\mathrm{T}}=[T_x \quad T_y]^{\mathrm{T}} \tag{6.2}$$

描述电动太阳风帆航天器姿态的 3 个欧拉角中，只有两个角度会对推力矢量产生影响。所以电动太阳风帆大角度姿态控制问题中，输出变量为

$$\boldsymbol{y}=[y_1 \quad y_2]^{\mathrm{T}}=[\phi \quad \theta]^{\mathrm{T}} \tag{6.3}$$

则电动太阳风帆姿态控制问题的状态空间描述为

$$\begin{cases}\dot{\boldsymbol{x}}=\boldsymbol{f}(\boldsymbol{x})+\boldsymbol{g}(\boldsymbol{x})\boldsymbol{u}\\ \boldsymbol{y}=\boldsymbol{h}(\boldsymbol{x})\end{cases} \tag{6.4}$$

其中

$$f(x)=\begin{bmatrix} x_6\cos x_3/\cos x_2-x_5\sin x_3/\cos x_2+\omega_\Psi\sin\Theta-\omega_\Theta\sin x_1\tan x_2+\omega_\Psi\cos\Theta\cos x_1\tan x_2\\ x_4\sin x_3+x_5\cos x_3-\omega_\Theta\cos x_1-\omega_\Psi\cos\Theta\sin x_1\\ -x_6\tan x_2\cos x_3+x_5\tan x_2\sin x_3+x_6+\omega_\Theta\sin x_1/\cos x_2-\omega_\Theta\cos\Theta\cos x_1/\cos x_2\\ x_5x_6(I_y-I_z)/I_x\\ x_4x_6(I_z-I_x)/I_y\\ x_4x_5(I_x-I_y)/I_z \end{bmatrix}$$

$$\begin{aligned}\boldsymbol{g}(\boldsymbol{x})&=[\boldsymbol{g}_1(\boldsymbol{x}) \quad \boldsymbol{g}_2(\boldsymbol{x})]\\ &=\begin{bmatrix} 0 & 0\\ 0 & 0\\ 0 & 0\\ 1/I_x & 0\\ 0 & 1/I_x\\ \dfrac{\tan x_1\sin x_3-\sin x_2\cos x_3}{I_z\cos x_2} & \dfrac{\tan x_1\cos x_3+\sin x_2\sin x_3}{I_z\cos x_2}\end{bmatrix}\end{aligned}$$

$$\boldsymbol{h}(\boldsymbol{x})=\begin{bmatrix}h_1(\boldsymbol{x})\\ h_2(\boldsymbol{x})\end{bmatrix}=\begin{bmatrix}x_1\\ x_2\end{bmatrix}$$

6.3 基于反馈线性化的控制

为了在飞行中保持电动太阳风帆航天器的轨道，要进行大角度姿态机动。在大角度姿态机动时，电动太阳风帆姿态及轨道运动的非线性和耦合因素不容忽视，使得传统的基于小扰动假设的近似线性化方法无法适用。本节采用反馈

线性化方法对电动太阳风帆航天器的姿态通道进行线性化和解耦，然后采用极点配置方法对系统进行稳定。反馈线性化是一种非线性控制设计方法。其核心思想是通过状态反馈将非线性系统转化为线性系统，使线性系统技术得以应用。反馈线性化与雅可比线性化的根本区别在于，反馈线性化不是通过系统的线性逼近来实现的，而是通过状态变换和反馈来实现的。反馈线性化已成功地应用于解决直升机、工业机器人和生物医学设备的控制等实际问题。近年来，许多航天专家开展了一系列基于反馈线性化的研究，其研究成果在飞行器姿态控制中得到了广泛的应用。

6.3.1　反馈线性化理论基础

本节主要介绍反馈线性化控制中所要用到的一些基本定义。

1. 李导数(Lie derivative) 定义

定义 6.1　设有关于 $\boldsymbol{x}$ 的光滑标量函数 $h(\boldsymbol{x})=h(x_1,x_2,\cdots,x_n)$，$h(\boldsymbol{x})$ 的梯度矢量为

$$\nabla h(\boldsymbol{x})=\frac{\partial h(\boldsymbol{x})}{\partial \boldsymbol{x}}=\begin{bmatrix}\dfrac{\partial h(\boldsymbol{x})}{\partial x_1} & \dfrac{\partial h(\boldsymbol{x})}{\partial x_2} & \cdots & \dfrac{\partial h(\boldsymbol{x})}{\partial x_n}\end{bmatrix} \tag{6.5}$$

类似地，给定一个光滑的矢量场函数如下：

$$\boldsymbol{f}(\boldsymbol{x})=[f_1(x_1\cdots x_n)\quad f_2(x_1\cdots x_n)\quad \cdots \quad f_n(x_1\cdots x_n)]^{\mathrm{T}}$$

则定义 $L_{\mathrm{f}}h$ 为函数 $h(\boldsymbol{x})$ 沿矢量场函数 $\boldsymbol{f}(\boldsymbol{x})$ 的李导数，有

$$L_{\mathrm{f}}h=h\boldsymbol{f}=\sum_{i=1}^{n}\frac{\partial h(\boldsymbol{x})}{\partial x_i}f_i(\boldsymbol{x}) \tag{6.6}$$

标量函数 $h(\boldsymbol{x})$ 沿矢量场函数 $\boldsymbol{f}(\boldsymbol{x})$ 的多阶李导数可以通过递归的形式定义为

$$L_{\mathrm{f}}^{k}h=L_{\mathrm{f}}(L_{\mathrm{f}}^{k-1}h)=\nabla(L_{\mathrm{f}}^{k-1}h)\boldsymbol{f} \tag{6.7}$$

其中，k 为正整数；0 阶李导数 $L_{\mathrm{f}}^{0}h=h$。

同样地，如果 $\boldsymbol{g}(\boldsymbol{x})$ 是另一个关于 $\boldsymbol{x}$ 的矢量场函数，则标量函数 $h(\boldsymbol{x})$ 沿矢量场函数 $\boldsymbol{f}(\boldsymbol{x})$ 的李导数沿矢量场函数 $\boldsymbol{g}(\boldsymbol{x})$ 的李导数为

$$L_{\mathrm{g}}L_{\mathrm{f}}h=\nabla(L_{\mathrm{f}}h)\boldsymbol{g} \tag{6.8}$$

2. 相对阶定义

定义 6.2　对于如下式所示的单输出非线性系统：

$$\begin{cases}\dot{\boldsymbol{x}}=\boldsymbol{f}(\boldsymbol{x})+\boldsymbol{g}(\boldsymbol{x})\boldsymbol{u}\\ y=h(\boldsymbol{x})\end{cases} \tag{6.9}$$

存在正整数 n_{r}，使得当 $k<n_{\mathrm{r}}-1$ 时输出函数 $h(\boldsymbol{x})$ 沿矢量场函数 $\boldsymbol{f}(\boldsymbol{x})$ 的 k 阶李导数沿矢量场函数 $\boldsymbol{g}(\boldsymbol{x})$ 的李导数在 $\boldsymbol{x}$ 定义域内等于零，而输出函数 $h(\boldsymbol{x})$ 沿矢量量

场函数 $\boldsymbol{f}(\boldsymbol{x})$ 的$n_{\mathrm{r}}-1$ 阶李导数沿矢量场函数 $\boldsymbol{g}(\boldsymbol{x})$ 的李导数在 $\boldsymbol{x}$ 定义域内不为零,即

$$\begin{cases} L_{\mathrm{g}} L_{\mathrm{f}}^{k} h=0, & k<n_{\mathrm{r}}-1 \\ L_{\mathrm{g}} L_{\mathrm{f}}^{k} h \neq 0, & k=n_{\mathrm{r}}-1 \end{cases} \tag{6.10}$$

则称 n_{r} 为此非线性系统的相对阶。

6.3.2 反馈线性化控制器设计

由于轨道参数 ω_{Ψ}、ω_{Θ} 的变化速度相对姿态参数的变化速度慢很多,所以参照文献[103]的处理手法,在姿态控制问题研究过程中,忽略轨道参数高阶微分量对姿态的影响。根据微分几何知识,有

$$\begin{cases} L_{g1} L_{\mathrm{f}}^{0} h_{1}=L_{g1} h_{1}=0, & L_{g2} L_{\mathrm{f}}^{0} h_{1}=L_{g2} h_{1}=0 \\ L_{g1} L_{\mathrm{f}}^{0} h_{2}=L_{g1} h_{2}=0, & L_{g2} L_{\mathrm{f}}^{0} h_{2}=L_{g2} h_{2}=0 \end{cases} \tag{6.11}$$

再对式(6.4)求输出函数 $h_{j}(\boldsymbol{x}), j=1,2$ 沿矢量场函数 $\boldsymbol{f}(\boldsymbol{x})$ 的 0 阶李导数沿矢量场函数 $\boldsymbol{g}_{j}(\boldsymbol{x}), j=1,2$ 的李导数,结果显示其均不恒等于 0,即

$$\begin{cases} L_{g1} L_{\mathrm{f}} h_{1} \neq 0, & L_{g2} L_{\mathrm{f}} h_{1} \neq 0 \\ L_{g1} L_{\mathrm{f}} h_{2} \neq 0, & L_{g2} L_{\mathrm{f}} h_{2} \neq 0 \end{cases} \tag{6.12}$$

参照相对阶的定义,电动太阳风帆航天器姿态控制问题这一非线性系统的相对阶为$[n_{\mathrm{r1}} \quad n_{\mathrm{r2}}]=[2 \quad 2]$。根据反馈线性化理论,可构造原系统 2 阶积分逆系统,有下式成立:

$$[\ddot{y}_{1} \quad \ddot{y}_{2}]^{\mathrm{T}}=\boldsymbol{N}(\boldsymbol{x})+\boldsymbol{M}(\boldsymbol{x}) \boldsymbol{u} \tag{6.13}$$

其中

$$\boldsymbol{N}(\boldsymbol{x})=\begin{bmatrix} L_{\mathrm{f}}^{2} h_{1}(x) \\ L_{\mathrm{f}}^{2} h_{2}(x) \end{bmatrix}, \quad \boldsymbol{M}(\boldsymbol{x})=\begin{bmatrix} L_{g1} L_{\mathrm{f}} h_{1}(x) & L_{g2} L_{\mathrm{f}} h_{1}(x) \\ L_{g1} L_{\mathrm{f}} h_{2}(x) & L_{g2} L_{\mathrm{f}} h_{2}(x) \end{bmatrix} \tag{6.14}$$

注:由于本问题中的矢量场函数 $\boldsymbol{f}(\boldsymbol{x})$ 比较复杂,函数矩阵 $\boldsymbol{N}(\boldsymbol{x})$ 和 $\boldsymbol{M}(\boldsymbol{x})$ 的表达式也较为复杂,所以在此未给出其具体的表达式。

欧拉角非奇异($\theta \neq 90^{\circ}$)时矩阵 $\boldsymbol{M}(\boldsymbol{x})$ 是可逆的($|\boldsymbol{M}(\boldsymbol{x})| \neq 0$),可以应用反馈线性化控制。考虑到电动太阳风帆航天器对光线入射角的限制,在正常工作情况下欧拉角 ϕ 和 θ 的变化范围均为 $-70^{\circ} \sim 70^{\circ}$。不考虑电动太阳风帆航天器姿态失控的情况时欧拉角是非奇异的,矩阵 $\boldsymbol{M}(\boldsymbol{x})$ 可逆。所以可令系统控制量写作

$$\boldsymbol{u}=\boldsymbol{M}(\boldsymbol{x})^{-1}(\boldsymbol{\zeta}-\boldsymbol{N}(\boldsymbol{x})) \tag{6.15}$$

其中,$\boldsymbol{\zeta}=[\zeta_{1} \quad \zeta_{2}]^{\mathrm{T}}$ 为新定义的输入。

将式(6.14)代入式(6.13),可得到输入-输出线性化的形式

$$[\ddot{y}_1 \quad \ddot{y}_2]^{\mathrm{T}} = [\zeta_1 \quad \zeta_2]^{\mathrm{T}} \tag{6.16}$$

至此，式(6.4)所描述的电动太阳风帆姿态控制问题被解耦成两个姿态角的独立控制子系统。在每个子控制系统中，可以应用成熟的线性控制方法对其分别进行控制。本节采用极点配置的原理分别对两个线性控制子系统进行控制，新的控制输入可写成

$$\begin{bmatrix} \zeta_1 \\ \zeta_2 \end{bmatrix} = \begin{bmatrix} \ddot{y}_{d1} + c_1(\dot{y}_{d1} - \dot{y}_1) + c_2(y_{d1} - y_1) \\ \ddot{y}_{d2} + c_3(\dot{y}_{d2} - \dot{y}_2) + c_4(y_{d2} - y_2) \end{bmatrix} \tag{6.17}$$

其中，y_{d1}、y_{d2} 分别为电动太阳风帆轨迹优化所得出的期望姿态角 ϕ_d、θ_d；$\dot{y}_{d1}$、$\dot{y}_{d2}$ 为期望姿态角的一阶导数，$\ddot{y}_{d1}$、$\ddot{y}_{d2}$ 为期望姿态角的二阶导数；c_1、c_2、c_3、c_4 为极点配置所需常参数。当 c_1、c_2、c_3、$c_4 > 0$ 时，线性系统传递函数 $s^2 + c_i s + c_{i+1} = 0(i = 1,3)$ 的极点在复平面的左侧，可以保证控制系统是收敛的，从而最终实现对期望姿态角的跟踪。

6.3.3　姿态跟踪数学仿真

本节通过两个数学仿真算例进行验证，即不考虑轨道背景的阶跃信号跟踪仿真和考虑轨道背景的地球－火星姿态跟踪仿真。

1. 阶跃信号姿态跟踪

本节忽略了电动太阳风帆航天器所在轨道对其姿态的影响，主要讨论电动太阳风帆在反馈线性化控制器的控制下，对阶跃指令信号的响应情况。假设电动太阳风帆初始姿态角 ϕ_0 和 θ_0 均为 0°，期望姿态角 ϕ_d 为 30°，θ_d 为 −20°，电动太阳风帆航天器阶跃信号姿态跟踪仿真参数见表 6.1。

表 6.1　阶跃信号姿态跟踪仿真参数

参数名称	仿真参数	参数名称	仿真参数
电动太阳风帆主轴转动惯量 I_x	7.333×10^8 kg·m²	初始姿态角 ϕ_0	0°
电动太阳风帆主轴转动惯量 I_y	7.333×10^8 kg·m²	初始姿态角 θ_0	0°
电动太阳风帆主轴转动惯量 I_z	14.666×10^8 kg·m²	初始姿态角 ψ_0	0°
电动太阳风帆最大控制力矩 T_{max}	2 N·m	初始姿态角速率 $\dot{\phi}_0$	0 (°)/s
控制器参数 c_1	5×10^{-5}	初始姿态角速率 $\dot{\theta}_0$	0 (°)/s
控制器参数 c_2	1×10^{-10}	初始姿态角速率 $\dot{\psi}_0$	4.166×10^{-3} (°)/s
控制器参数 c_3	5×10^{-5}	期望姿态角 ϕ_d	30°
控制器参数 c_4	1×10^{-10}	期望姿态角 θ_d	−20°

无参数摄动下姿态响应如图 6.1 所示，由图可见，当系统模型足够准确无任何参数摄动时，基于前述的反馈线性化控制器对电动太阳风帆航天器姿态控制能够取得很好的控制效果。姿态角 ϕ 和 θ 同时从 0° 分别机动到 30° 和 −20° 所用时间为 3 天左右，跟踪控制超调小于 1°。

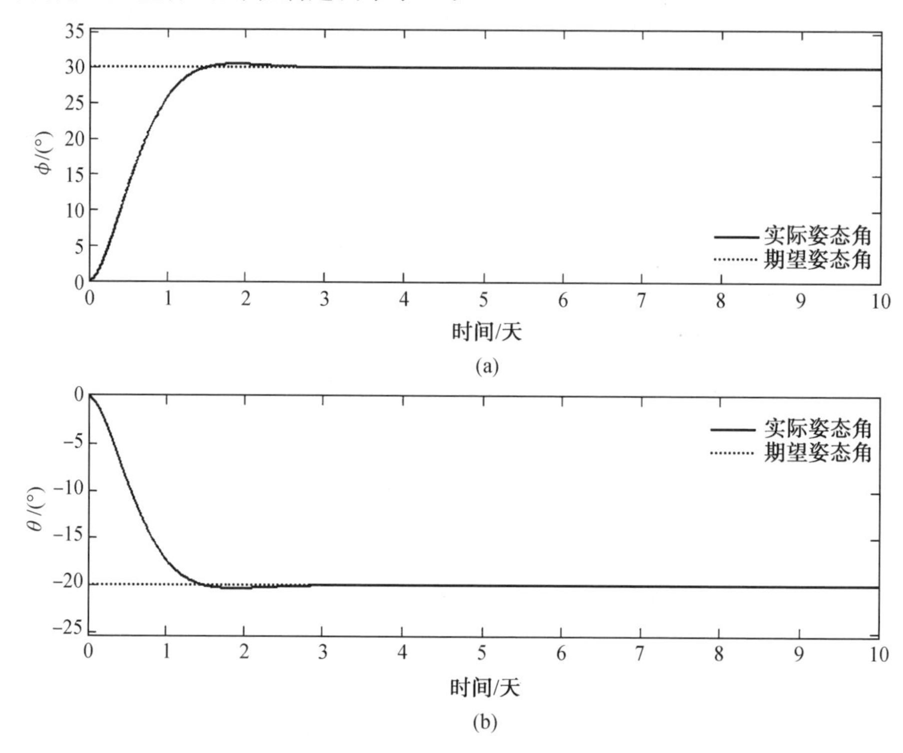

图 6.1　无参数摄动下姿态响应

无参数摄动下控制偏差如图 6.2 所示，由图可见，在机动开始 7 天左右，系统的姿态控制误差小于 1×10^{-5}°，并且逐渐趋近于 0°。可见，反馈线性化控制器在受控模型足够准确的情况下能够通过状态变换和反馈将耦合的非线性系统转化成各通道独立的线性系统，从而可通过成熟的线性控制方法实现各通道的独立控制，并且能实现渐进稳定的控制效果。

无参数摄动下控制力矩如图 6.3 所示，由图可见，只需要很小的控制力矩便可完成整个机动过程，所需最大控制力矩小于 1 N・m。电动太阳风帆航天器可以通过调整金属链的电压分布实现对控制力矩的调整，且控制力矩调整过程中不需要任何机械运动，所以响应速度较快且不会造成系统的振动。太阳帆航天器由于反射面的反射率不能自由调整，因此多采用改变质量块位置调整光压中心与质心关系进行调整，调整过程需要有质量块的机械运动。因此，电动太阳风帆在产生控制力矩方式方面相对于太阳帆具有一定优势。

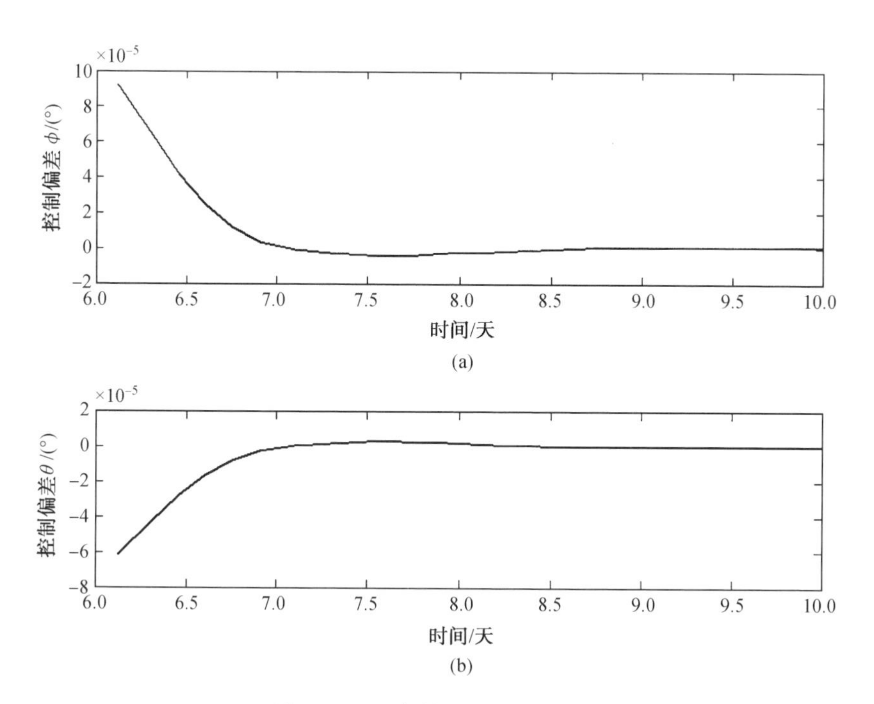

图 6.2　无参数摄动下控制偏差

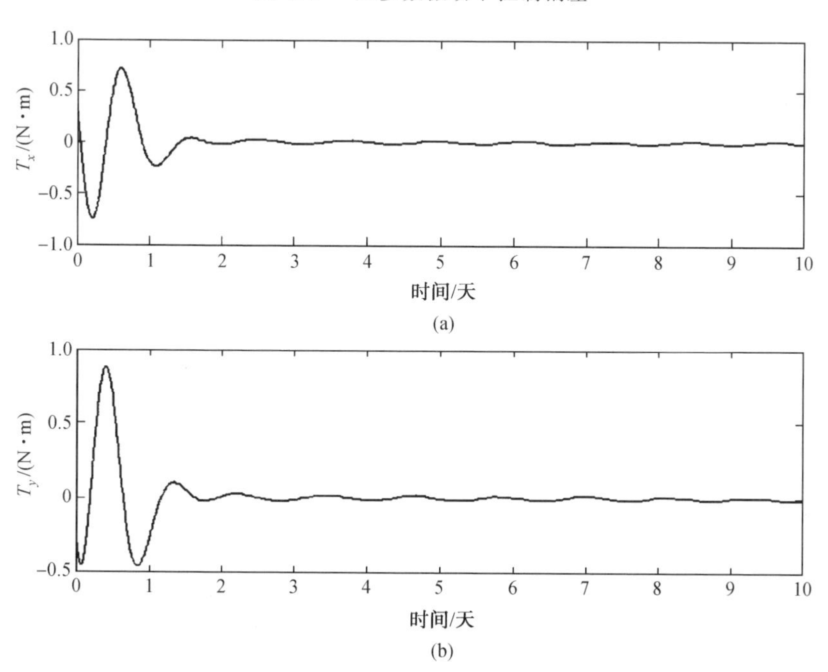

图 6.3　无参数摄动下控制力矩

在得到了期望的控制力和控制力矩后，可通过 2.3.3 节中电压分布计算策略对金属链电压分布情况进行求解。考虑一个由 100 根长度为 20 km 金属链组成的电动太阳风帆位于距太阳 1 AU 处，期望特征推力为 1 N，期望的控制力可通过式(2.20) 计算得出，期望的控制力矩可由图 6.3 给出。根据 Jahunen 通过理论计算得出的数据，当金属链距离太阳 1 AU 且电压为 20 kV 时，单位长度推力大小 $\sigma_{\oplus}=500$ nN/m。采用序列二次规划算法对式(2.26) 描述的非线性规划问题进行求解，仿真结果表明：由期望控制力和控制力矩产生的等式约束为 5 个(本仿真中未对 T_z 进行限定)，而设计参数 $\sigma_{\oplus 1},\sigma_{\oplus 2},\cdots,\sigma_{\oplus N}$ 的数量为 100 个，此非线性规划问题存在可行解，平均求解计算时间为 2.483 s。图 6.4 所示为任务初始时刻(所需控制力矩 $T_x=0.278$ N·m，$T_y=-0.394$ N·m) 金属链电压分布情况，即第 k 根电压 V_k 与平均电压 V_0 之间的差值。由仿真结果可以看出，电动太阳风帆通过调整电压分布情况，调整推力中心与质心的关系，能够实现期望控制力及控制力矩的输出。

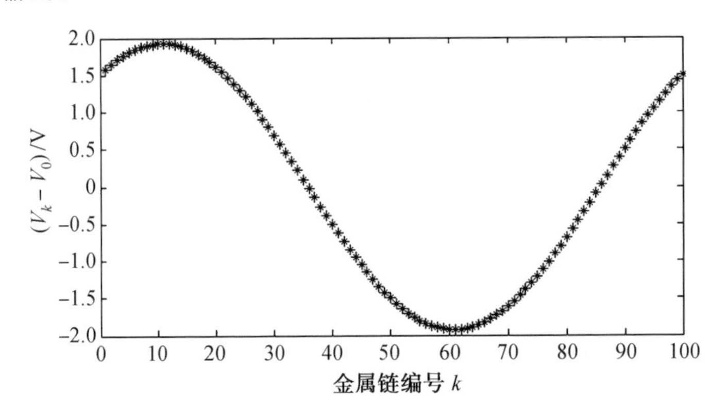

图 6.4　任务初始时刻金属链电压分布情况

反馈线性化控制器的控制效果很大程度上依赖于控制模型的准确程度，如果模型不准确便会造成解耦和反馈线性化补偿不彻底，最终影响各个通道的独立控制。为了验证模型不准确对控制的影响程度，假设电动太阳风帆航天器主轴转动惯量参数有一定摄动。电动太阳风帆航天器转动惯量参数见表 6.2。

表 6.2　电动太阳风帆航天器转动惯量参数

参数名称	仿真参数 /(kg·m^2)	参数名称	仿真参数
控制器设计中转动惯量参数 I_x	7.333×10^8	实际转动惯量参数 I'_x	$0.9I_x$
控制器设计中转动惯量参数 I_y	7.333×10^8	实际转动惯量参数 I'_y	$1.1I_y$
控制器设计中转动惯量参数 I_z	14.666×10^8	实际转动惯量参数 I'_z	$1.1I_z$

基于以上的参数摄动假设，对电动太阳风帆航天器阶跃信号姿态跟踪进行仿真，参数摄动下姿态响应及控制偏差如图 6.5 和图 6.6 所示。通过对图 6.1 和

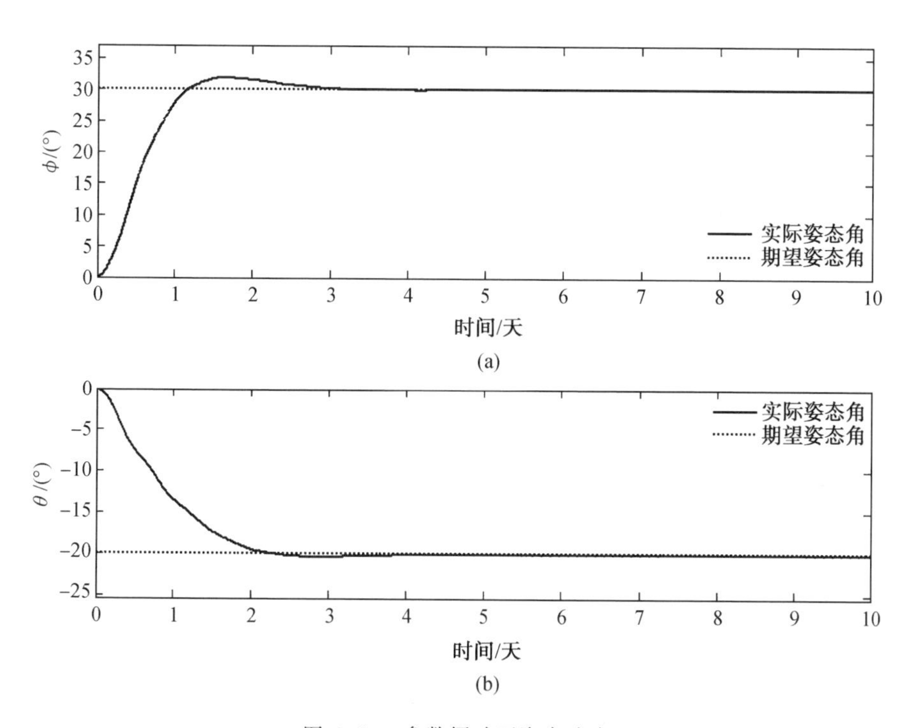

图 6.5　参数摄动下姿态响应

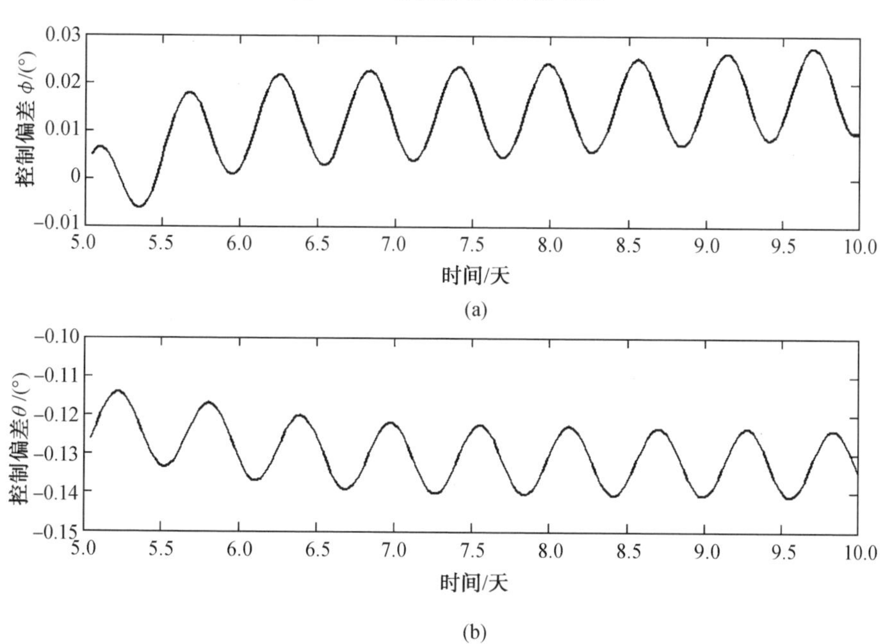

图 6.6　参数摄动下控制偏差

图 6.5 进行比较可知，由于在控制器设计中所使用的控制模型不完全准确，因此系统的过渡时间增长且超调量增大。另外，通过对图 6.2 和图 6.6 进行比较也可以看出，由于控制器设计中的受控模型与实际动力学模型不完全一致，因此动态反馈线性化补偿不能使两个通道完全解耦且线性化。最终使整个控制系统不具备渐进稳定的特性，姿态控制偏差呈现波动且平局值不为 0 的现象。最大姿态控制偏差为 0.14° 左右，远高于模型足够准确时的 1×10^{-5}°。所以可以得出结论：反馈线性化控制器在模型足够准确的情况下可以很好地对电动太阳风帆航天器各姿态通道进行控制，但是当模型不足够准确时，控制偏差将增大。

2. 地球 — 火星姿态跟踪

本节以地球 — 火星过渡任务为例，对反馈线性化控制器在考虑轨道背景的电动太阳风帆航天器姿态控制中的有效性进行数学仿真验证。假设电动太阳风帆航天器在任务初始时刻已经将姿态调整至期望姿态，即 $\phi_0=-0.291°$，$\theta_0=-36.731°$，初始姿态角速率 $\dot{\phi}_0$ 和 $\dot{\theta}_0$ 均为 0(°)/s，地球 — 火星姿态跟踪仿真参数见表 6.3。

表 6.3　地球 — 火星姿态跟踪仿真参数

参数名称	仿真参数	参数名称	仿真参数
主轴转动惯量 I_x	7.333×10^8 kg·m²	最大控制力矩 T_{max}	2 N·m
主轴转动惯量 I_y	7.333×10^8 kg·m²	初始姿态角 ϕ_0	−0.291°
主轴转动惯量 I_z	14.666×10^8 kg·m²	初始姿态角 θ_0	−36.731°
控制器参数 c_1	5×10^{-5}	初始姿态角 ψ_0	0°
控制器参数 c_2	1×10^{-10}	初始姿态角速率 $\dot{\phi}_0$	0(°)/s
控制器参数 c_3	5×10^{-5}	初始姿态角速率 $\dot{\theta}_0$	0(°)/s
控制器参数 c_4	1×10^{-1}	初始姿态角速率 $\dot{\psi}_0$	4.166×10^{-3}(°)/s

无参数摄动下地球 — 火星姿态响应及姿态跟踪控制偏差如图 6.7 和图 6.8 所示，由图可见，在系统模型足够准确无任何参数摄动的情况下，基于反馈线性

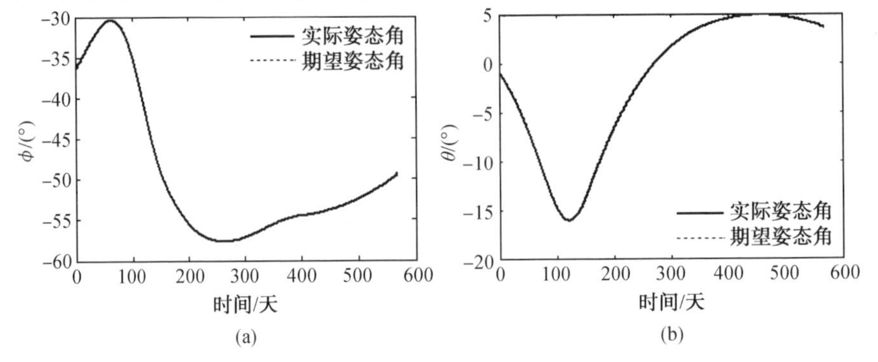

图 6.7　无参数摄动下地球 — 火星姿态响应

化控制器对电动太阳风帆航天器进行姿态控制能够取得很好的控制效果。姿态角 ϕ 的最大跟踪偏差为 0.059°，姿态角 θ 跟踪偏差除在任务初始时段由于初始姿态角速度与期望姿态角速度不一致而达到 0.049° 以外，其余时刻姿态跟踪偏差均小于 0.023°。由控制力矩曲线(图 6.9)可以看出，整个机动过程中所需要的最大控制力矩小于 0.1 N·m，小于仿真中限定的电动太阳风帆航天器最大控制力矩 $T_{\max}=2$ N·m。

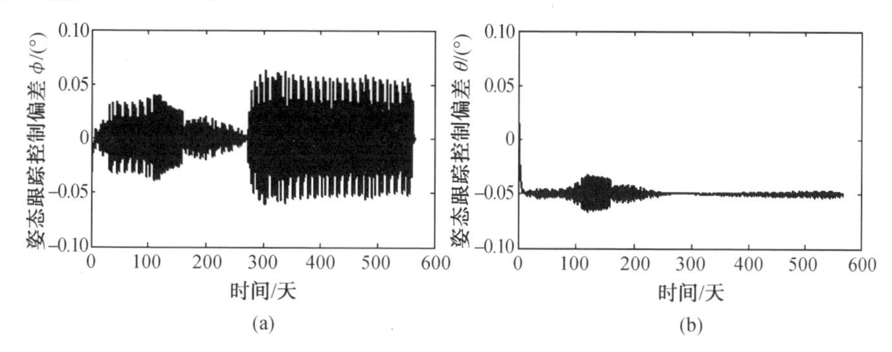

图 6.8　无参数摄动下地球—火星姿态跟踪控制偏差

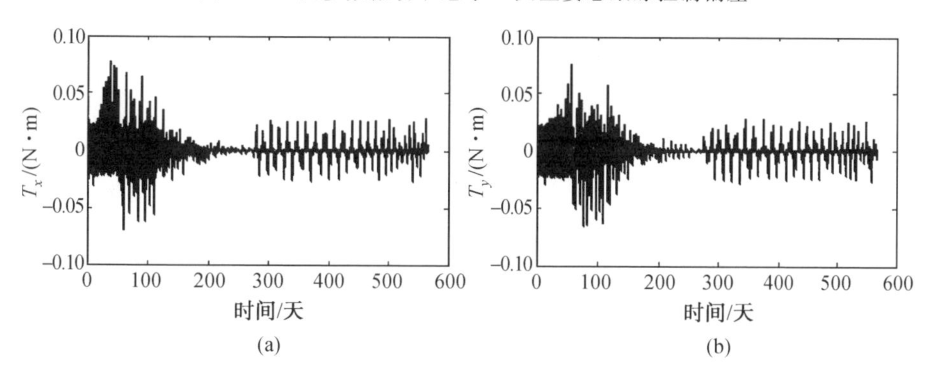

图 6.9　无参数摄动下地球—火星控制力矩

由于电动太阳风帆航天器的姿态会决定其推进加速度，从而最终影响其轨道，所以姿态跟踪偏差也会使实际飞行轨迹与期望轨迹产生偏差。无参数摄动下地球—火星轨道跟踪控制偏差如图 6.10 所示，由图可见，当姿态偏差较大时速度跟踪偏差会有较大的增长，继而使位置跟踪偏差产生明显的增长。在任务终点时刻，电动太阳风帆航天器相对火星的距离为 0.944×10^{-3} AU，小于火星影响球半径 3.852×10^{-3} AU，即电动太阳风帆航天器能够成功进入火星影响球。另外，在任务终点时刻电动太阳风帆航天器与火星的相对速度 0.010 km·/s^{-1} 小于逃逸速度，说明能够成功完成捕获。

基于表 6.2 的参数摄动假设，对电动太阳风帆航天器地球—火星过渡的姿态跟踪过程进行数学仿真。参数摄动下地球—火星姿态响应和姿态跟踪控制偏差

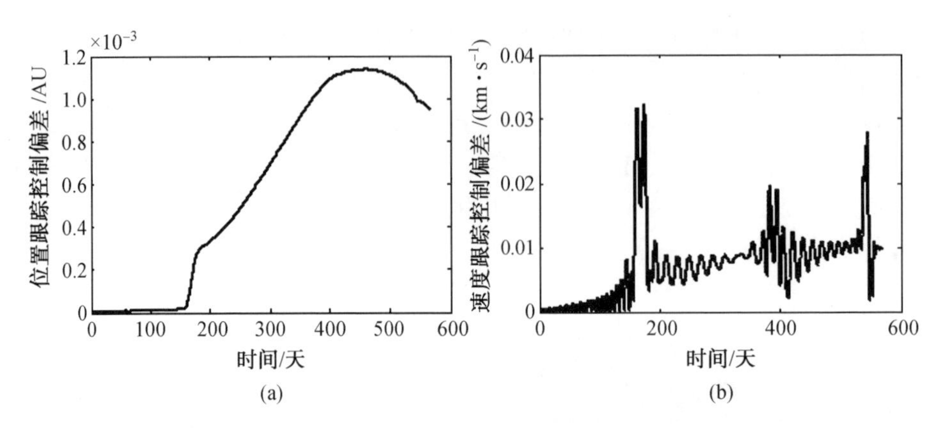

图 6.10　无参数摄动下地球—火星轨道跟踪控制偏差

分别如图 6.11 和图 6.12 所示。通过对有参数摄动和无参数摄动下姿态响应曲线和姿态跟踪控制偏差曲线进行比较可知，由于在控制器设计中所使用的控制模型不完全准确，因此动态反馈线性化补偿不能使两个通道完全解耦且线性化，使整个控制系统姿态控制偏差较大。在有参数摄动情况下，姿态角的最大跟踪偏差为 0.725°，远高于模型足够准确时的 0.059°。

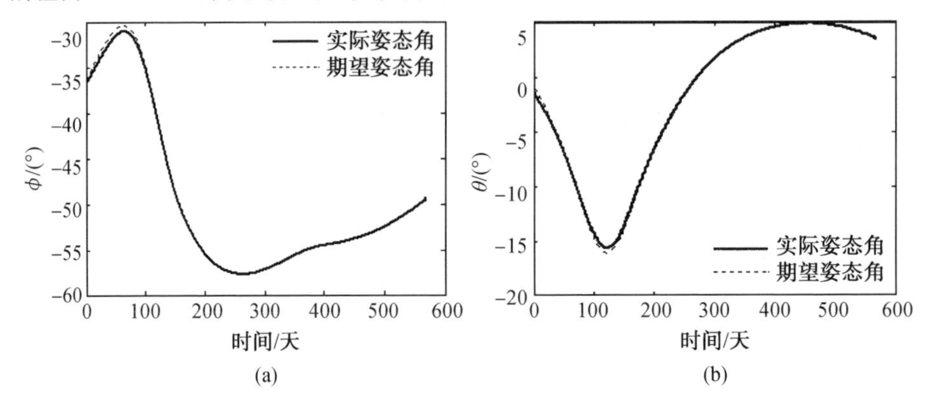

图 6.11　参数摄动下地球—火星姿态响应

参数摄动下地球—火星控制力矩如图 6.13 所示，由图中可以看出，整个机动过程中所需要的最大控制力矩小于 0.03 N·m，小于仿真中限定的电动太阳风帆航天器最大控制力矩 $T_{\max}=2$ N·m。

参数摄动下地球—火星轨道跟踪控制偏差如图 6.14 所示，由图中可以看出，飞行过程中电动太阳风帆航天器姿态存在较大跟踪偏差，继而使实际飞行轨迹与期望飞行轨迹之间产生较大的位置跟踪偏差。在任务终点时刻，电动太阳风帆航天器相对火星的距离为 22.534×10^{-3} AU，大于火星影响球半径 3.852×10^{-3} AU，即电动太阳风帆航天器在此参数摄动假设下未能成功进入火星影响

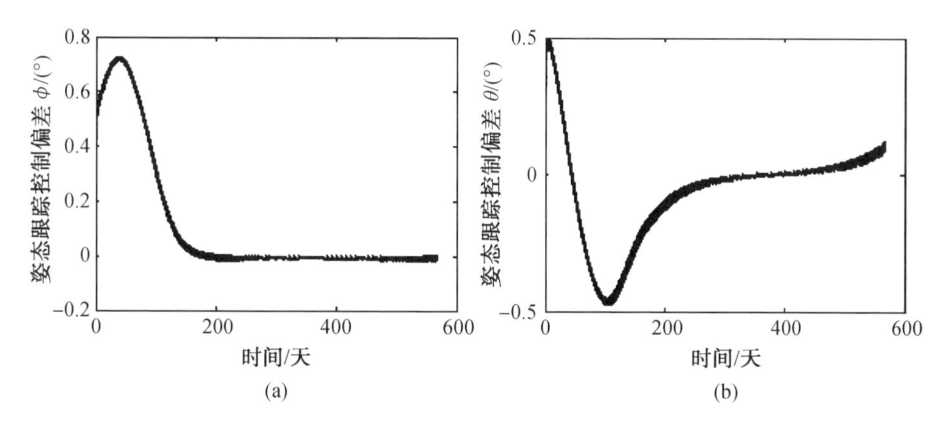

图 6.12　参数摄动下地球—火星姿态跟踪控制偏差

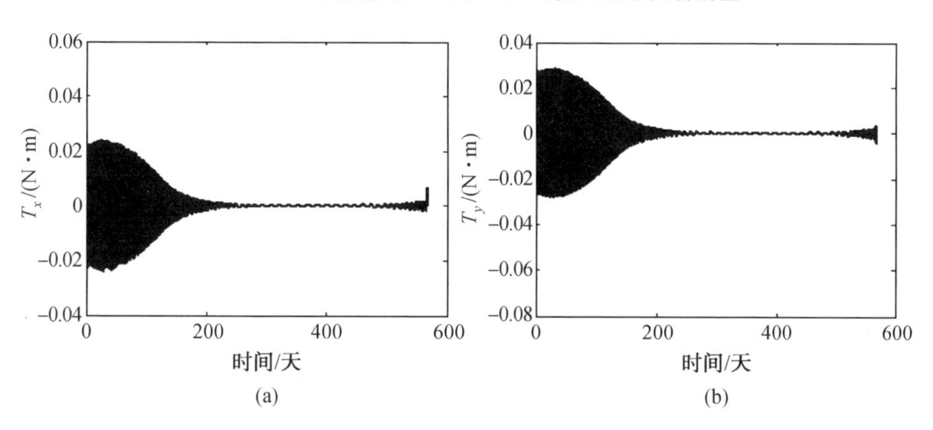

图 6.13　参数摄动下地球—火星控制力矩

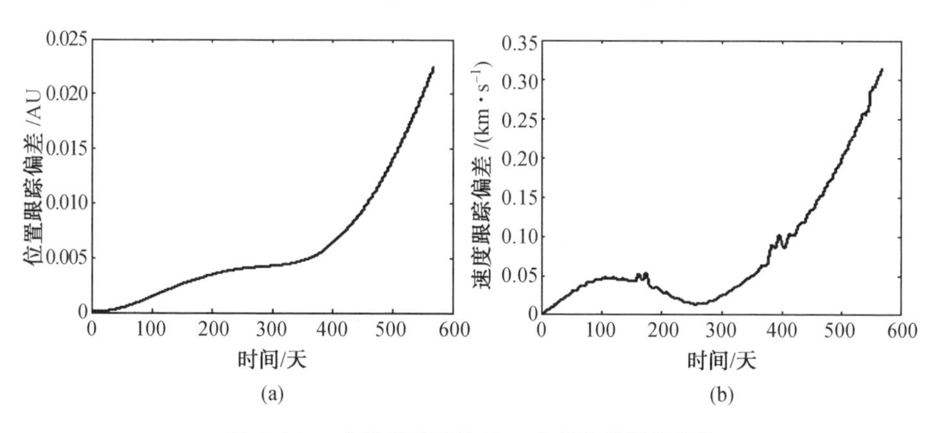

图 6.14　参数摄动下地球—火星轨道跟踪偏差

球。由此可见，在模型足够准确的情况下，反馈线性化控制器能够很好地对电动太阳风帆航天器姿态进行控制，最终控制电动太阳风帆航天器驶向目标轨道或星体。但是当模型不足够准确时，动态反馈线性化补偿不能使两个姿态控制通道完全解耦且线性化，使姿态控制偏差增大，最终实际飞行轨迹偏离规划轨迹，不能在预期时间完成任务。

6.4　反馈线性化和滑模变结构联合控制

精确反馈线性化方法可以将复杂的非线性耦合系统解耦为一个线性独立的控制子系统。然而，单纯基于反馈线性化设计的控制系统也存在一些不足，即对参数摄动和外界干扰的鲁棒性较弱。本节采用反馈线性化和滑模变结构控制方法研究了电动太阳风帆航天器大角度机动的姿态控制问题。变结构控制对系统不确定性的鲁棒性弥补了反馈线性化在这方面的不足。

6.4.1　反馈线性化和变结构联合控制器设计

滑模变结构控制的最大优点是系统的滑模运动对系统不确定性具有很强的鲁棒性。当系统满足不确定性匹配条件时，滑模运动不受不确定性的影响。然而，滑模变结构控制器本身并不能克服系统中不匹配的不确定性，但通过合理设计滑模面，系统的滑模运动仍能具有较强的鲁棒性和期望的动态性能。在这一部分中，采用滑模变结构控制，通过反馈线性解耦得到两个独立的子系统。滑模变结构控制器的设计包括两个步骤：滑模面设计和变结构控制设计。

滑模变结构控制器设计包括两个部分，即切换面的设计和趋近律的设计。本节以第 $i(i=1,2)$ 个通道为例进行滑模变结构控制器设计，设 y_{di} 为第 i 个通道的参考输入，y_i 为第 i 个通道的输出，$e_i=y_{di}-y_i$ 为输出误差。切换面（滑动面）方程可设计为

$$s_i=c_ie_i+\dot{e}_i=0 \tag{6.18}$$

其中，c_i 为控制参数，若 $c_i>0$，在该滑动面所对应的滑动模态运动是稳定的。

滑模运动包括趋近运动和滑模运动两个过程。系统从任意初始状态趋向切换面，直到到达切换面的运动称为趋近运动，即趋近运动为 s 趋近于 0 的过程。根据滑模变结构原理，滑模可达性条件仅保证由状态空间任意位置能在有限时间到达切换面的要求，而对于趋近运动以何种轨迹趋近未做限制，采用合适的趋近律可以改善趋近运动的动态品质。本书采用指数趋近律

$$\dot{s}_i=-\varepsilon_i\operatorname{sgn} s_i-\eta_is_i,\quad \varepsilon_i>0,\eta_i>0 \tag{6.19}$$

在指数趋近中，趋近速度从一个较大值逐步减小到零，这样不仅缩短了趋近时间，而且使运动点到达切换面时的速度很小。在单纯的指数趋近$(-\eta_is_i)$中，运动点逼近切换面是一个渐进的过程，不能在有限时间内到达。这样切换面上

的滑动模态也就不存在了，所以要增加一个等速趋近项 $-\varepsilon_i \operatorname{sgn} s_i$，使当 s_i 趋近于零时，趋近速度是 ε_i 而不是零，从而保证在有限时间到达切换面。在指数趋近律中，为了保证既能快速趋近而又不使抖振过大，应在增大 η_i 的同时减小 ε_i。对切换面方程式(6.18) 求导可得

$$\dot{s}_i = c_i(\dot{y}_{di} - \dot{y}_i) + \ddot{y}_{di} - \ddot{y}_i = c_i(\dot{y}_{di} - \dot{y}_i) + \ddot{y}_{di} - \zeta_i \tag{6.20}$$

结合式(6.19) 和式(6.20)，便可得到基于指数趋近律的滑模变结构控制

$$\zeta_i = c_i(\dot{y}_{di} - \dot{y}_i) + \ddot{y}_{di} + \varepsilon_i \operatorname{sgn} s_i + \eta_i s_i \tag{6.21}$$

在得到 $\zeta_i (i = 1,2)$ 后，便可通过 $\boldsymbol{u} = \boldsymbol{M}(\boldsymbol{x})^{-1}(\boldsymbol{\zeta} - \boldsymbol{N}(\boldsymbol{x}))$ 得到控制量 $\boldsymbol{u}$。

6.4.2　姿态跟踪数值仿真

为了验证所提出的反馈线性化和滑模变结构联合控制器在电动太阳风帆航天器大角度姿态机动控制中的有效性，本节通过两个数学仿真算例进行验证，即不考虑轨道背景的阶跃信号跟踪仿真和考虑轨道背景的地球－火星姿态跟踪仿真。

1. 阶跃信号姿态跟踪

本节假设电动太阳风帆初始姿态角 ϕ_0 和 θ_0 均为 0°，期望姿态角 ϕ_d 为 30°，θ_d 为 －20°，并假设电动太阳风帆航天器主轴转动惯量参数有一定摄动，阶跃信号姿态跟踪仿真参数见表 6.4。

表 6.4　阶跃信号姿态跟踪仿真参数

参数名称	仿真参数	参数名称	仿真参数
控制器参数 c_1	5×10^{-5}	控制器参数 c_2	5×10^{-5}
控制器参数 ε_1	1×10^{-12}	控制器参数 ε_2	1×10^{-12}
控制器参数 η_1	5×10^{-5}	控制器参数 η_2	5×10^{-5}
控制器设计中转动惯量参数 I_x	$7.333\times10^8\ \mathrm{kg\cdot m^2}$	实际转动惯量参数 I'_x	$0.9I_x$
控制器设计中转动惯量参数 I_y	$7.333\times10^8\ \mathrm{kg\cdot m^2}$	实际转动惯量参数 I'_y	$1.1I_y$
控制器设计中转动惯量参数 I_z	$14.666\times10^8\ \mathrm{kg\cdot m^2}$	实际转动惯量参数 I'_z	$1.1I_z$
初始姿态角 ϕ_0	0°	初始姿态角速率 $\dot{\phi}_0$	0(°)/s
初始姿态角 θ_0	0°	初始姿态角速率 $\dot{\theta}_0$	0(°)/s
初始姿态角 ψ_0	0°	初始姿态角速率 $\dot{\psi}_0$	4.166×10^{-3}(°)/s
期望姿态角 ϕ_d	30°	期望姿态角 θ_d	－20°

参数摄动下姿态响应如图 6.15 所示，由图可见，即使当系统模型存在参数摄动的情况下，基于前述的反馈线性化和滑模变结构联合控制器对电动太阳风

帆航天器姿态控制依然能够取得较好的控制效果。姿态角 ϕ 和 θ 同时从 0° 分别机动到 30° 和 −20° 所用时间为 2 天左右，跟踪控制超调小于 0.2°。

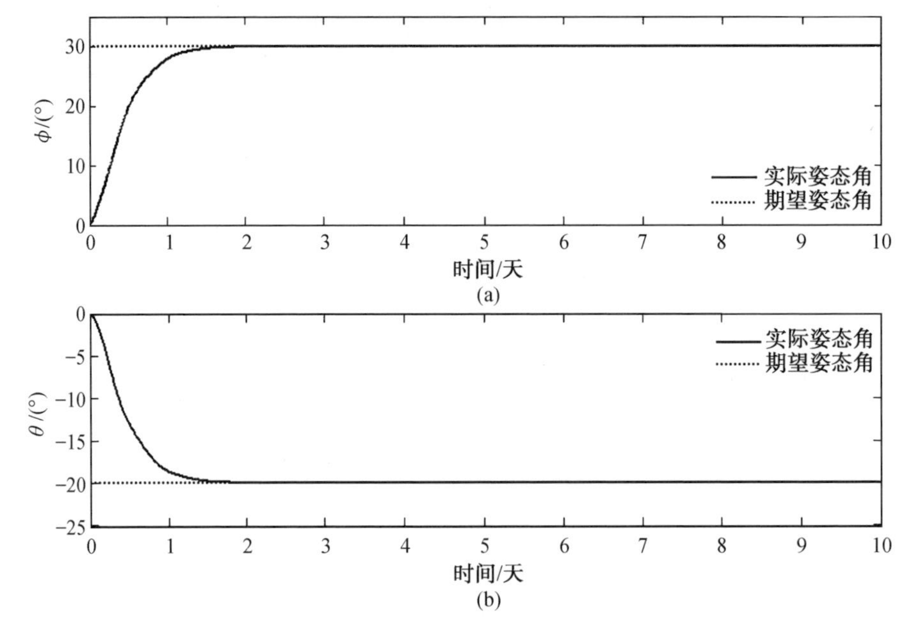

图 6.15　参数摄动下姿态响应

参数摄动下跟踪控制偏差如图 6.16 所示，由图可见，由于系统模型不足够准确，反馈线性化补偿及解耦不彻底，各姿态控制通道存在一定的非匹配不确定性，因此姿态控制偏差不能趋近于 0°，而是在一定范围内波动。但是通过合理地设计滑面和控制参数，仍可使系统的滑模运动具有较强的鲁棒性和所期望的动态性能。基于反馈线性化和滑模变结构联合控制在有参数摄动情况下，最大的姿态控制偏差为 0.007°，低于单纯用反馈线性化的控制偏差 0.140°。

2. 地球 — 火星姿态跟踪

本节以地球至火星过渡任务为例，对反馈线性化和滑模变结构联合控制器在考虑轨道背景的电动太阳风帆航天器姿态控制中的有效性进行数学仿真验证。假设电动太阳风帆航天器在任务初始时刻已经将姿态调整至期望姿态，即 $\phi_0 = -0.291°$ 和 $\theta_0 = -36.731°$，初始姿态角速率 $\dot{\phi}$ 和 $\dot{\theta}$ 均为 0(°)/s，并假设电动太阳风帆航天器主轴转动惯量参数有一定摄动，地球 — 火星姿态跟踪仿真参数见表 6.5。

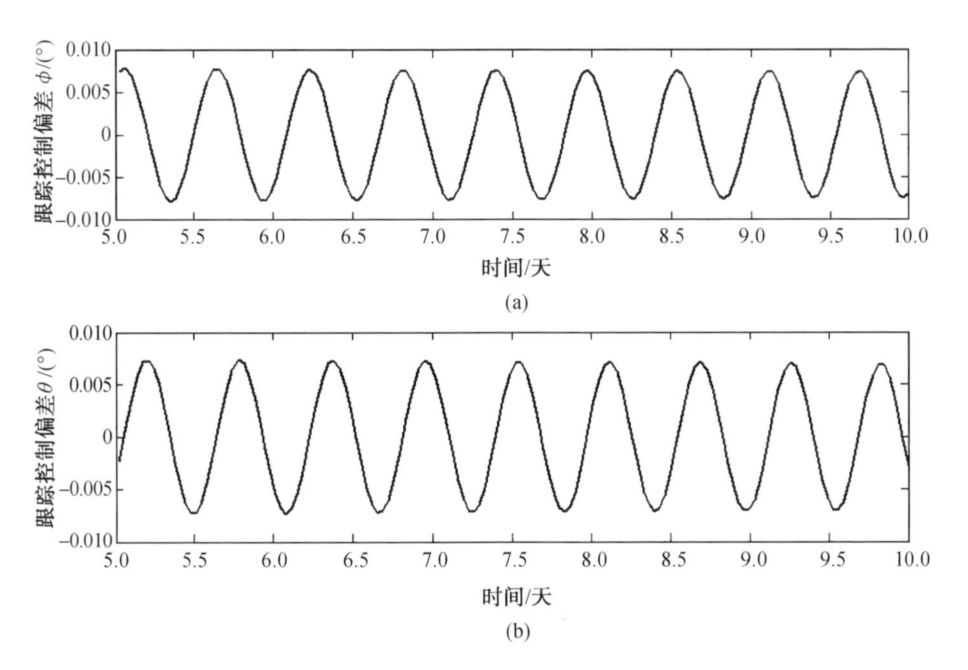

图 6.16　参数摄动下跟踪控制偏差

表 6.5　地球—火星姿态跟踪仿真参数

参数名称	仿真参数	参数名称	仿真参数
控制器参数 c_1	5×10^{-5}	控制器参数 c_2	5×10^{-5}
控制器参数 ε_1	1×10^{-12}	控制器参数 ε_2	1×10^{-12}
控制器参数 η_1	5×10^{-5}	控制器参数 η_2	5×10^{-5}
控制器设计中转动惯量参数 I_x	$7.333\times10^8\ \mathrm{kg\cdot m^2}$	实际转动惯量参数 I'_x	$0.9I_x$
控制器设计中转动惯量参数 I_y	$7.333\times10^8\ \mathrm{kg\cdot m^2}$	实际转动惯量参数 I'_y	$1.1I_y$
控制器设计中转动惯量参数 I_z	$14.666\times10^8\ \mathrm{kg\cdot m^2}$	实际转动惯量参数 I'_z	$1.1I_z$
初始姿态角 ϕ_0	$-0.291°$	初始姿态角速率 $\dot{\phi}_0$	0(°)/s
初始姿态角 θ_0	$-36.731°$	初始姿态角速率 $\dot{\theta}_0$	0(°)/s
初始姿态角 ψ_0	0°	初始姿态角速率 $\dot{\psi}_0$	4.166×10^{-3}(°)/s

参数摄动下地球—火星姿态响应及姿态跟踪控制偏差如图 6.17 和图6.18 所示，由图可见，即使在系统模型存在参数摄动的情况下，基于前述的反馈线性化和滑模变结构联合控制器对电动太阳风帆航天器姿态控制依然能够取得较好

的控制效果。基于联合控制的最大姿态偏差为0.027 4°，低于单纯基于反馈线性化控制器产生的最大姿态控制偏差0.725°。

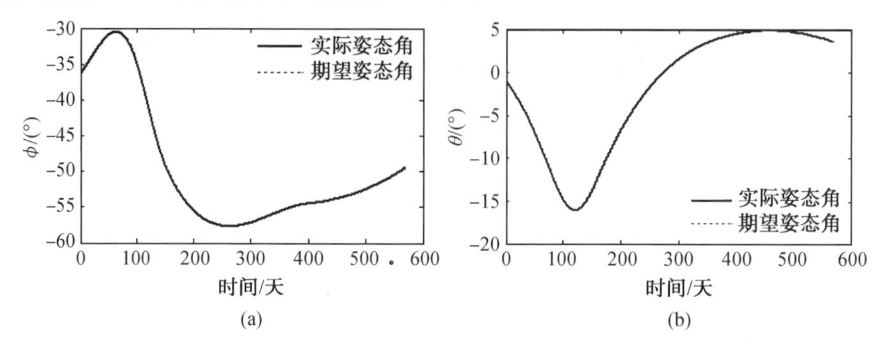

图 6.17　参数摄动下地球—火星姿态响应

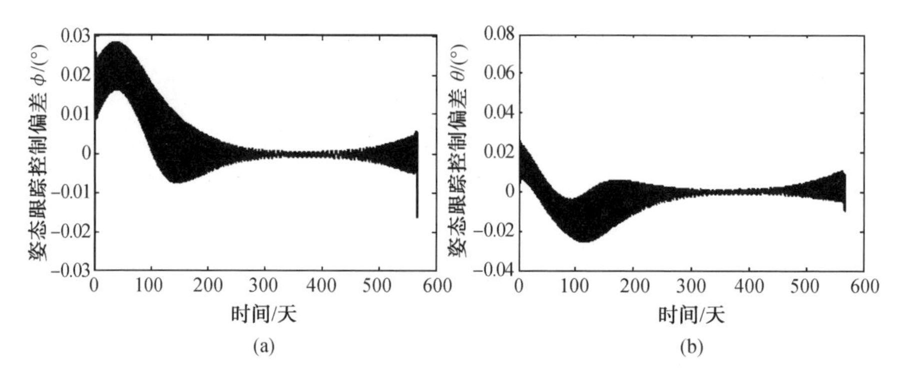

图 6.18　参数摄动下地球—火星姿态跟踪控制偏差

由于电动太阳风帆航天器的姿态会决定其推进加速度，从而最终影响其轨道，所以姿态跟踪偏差也会使实际飞行轨迹与期望轨迹产生偏差。参数摄动下地球—火星轨道跟踪控制偏差如图6.19所示，由图可见，在任务终点时刻电动太阳风帆航天器相对火星的距离为0.585×10^{-3} AU，小于火星影响球半径3.852×10^{-3} AU，即电动太阳风帆航天器能够成功进入火星影响球。另外，在任务终点时刻电动太阳风帆航天器与火星的相对速度为0.007 km/s小于逃逸速度，说明能够成功完成捕获。由此可见，虽然模型不准确使反馈线性化和解耦不彻底，各通道存在一定的非匹配不确定性，但是通过合理地设计滑面和控制参数，仍可使系统的滑模运动具有较强的鲁棒性和所期望的动态性能。所以，通过将滑模变结构控制与反馈线性化控制结合，能够使控制系统在有一定参数摄动的情况下完成既定飞行任务。

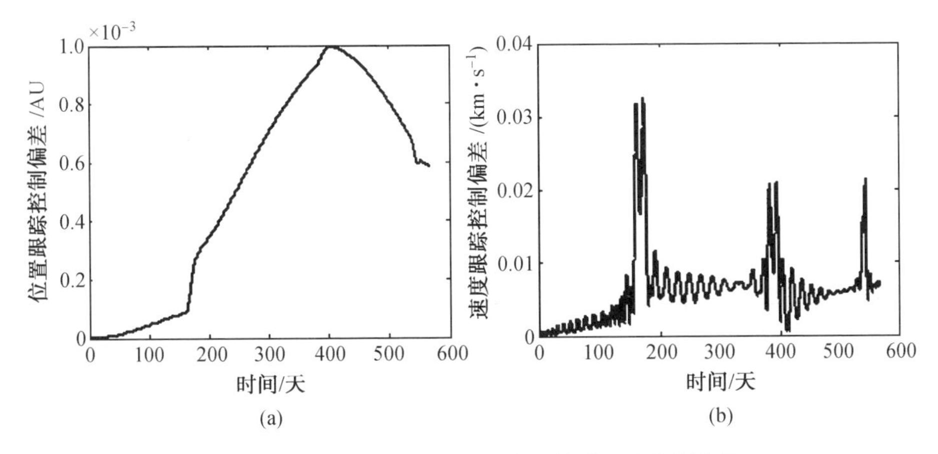

图 6.19　参数摄动下地球－火星轨道跟踪控制偏差

6.5　本章小结

本章针对电动太阳风帆的大角度姿态机动控制，提出了反馈线性化和滑模变结构控制方法。反馈线性化通过状态反馈补偿将各通道的强耦合非线性姿态控制问题转化为一个独立的线性问题，然后采用滑模变结构对各通道进行控制。本章首先描述了电动太阳风帆航天器大角度姿态机动控制问题的状态空间描述。在此基础上，采用反馈线性化控制，通过不考虑轨道背景的阶跃信号跟踪仿真和考虑轨道背景的地球－火星姿态跟踪仿真，验证了反馈线性化控制的有效性。仿真结果表明，当模型足够精确时，反馈线性化控制器能很好地控制电动太阳风帆航天器的大角度姿态机动；但当模型不精确时，由于反馈解耦不完全，因此反馈线性化会增大姿态控制偏差线性化补偿，这将导致一些空间任务无法在给定的时间内完成。本章针对反馈线性化鲁棒性弱的问题，提出了一种滑模变结构控制器来控制反馈线性化解耦通道，即反馈线性化和滑模变结构的组合控制。仿真结果表明，虽然反馈线性化和滑模变结构联合控制由于不匹配不确定性的存在而不能达到渐近稳定，但是通过合理设计滑模面和控制参数，系统的滑模运动仍具有较强的鲁棒性和理想的动态性能。可以看出，将滑模变结构控制与反馈线性化控制相结合，可以使控制系统在一定的参数摄动下完成给定的飞行任务。

第7章

电动太阳风帆日心悬浮轨道分析

7.1 概　　述

电动太阳风帆航天器能够在不消耗任何推进剂的情况下产生连续的推力。基于这种能力,电动太阳风帆航天器可以实现有限比冲航天器无法实现的非开普勒轨道。日心浮动轨道是一种非开普勒轨道,它是一种悬浮在黄道上一定距离的圆形轨道。目前,专家们提出了许多低轨卫星的应用,如太阳风暴预警、地球同步轨道扩展等。早在1929年,Oberth就提出,太阳光压可以使飞行器的运动平面与黄道面产生一定的距离,并将这种轨道称为日心浮动轨道。由于太阳帆航天器可以通过太阳光的压力产生连续的推力而不消耗推进剂,因此太阳帆通常作为航天器的推进系统来维持悬浮轨道。然而,由于太阳帆反射膜不够轻,因此太阳帆的推力加速度不能满足高悬浮轨道对推力加速度的要求。同时,因为太阳帆的特征加速度不可调,所以太阳帆航天器只能应用于一个固定的悬浮轨道参数。针对以上两个问题,本章提出采用电动太阳风帆作为航天器的推进系统来维持悬浮轨道。根据2009年《电动太阳风帆航天器研究进展报告》,一个100 kg的电动太阳风帆推进系统(包括电动太阳风帆体和电子枪)能产生约1 N的推力,产生的推力加速度是其他无限脉冲航天器难以实现的,因此,电动太阳风帆航天器更适用于大悬浮距离的日心悬浮轨道。另外,电动太阳风帆的特征加速度可以在一定范围内进行调整,使相同的电动太阳风帆可以应用于不同的

悬浮轨道，这是电动太阳风帆在悬浮轨道应用中的另一个优势。

本章主要研究了电动太阳风帆航天器在日心悬浮轨道中的应用，主要分为以下几个方面的研究内容：(1) 根据电动太阳风帆航天器的轨道动力学方程，设计基于电动太阳风帆的日心悬浮轨道，并对其进行稳定性分析；(2) 研究不稳定条件下航天器的主动稳定控制；(3) 优化地球轨道和日心悬浮轨道两个轨道之间的转移轨道，研究了电动太阳风帆航天器在两个轨道之间的转移能力。

7.2　日心悬浮轨道设计

本节根据电动太阳风帆航天器轨道动力学方程，对基于电动太阳风帆的日心悬浮轨道进行设计，得出普通日心悬浮轨道、地球同步日心悬浮轨道和最优日心悬浮轨道保持的必要条件。

7.2.1　日心悬浮轨道

参考 McInnes 对日心悬浮轨道的定义可知，日心悬浮轨道是相对于黄道面悬浮一定距离 h_d，并以一定轨道角速度 ω_d 旋转的圆轨道（轨道半径为 ρ_d），如图 7.1 所示。

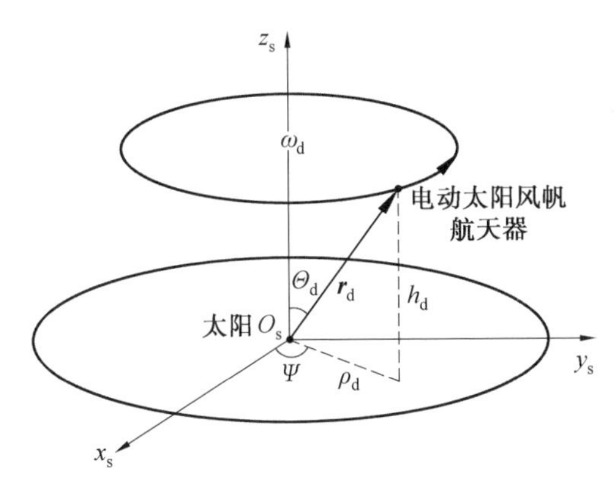

图 7.1　日心悬浮轨道示意图

图中，h_d、ρ_d 和 ω_d 为日心悬浮轨道参数，对于某一特定日心悬浮轨道，h_d、ρ_d 和 ω_d 为常数。通过简单的几何关系可知

$$\begin{cases} r_d = \sqrt{h_d^2 + \rho_d^2} \\ \Theta_d = \arctan(h_d/\rho_d) \\ \omega_{\Psi d} = \omega_d \end{cases} \tag{7.1}$$

因为 h_d、ρ_d 和 ω_d 均为常数，所以 r_d、Θ_d 和 $\omega_{\Psi d}$ 也均为常数。因此，可知 r_d、Θ_d

和 $\omega_{\Psi\mathrm{d}}$ 的导数均为零，即 $\dot{r}_\mathrm{d}=\ddot{r}_\mathrm{d}=\dot{\Theta}_\mathrm{d}=\ddot{\Theta}_\mathrm{d}=\dot{\omega}_{\Psi\mathrm{d}}=0$，将其代入球坐标系描述的轨道动力学方程式(3.3)可得

$$\begin{cases}0=r_\mathrm{d}\omega_\mathrm{d}^2\sin^2\Theta_\mathrm{d}-\dfrac{\mu_\odot}{r_\mathrm{d}^2}+\dfrac{\kappa a_\oplus r_\oplus}{2r_\mathrm{d}}(\cos^2\phi\cos^2\theta+1)\\ 0=\omega_\mathrm{d}^2\sin\Theta_\mathrm{d}\cos\Theta_\mathrm{d}+\dfrac{\kappa a_\oplus r_\oplus}{2r_\mathrm{d}^2}(\cos\phi\sin\theta\cos\theta)\\ 0=\dfrac{\kappa a_\oplus r_\oplus}{2r_\mathrm{d}^2}(-\sin\phi\cos\phi\cos^2\theta)\end{cases}\tag{7.2}$$

由于电动太阳风帆航天器对光线入射角的限制，因此 $\phi、\theta\in[-70°,70°]$。结合式(7.2)中的第3个方程，可得到

$$\phi=0°\tag{7.3}$$

由式(7.3)可知，电动太阳风帆航天器进入日心悬浮轨道的一个必要条件是电动太阳风帆工作面法向在位置矢量 $\boldsymbol{r}$ 和轨道角速度矢量 $\boldsymbol{\omega}$ 确定的平面之内，这一必要条件与太阳帆航天器进行日心悬浮轨道保持的必要条件是一致的。将式(7.3)代入式(7.2)并进行求解，可以得到为保持日心悬浮轨道所需要的特征加速度 $a_\oplus$ 和欧拉角 θ 如下：

$$\begin{cases}a_\oplus=\dfrac{3\mu_\odot-3r_\mathrm{d}^3\omega_\mathrm{d}^2\sin^2\Theta_\mathrm{d}-\chi}{2r_\mathrm{d}r_\oplus}\\ \sin\theta=\sqrt{\dfrac{\chi+\mu_\odot^2+r_\mathrm{d}^6\omega_\mathrm{d}^4\sin^2\Theta_\mathrm{d}(3\sin^2\Theta_\mathrm{d}-2)-r_\mathrm{d}^3\omega_\mathrm{d}^2\sin^2\Theta_\mathrm{d}(\chi+2\mu_\odot)}{2r_\mathrm{d}^6\omega_\mathrm{d}^4\sin^2\Theta_\mathrm{d}-4r_\mathrm{d}^3\omega_\mathrm{d}^2\sin^2\Theta_\mathrm{d}+2\mu_\odot^2}}\times\\ \quad\left(\dfrac{\mu_\odot+\chi-r_\mathrm{d}^3\omega_\mathrm{d}^2\sin^2\Theta_\mathrm{d}}{2r_\mathrm{d}^3\omega_\mathrm{d}^2\sin\Theta_\mathrm{d}\cos\Theta_\mathrm{d}}\right)\end{cases}\tag{7.4}$$

其中，$\chi=\sqrt{r_\mathrm{d}^6\omega_\mathrm{d}^4\sin^2\Theta_\mathrm{d}(9\sin^2\Theta_\mathrm{d}-8)-2\mu_\odot r_\mathrm{d}^3\omega_\mathrm{d}^2\sin^2\Theta_\mathrm{d}+\mu_\odot^2}$。通过一系列分析可知，特征加速度 $a_\oplus$ 和欧拉角 θ 有实数解的必要条件是

$$r_\mathrm{d}^6\omega_\mathrm{d}^4\sin^2\Theta_\mathrm{d}(9\sin^2\Theta_\mathrm{d}-8)-2\mu_\odot r_\mathrm{d}^3\omega_\mathrm{d}^2\sin^2\Theta_\mathrm{d}+\mu_\odot^2\geqslant 0\tag{7.5}$$

当日心悬浮轨道参数不满足式(7.5)时，电动太阳风帆航天器将不能对此日心悬浮轨道进行保持。出现这种现象的原因主要是电动太阳风帆航天器推进锥角的限制。电动太阳风帆航天器的推进锥角 α 在光线入射角 $\beta=54.75°$ 时达到最大，最大的推进锥角为 $\alpha_\mathrm{max}=19.47°$。当为保持某日心悬浮轨道所需的推进锥角大于最大推进锥角时，电动太阳风帆航天器不能完成此日心悬浮轨道保持任务。由式(7.4)可知，日心悬浮轨道有3个未知参数(r_d、Θ_d 和 ω_d)，而电动太阳风帆航天器只有两个参数($a_\oplus$ 和 θ)可以选择。由此可知，在给定电动太阳风帆航天器参数的情况下，无法通过上述方程唯一确定日心悬浮轨道参数，即一组电动太阳风帆参数可能对应多个日心悬浮轨道参数。相反，在给定日心悬浮轨道参

数时通过求解方程可以唯一确定电动太阳风帆航天器参数。

7.2.2　地球同步日心悬浮轨道

同步日心悬浮轨道是选择日心悬浮轨道的角速度 ω_d 等于某一常数，当该常数为地球绕太阳的公转角速度时，对应的日心悬浮轨道为地球同步日心悬浮轨道。将 $\omega_d=\sqrt{\mu_\odot/r_\oplus^3}$ 代入式(7.4)可得

$$\begin{cases} a_\oplus=\dfrac{3\mu_\odot r_\oplus^3-3\mu_\odot r_d^3\sin^2\Theta_d-\chi r_\oplus^3}{2r_d r_\oplus^4} \\ \sin\theta=\sqrt{\dfrac{(\chi+\mu_\odot^2)r_\oplus^6+\mu_\odot^2 r_d^6\sin^2\Theta_d(3\sin^2\Theta_d-2)-\mu_\odot r_d^3 r_\oplus^3\sin^2\Theta_d(\chi+2\mu_\odot)}{2\mu_\odot^2 r_d^6\sin^2\Theta_d-4\mu_\odot r_d^3 r_\oplus^3\sin^2\Theta_d+2\mu_\odot^2 r_\oplus^6}}\times \\ \qquad\left(\dfrac{(\mu_\odot+\chi)r_\oplus^3-\mu_\odot r_d^3\sin^2\Theta_d}{2\mu_\odot r_d^3\sin\Theta_d\cos\Theta_d}\right) \end{cases} \tag{7.6}$$

其中，$\chi=\sqrt{\mu_\odot^2 r_d^6\sin^2\Theta_d(9\sin^2\Theta_d-8)/r_\oplus^6-2\mu_\odot^2 r_d^3\sin^2\Theta_d/r_\oplus^3+\mu_\odot^2}$。根据前节的分析结果可知，电动太阳风帆航天器能保持某一地球同步日心悬浮轨道，r_d 和 Θ_d 需要满足下式：

$$\mu_\odot^2 r_d^6\sin^2\Theta_d(9\sin^2\Theta_d-8)/r_\oplus^6-2\mu_\odot^2 r_d^3\sin^2\Theta_d/r_\oplus^3+\mu_\odot^2\geqslant 0 \tag{7.7}$$

根据式(7.7)可以得出基于电动太阳风帆推进系统的地球同步日心悬浮轨道可行区域，如图 7.2 所示。

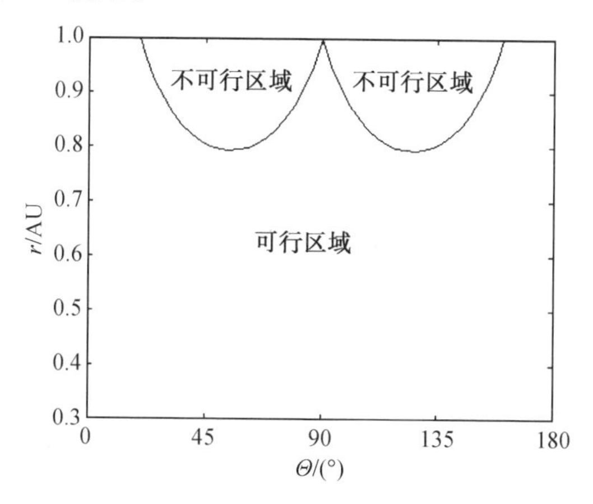

图 7.2　地球同步日心悬浮轨道可行区域

由式(7.6)可知，由于地球同步日心悬浮轨道的轨道角速度已经确定，因此电动太阳风帆航天器为保持某一特定日心悬浮轨道所需的特征加速度 $a_\oplus$ 和欧拉角 θ 只由日心悬浮轨道参数 r_d 和 Θ_d 所决定。不同日心悬浮轨道参数的地球同步日心悬浮轨道所需特征加速度如图 7.3 所示(不可行区域记为零)，电动太阳风

帆航天器所需的特征加速度随着相对太阳距离 r_d 的减小而增大，随着 $|\Theta_d - 90°|$ 的增大而增大。

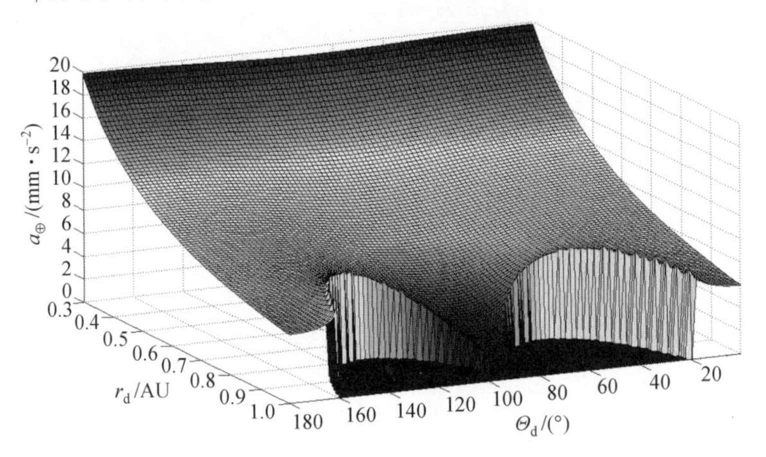

图 7.3　地球同步日心悬浮轨道所需特征加速度

由于保持日心悬浮轨道的必要条件之一是姿态角 $\phi=0°$，因此可知光线入射角 β 与姿态角 θ 相等。不同日心悬浮轨道参数的地球同步日心悬浮轨道所需姿态角 θ 如图 7.4 所示，在可行区域范围内所需的最大光线入射角为54.75°(可行区域与不可行区域的临界处)，这一光线入射角所对应的推进锥角正是电动太阳风帆航天器所能产生的最大推进锥角 $\alpha_{max}=19.47°$。可以看出，电动太阳风帆航天器维持日心悬浮轨道不可行的主要原因是电动太阳风帆航天器推进锥角的限制。当维持某一日心悬浮轨道所需的推进锥角大于最大推进锥角时，电动太阳风帆航天器无法完成维持日心悬浮轨道的任务。

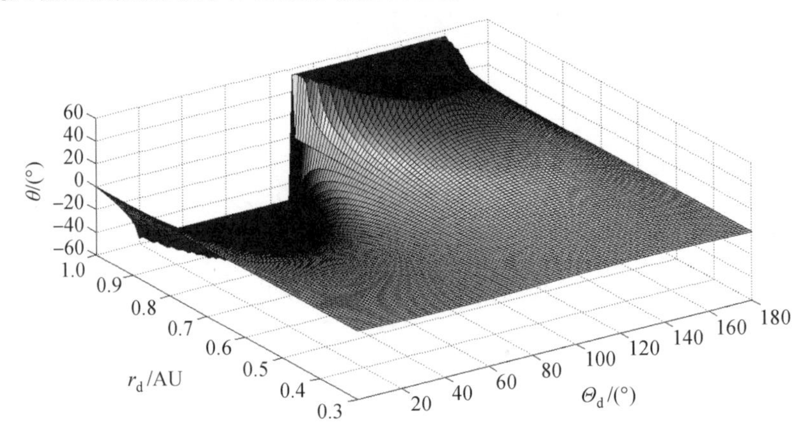

图 7.4　地球同步日心悬浮轨道所需姿态角 θ

7.2.3 最优日心悬浮轨道

参考 McInnes 对太阳帆航天器最优日心悬浮轨道的定义，定义电动太阳风帆航天器最优日心悬浮轨道为在给定相对太阳距离 r_d 和角度 Θ_d 的情况下，通过选择轨道角速度 ω_d 使得电动太阳风帆航天器所需特征加速度 $a_\oplus$ 最小的日心悬浮轨道。根据定义可知，最优日心悬浮轨道应满足下式：

$$\frac{\partial a_\oplus}{\partial \omega_d}=0 \tag{7.8}$$

根据式(7.4)和式(7.8)，可得到电动太阳风帆航天器最优日心悬浮轨道角速度 ω_d 与相对太阳距离 r_d 和角度 Θ_d 之间的关系为

$$\omega_d=\sqrt{\frac{\mu_\odot}{r_d^3(1+3\mid\cos\Theta_d\mid)}} \tag{7.9}$$

将式(7.9)代入式(7.4)可得到最优日心悬浮轨道所需的特征加速度和姿态角为

$$\begin{cases} a_\oplus=\dfrac{(3\mu_\odot-\chi)(1+3\mid\cos\Theta_d\mid)-3\mu_\odot\sin^2\Theta_d}{2r_d r_\oplus(1+3\mid\cos\Theta_d\mid)} \\ \sin\theta=\sqrt{\dfrac{(\chi+\mu_\odot^2)(1+3\mid\cos\Theta_d\mid)^2+\mu_\odot^2\sin^2\Theta_d(3\sin^2\Theta_d-2)-\mu_\odot\sin^2\Theta_d(\chi+2\mu_\odot)(1+3\mid\cos\Theta_d\mid)}{2\mu_\odot^2\sin^2\Theta_d-4\mu_\odot\sin^2\Theta_d(1+3\mid\cos\Theta_d\mid)+2\mu_\odot^2(1+3\mid\cos\Theta_d\mid)^2}}\times \\ \qquad\left(\dfrac{(\mu_\odot+\chi)(1+3\mid\cos\Theta_d\mid)-\mu_\odot\sin^2\Theta_d}{2\mu_\odot\sin\Theta_d\cos\Theta_d}\right) \end{cases} \tag{7.10}$$

其中，

$$\chi=\frac{\mu_\odot\sqrt{\sin^2\Theta_d(9\sin^2\Theta_d-8)-2\sin^2\Theta_d(1+3\mid\cos\Theta_d\mid)+(1+3\mid\cos\Theta_d\mid)^2}}{1+3\mid\cos\Theta_d\mid}$$

根据前节的分析结果可知，电动太阳风帆航天器能保持某一最优日心悬浮轨道，r_d 和 Θ_d 需要满足下式：

$$\sin^2\Theta_d(9\sin^2\Theta_d-8)-2\sin^2\Theta_d(1+3\mid\cos\Theta_d\mid)+(1+3\mid\cos\Theta_d\mid)^2\geqslant 0 \tag{7.11}$$

通过计算可知，当 $\Theta_d\in[0^\circ,180^\circ]$ 时，式(7.11)恒成立。也就是说通过选择合适的轨道角速度，电动太阳风帆航天器最优日心悬浮轨道不存在不可行区域。根据式(7.9)，可以得到不同日心悬浮轨道参数 r_d 和 Θ_d 对应的最优日心悬浮轨道所需轨道角速度 ω_d，如图7.5所示。由图中可以看出，最优轨道角速度 ω_d 随着相对太阳距离 r_d 和角度 $\mid\Theta_d-90^\circ\mid$ 的减小而增大。这说明轨道半径越小越需要较大的轨道角速度，利用离心力最大程度的平衡中心引力体的引力，从而减小电动太阳风帆航天器所需推力。

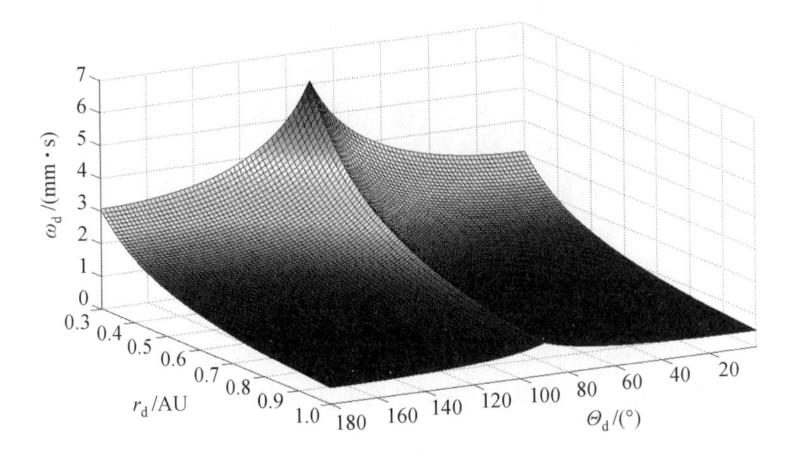

图 7.5　最优日心悬浮轨道所需轨道角速度

由式(7.10)可知,由于最优日心悬浮轨道的轨道角速度是 r_d 和 Θ_d 的函数,因此电动太阳风帆航天器为保持某一特定最优日心悬浮轨道所需的特征加速度 $a_\oplus$ 和欧拉角 θ 只由日心悬浮轨道参数 r_d 和 Θ_d 所决定。最优日心悬浮轨道所需特征加速度如图 7.6 所示,电动太阳风帆航天器所需的特征加速度随着相对太阳距离 r_d 的减小而增大,随着 $|\Theta_d-90°|$ 的增大而增大。通过对比图 7.3 和图 7.6 可知,在悬浮距离 h_d 较小的情况下,通过选择合适的轨道角速度能够非常显著地减小对电动太阳风帆航天器特征加速度的要求。

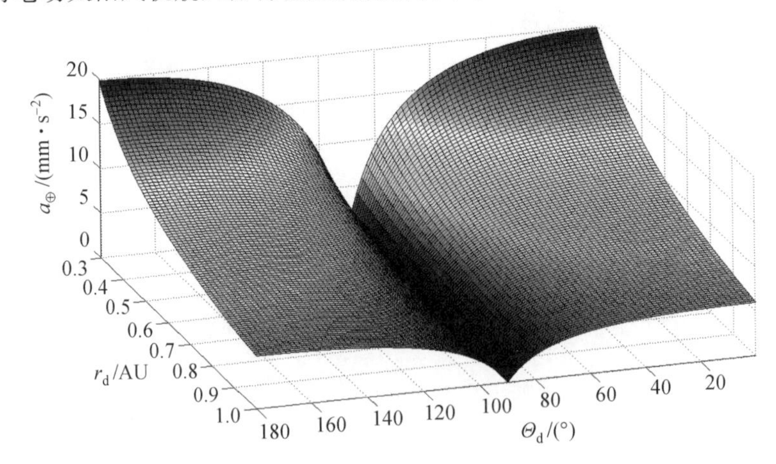

图 7.6　最优日心悬浮轨道所需特征加速度

最优日心悬浮轨道所需姿态角 θ(由于 $\phi=0°$,所以 θ 与光线入射角 β 相等)如图 7.7 所示。电动太阳风帆航天器最优日心悬浮轨道中,光线入射角只由 Θ_d 所决定,与相对太阳距离 r_d 无关。

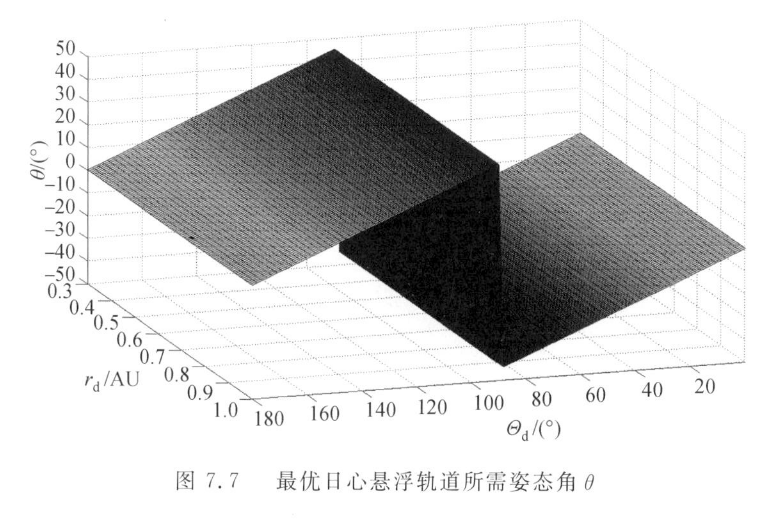

图 7.7　最优日心悬浮轨道所需姿态角 θ

7.3　日心悬浮轨道稳定性分析

本节考虑电动太阳风帆的姿态—轨道耦合动力学，研究电动太阳风帆在日心悬浮轨道上的稳定性。首先，讨论日心悬浮轨道上太阳帆姿态—轨道耦合系统的平衡条件；然后，分析平衡位置下姿态、轨道和耦合系统的稳定性。本节提出两个假设：(1) 通过调整带电金属链的电压分布以使太阳风推力过电动太阳风帆的质心，即太阳风对航天器质心的力矩为零；(2) 对在姿态轨道耦合系统的平衡点展开分析，假设电动太阳风帆相对体轴的自旋角速度为零，姿态角 ψ 平衡点为 0°。

7.3.1　姿态轨道耦合系统平衡条件

通过之前的讨论可知，电动太阳风帆航天器为维持特定轨道参数(r_d、Θ_d 和 ω_d)的日心悬浮轨道，需要对姿态进行保持($\phi=0°,\theta=\theta_d$)。由姿态动力学方程式(3.1)可知，电动太阳风帆在体坐标系下的期望姿态角速度矢量为

$$\boldsymbol{\omega}_r=\begin{bmatrix}\omega_{bxr}\\ \omega_{byr}\\ \omega_{bzr}\end{bmatrix}=\begin{bmatrix}-\omega_d\sin\Theta_d\cos\theta_d-\omega_d\cos\Theta_d\sin\theta_d\\ 0\\ -\omega_d\sin\Theta_d\sin\theta_d+\omega_d\cos\Theta_d\cos\theta_d\end{bmatrix} \tag{7.12}$$

由式(7.12)可知，电动太阳风帆在体坐标系下的期望姿态角速度分量是固定值，只由悬浮轨道参数所决定，所以 $\dot{\boldsymbol{\omega}}_r$ 应为 $\mathbf{0}$，即

$$\dot{\boldsymbol{\omega}}_r=[\dot{\omega}_{bxr}\quad \dot{\omega}_{byr}\quad \dot{\omega}_{bzr}]^T=[0\quad 0\quad 0]^T \tag{7.13}$$

假设无主动控制力矩输出，即 $\boldsymbol{T}_c=[T_x\quad T_y\quad T_z]^T=[0\quad 0\quad 0]^T$，并将式

(7.12)和式(7.13)代入姿态动力学方程式(3.1),可得电动太阳风帆姿态—轨道耦合系统在日心悬浮轨道的平衡条件为

$$\begin{cases}0=0\times(-\omega_{\mathrm{d}}\sin\Theta_{\mathrm{d}}\cos\theta_{\mathrm{d}}-\omega_{\mathrm{d}}\cos\Theta_{\mathrm{d}}\sin\theta_{\mathrm{d}})(I_y-I_z)/I_x\\ 0=(-\omega_{\mathrm{d}}\sin\Theta_{\mathrm{d}}\cos\theta_{\mathrm{d}}-\omega_{\mathrm{d}}\cos\Theta_{\mathrm{d}}\sin\theta_{\mathrm{d}})(-\omega_{\mathrm{d}}\sin\Theta_{\mathrm{d}}\sin\theta_{\mathrm{d}}+\\ \quad\omega_{\mathrm{d}}\cos\Theta_{\mathrm{d}}\cos\theta_{\mathrm{d}})(I_z-I_x)/I_y\\ 0=0\times(-\omega_{\mathrm{d}}\sin\Theta_{\mathrm{d}}\sin\theta_{\mathrm{d}}+\omega_{\mathrm{d}}\cos\Theta_{\mathrm{d}}\cos\theta_{\mathrm{d}})(I_x-I_y)/I_z\end{cases}\tag{7.14}$$

由于$(-\omega_{\mathrm{d}}\sin\Theta_{\mathrm{d}}\cos\theta_{\mathrm{d}}-\omega_{\mathrm{d}}\cos\Theta_{\mathrm{d}}\sin\theta_{\mathrm{d}})(-\omega_{\mathrm{d}}\sin\Theta_{\mathrm{d}}\sin\theta_{\mathrm{d}}+\omega_{\mathrm{d}}\cos\Theta_{\mathrm{d}}\cos\theta_{\mathrm{d}})$不恒等于零,所以要使轨道平衡点和对应的姿态平衡点为耦合系统的平衡点,则惯量阵参数必须满足$I_x=I_z$。

7.3.2 姿态轨道耦合系统稳定性分析

1. 扰动方程及特征因子

为了便于进行稳定性分析,本节将轨道参数简记为$\boldsymbol{r}=[r\quad\Theta\quad\Psi]^{\mathrm{T}}$,轨道速度参数简记为$\boldsymbol{v}=[v_{\mathrm{r}}\quad\omega_{\Theta}\quad\omega_{\Psi}]^{\mathrm{T}}$,姿态参数简记为$\boldsymbol{\chi}=[\phi\quad\theta\quad\psi]^{\mathrm{T}}$,姿态速度参数简记为$\boldsymbol{\omega}=[\omega_{\mathrm{b}x}\quad\omega_{\mathrm{by}}\quad\omega_{\mathrm{bz}}]^{\mathrm{T}}$。电动太阳风帆姿态—轨道耦合动力学方程可以简记为

$$\begin{cases}\dot{\boldsymbol{r}}=\boldsymbol{v}\\ \dot{\boldsymbol{v}}=\Gamma(\boldsymbol{r},\boldsymbol{v},\boldsymbol{\chi})\\ \dot{\boldsymbol{\chi}}=\Lambda(\boldsymbol{r},\boldsymbol{v},\boldsymbol{\chi},\boldsymbol{\omega})\\ \dot{\boldsymbol{\omega}}=\Pi(\boldsymbol{\omega})\end{cases}\tag{7.15}$$

其中,Γ为轨道动力学相关函数;Λ为姿态运动学相关函数;Π为姿态动力学相关函数。

将轨道动力学方程、姿态运动学方程和动力学方程在平衡点附近线性化得到扰动方程为

$$\begin{cases}\delta\dot{\boldsymbol{r}}=\delta\boldsymbol{v}\\ \delta\dot{\boldsymbol{v}}=\left.\dfrac{\partial\Gamma}{\partial\boldsymbol{r}}\right|_{\substack{\boldsymbol{r}=\boldsymbol{r}_{\mathrm{r}}\\ \boldsymbol{v}=\boldsymbol{v}_{\mathrm{r}}\\ \boldsymbol{\chi}=\boldsymbol{\chi}_{\mathrm{r}}}}\delta\boldsymbol{r}+\left.\dfrac{\partial\Gamma}{\partial v}\right|_{\substack{\boldsymbol{r}=\boldsymbol{r}_{\mathrm{r}}\\ \boldsymbol{v}=\boldsymbol{v}_{\mathrm{r}}\\ \boldsymbol{\chi}=\boldsymbol{\chi}_{\mathrm{r}}}}\delta\boldsymbol{v}+\left.\dfrac{\partial\Gamma}{\partial\boldsymbol{\chi}}\right|_{\substack{\boldsymbol{r}=\boldsymbol{r}_{\mathrm{r}}\\ \boldsymbol{v}=\boldsymbol{v}_{\mathrm{r}}\\ \boldsymbol{\chi}=\boldsymbol{\chi}_{\mathrm{r}}}}\delta\boldsymbol{\chi}\\ \quad=\boldsymbol{B}_1\delta\boldsymbol{r}+\boldsymbol{B}_2\delta\boldsymbol{v}+\boldsymbol{B}_3\delta\boldsymbol{\chi}\\ \delta\dot{\boldsymbol{\chi}}=\left.\dfrac{\partial\Lambda}{\partial\boldsymbol{r}}\right|_{\substack{\boldsymbol{r}=\boldsymbol{r}_{\mathrm{r}}\\ \boldsymbol{v}=\boldsymbol{v}_{\mathrm{r}}\\ \boldsymbol{\chi}=\boldsymbol{\chi}_{\mathrm{r}}\\ \boldsymbol{\omega}=\boldsymbol{\omega}_{\mathrm{r}}}}\delta\boldsymbol{r}+\left.\dfrac{\partial\Lambda}{\partial v}\right|_{\substack{\boldsymbol{r}=\boldsymbol{r}_{\mathrm{r}}\\ \boldsymbol{v}=\boldsymbol{v}_{\mathrm{r}}\\ \boldsymbol{\chi}=\boldsymbol{\chi}_{\mathrm{r}}\\ \boldsymbol{\omega}=\boldsymbol{\omega}_{\mathrm{r}}}}\delta\boldsymbol{v}+\left.\dfrac{\partial\Lambda}{\partial\boldsymbol{\chi}}\right|_{\substack{\boldsymbol{r}=\boldsymbol{r}_{\mathrm{r}}\\ \boldsymbol{v}=\boldsymbol{v}_{\mathrm{r}}\\ \boldsymbol{\chi}=\boldsymbol{\chi}_{\mathrm{r}}\\ \boldsymbol{\omega}=\boldsymbol{\omega}_{\mathrm{r}}}}\delta\boldsymbol{\chi}+\left.\dfrac{\partial\Lambda}{\partial\omega}\right|_{\substack{\boldsymbol{r}=\boldsymbol{r}_{\mathrm{r}}\\ \boldsymbol{v}=\boldsymbol{v}_{\mathrm{r}}\\ \boldsymbol{\chi}=\boldsymbol{\chi}_{\mathrm{r}}\\ \boldsymbol{\omega}=\boldsymbol{\omega}_{\mathrm{r}}}}\delta\boldsymbol{\omega}\\ \quad=\boldsymbol{B}_4\delta\boldsymbol{r}+\boldsymbol{B}_5\delta\boldsymbol{v}+\boldsymbol{B}_6\delta\boldsymbol{\chi}+\boldsymbol{B}_7\delta\boldsymbol{\omega}\\ \delta\dot{\boldsymbol{\omega}}=\left.\dfrac{\partial\Pi}{\partial\boldsymbol{\omega}}\right|_{\boldsymbol{\omega}=\boldsymbol{\omega}_{\mathrm{r}}}\delta\boldsymbol{\omega}=\boldsymbol{B}_8\delta\boldsymbol{\omega}\end{cases}\tag{7.16}$$

其中,$\boldsymbol{B}_i(i=1,2,\cdots,8)$为$3\times3$的矩阵。记偏差$\boldsymbol{X}=[\delta\boldsymbol{r}\quad\delta\boldsymbol{v}\quad\delta\boldsymbol{\chi}\quad\delta\boldsymbol{\omega}]$,则扰动

方程可以写作

$$\dot{\boldsymbol{X}}=\begin{bmatrix}\boldsymbol{0} & \boldsymbol{E} & \boldsymbol{0} & \boldsymbol{0}\\ \boldsymbol{B}_1 & \boldsymbol{B}_2 & \boldsymbol{B}_3 & \boldsymbol{0}\\ \boldsymbol{B}_4 & \boldsymbol{B}_5 & \boldsymbol{B}_6 & \boldsymbol{B}_7\\ \boldsymbol{0} & \boldsymbol{0} & \boldsymbol{0} & \boldsymbol{B}_8\end{bmatrix}\boldsymbol{X}=\boldsymbol{H}_c\boldsymbol{X} \tag{7.17}$$

其中,$\boldsymbol{E}$ 为单位阵。

设 $\lambda_i(i=1,2,\cdots,12)$ 为扰动方程系数矩阵矩阵 $\boldsymbol{H}_c$ 的特征值,定义耦合系统特征因子为

$$\Xi_c=\max_{1\leqslant i\leqslant 12}\mathrm{Re}(\lambda_i) \tag{7.18}$$

根据李雅普诺夫理论可知:若 $\Xi_c<0$,则耦合系统在平衡位置渐进稳定;若 $\Xi_c=0$,则耦合系统在平衡位置临界稳定,此时系统的稳定性取决于高阶项;若 $\Xi_c>0$,则耦合系统在平衡位置不稳定。所以,电动太阳风帆姿态 − 轨道耦合系统在某一悬浮轨道稳定的必要条件是其特征因子 $\Xi_c\leqslant 0$。

根据式(7.17)可得电动太阳风帆轨道系统及姿态系统的扰动方程系数矩阵如下所示:

$$\boldsymbol{H}_o=\begin{bmatrix}\boldsymbol{0} & \boldsymbol{E}\\ \boldsymbol{B}_1 & \boldsymbol{B}_2\end{bmatrix} \tag{7.19}$$

$$\boldsymbol{H}_a=\begin{bmatrix}\boldsymbol{B}_6 & \boldsymbol{B}_7\\ \boldsymbol{0} & \boldsymbol{B}_8\end{bmatrix} \tag{7.20}$$

同理可得,轨道系统特征因子和姿态系统特征因子如下:

$$\Xi_o=\max_{1\leqslant i\leqslant 6}\mathrm{Re}(\lambda_{oi}) \tag{7.21}$$

$$\Xi_a=\max_{1\leqslant i\leqslant 6}\mathrm{Re}(\lambda_{ai}) \tag{7.22}$$

其中,$\lambda_{oi}(i=1,2,\cdots,12)$ 为轨道系统扰动方程系数矩阵 $\boldsymbol{H}_o$ 的特征值,$\lambda_{ai}(i=1,2,\cdots,12)$ 为姿态系统扰动方程系数矩阵 $\boldsymbol{H}_a$ 的特征值。

2. 数值算例

本节采用数值算例的形式对电动太阳风帆航天器在日心悬浮轨道下的稳定性进行分析。选择的日心悬浮轨道参数为 $r_d=0.9$ AU 和 $\Theta_d=86°$,轨道角速度的取值范围为地球公转角速度 $\omega_\oplus$ 的 0.5 ~ 5 倍。图 7.8 所示为轨道系统特征因子 Ξ_o 随轨道角速度变化的曲线,由图可以看出当轨道角速度小于一定值(本算例中临界值为 $0.84\omega_\oplus$)时,轨道系统是不稳定的;当轨道角速度大于这一值时轨道系统特征因子 $\Xi_o=0$,轨道系统临界稳定。

图 7.9 所示为姿态系统特征因子 Ξ_a 随轨道角速度变化的曲线,由图可以看出 Ξ_a 几乎不受轨道角速度的影响,姿态系统在满足平衡条件的情况下总是临界稳定的。

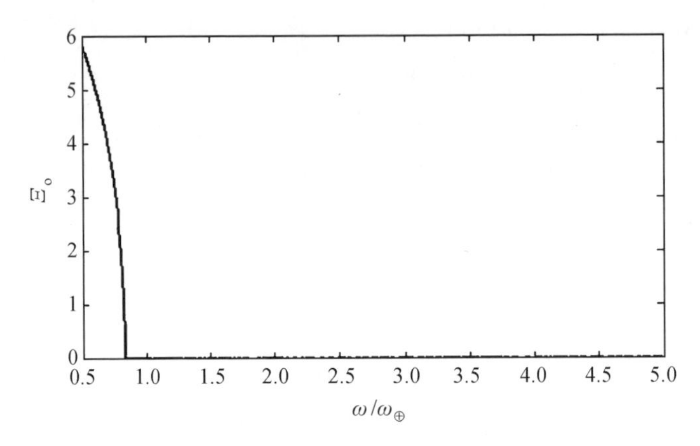

图 7.8 轨道系统特征因子随轨道角速度变化曲线

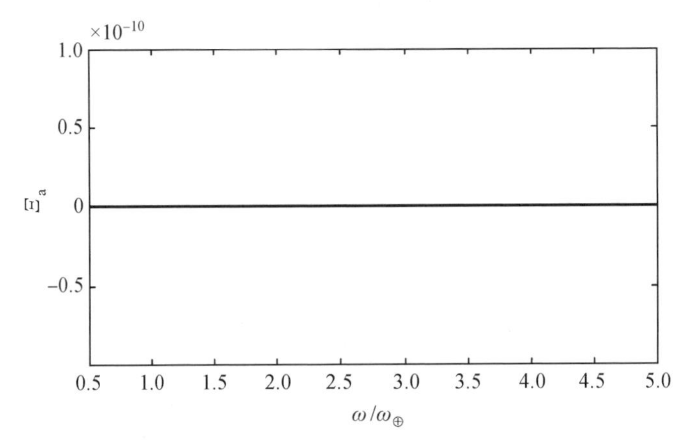

图 7.9 姿态系统特征因子随轨道角速度变化曲线

图 7.10 所示为电动太阳风帆姿态－轨道耦合系统特征因子 Ξ_c 随轨道角速

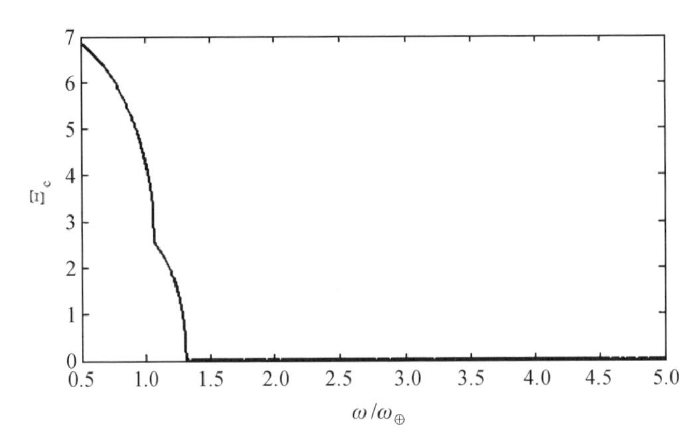

图 7.10 姿态－耦合系统特征因子随轨道角速度变化曲线

度变化的曲线，由图可以看出当 $\omega_d \leqslant 1.32\omega_{\oplus}$ 时，$\Xi_c > 0$，耦合系统不稳定；当 $\omega_d > 1.32\omega_{\oplus}$ 时，$\Xi_c = 0$，耦合系统临界稳定。对于地球同步日心悬浮轨道 $\omega_d = \omega_{\oplus}$，电动太阳风帆姿态－轨道耦合系统是不稳定的。这一结论与 McInnes 对太阳帆日心悬浮轨道给出的结论一致，即在姿态保持平衡姿态不变的情况下，地球同步日心悬浮轨道不稳定。

7.4 日心悬浮轨道稳定控制

平衡条件和稳定性分析的结果表明，如果没有主动控制，电动太阳风帆的日心悬浮轨道并非都是平衡稳定的。只有当惯量参数满足 $I_x = I_z$ 时，电动太阳风帆日心悬浮轨道才有平衡点。只有当轨道角速度 ω_d 满足一定条件时，耦合系统才能临界稳定，而不是渐进稳定。而且，由于地球同步日心悬浮轨道大多不稳定，因此有必要研究电动太阳风帆日心悬浮轨道的主动稳定控制，从而保证当太阳帆不满足平衡稳定条件或偏离预期轨道时，耦合系统在参考轨道和姿态附近的稳定性。

7.4.1 控制问题描述

由于太阳帆在日心悬浮轨道附近的稳定控制是在平衡点附近进行的，因此轨道运动参数和姿态运动参数的变化相对较小。在设计控制器时，可以在平衡点附近将轨道动力学方程和姿态动力学方程线性化，将原来复杂的姿态－轨道耦合动力学方程转化为线性时不变系统。然后针对线性时不变系统设计控制器，并用非线性控制模型验证控制器的有效性。根据摄动方程式(7.16)，可以写出太阳帆在日心悬浮轨道平衡点附近的动力学方程为

$$\dot{\boldsymbol{X}} = \boldsymbol{A}\boldsymbol{X} + \boldsymbol{B}\boldsymbol{u} \tag{7.23}$$

其中，状态变量为轨道参数及姿态参数相对参考轨道及参考姿态的偏差量，即 $\boldsymbol{X} = [\delta r \quad \delta\Theta \quad \delta\Psi \quad \delta v_r \quad \delta\omega_\Theta \quad \delta\omega_\Psi \quad \delta\phi \quad \delta\theta \quad \delta\psi \quad \delta\omega_x \quad \delta\omega_y \quad \delta\omega_z]^T$；控制变量为控制力矩，即 $\boldsymbol{u} = [T_x \quad T_y \quad T_z]^T$；$\boldsymbol{A}$ 为平衡点附近的扰动方程系数矩阵，可通过式(7.17) 计算得出；$\boldsymbol{B}$ 为控制分配矩阵，可写作$[\boldsymbol{0}_{3\times3} \quad \boldsymbol{0}_{3\times3} \quad \boldsymbol{0}_{3\times3} \quad 1/\boldsymbol{I}_{3\times3}]^T$。

7.4.2 线性二次型最优控制

如果被控系统是线性的，且性能指标函数是状态变量和控制变量的二次积分函数，则最优控制问题称为线性二次型最优控制问题(LQR)。线性二次型最优控制问题是 Bellman－glicksberg 在 1958 年提出的。在此基础上，将 Riccati 方程引入控制理论，建立线性二次型最优控制问题的状态反馈最优控制。由于线

性二次型最优控制的解可以用解析形式表示，而闭环最优控制可以由简单的线性状态反馈控制律构成，因此线性二次型最优控制在工程中的应用越来越广泛。本节将线性二次型最优控制问题应用于日心悬浮轨道附近的电动太阳风帆航天器姿态－轨道耦合系统的稳定性控制。利用全状态反馈使不满足平衡和稳定条件的日心悬浮轨道达到渐进稳定，同时跟踪参考轨道和参考姿态。

当电动太阳风帆航天器惯量参数不满足 $I_x=I_z$ 时，电动太阳风帆姿态轨道耦合系统在日心悬浮轨道上是不平衡的，Y 方向存在一个常数力矩项 T'_y，有

$$\begin{aligned}T'_y=&(I_z-I_x)(\omega_\mathrm{d}\sin\Theta_\mathrm{d}\cos\theta_\mathrm{d}+\omega_\mathrm{d}\cos\Theta_\mathrm{d}\sin\theta_\mathrm{d})\cdot\\&(\omega_\mathrm{d}\sin\Theta_\mathrm{d}\sin\theta_\mathrm{d}-\omega_\mathrm{d}\cos\Theta_\mathrm{d}\cos\theta_\mathrm{d})\end{aligned}\tag{7.24}$$

可利用控制力矩抵消掉 Y 方向的常数力矩，设抵消该力矩后新的控制力矩为 $\boldsymbol{u}'$，可写为

$$\boldsymbol{u}'=\boldsymbol{u}-[0\quad T'_y\quad 0]^\mathrm{T}\tag{7.25}$$

令线性二次型最优控制问题的性能指标函数为

$$J=\int_0^\infty(\boldsymbol{X}^\mathrm{T}\boldsymbol{Q}\boldsymbol{X}+\boldsymbol{u}'^\mathrm{T}\boldsymbol{R}\boldsymbol{u}')\,\mathrm{d}t\tag{7.26}$$

其中，$\boldsymbol{Q}\in\mathbf{R}^{12\times12}$ 为正定的状态加权矩阵，$\mathbf{R}\in\mathbf{R}^{3\times3}$ 为正定的控制加权矩阵。

通过数值计算可验证线性系统式(7.23)是可控的，求解 Riccati 代数方程有

$$\boldsymbol{PA}+\boldsymbol{AP}-\boldsymbol{PBR}^{-1}\boldsymbol{B}^\mathrm{T}\boldsymbol{P}+\boldsymbol{Q}=\boldsymbol{0}\tag{7.27}$$

可以得到状态反馈矩阵 $\boldsymbol{P}$，则控制变量可以表示为

$$\boldsymbol{u}=-\boldsymbol{R}^{-1}\boldsymbol{B}^\mathrm{T}\boldsymbol{PX}+[0\quad T'_y\quad 0]^\mathrm{T}\tag{7.28}$$

7.4.3 数值仿真算例

本节通过数值仿真算例验证线性二次型最优控制在电动太阳风帆日心悬浮轨道姿态－轨道耦合系统稳定控制中的有效性。考虑一个地球同步日心悬浮轨道，轨道半径 $r_\mathrm{d}=0.9$ AU，轨道倾角 $\Theta_\mathrm{d}=86°$，轨道角速度 $\omega_\mathrm{d}=\omega_\oplus$。通过式(7.6)可计算得出，为保持这一悬浮轨道，电动太阳风帆的姿态角 $\theta_\mathrm{d}=-21.749°$，电动太阳风帆的特征加速度 $a_\oplus=1.942\ \mathrm{mm/s^2}$。假设电动太阳风帆航天器在仿真初始时刻存在轨道半径偏差 $\delta r=40$ km 和姿态角偏差 $\delta\theta=0.2°$。电动太阳风帆航天器的转动惯量参数 $I_z=2I_x=2I_y=14.666\times10^8\ \mathrm{kg\cdot m^2}$，电动太阳风帆日心悬浮轨道稳定控制仿真参数见表 7.1。

表 7.1 电动太阳风帆日心悬浮轨道稳定控制仿真参数

参数名称	仿真参数	参数名称	仿真参数
日心悬浮轨道半径 r_d	0.9 AU	轨道半径偏差 δr	40 km
日心悬浮轨道倾角 Θ_d	86°	轨道倾角偏差 $\delta\Theta$	0°
日心悬浮轨道角速度 ω_d	$\omega_\oplus$	轨道角速度偏差 $\delta\omega$	$0(°)/\mathrm{s}^2$

续表7.1

参数名称	仿真参数	参数名称	仿真参数
姿态角 ϕ_d	0°	姿态角偏差 $\delta\phi$	0°
姿态角 θ_d	－21.749°	姿态角偏差 $\delta\theta$	0.2°
特征加速度 $a_\oplus$	1.942 mm/s^2	转动惯量参数 I_x	7.333×10^8 kg・m^2
转动惯量参数 I_y	7.333×10^8 kg・m^2	转动惯量参数 I_z	14.666×10^8 kg・m^2

上述电动太阳风帆日心悬浮轨道在无主动控制情况下既不平衡也不稳定，为保证电动太阳风帆在此悬浮轨道的稳定需施加主动控制力矩。将线性二次型最优控制应用于电动太阳风帆的稳定性控制。轨道偏差和姿态角偏差响应情况如图 7.11 和图 7.12 所示。从图中可以看出，在主动控制力矩的控制下，电动太阳风帆航天器的轨道和姿态可以逐渐收敛到参考值，这说明线性二次型最优控制在电动太阳风帆日心悬浮轨道稳定控制中的应用是有效可行的。从主动控制力矩图 7.13 可以看出，控制力矩在 Y 方向上迅速收敛到恒定力矩方向，只需很小的控制力矩即可实现电动太阳风帆航天器的姿态－轨道耦合稳定控制。

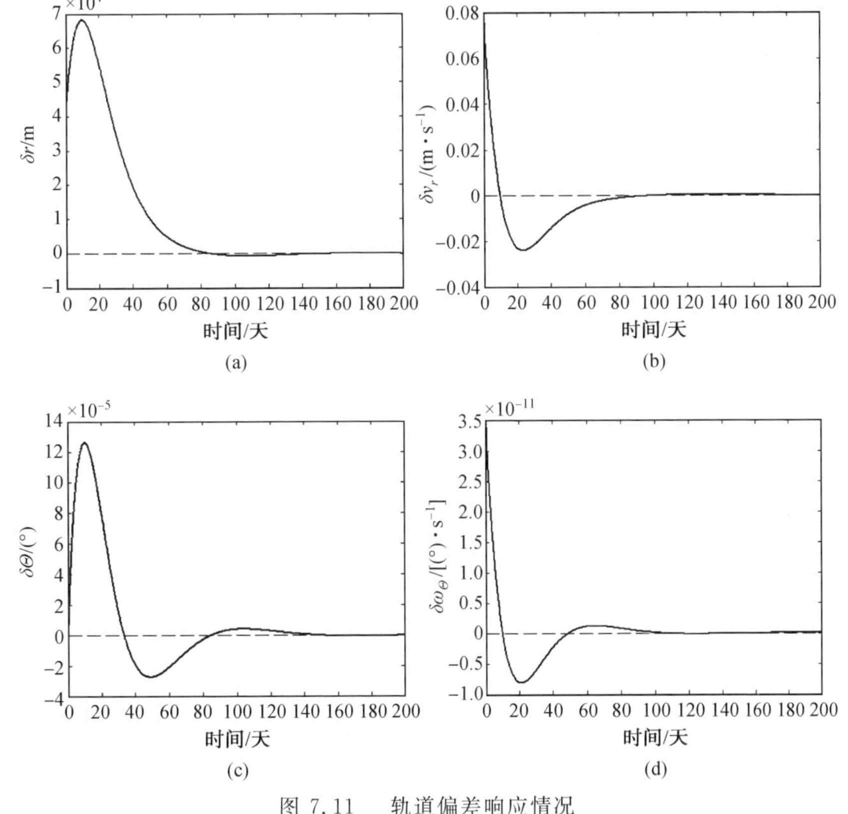

图 7.11　轨道偏差响应情况

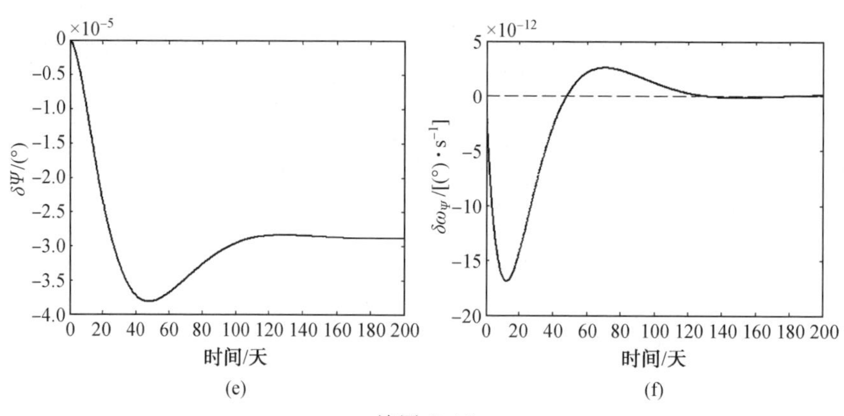

续图 7.11

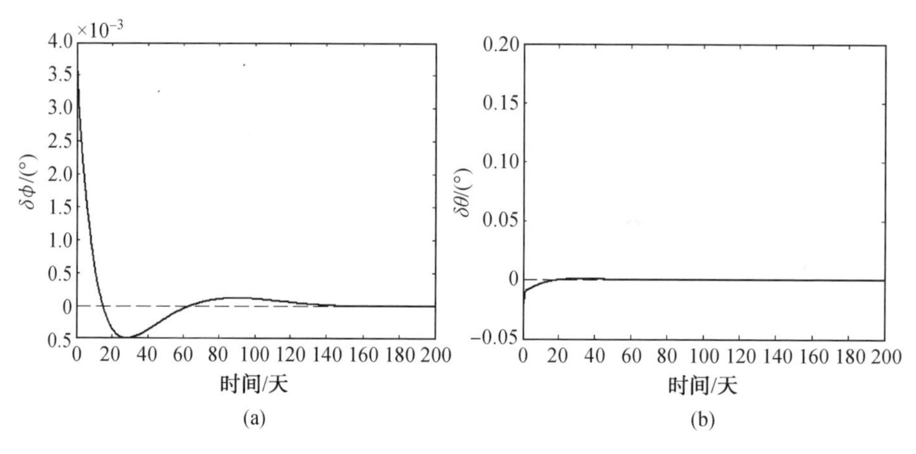

图 7.12 姿态角偏差响应情况

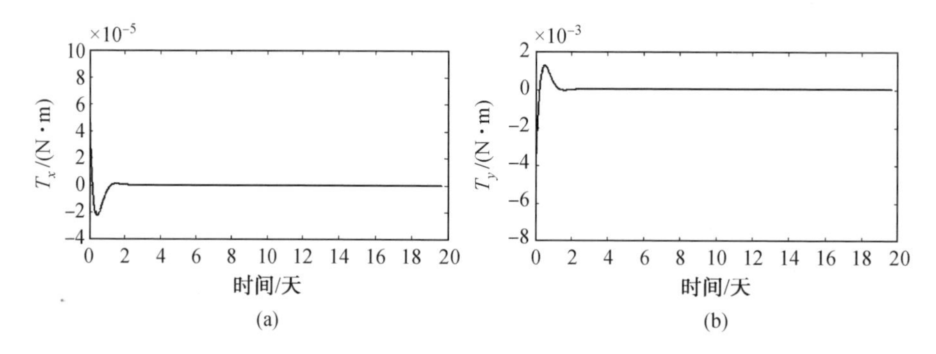

图 7.13 主动控制力矩图

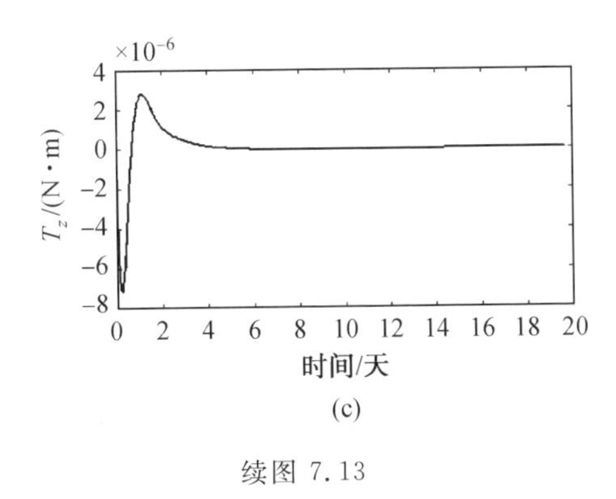

(c)

续图 7.13

7.5 日心悬浮轨道相关的转移问题

在日心悬浮轨道的应用中，电动太阳风帆相比太阳帆有一个很大的优点：电动太阳风帆的特征加速度是可调的，而太阳帆的特征加速度是固定的。因此，电动太阳风帆航天器可以通过调整特征加速度来维持不同的轨道。对于太阳帆航天器，它只能执行特定的日心悬浮轨道保持。本节研究电动太阳风帆航天器日心悬浮轨道的转移问题，以考察电动太阳风帆航天器在不同日心悬浮轨道间的转移能力。研究内容包括地球向日心悬浮轨道的转移和日心悬浮轨道间的转移。轨迹优化方法是第 3 章描述的基于 Gauss 伪谱法和遗传算法的混合优化方法，姿态跟踪方法是第 4 章描述的基于反馈线性化和滑模控制的姿态跟踪策略。在本节中，首先给出优化问题的边界约束条件，然后以地球轨道转移问题和轨道间转移问题为例来研究任务所需的时间。

7.5.1 优化问题边界约束

若电动太阳风帆航天器在初始时刻位于地球逃逸抛物线轨迹上，且逃逸剩余能量 $C_3=0\ \text{km}^2/\text{s}^2$，则初始状态约束可写为

$$\begin{cases} x(t_0)=x_{\oplus}(t_0) & y(t_0)=y_{\oplus}(t_0) & z(t_0)=z_{\oplus}(t_0) \\ v_x(t_0)=v_{\oplus x}(t_0) & v_y(t_0)=v_{\oplus y}(t_0) & v_z(t_0)=v_{\oplus z}(t_0) \end{cases} \tag{7.29}$$

其中，$x_{\oplus}(t_0)$、$y_{\oplus}(t_0)$、$z_{\oplus}(t_0)$ 和 $v_{\oplus x}(t_0)$、$v_{\oplus y}(t_0)$、$v_{\oplus z}(t_0)$ 为地球在 t_0 时刻的位置和速度，可通过美国喷气推进试验室(JPL) 发布的 DE405 星历计算得出。

若电动太阳风帆航天器在初始时刻位于某一日心悬浮轨道上，其初始状态约束可写为

$$\begin{cases} x(t_0)=r_d(t_0)\sin(\Theta_d(t_0))\cos(\Psi_d(t_0)) \\ y(t_0)=r_d(t_0)\sin(\Theta_d(t_0))\sin(\Psi_d(t_0)) \\ z(t_0)=r_d(t_0)\cos(\Theta_d(t_0)) \\ v_x(t_0)=-\omega_d(t_0)r_d(t_0)\sin(\Theta_d(t_0))\sin(\Psi_d(t_0)) \\ v_y(t_0)=-\omega_d(t_0)r_d(t_0)\sin(\Theta_d(t_0))\cos(\Psi_d(t_0)) \\ v_z(t_0)=0 \end{cases} \tag{7.30}$$

其中，$r_d(t_0)$、$\Theta_d(t_0)$、$\Psi_d(t_0)$ 和 $\omega_d(t_0)$ 为日心悬浮轨道在 t_0 时刻的轨道参数。

假设电动太阳风帆在 t_f 时刻抵达目标日心悬浮轨道，其日心悬浮轨道参数为 $r_d(t_f)$、$\Theta_d(t_f)$、$\Psi_d(t_f)$ 和 $\omega_d(t_f)$，则终端状态约束可写为

$$\begin{cases} x(t_f)=r_d(t_f)\sin(\Theta_d(t_f))\cos(\Psi_d(t_f)) \\ y(t_f)=r_d(t_f)\sin(\Theta_d(t_f))\sin(\Psi_d(t_f)) \\ z(t_f)=r_d(t_f)\cos(\Theta_d(t_f)) \\ v_x(t_f)=-\omega_d(t_f)r_d(t_f)\sin(\Theta_d(t_f))\sin(\Psi_d(t_f)) \\ v_y(t_f)=-\omega_d(t_f)r_d(t_f)\sin(\Theta_d(t_f))\cos(\Psi_d(t_f)) \\ v_z(t_f)=0 \end{cases} \tag{7.31}$$

7.5.2 地球－日心悬浮轨道转移问题仿真算例

1. 地球－日心悬浮轨道转移轨迹优化

本节在电动太阳风帆航天器自地球至悬浮轨道转移轨迹优化中，假设电动太阳风帆航天器的特征加速度为 $a_{\oplus}=2\ \text{mm/s}^2$，最大允许光线入射角为 $\beta_{\max}=70°$，最小允许相对太阳距离为 $r_{\min}=0.3$ AU，姿态角 ϕ、θ 的选取范围为 $-70°\sim70°$。目标日心悬浮轨道为地球同步日心悬浮轨道，轨道参数 $r_d=0.9$ AU，$\Theta_d=86°$。在基于遗传算法的初值计算中，LG 离散点个数为 10，种群大小为 80，迭代次数为 50，惩罚系数为 100。在基于序列二次规划算法的最优解计算中，LG 离散点个数为 60，约束允许误差为 10^{-9}，地球－日心悬浮轨道轨迹优化仿真参数见表 7.2。

表 7.2　地球－日心悬浮轨道轨迹优化仿真参数

参数名称	仿真参数	参数名称	仿真参数
日心悬浮轨道参数 r_d	0.9 AU	初值猜测 LG 点个数	10
日心悬浮轨道参数 Θ_d	86°	遗传算法种群大小	200
日心悬浮轨道参数 ω_d	$\omega_{\oplus}$	遗传算法迭代次数	50
日心悬浮轨道参数 Ψ_d	$\Psi_{\oplus}$	遗传算法惩罚系数	100
特征加速度 $a_{\oplus}$	2 mm/s²	最优解计算 LG 点个数	60

续表7.2

参数名称	仿真参数	参数名称	仿真参数
最大光线入射角	70°	最优解约束允许误差	10^{-9}
最小相对太阳距离	0.3 AU	姿态角 ϕ、θ 取值范围	−70°～70°

基于上述参数对电动太阳风帆航天器自地球—日心悬浮轨道转移轨迹进行了优化，电动太阳风帆航天器自地球—日心悬浮轨道转移轨迹如图7.14所示，位置及速度曲线如图7.15所示。调整推力加速度的大小和方向，使电动太阳风帆航天器的位置和速度与悬浮轨道的位置和速度保持一致。电动太阳风帆的过渡时间为700天，在可接受的范围内。从图中还可以看出，基于本书提出的混合优化方法得到的转移轨迹能够很好地满足终端约束条件。

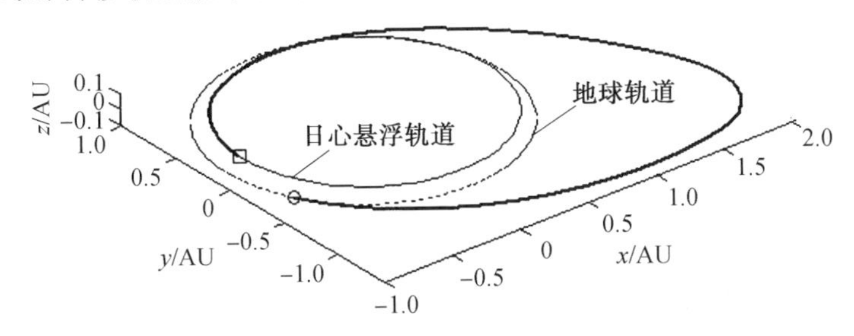

图7.14　地球—日心悬浮轨道的转移轨迹

电动太阳风帆航天器自地球至日心悬浮轨道转移轨迹优化中期望的姿态和推力开关系数如图7.16所示。由图中曲线可以看出，期望姿态角 ϕ 和 θ 的时间轨迹是十分连续平滑的，这一特性非常有利于姿态控制系统对期望姿态进行跟踪。由推力开关系数曲线可以看出，电动太阳风帆航天器在自地球至日心悬浮

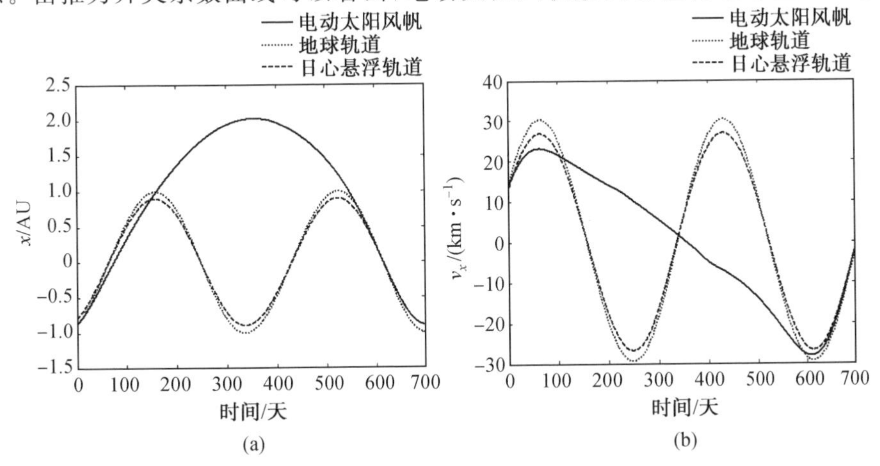

图7.15　位置及速度曲线

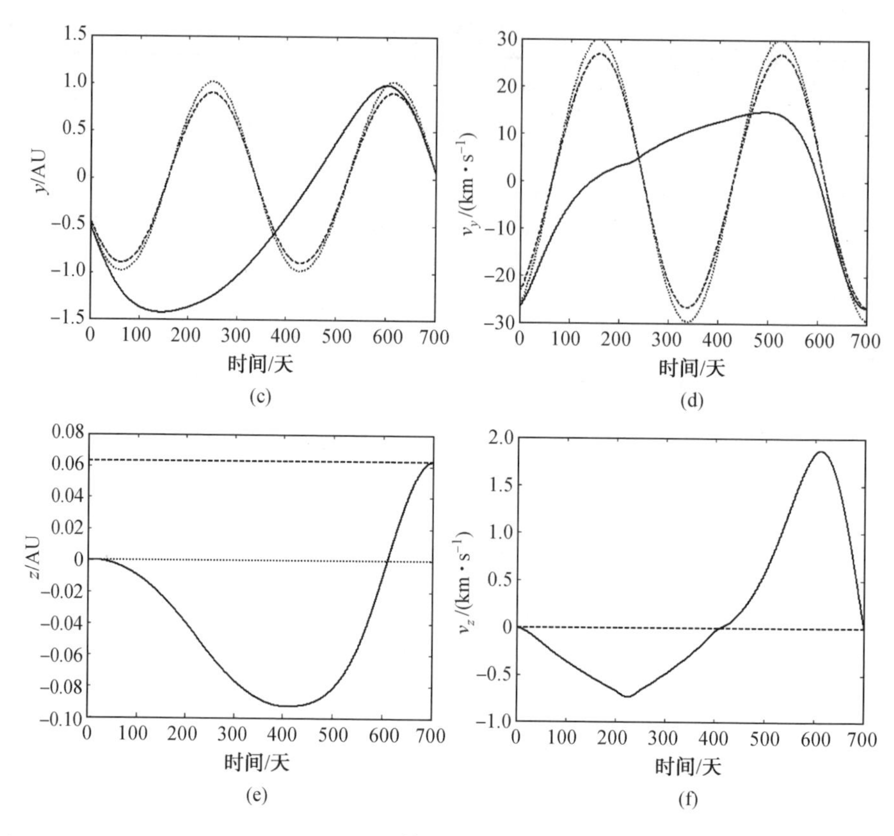

续图 7.15

轨道的过渡过程中，为了满足终端的位置及速度要求需要有一次关闭推力系统。关闭推力系统可通过停止电子枪工作来实现，这一点与太阳帆航天器十分不同。

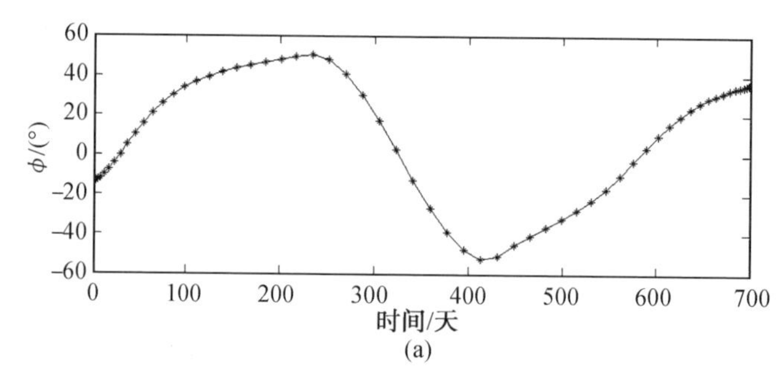

图 7.16　期望的姿态和推力开关系数

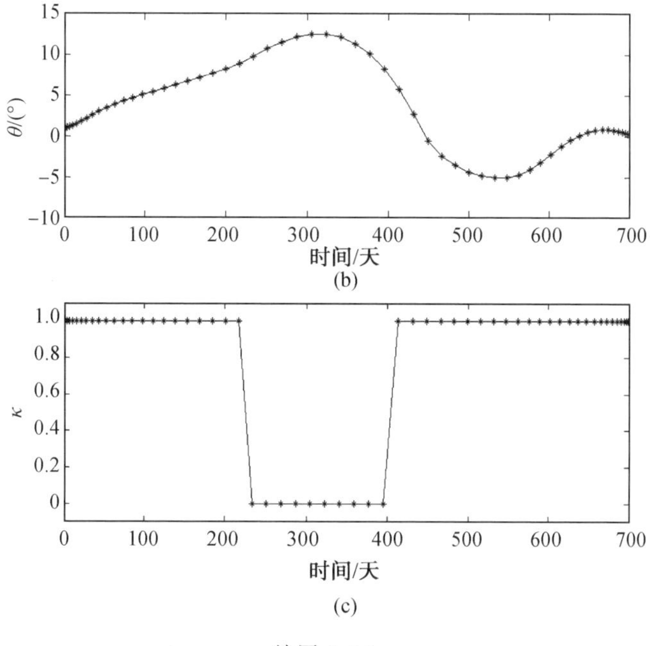

续图 7.16

2. 地球－日心悬浮轨道转移姿态跟踪

本节采用反馈线性化和滑模变结构联合控制器。本节中假设电动太阳风帆航天器在任务初始时刻已经将姿态调整至期望姿态，即 $\phi_0 = -13.662°$，$\theta_0 = 0.680°$，初始姿态角速率 $\dot{\phi}$ 和 $\dot{\theta}$ 均为 0(°)/s，地球－日心悬浮轨道转移姿态跟踪仿真参数见表 7.3。

表 7.3　地球－日心悬浮轨道转移姿态跟踪仿真参数

参数名称	仿真参数	参数名称	仿真参数
控制器参数 c_1	5×10^{-5}	控制器参数 c_2	5×10^{-5}
控制器参数 ε_1	1×10^{-12}	控制器参数 ε_2	1×10^{-12}
控制器参数 η_1	5×10^{-5}	控制器参数 η_2	5×10^{-5}
初始姿态角 ϕ_0	$-0.291°$	初始姿态角速率 $\dot{\phi}_0$	0(°)/s
初始姿态角 θ_0	$-36.731°$	初始姿态角速率 $\dot{\theta}_0$	0(°)/s
初始姿态角 ψ_0	0°	初始姿态角速率 $\dot{\psi}_0$	4.166×10^{-3}(°)/s

地球－日心悬浮轨道姿态响应及姿态跟踪控制偏差如图 7.17 和图 7.18 所示，由图可见，在不考虑参数摄动及外力扰动的情况下，基于前述的反馈线性化和滑模变结构联合控制器对电动太阳风帆航天器姿态控制能够取得较好的控制效果，最大姿态控制偏差为 3.455×10^{-5}°。地球－日心悬浮轨道控制力矩如图

7.19 所示,最大输出力矩为 0.034 N·m,小于仿真中设置的电动太阳风帆最大输出力矩 2 N·m。

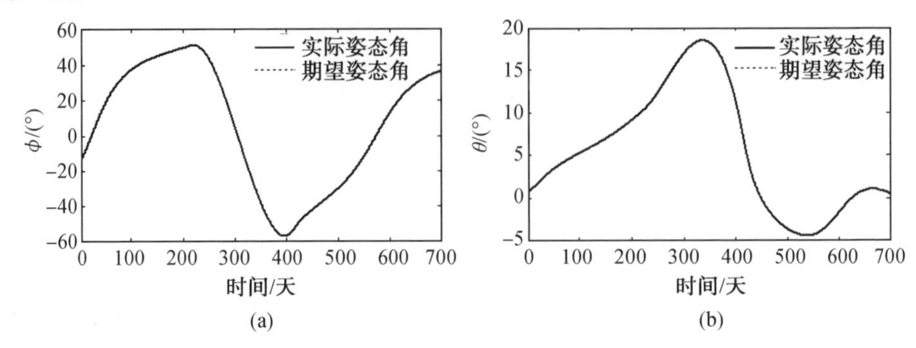

图 7.17　地球—日心悬浮轨道姿态响应

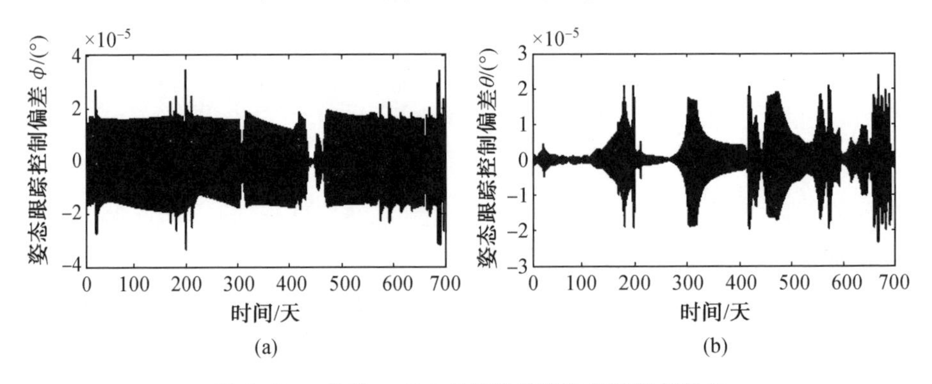

图 7.18　地球—日心悬浮轨道姿态跟踪控制偏差

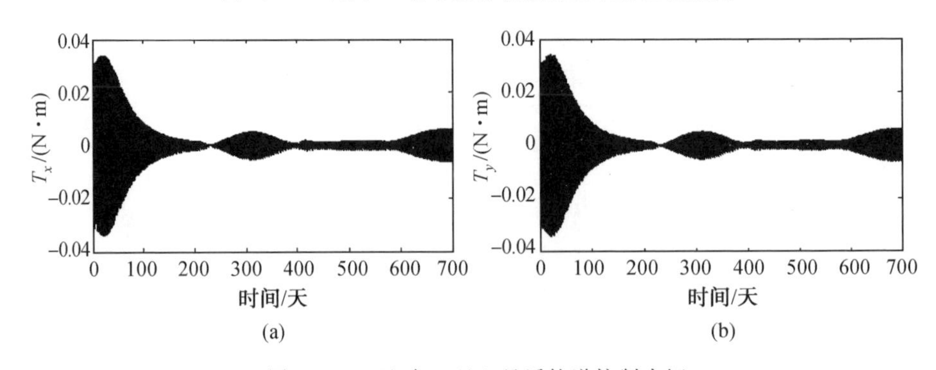

图 7.19　地球—日心悬浮轨道控制力矩

由于电动太阳风帆航天器的姿态会决定其推进加速度,从而最终影响其轨道,所以姿态跟踪偏差也会使实际飞行轨迹与期望轨迹产生偏差。另外,由于 Gauss 伪谱法中不进行积分,而是采用 Gauss 积分公式将动力学微分约束转化成等式约束进行处理,所以优化得出的精度会略差于间接法等优化方法。综合以

上两部分因素，电动太阳风帆自地球至日心悬浮轨道的终端位置偏差为 1.745×10^{-4} AU，终端速度偏差为 7.944×10^{-3} km/s，地球－日心悬浮轨道的轨道跟踪偏差如图 7.20 所示。可采用 5.4 节中讨论的日心悬浮轨道稳定控制理论对终端位置及速度偏差进行闭环控制，直至电动太阳风帆姿态及轨道稳定至期望状态。

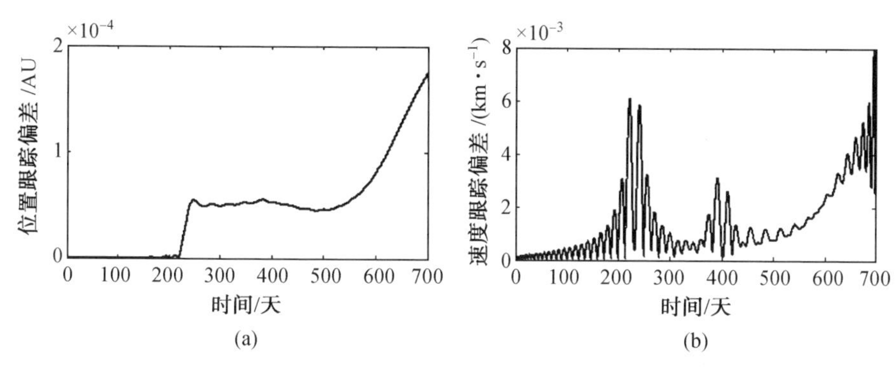

图 7.20　地球－日心悬浮轨道的轨道跟踪偏差

7.5.3　日心悬浮轨道间转移问题仿真算例

1. 悬浮轨道间转移轨迹优化

由于电动太阳风帆的特征加速度可在一定范围内进行调整，所以同一电动太阳风帆可适用于不同的日心悬浮轨道，本节将对日心悬浮轨道间的转移轨迹进行优化。假设电动太阳风帆航天器的特征加速度为 $a_{\oplus}=2$ mm/s^2，最大允许光线入射角为 $\beta_{\max}=70°$，最小允许相对太阳距离为 $r_{\min}=0.3$ AU，姿态欧拉角 ϕ、θ 的选取范围为 $-70° \sim 70°$。初始日心悬浮轨道为地球同步日心悬浮轨道，轨道参数 $r_{d0}=0.9$ AU，$\Theta_{d0}=86°$。目标日心悬浮轨道也是地球同步日心悬浮轨道，轨道参数 $r_d=0.95$ AU，$\Theta_d=92°$。在基于遗传算法的初值计算中，LG 离散点个数为 10，种群大小为 80，迭代次数为 50，惩罚系数为 100。在基于序列二次规划算法的最优解计算中，LG 离散点个数为 70，约束允许误差为 10^{-9}，日心悬浮轨道间的转移轨迹优化仿真参数见表 7.4。

表 7.4　日心悬浮轨道间轨迹优化仿真参数

参数名称	仿真参数	参数名称	仿真参数
初始日心悬浮轨道 r_{d0}	0.9 AU	目标悬浮轨道 r_d	0.95 AU
初始日心悬浮轨道 Θ_{d0}	86°	目标悬浮轨道 Θ_d	92°
初始日心悬浮轨道 ω_{d0}	$\omega_{\oplus}$	目标悬浮轨道 ω_d	$\omega_{\oplus}$
初始日心悬浮轨道 Ψ_{d0}	Ψ_d	目标悬浮轨道 Ψ_d	$\Psi_{\oplus}$

续表7.4

参数名称	仿真参数	参数名称	仿真参数
初值猜测 LG 点个数	10	遗传算法迭代次数	50
遗传算法种群大小	80	遗传算法惩罚系数	100
最优解计算 LG 点个数	70	最优解约束允许误差	10^{-9}
特征加速度 $a_{\oplus}$	2 mm/s^2	最大光线入射角	70°
最小相对太阳距离	0.3 AU	姿态角 ϕ、θ 取值范围	−70° ～ 70°

基于上述参数对电动太阳风帆航天器日心悬浮轨道间飞行轨迹进行了优化,电动太阳风帆航天器在日心悬浮轨道间的转移轨迹如图 7.21 所示,位置及速度曲线如图 7.22 所示。调整推力加速度的大小和方向,使电动太阳风帆航天器的位置和速度与目标日心悬浮轨道所要求的位置和速度相一致。电动太阳风帆的转移时间为 129 天,在可接受的范围内。从图中还可以看出,基于本书提出的混合优化方法得到的飞行轨迹能够很好地满足终端约束条件。

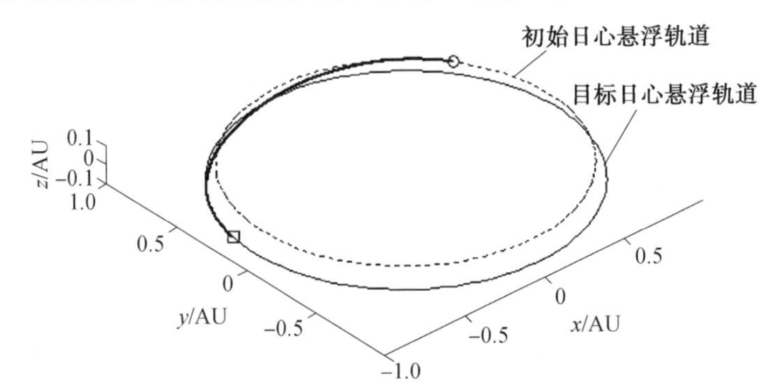

图 7.21　日心悬浮轨道间的转移轨迹

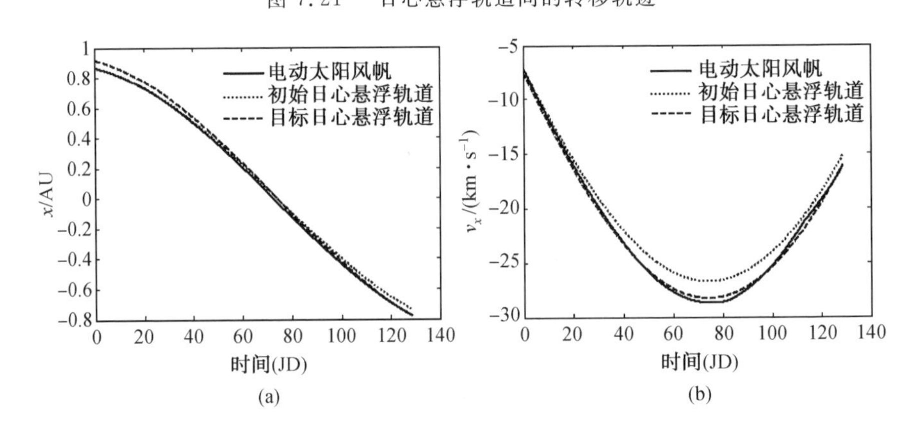

图 7.22　位置及速度曲线

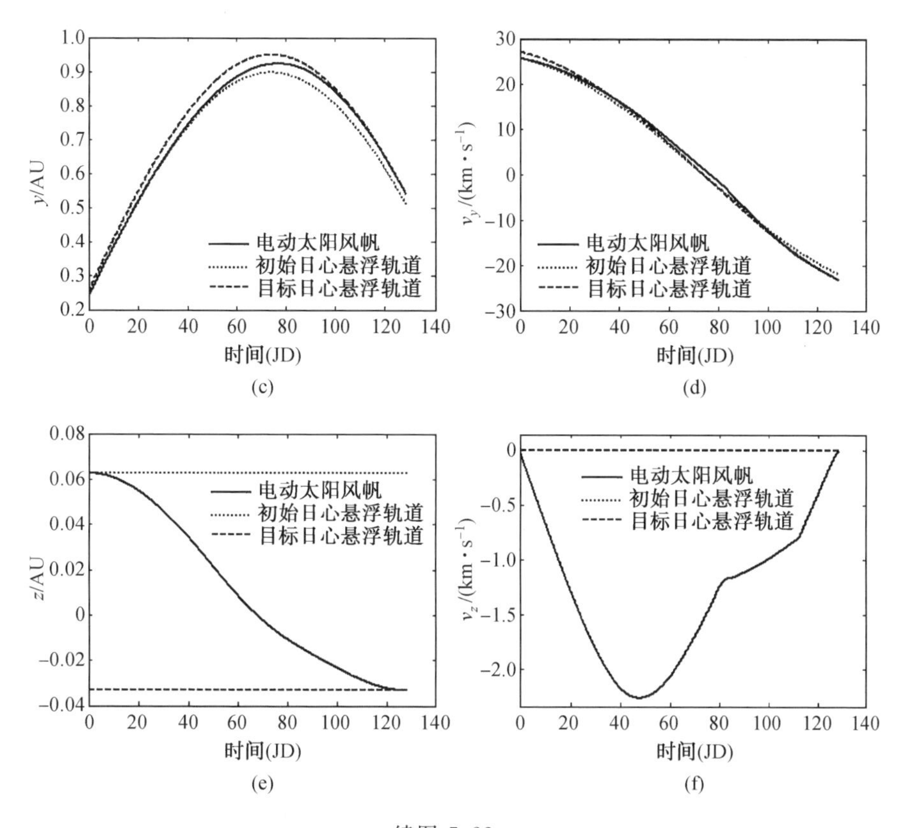

续图 7.22

电动太阳风帆航天器日心悬浮轨道间转移轨迹优化中期望的姿态和推力开关系数如图 7.23 所示。由图中曲线可以看出，期望姿态角 ϕ 和 θ 的时间轨迹在初始阶段和终点阶段有一定波动，对姿态跟踪系统的响应能力有一定要求。由推力开关系数曲线可以看出，电动太阳风帆航天器在自地球至日心悬浮轨道的过渡过程中，为了满足终端的位置及速度要求，需要多次关闭推力系统或调整推力开关系数。

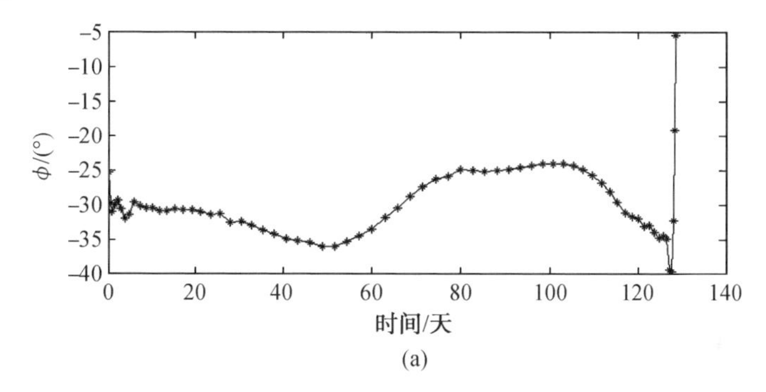

图 7.23　期望的姿态和推力开关系数

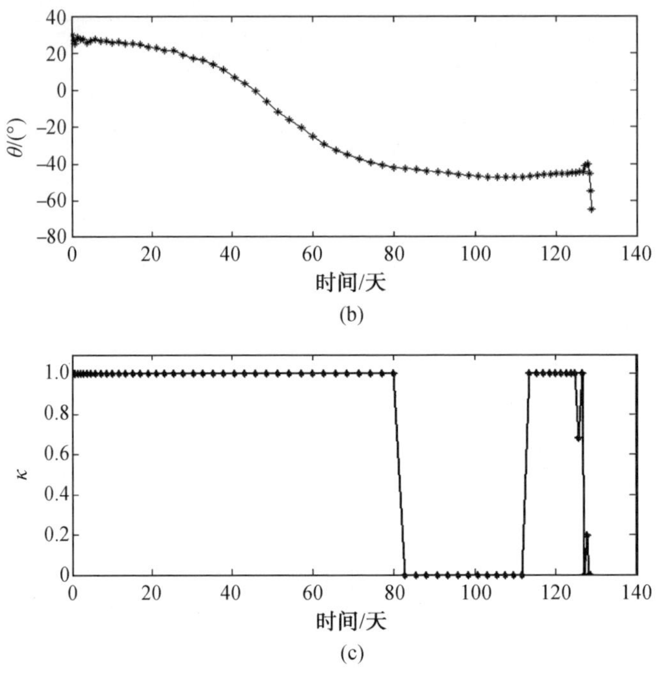

续图 7.23

2. 日心悬浮轨道间转移姿态跟踪

本节采用反馈线性化和滑模变结构联合控制器。本节中假设电动太阳风帆航天器在任务初始时刻已经将姿态调整至期望姿态，即 $\phi_0=-25.366°$ 和 $\theta_0=29.699°$，初始姿态角速率 $\dot{\phi}$ 和 $\dot{\theta}$ 均为 0(°)/s。日心悬浮轨道间姿态响应及姿态跟踪偏差如图 7.24 和图 7.25 所示，由图中可知，在不考虑参数摄动及外力扰动的情况下，基于前述的反馈线性化和滑模变结构联合控制器对电动太阳风帆航天器姿态控制能够取得较好的控制效果，最大姿态控制偏差出现在终端，偏差数值为 8.741×10^{-4}°，出现这种现象的原因是期望姿态在终端附近有较大的波动。日心悬浮轨道间控制力矩如图 7.26 所示，最大输出力矩为0.266 N·m，小于仿真中设置的电动太阳风帆最大输出力矩 2 N·m。

由于电动太阳风帆航天器的姿态会决定其推进加速度，从而最终影响其轨道，所以姿态跟踪偏差也会使实际飞行轨迹与期望轨迹产生偏差。另外，由于 Gauss 伪谱法中不进行积分，而是采用 Gauss 积分公式将动力学微分约束转化成等式约束进行处理，所以优化得出的精度会略差于间接法等优化方法。综合以上两部分因素，电动太阳风帆日心悬浮轨道间过渡的终端位置偏差为 1.607×10^{-4} AU，终端速度偏差为 5.528×10^{-3} km/s，日心悬浮轨道间的轨道跟踪偏差如图 7.27 所示。

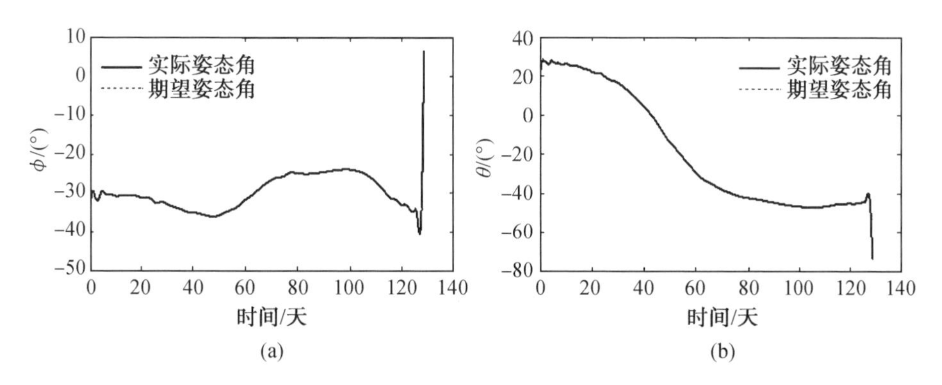

图 7.24　日心悬浮轨道间姿态响应

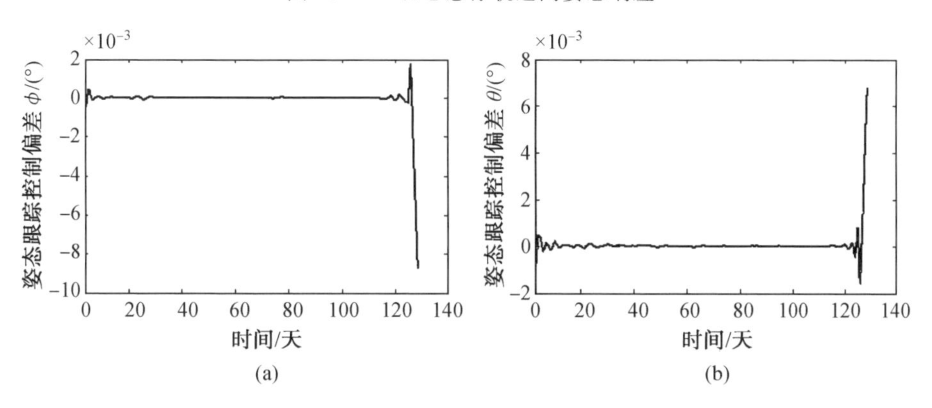

图 7.25　日心悬浮轨道间姿态跟踪控制偏差

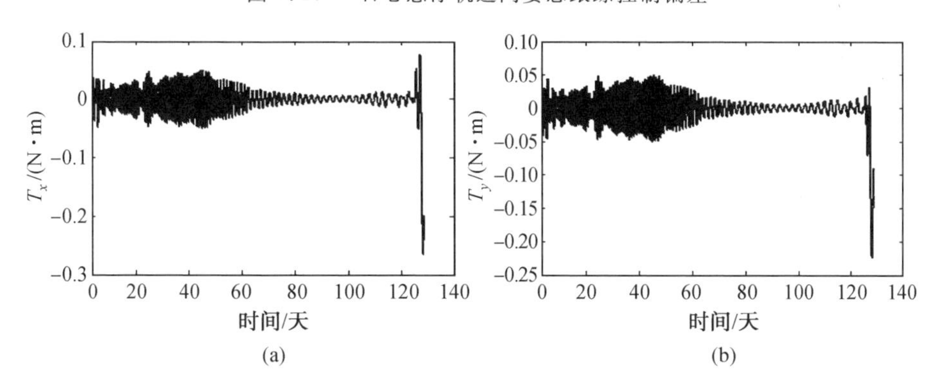

图 7.26　日心悬浮轨道间控制力矩

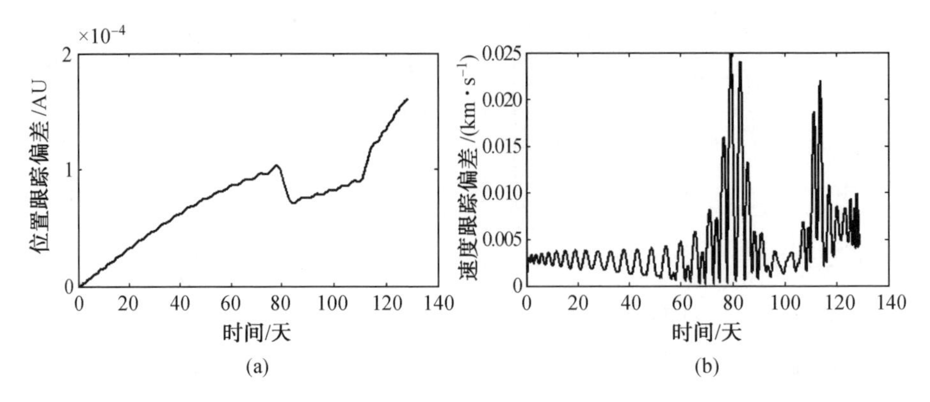

图 7.27　日心悬浮轨道间的轨道跟踪偏差

7.6　本章小结

本章将电动太阳风帆应用于日心悬浮轨道保持任务中，以解决太阳帆推力加速度不足，在高日心悬浮距离轨道上无法调节的问题。根据电动太阳风帆航天器的轨道动力学方程，设计了基于电动太阳风帆的日心悬浮轨道，得到了保持日心悬浮轨道的必要条件。同时，对设计的日心悬浮轨道的稳定性进行了分析，分析结果表明，只有当轨道参数和惯性参数满足一定条件时，日心悬浮轨道才是平衡的；仿真结果表明，线性二次型最优控制在电动太阳风帆日心悬浮轨道稳定控制中的应用是有效的；姿态轨道稳定结果表明，电动太阳风帆能够在可接受的时间内完成上述轨道过渡。

第8章

电动太阳风帆日心悬浮轨道编队飞行动力学及控制

8.1 概　述

电动太阳风帆可以提供连续的推力，特别适合一些非开普勒轨道的维护。其中日心悬浮轨道是一种轨道平面与黄道面平行的非开普勒轨道。由于它周期性地在黄道面上运行，为在轨航天器提供了良好的日地观测条件。利用日心悬浮轨道，可以实现深空通信、观测太阳极区、空间天气预报、日冕物质抛射传播等开普勒轨道无法实现的共同轨道任务。由于日心悬浮轨道是周期性轨道，当其角速度与地球绕太阳旋转的角速度相等时，称为地球静止日心悬浮轨道，可实现对各种天气灾害的预报和对地球极地的长时间连续观测。

电动太阳风帆在携带大载荷时，需要较大的特征加速度，因此需要携带长的单电荷金属链，不利于电动太阳风帆执行在轨任务。采用多个电动太阳风帆编队飞行，可以在一定程度上减小单个电动太阳风帆的尺寸。另外，对于地球静止日心悬浮轨道，在不增加观测机构孔径的情况下，采用电动太阳风帆编队飞行可以提高观测精度和观测范围。因此，电动太阳风帆在地球静止日心轨道上的编队控制具有很高的研究价值和应用前景，但目前国内外还没有这方面的研究。本书将应用电动太阳风帆的轨道动力学方程，深入探讨其在日心悬浮轨道上的性能，并对相关的编队控制方法进行研究，填补国内外这一研究领域的空白。

根据前一章的分析，为了使电动太阳风帆航天器在日心悬浮轨道上稳定运行，电动太阳风帆需要有足够的加速度。当电动太阳风帆航天器的载荷较大时，为了提供足够的加速度，电动太阳风帆航天器的金属链长度必然增加，但长的金属链不易加工。利用编队飞行和多个电动太阳风帆航天器完成任务，可以有效减小单个电动太阳风帆的尺寸，提高观测范围。本章对电动太阳风帆的编队控制进行了研究。首先分析了静止日心悬浮轨道编队飞行的稳定性，然后设计了线性二次型控制器。最后，在速度不可测的情况下，设计了基于自抗扰控制的编队飞行控制器。

8.2 电动太阳风帆日心悬浮轨道的相对运动方程

在这一节中，主要考虑两个电动太阳风帆在日心悬浮轨道附近的运动，将运行在日心悬浮轨道上的电动太阳风帆称为主帆，将围绕在主帆附近运动的电动太阳风帆称为从帆。

定义一个原点位于主帆中心的相对运动坐标系 $O_i-x_iy_iz_i$，从帆在主帆附近运动示意图如图 8.1 所示，其中，O_ix_i 轴的方向由日心悬浮轨道的中心指向主帆，O_iz_i 为主帆在日心悬浮轨道的角速度方向，O_iy_i 与 O_i-x_i，o_iz_i 构成右手坐标系，该坐标系主要用于研究从帆相对于主帆的运动。

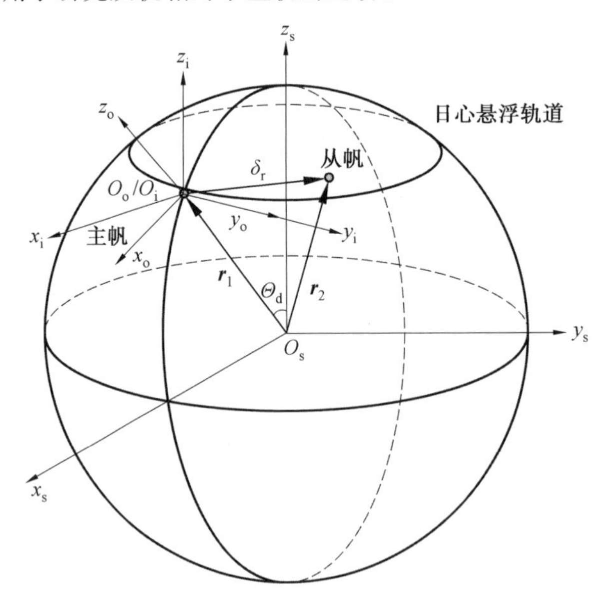

图 8.1 从帆在主帆附近运动示意图

由轨道坐标系转到相对运动坐标系的坐标转换矩阵可以表示为

$$\boldsymbol{A}_{\text{io}}(\Theta_{\text{d}})=\begin{bmatrix}\cos\Theta_{\text{d}} & 0 & \sin\Theta_{\text{d}}\\ 0 & 1 & 0\\ -\sin\Theta_{\text{d}} & 0 & \cos\Theta_{\text{d}}\end{bmatrix} \tag{8.1}$$

两个电动太阳风帆的动力学方程在惯性系下表示为

$$f_1(\boldsymbol{r}_1,a_{\oplus},\hat{\boldsymbol{a}},\tau)=\frac{\mathrm{d}^2\boldsymbol{r}_1}{\mathrm{d}t^2}=-\frac{\mu_{\odot}}{r_1^3}\boldsymbol{r}_1+\boldsymbol{a}_1(\boldsymbol{r}_1,a_{\oplus},\hat{\boldsymbol{a}},\tau) \tag{8.2}$$

$$f_2(\boldsymbol{r}_2,a_{\oplus},\hat{\boldsymbol{a}},\tau)=\frac{\mathrm{d}^2\boldsymbol{r}_2}{\mathrm{d}t^2}=-\frac{\mu_{\odot}}{r_2^3}\boldsymbol{r}_2+\boldsymbol{a}_2(\boldsymbol{r}_2,a_{\oplus},\hat{\boldsymbol{a}},\tau) \tag{8.3}$$

其中，$\boldsymbol{r}_1$、$\boldsymbol{r}_2$ 分别为两个电动太阳风帆相对太阳的位置矢量；$\boldsymbol{a}_1$、$\boldsymbol{a}_2$ 分别为两个电动太阳风帆航天器带电金属链产生的加速度。

将从帆相对主帆的位置矢量表示为 $\delta\boldsymbol{r}$，根据两个电动太阳风帆之间的位置关系，有

$$\delta\boldsymbol{r}=\boldsymbol{r}_2-\boldsymbol{r}_1 \tag{8.4}$$

对式(8.4) 在惯性系中求导两次，有

$$\frac{\mathrm{d}^2\delta\boldsymbol{r}}{\mathrm{d}t^2}=\frac{\mathrm{d}^2\boldsymbol{r}_2}{\mathrm{d}t^2}-\frac{\mathrm{d}^2\boldsymbol{r}_1}{\mathrm{d}t^2} \tag{8.5}$$

由动坐标系中矢量的求导方程，将 $\delta\boldsymbol{r}$ 在惯性系中的二次求导表示为

$$\frac{\mathrm{d}^2\delta\boldsymbol{r}}{\mathrm{d}t^2}=\delta\ddot{\boldsymbol{r}}+2\boldsymbol{\omega}\times\delta\dot{\boldsymbol{r}}+\boldsymbol{\omega}\times(\boldsymbol{\omega}\times\delta\boldsymbol{r})+\dot{\boldsymbol{\omega}}\times\delta\boldsymbol{r} \tag{8.6}$$

其中，$\ddot{\boldsymbol{r}}$、$\dot{\boldsymbol{r}}$ 分别表示 $\boldsymbol{r}$ 在相对运动坐标系下的二阶导数与一阶导数；$\boldsymbol{\omega}$、$\dot{\boldsymbol{\omega}}$ 表示相对运动坐标系相对于惯性坐标系的旋转角速度与角加速度。在实际的日心悬浮轨道上的运动过程中，由于电动太阳风帆在日心悬浮轨道上的角速度不变，因此 $\boldsymbol{\omega}=[0\quad 0\quad \omega_{\text{d}}]^{\text{T}}$，$\dot{\boldsymbol{\omega}}=\boldsymbol{0}$。

结合式(8.2)、式(8.3)、式(8.5)、式(8.6)，有

$$\delta\ddot{\boldsymbol{r}}+2\boldsymbol{\omega}\times\delta\dot{\boldsymbol{r}}+\boldsymbol{\omega}\times(\boldsymbol{\omega}\times\delta\boldsymbol{r})=f_2(\boldsymbol{r}_2,a_{\oplus},\hat{\boldsymbol{a}},\tau)-f_1(\boldsymbol{r}_1,a_{\oplus},\hat{\boldsymbol{a}},\tau) \tag{8.7}$$

主帆与从帆之间的距离远小于太阳中心到两帆的距离。而从帆所处环境的太阳风粒子密度等环境因素与主帆相差较小，为了保证从帆在主帆的附近运动，两者的特征加速度、带电金属链的推力方向矢量、开关系数均非常接近，因此可以将主帆与从帆的加速度之差(即式(8.7) 右侧) 在主帆参数附近展开，将式(8.7) 线性化，当 η 取 1 时，加速度函数变为

$$\boldsymbol{a}=\frac{a_{\oplus}\ \tau r_{\oplus}}{r}\hat{\boldsymbol{a}} \tag{8.8}$$

加速度函数 $\boldsymbol{a}$ 对矢量 $\boldsymbol{r}$ 的偏导数为矢量 $\boldsymbol{a}$ 对矢量 $\boldsymbol{r}=[r_x\quad r_y\quad r_z]^{\text{T}}$ 中各元素偏导数的雅可比(Jacobi) 矩阵，标量 $r=\sqrt{r_x^2+r_y^2+r_z^2}$，$\hat{\boldsymbol{a}}=[\hat{a}_x\quad \hat{a}_y\quad \hat{a}_z]^{\text{T}}$，则

$$\frac{\partial(a_{\oplus}\tau r_{\oplus}/r)\hat{\boldsymbol{a}}}{\partial \boldsymbol{r}}=a_{\oplus}\tau r_{\oplus}\begin{bmatrix}\dfrac{\partial \hat{a}_x/r}{\partial r_x} & \dfrac{\partial \hat{a}_x/r}{\partial r_y} & \dfrac{\partial \hat{a}_x/r}{\partial r_z}\\ \dfrac{\partial \hat{a}_y/r}{\partial r_x} & \dfrac{\partial \hat{a}_y/r}{\partial r_y} & \dfrac{\partial \hat{a}_y/r}{\partial r_z}\\ \dfrac{\partial \hat{a}_z/r}{\partial r_x} & \dfrac{\partial \hat{a}_z/r}{\partial r_y} & \dfrac{\partial \hat{a}_z/r}{\partial r_z}\end{bmatrix}$$

$$=a_{\oplus}\tau r_{\oplus}\begin{bmatrix}-\dfrac{r_x\hat{a}_x}{r^3} & -\dfrac{r_y\hat{a}_x}{r^3} & -\dfrac{r_z\hat{a}_x}{r^3}\\ -\dfrac{r_x\hat{a}_y}{r^3} & -\dfrac{r_y\hat{a}_y}{r^3} & -\dfrac{r_z\hat{a}_y}{r^3}\\ -\dfrac{r_x\hat{a}_z}{r^3} & -\dfrac{r_y\hat{a}_z}{r^3} & -\dfrac{r_z\hat{a}_z}{r^3}\end{bmatrix}=-\frac{a_{\oplus}\tau r_{\oplus}}{r^3}\hat{\boldsymbol{a}}\boldsymbol{r}^{\mathrm{T}} \tag{8.9}$$

同理,各导数项为

$$\left.\frac{\partial(f_2-f_1)}{\partial \boldsymbol{r}}\right|_{\substack{r=r_1\\ a_{\oplus}=a_{\oplus 1}\\ \hat{\boldsymbol{a}}=\hat{\boldsymbol{a}}_1\\ \tau=\tau_1}}=-\frac{\mu_{\odot}}{r_1^3}\boldsymbol{E}+\frac{3\mu_{\odot}}{r_1^5}\boldsymbol{r}_1\boldsymbol{r}_1^{\mathrm{T}}-\frac{a_{\oplus 1}\tau_1 r_{\oplus}}{r_1^3}\hat{\boldsymbol{a}}_1\boldsymbol{r}_1^{\mathrm{T}} \tag{8.10}$$

$$\left.\frac{\partial(f_2-f_1)}{\partial a_{\oplus}}\right|_{\substack{r=r_1\\ a_{\oplus}=a_{\oplus 1}\\ \hat{\boldsymbol{a}}=\hat{\boldsymbol{a}}_1\\ \tau=\tau_1}}=\frac{\tau_1 r_{\oplus}}{r_1}\hat{\boldsymbol{a}}_1 \tag{8.11}$$

$$\left.\frac{\partial(f_2-f_1)}{\partial \hat{\boldsymbol{a}}}\right|_{\substack{r=r_1\\ a_{\oplus}=a_{\oplus 1}\\ \hat{\boldsymbol{a}}=\hat{\boldsymbol{a}}_1\\ \tau=\tau_1}}=\frac{a_{\oplus 1}\tau_1 r_{\oplus}}{r_1}\boldsymbol{E} \tag{8.12}$$

$$\left.\frac{\partial(f_2-f_1)}{\partial \tau}\right|_{\substack{r=r_1\\ a_{\oplus}=a_{\oplus 1}\\ \hat{\boldsymbol{a}}=\hat{\boldsymbol{a}}_1\\ \tau=\tau_1}}=\frac{a_{\oplus 1} r_{\oplus}}{r_1}\hat{\boldsymbol{a}}_1 \tag{8.13}$$

整理式(8.7)～(8.13),有

$$\delta\ddot{\boldsymbol{r}}+2\boldsymbol{\omega}\times\delta\dot{\boldsymbol{r}}+\boldsymbol{\omega}\times(\boldsymbol{\omega}\times\delta\boldsymbol{r})-\left(-\frac{\mu_{\odot}}{r_1^3}\boldsymbol{E}+\frac{3\mu_{\odot}}{r_1^5}\boldsymbol{r}_1\boldsymbol{r}_1^{\mathrm{T}}-\frac{a_{\oplus 1}\tau_1 r_{\oplus}}{r_1^3}\hat{\boldsymbol{a}}_1\boldsymbol{r}_1^{\mathrm{T}}\right)\delta\boldsymbol{r}-$$

$$\frac{\tau_1 r_{\oplus}}{r_1}\hat{\boldsymbol{a}}_1(a_{\oplus 2}-a_{\oplus 1})-\frac{a_{\oplus 1}\tau_1 r_{\oplus}}{r_1}(\hat{\boldsymbol{a}}_2-\hat{\boldsymbol{a}}_1)-\frac{a_{\oplus 1} r_{\oplus}}{r_1}\hat{\boldsymbol{a}}_1(\tau_2-\tau_1)=\boldsymbol{0} \tag{8.14}$$

进一步整理上述线性化的相对运动动力学方程,有

$$\delta\ddot{\boldsymbol{r}} + M\delta\dot{\boldsymbol{r}} + N\delta\boldsymbol{r} = P\delta\hat{\boldsymbol{a}} + Q\delta a_{\oplus} + R\delta\tau \tag{8.15}$$

其中

$$\delta\hat{\boldsymbol{a}} = \hat{\boldsymbol{a}}_2 - \hat{\boldsymbol{a}}_1, \quad \delta a_{\oplus} = a_{\oplus 2} - a_{\oplus 1}, \quad \delta\tau = \tau_2 - \tau_1$$

$$\boldsymbol{M} = \begin{bmatrix} 0 & -2\omega_{\mathrm{d}} & 0 \\ 2\omega_{\mathrm{d}} & 0 & 0 \\ 0 & 0 & 0 \end{bmatrix}$$

$$\boldsymbol{N} = -\frac{\mu_{\odot}}{r_1^3}\boldsymbol{E} + \frac{3\mu_{\odot}}{r_1^5}\boldsymbol{r}_1\boldsymbol{r}_1^{\mathrm{T}} - \frac{a_{\oplus 1}\tau_1 r_{\oplus}}{r_1^3}\hat{\boldsymbol{a}}\boldsymbol{r}_1^{\mathrm{T}} + \begin{bmatrix} \omega_{\mathrm{d}}^2 & 0 & 0 \\ 0 & \omega_{\mathrm{d}}^2 & 0 \\ 0 & 0 & 0 \end{bmatrix}$$

$$\boldsymbol{P} = \frac{a_{\oplus 1}\tau_1 r_{\oplus}}{r_1}\boldsymbol{E}, \quad \boldsymbol{Q} = \frac{\tau_1 r_{\oplus}}{r_1}\hat{\boldsymbol{a}}_1, \quad \boldsymbol{R} = \frac{a_{\oplus 1} r_{\oplus}}{r_1}\hat{\boldsymbol{a}}_1 \tag{8.16}$$

由式(8.1) 可知，相对运动坐标系和轨道坐标系之间的转换关系可以用角度 Θ_{d} 描述，因此将电动太阳风帆推力加速度的单位矢量在轨道坐标系下的描述转换到相对运动坐标系中，有

$$\hat{\boldsymbol{a}}^{\mathrm{i}} = \boldsymbol{A}_{io}(\Theta_{\mathrm{d}})\hat{\boldsymbol{a}}^{\mathrm{o}} = \begin{bmatrix} \sin\alpha\cos\beta\cos\Theta_{\mathrm{d}} + \cos\alpha\sin\Theta_{\mathrm{d}} \\ \sin\alpha\sin\beta \\ -\sin\alpha\cos\beta\sin\Theta_{\mathrm{d}} + \cos\alpha\cos\Theta_{\mathrm{d}} \end{bmatrix} \tag{8.17}$$

由前面的分析可知，在同一日心悬浮轨道中，Θ_{d} 的值始终保持不变。对 $\hat{\boldsymbol{a}}^{\mathrm{i}}$ 中的元素 α、β 分别求偏导，得到

$$\left.\frac{\partial\hat{\boldsymbol{a}}^{\mathrm{i}}}{\partial\alpha}\right|_{\substack{\alpha=\alpha_1\\ \beta=\beta_1}} = \begin{bmatrix} \cos\alpha_1\cos\beta_1\cos\Theta_{\mathrm{d}} - \sin\alpha_1\sin\Theta_{\mathrm{d}} \\ \cos\alpha_1\sin\beta_1 \\ -\cos\alpha_1\cos\beta_1\sin\Theta_{\mathrm{d}} - \sin\alpha_1\cos\Theta_{\mathrm{d}} \end{bmatrix} \tag{8.18}$$

$$\left.\frac{\partial\hat{\boldsymbol{a}}^{\mathrm{i}}}{\partial\beta}\right|_{\substack{\alpha=\alpha_1\\ \beta=\beta_1}} = \begin{bmatrix} -\sin\alpha_1\sin\beta_1\cos\Theta_{\mathrm{d}} \\ \sin\alpha_1\cos\beta_1 \\ \sin\alpha_1\sin\beta_1\sin\Theta_{\mathrm{d}} \end{bmatrix} \tag{8.19}$$

在第 3 章中，针对位于日心悬浮轨道上的电动太阳风帆，得到了主帆的推力加速度在轨道坐标系方向矢量中分量 $a_{oy}=0$ 的计算结果。当 Θ 在 $(0,\pi/2)$ 时，$\beta=180°$，之后主要对这种情况下的稳定性进行分析，式(8.18) 和式(8.19) 可化简为

$$\left.\frac{\partial\hat{\boldsymbol{a}}^{\mathrm{i}}}{\partial\alpha}\right|_{\substack{\alpha=\alpha_1\\ \delta=\delta_1}} = \begin{bmatrix} -\cos\alpha_1\cos\Theta_{\mathrm{d}} - \sin\alpha_1\sin\Theta_{\mathrm{d}} \\ 0 \\ \cos\alpha_1\sin\Theta_{\mathrm{d}} - \sin\alpha_1\cos\Theta_{\mathrm{d}} \end{bmatrix} \tag{8.20}$$

$$\left.\frac{\partial\hat{\boldsymbol{a}}^{\mathrm{i}}}{\partial\beta}\right|_{\substack{\alpha=\alpha_1\\ \beta=\beta_1}} = \begin{bmatrix} 0 \\ -\sin\alpha_1 \\ 0 \end{bmatrix} \tag{8.21}$$

定义

$$\begin{cases}\delta\alpha = \alpha_2 - \alpha_1 \\ \delta\beta = \beta_2 - \beta_1 \\ \boldsymbol{P}_i = \begin{bmatrix} -\cos\alpha_1\cos\Theta_d - \sin\alpha_1\sin\Theta_d & 0 \\ 0 & -\sin\alpha_1 \\ \cos\alpha_1\sin\Theta_d - \sin\alpha_1\cos\Theta_d & 0 \end{bmatrix}\end{cases}$$

从前面可以总结出控制量有 $\delta\tau$、$\delta\alpha$、$\delta\beta$ 以及 $\delta a_\oplus$。对于本书中的编队飞行航天器，选取两帆特征加速度 $a_\oplus$ 相同，即 $\delta a_\oplus = 0$。因此，本书中编队飞行的控制量为$\delta\boldsymbol{u} = [\delta\tau \quad \delta\alpha \quad \delta\beta]^{\mathrm{T}}$，结合式(8.15)、式(8.20)、式(8.21)，可以得到

$$\delta\ddot{\boldsymbol{r}} + M\delta\dot{\boldsymbol{r}} + N\delta\boldsymbol{r} = \boldsymbol{B}\delta\boldsymbol{u} \tag{8.22}$$

其中，$\boldsymbol{B} = [R \quad PP_i]$。

对于运行在日心悬浮轨道上的主帆，在相对运动坐标系下有 $\boldsymbol{r}_1 = [\rho \quad 0 \quad h]^{\mathrm{T}}$。对 $\boldsymbol{P}_i$ 进行化简，设 $\eta_1 = \Theta_d - \alpha_1$，将式(8.22)在相对运动坐标系里展开，有

$$\begin{cases}\ddot{x}_r - 2\omega_d\dot{y}_r + \left[\dfrac{(3\rho_d^2-1)\mu_\odot - a_{\oplus 1}\tau_1 r_\oplus \sin\eta_1\rho_d}{r_1^3} - \omega_d^2\right]x_r + \\ \quad \left(\dfrac{3\mu_\odot\rho_d - a_{\oplus 1}\tau_1 r_\oplus \sin\eta_1}{r_1^3}\right)h_d z_r \\ \quad = -\dfrac{a_{\oplus 1}\tau_1 r_\oplus}{r_1}\cos\eta_1\delta\alpha + \dfrac{a_{\oplus 1}r_\oplus}{r_1}\sin\eta_1\delta\tau \\ \ddot{y}_r + 2\omega_d\dot{x}_r - \left(\omega_d^2 + \dfrac{\mu_\odot}{r_1^3}\right)y_r = -\dfrac{a_{\oplus 1}\tau_1 r_\oplus}{r_1}\sin\alpha_1\delta\beta \\ \ddot{z}_r + \left(\dfrac{3\mu_\odot h_d + a_{\oplus 1}\tau_1 r_\oplus \cos\eta_1}{r_1^3}\right)\rho_d x_r + \left[\dfrac{(3\rho_d^2-1)\mu_\odot + a_{\oplus 1}\tau_1 r_\oplus\cos\eta_1 h_d}{r_1^3}\right]z_r \\ \quad = -\dfrac{a_{\oplus 1}\tau_1 r_\oplus}{r_1}\sin\eta_1\delta\alpha - \dfrac{a_{\oplus 1}r_\oplus}{r_1}\cos\eta_1\delta\tau\end{cases} \tag{8.23}$$

8.3 编队飞行相对运动稳定性分析

本节将根据上一节推导的相对运动方程分析相对运动的稳定性。本书研究两个航天器的编队控制问题，两个电动太阳风帆航天器具有相同的特征加速度 $a_{\oplus 1} = a_{\oplus 2}$，而两个航天器运行在相近的轨道上，其开关系数 $\tau_1 \approx \tau_2$。主帆和从帆的推力加速度方向在平面 $x_o O_o z_o$ 内，即 $\beta_1 = \beta_2 = 0$，且 $\alpha_1 = \alpha_2$，因此$\delta\alpha = 0$，$\delta\beta = 0$，

代入式(8.23)中有

$$\begin{cases}\ddot{x}_r - 2\omega_d \dot{y}_r + \left[\dfrac{(3\rho_d^2 - 1)\mu_\odot - a_{\oplus 1}\tau_1 r_\oplus \sin\eta_1 \rho_d}{r_1^3} - \omega_d^2\right]x_r + \\ \quad \left(\dfrac{3\mu_\odot \rho_d - a_{\oplus 1}\tau_1 r_\oplus \sin\eta_1}{r_1^3}\right)h_d z_r = 0 \\ \ddot{y}_r + 2\omega_d \dot{x}_r - \left(\omega_d^2 + \dfrac{\mu_\odot}{r_1^3}\right)y_r = 0 \\ \ddot{z}_r + \left(\dfrac{3\mu_\odot h_d + a_{\oplus 1}\tau_1 r_\oplus \cos\eta_1}{r_1^3}\right)\rho_d x_r + \\ \quad \left[\dfrac{(3\rho_d^2 - 1)\mu_\odot + a_{\oplus 1}\tau_1 r_\oplus \cos\eta_1 h_d}{r_1^3}\right]z_r = 0\end{cases} \tag{8.24}$$

对式(8.24)进行简化，有

$$\begin{cases}\ddot{x}_r - 2\omega_d \dot{y}_r + L_1 x_r + L_2 z_r = 0 \\ \ddot{y}_r + 2\omega_d \dot{x}_r + L_3 y_r = 0 \\ \ddot{z}_r + L_4 x_r + L_5 z_r = 0\end{cases} \tag{8.25}$$

其中

$$\begin{aligned} L_1 &= \frac{(3\rho_d^2 - 1)\mu_\odot - a_{\oplus 1}\tau_1 r_\oplus \sin\eta_1 \rho_d}{r_1^3} - \omega_d^2 \\ L_2 &= \left(\frac{3\mu_\odot \rho_d - a_{\oplus 1}\tau_1 r_\oplus \sin\eta_1}{r_1^3}\right)h_d \\ L_3 &= -\left(\omega_d^2 + \frac{\mu_\odot}{r_1^3}\right) \\ L_4 &= \frac{3\mu_\odot h_d + a_{\oplus 1}\tau_1 r_\oplus \cos\eta_1}{r_1^3}\rho_d \\ L_5 &= \frac{(3\rho_d^2 - 1)\mu_\odot + a_{\oplus 1}\tau_1 r_\oplus \cos\eta_1 h_d}{r_1^3} \end{aligned} \tag{8.26}$$

对于线性定常系统式(8.25)，设状态量为

$$\boldsymbol{X} = [\dot{x}_r \quad \dot{y}_r \quad \dot{z}_r \quad x_r \quad y_r \quad z_r] \tag{8.27}$$

则系统式(8.25)可表示为

$$\dot{\boldsymbol{X}} = \boldsymbol{A}\boldsymbol{X} \tag{8.28}$$

其中，$\boldsymbol{A}$ 为

$$\boldsymbol{A} = \begin{bmatrix} 0 & 2\omega_d & 0 & -L_1 & 0 & -L_2 \\ -2\omega_d & 0 & 0 & 0 & -L_3 & 0 \\ 0 & 0 & 0 & -L_4 & 0 & -L_5 \\ & \boldsymbol{E}_{3\times 3} & & & \boldsymbol{0}_{3\times 3} & \end{bmatrix} \tag{8.29}$$

根据李雅普诺夫第一法，通过判断 $\boldsymbol{A}$ 的特征值来判断系统的稳定性。矩阵 $\boldsymbol{A}$ 的特征值满足

$$\lambda^6+(L_1+L_3+L_5+4\omega_d^2)\lambda^4+(L_1L_3+L_3L_5+L_1L_5+4\omega_d^2L_5-L_2L_4)\lambda^2+L_1L_3L_5-L_2L_3L_4=0 \tag{8.30}$$

轨道参数 $r_1=\sqrt{\rho_d^2+h_d^2}$，而一旦 ρ_d 和 h_d 确定，推力加速度参数 $a_{\oplus 1}\tau_1$ 也唯一确定。特征方程的解是关于 ρ_d 和 h_d 的函数，分析可知解为正负相反的3组解，每组解或是一正实部和一负实部解，或者为两个纯虚数解。由于 $\boldsymbol{A}$ 的特征值有正实部的根或者零实部的根，并不是单根，因此系统并不稳定。由此可知系统在受到扰动时，并不能回到受扰动前的位置，在不采用主动控制的情况下很难保持稳定飞行，并且一些任务要求编队飞行航天器具有精确调整轨道的能力。

8.4 基于二次型的编队控制研究

8.4.1 线性二次型控制设计

线性二次型的最优控制是基于线性系统的最优控制方法。对于式(4.22)所示的非线性系统，本书通过将其简化为扰动方程使其成为线性定常系统，再利用线性二次型问题的无限时间定常调节状态调节器，使系统能够最优地恢复平衡状态而没有稳态误差。由于该控制方法状态反馈矩阵为常矩阵，因此方便进行离线计算。

对于式(8.22)，设从帆相对主帆的目标位置为 $\delta\boldsymbol{r}_m$，目标速度为 $\delta\dot{\boldsymbol{r}}_m$，目标加速度为 $\delta\ddot{\boldsymbol{r}}_m$，则对于该目标值，满足相对运动方程

$$\delta\ddot{\boldsymbol{r}}_m+M\delta\dot{\boldsymbol{r}}_m+N\delta\boldsymbol{r}_m=\boldsymbol{B}\delta\boldsymbol{u}_m \tag{8.31}$$

其中，$\delta\boldsymbol{u}_m$ 为从帆相对主帆的目标控制量。

令实际的相对运动方程式(8.22)与目标相对运动方程式(8.31)相减，有

$$\delta\ddot{\boldsymbol{r}}_{ref}+M\delta\dot{\boldsymbol{r}}_{ref}+N\delta\boldsymbol{r}_{ref}=\boldsymbol{B}\delta\boldsymbol{u}_{ref} \tag{8.32}$$

其中，$\delta\ddot{\boldsymbol{r}}_{ref}=\delta\ddot{\boldsymbol{r}}-\delta\ddot{\boldsymbol{r}}_m$、$\delta\dot{\boldsymbol{r}}_{ref}=\delta\dot{\boldsymbol{r}}-\delta\dot{\boldsymbol{r}}_m$、$\delta\boldsymbol{r}_{ref}=\delta\boldsymbol{r}-\delta\boldsymbol{r}_m$ 分别是实际的相对加速度、相对速度、相对位置与目标值之差；$\delta\boldsymbol{u}_{ref}=\delta\boldsymbol{u}-\delta\boldsymbol{u}_m$ 是实际的相对控制量与目标相对控制量之差。

对于式(8.32)，设状态量为 $\boldsymbol{X}=[\delta\boldsymbol{r}_{ref}\quad \delta\dot{\boldsymbol{r}}_{ref}]^T$，将方程简化为

$$\dot{\boldsymbol{X}}=\hat{\boldsymbol{A}}\boldsymbol{X}+\hat{\boldsymbol{B}}\delta\boldsymbol{u}_{ref} \tag{8.33}$$

其中，$\hat{\boldsymbol{A}}=\begin{bmatrix}\boldsymbol{0}_{3\times3} & \boldsymbol{E}_3\\ -N & -M\end{bmatrix}$，$\hat{\boldsymbol{B}}=[\boldsymbol{0}_{3\times3}\quad \boldsymbol{B}]^T$。$\boldsymbol{E}_n$ 表示一个 n 阶单位矩阵，$\boldsymbol{0}_{m\times p}$ 表示一

个 m 行 p 列的零矩阵。

由以上分析，可以得到该系统秩判据的可控性判别阵 $\boldsymbol{S}_s = [\hat{\boldsymbol{B}} \quad \hat{\boldsymbol{A}}\hat{\boldsymbol{B}} \quad \hat{\boldsymbol{A}}^2\hat{\boldsymbol{B}} \quad \hat{\boldsymbol{A}}^3\hat{\boldsymbol{B}} \quad \hat{\boldsymbol{A}}^4\hat{\boldsymbol{B}} \quad \hat{\boldsymbol{A}}^5\hat{\boldsymbol{B}}]$。由矩阵可控区域的秩判据可知，该系统完全可控的充要条件是矩阵 $\boldsymbol{S}_s$ 的秩与矩阵 $\hat{\boldsymbol{A}}$ 的维数相等，即 $\operatorname{rank} \boldsymbol{S}_s = 6$。

该系统的可控区域如图 8.2 所示，其中灰色区域代表该系统的可控区域。可以看到除了 r 较小的区域，该系统基本可控。

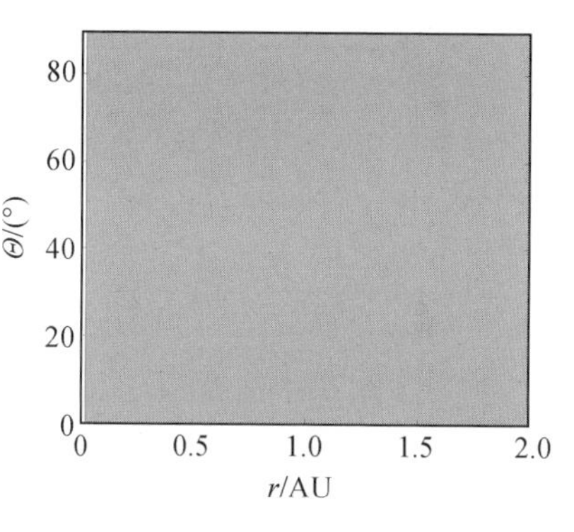

图 8.2 可控区域

对于式(8.33)，取其线性二次型的性能指标为

$$J = \frac{1}{2}\int (\boldsymbol{X}^{\mathrm{T}}\boldsymbol{Q}\boldsymbol{X} + \delta\boldsymbol{u}_{\mathrm{ref}}^{\mathrm{T}}\boldsymbol{R}\delta\boldsymbol{u}_{\mathrm{ref}})\,\mathrm{d}t \tag{8.34}$$

其中，$\boldsymbol{Q} \in \mathbf{R}^{6\times 6}$、$\boldsymbol{R} \in \mathbf{R}^{3\times 3}$ 分别为系统的状态和控制加权矩阵。

对于式(8.34)，其里卡蒂矩阵代数方程形式如下：

$$\boldsymbol{P}\hat{\boldsymbol{A}} + \hat{\boldsymbol{A}}\boldsymbol{P} - \boldsymbol{P}\hat{\boldsymbol{B}}\boldsymbol{R}^{-1}\hat{\boldsymbol{B}}^{\mathrm{T}}\boldsymbol{P} + \boldsymbol{Q} = \boldsymbol{0} \tag{8.35}$$

设该方程的解为 $\boldsymbol{P}$。则该系统存在唯一的最优控制量为

$$\delta\boldsymbol{u}_{\mathrm{ref}} = -\boldsymbol{R}^{-1}\hat{\boldsymbol{B}}^{\mathrm{T}}\boldsymbol{P}\boldsymbol{X} \tag{8.36}$$

实际的相对控制量为

$$\delta\boldsymbol{u} = \delta\boldsymbol{u}_{\mathrm{ref}} + \delta\boldsymbol{u}_{\mathrm{m}} \tag{8.37}$$

其中，$\delta\boldsymbol{u}_{\mathrm{m}} = \boldsymbol{B}^{-1}(\delta\ddot{\boldsymbol{r}}_{\mathrm{m}} + M\delta\dot{\boldsymbol{r}}_{\mathrm{m}} + N\delta\boldsymbol{r}_{\mathrm{m}})$。

将控制量式(8.37)代入式(8.7)中的非线性模型，其中从帆的控制量为 $\boldsymbol{u}_2 = \boldsymbol{u}_1 + \delta\boldsymbol{u}$，即

$$\begin{bmatrix}\tau_2\\ \alpha_2\\ \beta_2\end{bmatrix} = \begin{bmatrix}\tau_1\\ \alpha_1\\ \beta_1\end{bmatrix} + \begin{bmatrix}\delta\tau\\ \delta\alpha\\ \delta\beta\end{bmatrix} \tag{8.38}$$

同时保证从帆 3 个控制量都在可调节范围内，即

$$0^\circ \leqslant \alpha_2 = \delta\alpha + \alpha_1 \leqslant 35^\circ \tag{8.39}$$

$$0^\circ \leqslant \beta_2 = \delta\beta + \beta_1 \leqslant 180^\circ \tag{8.40}$$

$$0 \leqslant \tau_2 = \delta\tau + \tau_1 \leqslant 1 \tag{8.41}$$

8.4.2 仿真分析

选择地球同步日心悬浮轨道参数为 $r_{\mathrm{d}} = 0.95$ AU，$\Theta_{\mathrm{d}} = 85^\circ$；电动太阳风帆参

数为 $a_{\oplus}=2\ \mathrm{mm/s^2}$；$\boldsymbol{Q}$、$\boldsymbol{R}$ 通常选取半正定及正定对角阵，本例中选取 $\boldsymbol{Q}=\mathrm{diag}[5\times 10^{11}\quad 10^{7}\quad 10^{13}\quad 1\,000\quad 1\,000\quad 1\,000]$，$\boldsymbol{R}=\boldsymbol{E}_3$；初始时刻从帆位置[10 000　25 000　15 000]（单位：m），从帆目标位置[15 000　35 000　10 000]（单位：m）；仿真时间 0.15 年，步长 0.000 1 年。线性二次型编队控制如图 8.3 所示。

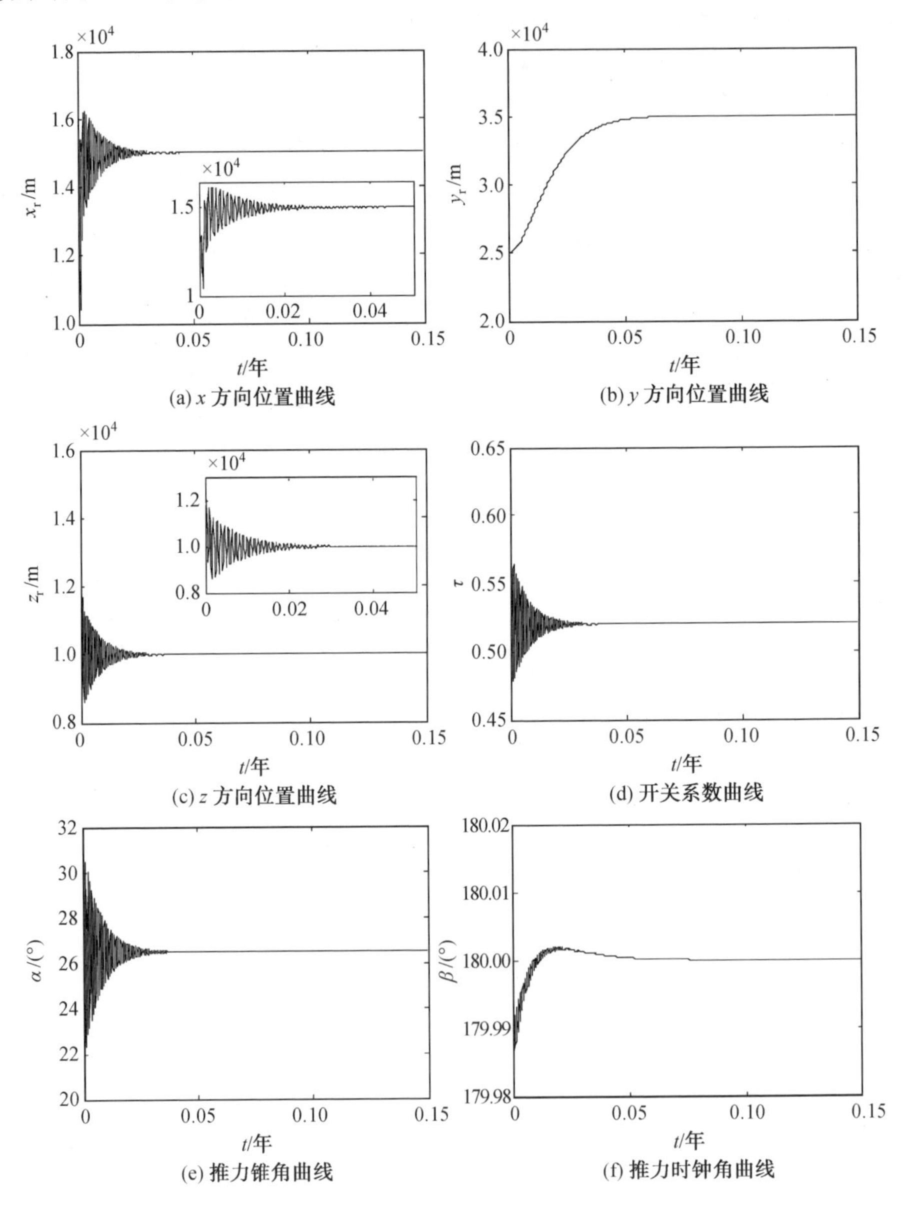

图 8.3　线性二次型编队控制

可以看出，从帆与主帆的相对位置在 x 轴、z 轴经历一定剧烈振荡之后缓慢保持稳定，振荡时间基本在 20 天之内。两帆相对位置在 y 轴的分量则没有剧烈的振荡过程，大约在一个月左右达到目标值并保持稳定。从帆的控制量 τ_2、α_2 有较剧烈的调节过程，控制量 β_2 相对而言调节过程变化较小，最终稳定在 180°。

仿真结果表明，二次设计控制律不能达到很好的解耦效果。当调整一个方向时，其他两个方向将产生小范围偏差。多次调整控制器参数后，无法获得较好的轨迹控制效果，且存在着各个方向的耦合现象。在实际编队飞行控制中，无法精确测量两帆的相对速度，二次型控制器无法适应这种情况。因此，在下一节中，考虑采用自抗扰控制器来解决速度不可测的问题。

8.5　基于自抗扰控制的编队控制研究

8.5.1　自抗扰控制器

自抗扰控制主要包括跟踪微分观测器、非线性反馈和扩张状态观测器，其核心是扩张状态观测器。自抗扰控制通过估计系统中的未知部分或扰动，并进行反馈补偿，使得系统取得好的控制效果。对于如下所示的一般二阶系统：

$$\begin{cases}\dot{x}_1 = x_2 \\ \dot{x}_2 = f(x_1, x_2, t, w(t)) + bu \\ y = x_1\end{cases} \tag{8.42}$$

其中，b 为控制量系数；$f(x_1, x_2, t, w(t))$ 为系统的加速度项，可以是非线性函数或线性函数，由于这个函数的存在，控制效果变得很不确定，尤其以非线性函数更为严重。反馈线性化是解决这一问题的有效方法，对于式(8.42) 的系统，控制量取

$$u = b^{-1}(u_0 - f(x_1, x_2, t, w(t))) \tag{8.43}$$

则系统变为

$$\begin{cases}\dot{x}_1 = x_2 \\ \dot{x}_2 = f(x_1, x_2, t, w(t)) + b \cdot b^{-1}(u_0 - f(x_1, x_2, t, w(t))) = u_0 \\ y = x_1\end{cases} \tag{8.44}$$

这是简单的二阶积分系统，易于控制。然而这种思想的关键是对控制对象建立的描述函数 $f(x_1, x_2, t, w(t))$ 的精确已知。对于实际的控制系统，必然存在建模误差，使得 $f(x_1, x_2, t, w(t))$ 不能精确已知，同时系统中通常还包括其他的外部干扰，因此加速度函数 $f(x_1, x_2, t, w(t))$ 中通常含有已知部分 $f_0(x_1, x_2)$、未知部分 $f_1(x_1, x_2, t)$ 或其他扰动 $w(t)$，即

$$f(x_1,x_2,t,w(t))=f_0(x_1,x_2)+f_1(x_1,x_2,t)+w(t) \tag{8.45}$$

扩张状态观测器就是为了估计系统中的未知部分 $f_1(x_1,x_2,t)$ 和扰动 $w(t)$。在一般的状态观测器上进行扩展,对于系统式(8.42),其对应的状态观测器为

$$\begin{cases} e=z_1-y \\ \dot{z}_1=z_2-l_1e \\ \dot{z}_2=f(z_1,z_2,t,w(t))-l_2e+bu \end{cases} \tag{8.46}$$

扩张状态观测器增加了状态量 z_3 来估计扰动和未知部分,采用了一种新的误差反馈形式 —— 非线性反馈。

$$\begin{cases} e=z_1-y \\ \dot{z}_1=z_2-\beta_{01}e \\ \dot{z}_2=z_3-\beta_{02}\mathrm{fal}(e,0.5,\delta)+f_0(x_1,x_2)+bu \\ z_3=-\beta_{03}\mathrm{fal}(e,0.25,\delta) \end{cases} \tag{8.47}$$

其中,β_{01}、β_{02}、β_{03} 为扩张状态观测器的参数;fal 为非线性函数,且

$$\mathrm{fal}(e,a,\delta)=\begin{cases} |e|^a\mathrm{sgn}(e), & |e|>\delta \\ \dfrac{e}{\delta^{1-a}}, & |e|\leqslant\delta \end{cases} \tag{8.48}$$

将式(8.48)写成离散形式为

$$\begin{cases} e=z_1-y, \quad fe=\mathrm{fal}(e,0.5,\delta), \quad fe_1=\mathrm{fal}(e,0.25,\delta) \\ z_1=z_1+h(z_2-\beta_{01}e) \\ z_2=z_2+h(z_3-\beta_{02}fe+f_0(x_1,x_2)+bu) \\ z_3=z_3+h(-\beta_{03}fe_1) \\ \mathrm{fal}(e,a,\delta)=\begin{cases} |e|^a\mathrm{sgn}(e), & |e|>\delta \\ \dfrac{e}{\delta^{1-a}}, & |e|\leqslant\delta \end{cases} \end{cases} \tag{8.49}$$

其中,h 为步长。以扩张状态观测器的状态量 z_1 和 z_2 估计系统的状态量,即 $z_1\to x_1$、$z_2\to x_2$;以状态量 z_3 估计系统的未知部分和扰动,即 $z_3\to f_1(x_1,x_2,t)+w(t)$。

将 z_3 反馈给控制系统,取控制量为如下形式,进行反馈补偿:

$$u=u_0-\frac{z_3(t)+f_0(x_1,x_2)}{b} \tag{8.50}$$

自抗扰控制器结构图如图 8.4 所示。

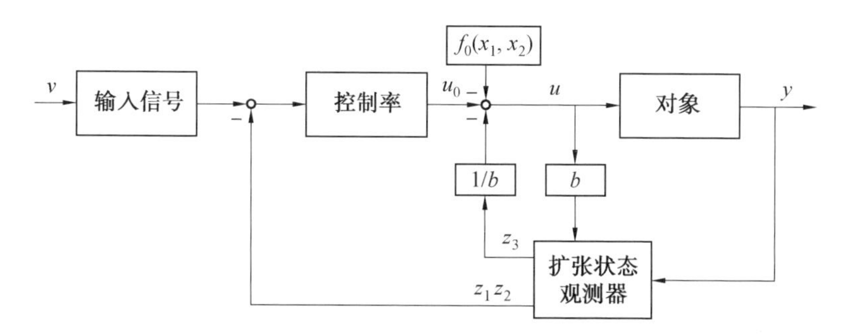

图 8.4　自抗扰控制器结构图

8.5.2　多输入多输出控制系统设计

编队控制系统式(8.7)为多输入多输出的控制系统，从帆围绕主帆做编队运动，主帆在日心悬浮轨道上不机动，主帆控制量 α_1、β_1 和 τ_1 保持不变。从帆做轨道机动，控制量 α_2、β_2 和 τ_2 为编队控制的控制量。编队控制轨道动力学方程在相对运动坐标系下为

$$\begin{cases}\ddot{x}_r = 2\omega_d \dot{y}_r + \omega_d^2 x_r + \dfrac{\mu}{r_1^3}\rho - \dfrac{\mu}{r_2^3}(\rho + x_r) - \dfrac{a_{\oplus 1}\tau_1 r_\oplus}{r_1}\sin\alpha_1\cos\beta_1 + \\ \qquad \dfrac{a_{\oplus 2}\tau_2 r_\oplus}{r_2}\sin\alpha_2\cos\beta_2 \\ \ddot{y}_r = -2\omega_d \dot{x}_r + \omega_d^2 y_r - \dfrac{\mu}{r_2^3}y_r - \dfrac{a_{\oplus 1}\tau_1 r_\oplus}{r_1}\sin\alpha_1\sin\beta_1 + \dfrac{a_{\oplus 2}\tau_2 r_\oplus}{r_2}\sin\alpha_2\sin\beta_2 \\ \ddot{z}_r = \dfrac{\mu}{r_1^3}h - \dfrac{\mu}{r_2^3}(h + z_r) - \dfrac{a_{\oplus 1}\tau_1 r_\oplus}{r_1}\cos\alpha_1 + \dfrac{a_{\oplus 2}\tau_2 r_\oplus}{r_2}\cos\alpha_2\end{cases} \tag{8.51}$$

其中，x_r、y_r 和 z_r 分别为从帆与主帆的相对位置矢量 $\delta\boldsymbol{r}$ 在相对运动坐标系 x、y、z 方向的分量；$\boldsymbol{r}_2 = \boldsymbol{r}_1 + \delta\boldsymbol{r}$。分析式(8.51)可知，系统的各运动方向相互影响，各方向控制量不独立，首先要实现控制量解耦，设各方向的控制量为 U_x、U_y 和 U_z，则

$$\boldsymbol{U} = \begin{bmatrix} U_x \\ U_y \\ U_z \end{bmatrix} = \begin{bmatrix} \dfrac{a_{\oplus 2}\tau_2 r_\oplus}{r_2}\sin\alpha_2\cos\beta_2 \\ \dfrac{a_{\oplus 2}\tau_2 r_\oplus}{r_2}\sin\alpha_2\sin\beta_2 \\ \dfrac{a_{\oplus 2}\tau_2 r_\oplus}{r_2}\cos\alpha_2 \end{bmatrix} = \boldsymbol{G}(\tau_2, \alpha_2, \beta_2) \tag{8.52}$$

系统中包括状态量和状态量的一阶微分项，令

$$\begin{cases} f_{x0} = \omega_d^2 x_r + \dfrac{\mu}{r_1^3}\rho - \dfrac{\mu}{r_2^3}(\rho + x_r) - \dfrac{a_{\oplus 1}\tau_1 r_\oplus}{r_1}\sin\alpha_1\cos\beta_1 \\ f_{x1} = 2\omega_d \dot{y}_r \end{cases} \tag{8.53}$$

$$\begin{cases} f_{y0} = \omega_{\mathrm{d}}^2 y_{\mathrm{r}} - \dfrac{\mu}{r_2^3} y_{\mathrm{r}} - \dfrac{a_{\oplus 1}\tau_1 r_{\oplus}}{r_1}\sin\alpha_1 \sin\beta_1 \\ f_{y1} = -2\omega_{\mathrm{d}}\dot{x}_{\mathrm{r}} \end{cases} \tag{8.54}$$

$$f_{z0} = \frac{\mu}{r_1^3}h - \frac{\mu}{r_2^3}(h + z_{\mathrm{r}}) - \frac{a_{\oplus 1}\tau_1 r_{\oplus}}{r_1}\cos\alpha_1 \tag{8.55}$$

则系统可表示为

$$\begin{cases} \ddot{x}_{\mathrm{r}} = f_{x1} + f_{x0} + U_x \\ \ddot{y}_{\mathrm{r}} = f_{y1} + f_{y0} + U_y \\ \ddot{z}_{\mathrm{r}} = f_{z0} + U_z \end{cases} \tag{8.56}$$

对系统式(8.56)每一方向设计扩展状态观测器,每一方向均为二阶系统,因此扩张状态观测器为三维的扩张状态观测器。实际中对 x_{r}、y_{r}、z_{r} 测量可得到较精确的结果,但是对速度量 $\dot{x}_{\mathrm{r}}$、$\dot{y}_{\mathrm{r}}$、$\dot{z}_{\mathrm{r}}$ 往往不能精确测量。以 x 方向扩张状态观测器为例,这里首先考虑将 f_{x0} 作为已知项,f_{x1} 作为未知项设计扩张状态观测器。

$$\begin{cases} e_x = z_{x1} - x, \quad fe = \mathrm{fal}(e_x, 0.5, \delta), \quad fe_1 = \mathrm{fal}(e_x, 0.25, \delta) \\ z_{x1} = z_{x1} + h(z_{x2} - \beta_{01}e) \\ z_{x2} = z_{x2} + h(z_{x3} - \beta_{02}fe + f_{x0} + U_x) \\ z_{x3} = z_{x3} + h(-\beta_{03}fe_1) \end{cases} \tag{8.57}$$

扩张状态观测器状态量 $z_{x1} \to x_{\mathrm{r}}$、$z_{x2} \to \dot{x}_{\mathrm{r}}$,$z_{x3} \to f_{x1}$。进一步当从帆与主帆不能进行良好的信息交互时,即主帆的特征加速度大小和方向或者运动状态不能精确实时已知,使得 f_{x0}、f_{y0} 和 f_{z0} 建模不精确,存在偏差。同样以 x 方向为例,f_{x0} 也分为已知部分 f'_{x0} 和未知部分 f''_{x0},即 $f_{x0} = f'_{x0} + f''_{x0}$。设计 x 方向扩张状态观测器为

$$\begin{cases} e_x = z_{x1} - x, \quad fe = \mathrm{fal}(e_x, 0.5, \delta), \quad fe_1 = \mathrm{fal}(e_x, 0.25, \delta) \\ z_{x1} = z_{x1} + h(z_{x2} - \beta_{01}e) \\ z_{x2} = z_{x2} + h(z_{x3} - \beta_{02}fe + f'_{x0} + U_x) \\ z_{x3} = z_{x3} + h(-\beta_{03}fe_1) \end{cases} \tag{8.58}$$

扩张状态观测器用以估计状态量 $z_{x1} \to x_{\mathrm{r}}$、$z_{x2} \to \dot{x}_{\mathrm{r}}$,$z_{x3} \to f_{x1} + f''_{x0}$。下面将对两种情况式(8.57)和式(8.58)进行分析。

针对这两种情况的控制率将分别取为

$$U_x = U_{x0} - (z_3(t) + f_{x0}) \tag{8.59}$$

$$U_x = U_{x0} - (z_3(t) + f'_{x0}) \tag{8.60}$$

通过反馈,x 向变为

$$\ddot{x}_{\mathrm{r}} = f_{x1} + f_{x0} + U_x = f_{x1} + f_{x0} + U_{x0} - (z_3(t) + f_{x0}) \approx U_{x0} \tag{8.61}$$

或

$$\ddot{x}_{\mathrm{r}}=f_{x1}+f_{x0}+U_{x}=f_{x1}+f_{x0}+U_{x0}-(z_{3}(t)+f'_{x0})\approx U_{x0} \tag{8.62}$$

要实现 x 向与其他方向的解耦。U_{x0} 为根据 x_{r} 设计的控制率，这里选择 PD 控制率，其形式为

$$U_{x0}=k_{\mathrm{p}}e_{x}+k_{\mathrm{d}}\frac{\mathrm{d}e_{x}}{\mathrm{d}t} \tag{8.63}$$

其中，e_x 为 x 方向目标位置与当前位置的偏差量。同理可以得到 y 向和 z 向的控制率，这样通过扩张状态观测器的反馈补偿可得到每个方向的控制律 U_x、U_y 和 U_z，根据式(8.52) 解算得到控制量如下：

$$\begin{bmatrix}\tau_2\\ \alpha_2\\ \beta_2\end{bmatrix}=\boldsymbol{G}^{-1}(U_x,U_y,U_z) \tag{8.64}$$

解算得到的控制量可能不满足控制变量范围，因此对解算得到的控制变量限幅如下：

$$\alpha_2=\begin{cases}0^\circ, & 0^\circ>\alpha_2\\ \alpha_2, & 0^\circ\leqslant\alpha_2\leqslant 35^\circ\\ 35^\circ, & \alpha_2>35^\circ\end{cases} \tag{8.65}$$

$$\beta_2=\begin{cases}0^\circ, & 0^\circ>\beta_2\\ \beta_2, & 0^\circ\leqslant\beta_2\leqslant 180^\circ\\ 180^\circ, & \beta_2>180^\circ\end{cases} \tag{8.66}$$

$$\tau_2=\begin{cases}0, & 0>\tau_2\\ \tau_2, & 0\leqslant\tau_2\leqslant 1\\ 1, & \tau_2>1\end{cases} \tag{8.67}$$

当变量超出范围时，取其临界值。限幅后，通过式(8.52) 得到实际控制变量，并反馈给扩展状态观测器。编队控制框图如图 8.5 所示，编队控制实现了多输入多输出系统的解耦控制。

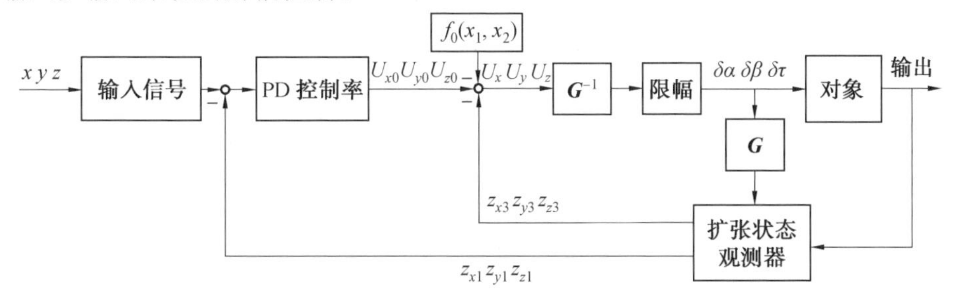

图 8.5　编队控制框图

8.5.3 仿真分析

对设计的控制器进行仿真分析，仿真步长 h 选为 0.000 1 AU。扩展状态观测器的参数为 $\delta=h,\beta_{01}=\dfrac{1}{h},\beta_{02}=\dfrac{3}{h},\beta_{03}=\dfrac{10}{h}$。仿真中根据控制效果调节 PD 控制率的参数，得到一组控制率如下：

$$\begin{cases}k_{px}=200, & k_{dx}=80\ 000\\ k_{py}=200, & k_{dy}=80\ 000\\ k_{pz}=200, & k_{dz}=80\ 000\end{cases} \tag{8.68}$$

3 个通道选取的控制率相同。电动太阳风帆主帆和从帆的初始相对位置关系为

$$x_{r}=10\ 000,\quad y_{r}=25\ 000,\quad z_{r}=15\ 000 \tag{8.69}$$

两帆的目标相对位置为

$$\widetilde{x}_{r}=15\ 000,\quad \widetilde{y}_{r}=35\ 000,\quad \widetilde{z}_{r}=10\ 000 \tag{8.70}$$

对于两个性能相近的电动太阳风帆航天器，它们的特征加速度相同，因而仿真中取 $a_{\oplus 1}=a_{\oplus 2}$。

(1) 相对速度不可测时控制效果。

相对速度量 $\dot{x}_{r}$、$\dot{y}_{r}$、$\dot{z}_{r}$ 不能精确测量时，也就是 f_{x1} 和 f_{y1} 未知，编队控制轨迹和速度变化情况如图 8.6 所示。

从轨迹变化曲线可以看出，3 个方向的轨迹变化实现了解耦控制，轨迹变化过程响应快，经过约 0.05 年到达目标相对运动轨道，控制过程几乎没有超调。之后，两个航天器的相对运动保持稳定。编队控制的控制量如图 8.7 所示。

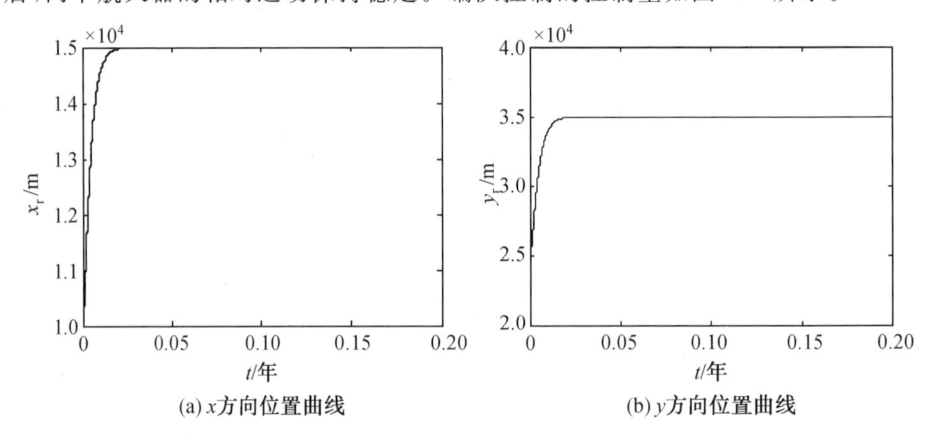

图 8.6 编队控制轨迹和速度变化情况

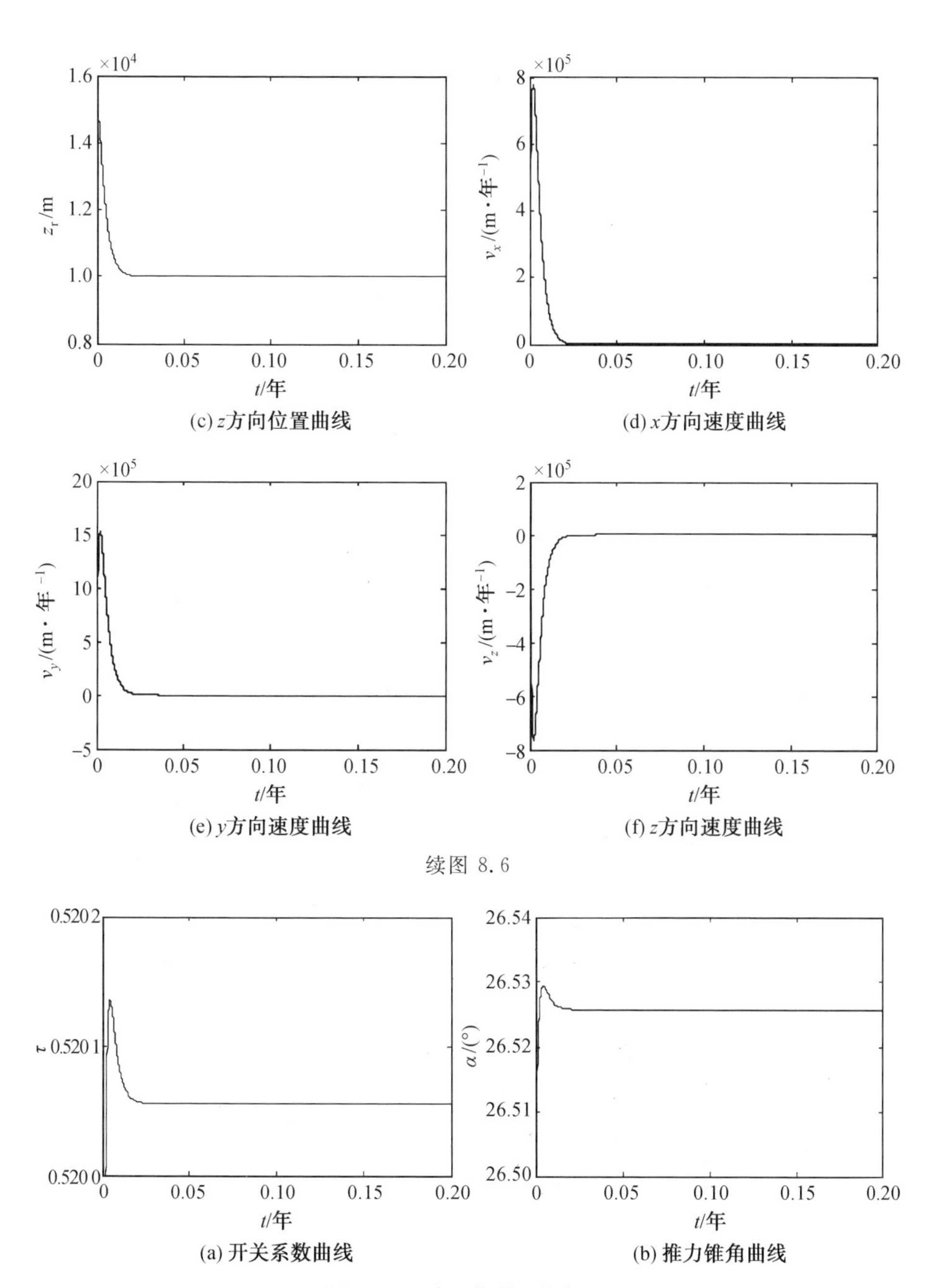

(c) z方向位置曲线

(d) x方向速度曲线

(e) y方向速度曲线

(f) z方向速度曲线

续图 8.6

(a) 开关系数曲线

(b) 推力锥角曲线

图 8.7　编队控制的控制量

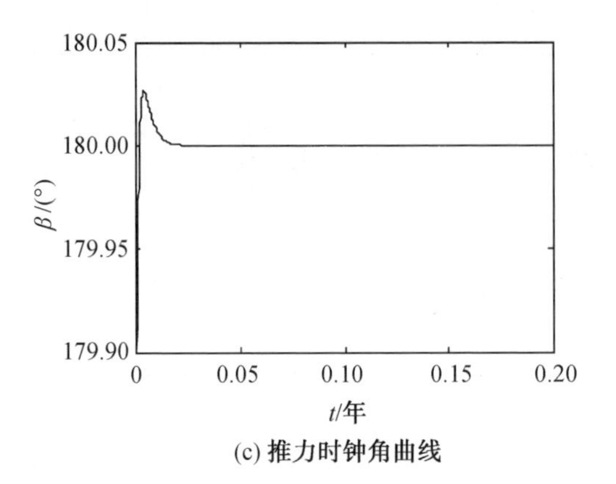

(c) 推力时钟角曲线

续图 8.7

β的控制曲线表明轨迹转移开始时β有小量变化，用以提供所需推力，之后稳定在 180°，从帆在新的日心悬浮轨道上稳定，β 满足日心悬浮轨道的稳定条件。编队控制各方向控制量如图 8.8 所示。

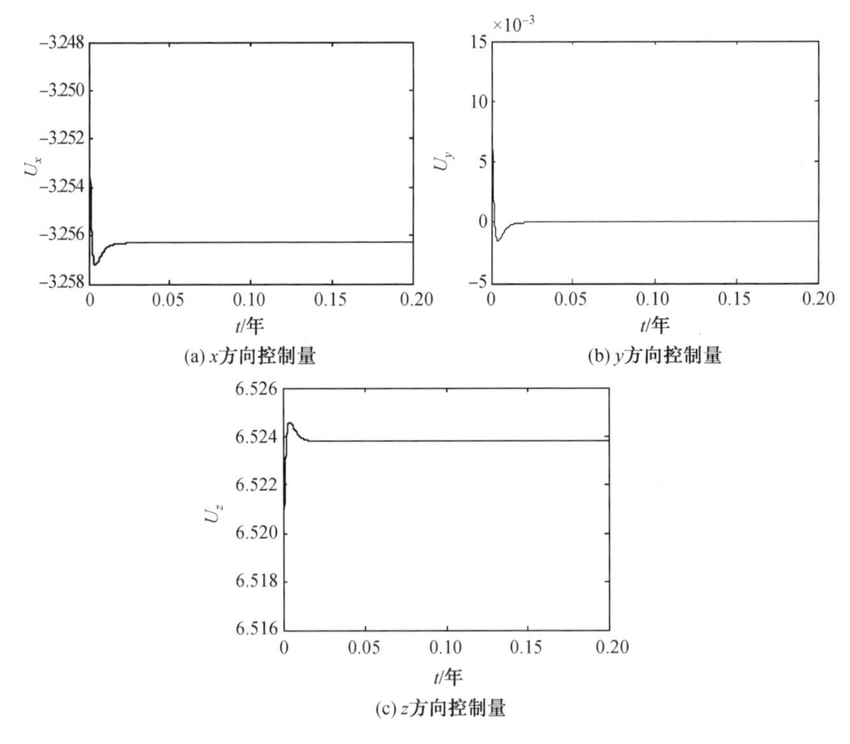

图 8.8　编队控制各方向控制量

从图 8.8 中可以看出，y 方向需要的推力加速度很小，稳定后，y 向的推力加速度变为零。编队控制扩张状态观测器的估计量如图 8.9 所示。初始轨迹转移

过程中，x 向和 y 向由于有速度未知项，扩张状态观测器估计出较大干扰量。轨迹转移稳定后，估计的扰动量趋于稳定。

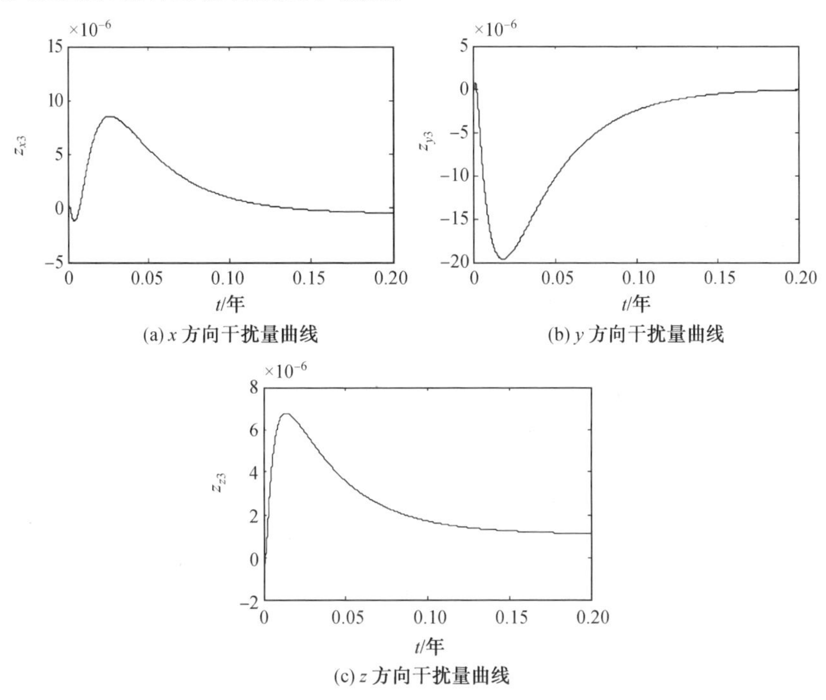

(a) x 方向干扰量曲线

(b) y 方向干扰量曲线

(c) z 方向干扰量曲线

图 8.9　编队控制扩张状态观测器的估计量

(2) 模型不精确时的控制效果。

针对主帆状态不能精确已知使得建模不精确的情况，即 f_{x0} 建模不准确时，对相对运动的控制效果进行分析。假设模型存在 10% 的偏差，$f'_{x0}=0.9f_{x0}$，即模型不精确时的轨迹和速度曲线如图 8.10 所示。

从图中可以看出，由于模型不精确，因此在轨迹转移的初始过程中 x 向和 z 向有较大的超调，但随着控制器的调节，逐渐消除偏差量，最后趋于目标轨道并保持稳定。对比模型精确时的轨迹曲线可知，当模型不精确时，轨迹转移时间明显增加，从 0.05 年增加到约 0.2 年。因此实现主帆和从帆良好的信息交互，可提高相对运动控制效率。

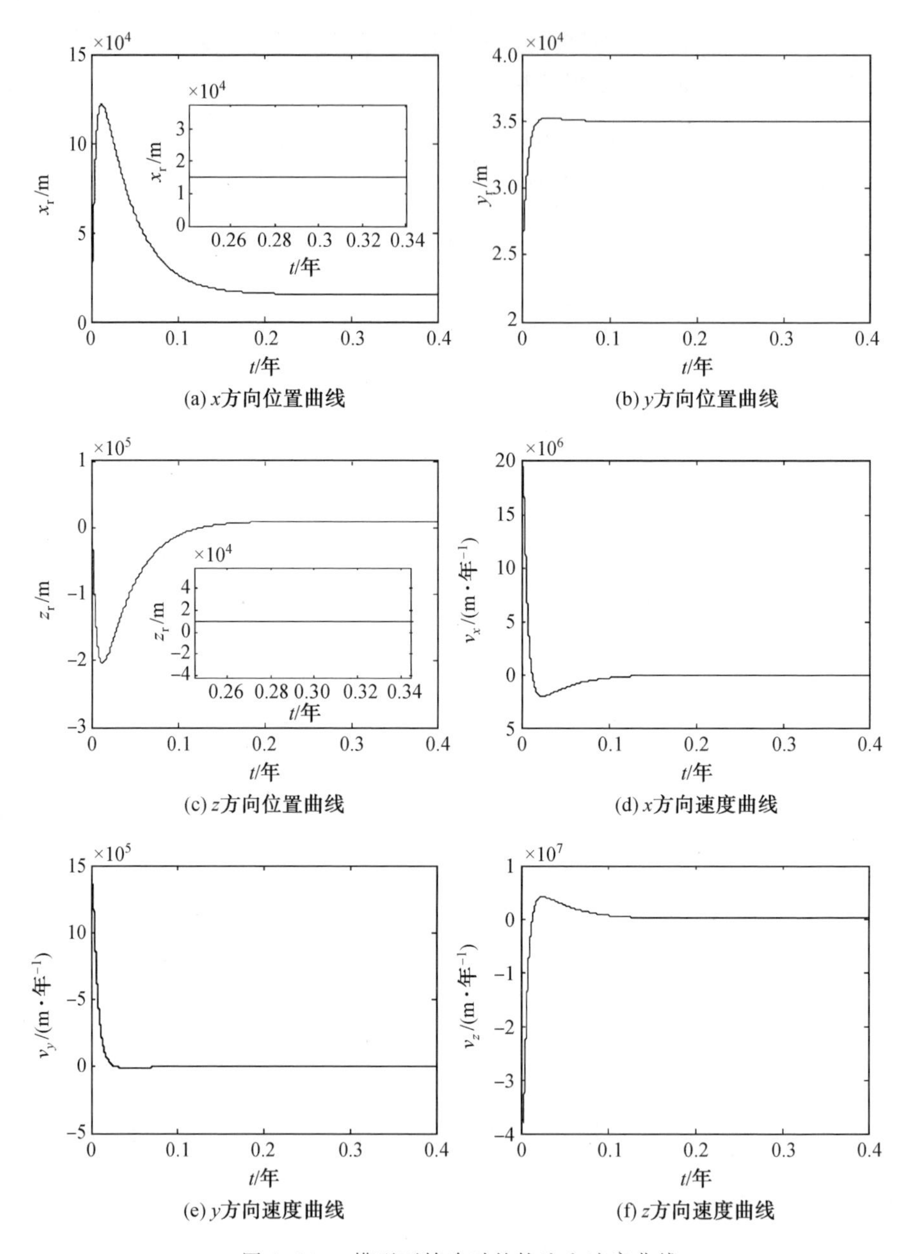

图 8.10　模型不精确时的轨迹和速度曲线

图 8.11 所示为模型不精确时的控制量。从帆的控制量满足实际的范围约束，随着从帆到达目标相对运动轨道，控制量不再变化，从帆在新轨道上稳定。β 角趋于 180°，y 方向控制量也趋于零。

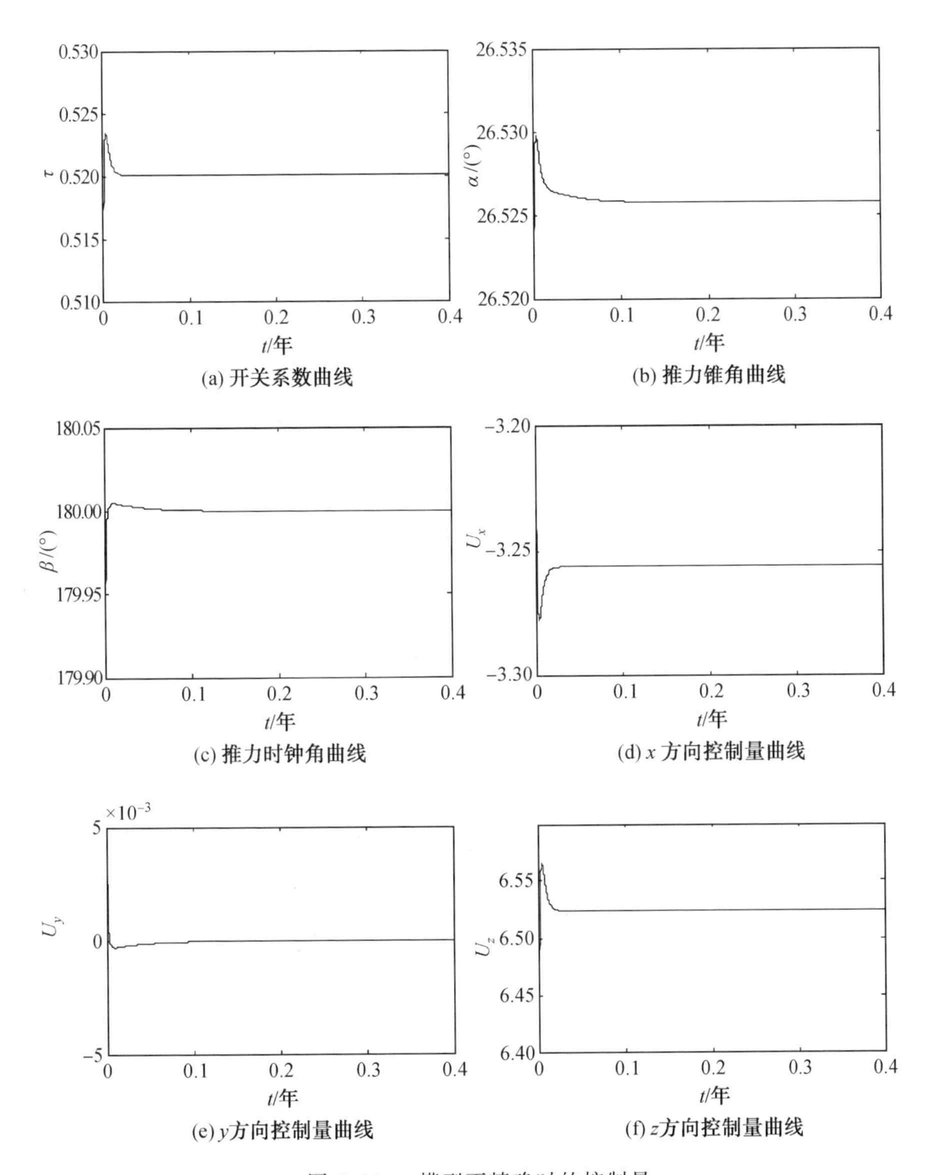

图 8.11　模型不精确时的控制量

图 8.12 所示为模型不精确时扩张状态观测器的估计量，相比于模型精确时的估计量，模型不精确时估计的扰动量明显增大。

通过以上分析可以看出，在模型不精确的情况下，即使调解过程中存在较大的超调量，自抗扰控制器仍能实现稳定控制。而对于编队分型控制，良好的信息交互和精确的建模可以使控制效果更好。

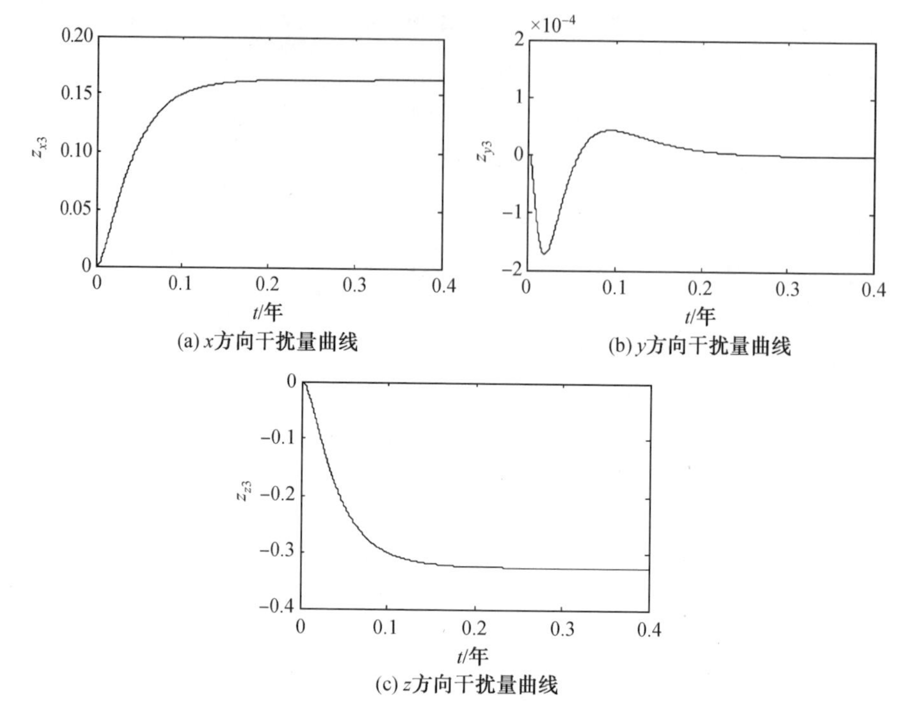

图 8.12　模型不精确时扩张状态观测器的估计量

8.6　本章小结

本章首先建立了双电动太阳风帆编队的相对运动方程，然后利用该方程分析了无相对控制的主帆和从帆编队的稳定性。将非线性模型线性化后，设计了线性二次型控制器，并将其应用于双帆编队飞行的控制。仿真结果表明，从帆相对于主帆的相对位置矢量在 3 个方向上都能实现精确控制，但在控制过程中，从帆在两个方向上的振荡比较严重。然后针对转速不能精确测量的情况，设计了自抗扰控制器。仿真结果表明，在转速未知、模型不准确的情况下，该方法具有较好的控制效果。分析结果表明，即使相对速度不可测，自抗扰控制器也能快速、准确地控制相对位置矢量；在速度未知并且模型有偏差的情况下，尽管控制过程有较大超调，最终仍能稳定到相对位置矢量期望值。

第 9 章

电动太阳风帆挠性—姿态—轨道耦合动力学及控制研究

9.1 基于绝对节点坐标法的姿态建模

自旋柔性结构在机械、航空、航天、能源等众多工程领域中有着广泛应用。在早期研究中，通常将这类自旋结构假设为刚体进行动力学分析。随着科技的不断发展及工业需求的不断提升，自旋结构越来越向轻柔化和大型化发展。例如，风力发电叶片、直升机旋翼，在其动力学分析中必须考虑结构的弹性变形。尤其是随着航天科技的不断发展，电动太阳风帆被视为未来深空探测的关键推进技术，而电动太阳风帆要通过自旋进行姿态保持，其中将有大范围旋转和大变形的强烈耦合。因此，有关这类具有大范围自旋转动的柔性结构动力学的研究，以及对这类结构动力学特性的分析，能够为航天事业提供重要的理论基础与参考依据，具有重要的工程应用价值，引起了人们的广泛关注。

由于同时发生刚体运动与弹性变形，并受到二者的相互耦合作用，因此经历大范围运动尤其是自旋运动的柔性结构的动力学特性分析变得非常复杂，传统的线性化建模方法将不再适用。

为了研究经历大范围运动尤其是自旋运动的柔性结构的动力学特性，学者们提出了一系列的方法。早期，学者们首先提出运动－弹性动力学方法，即KED(Kineto－Elasto－Dynamic) 方法。但该方法实质上是刚体系统动力学与结构动力学的简单叠加，并没有考虑刚体运动与弹性变形的相互耦合，无法满足工程中质量轻、速度快的机构分析需求。之后，人们提出了浮动坐标方法（又称为混合坐标方法）。该方法将柔性结构变形后的构型认为是固连其上的浮动标架大范围刚体运动与柔性结构相对于该标架小变形的叠加。由于该方法在柔性结构离散中过早地引入小变形假设，其本质上仅是一种零次近似模型。因此，此方法的适用范围是具有小转动、小变形的柔性结构动力学分析，在计算大转动问题时该方法不再适用，否则计算时将遇到发散的问题。为了解决这个问题，专家们考虑了由旋转产生的附加刚度项，提出了一次近似模型，可以成功模拟“动力刚化”现象。但这种模型中仍然引入了小变形假设，因此在计算结构大变形时，仍然会遇到发散的问题。

1996 年，Shabana 提出了绝对节点坐标法（Absolute Nodal Coordinate Formulation，ANCF），采用斜率矢量代替以前方法使用的转角坐标作为节点广义坐标，没有引入任何假设，因此被广泛应用于柔性多体系统的一些动力学分析中。同时由于该方法没有限制单元转动的大小，相比于以往的方法，ANCF 没有使用转角，而采用斜率矢量作为节点广义坐标。在该方法中，由于将单元中任意点的位置和变形都定义在全局坐标系下，因此得到的系统运动方程中的质量矩阵为常数，不含离心力和科氏力项，极大地方便了运动方程的求解。

在单元研究方面，Shabana 等人首先在每个单元节点上以该节点的位置矢量以及沿轴线的斜率矢量作为节点广义坐标，提出了基于 ANCF 的平面梁单元模型。还证明了采用该方法避免了传统有限元中发生刚体转动的单元内部应变不为零的问题，得到的单元能够精确地描述刚体转动。Berzeri 等人比较了 4 种基于不同假设的简化的平面梁单元，结果表明 ANCF 更适于对大转动、大变形问题的求解。

ANCF 单元节点坐标由位置矢量和该点的位置梯度矢量组成，每个单元含有 12 个坐标。ANCF 平面梁单元如图 9.1 所示。

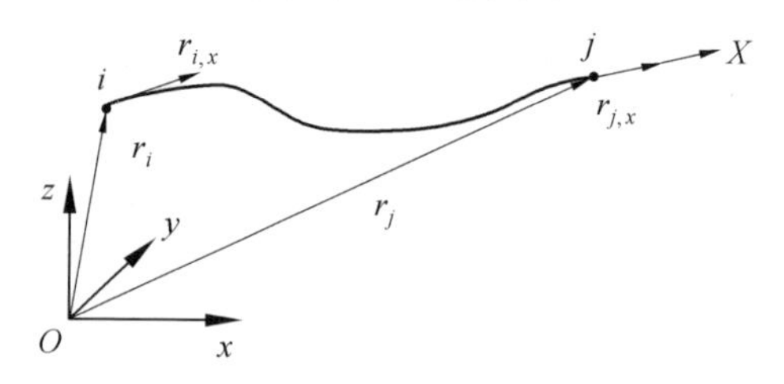

图 9.1　ANCF 平面梁单元

单元节点坐标为

$$\boldsymbol{q}_i = [q_1 \quad q_2 \quad q_3 \quad q_4 \quad q_5 \quad q_6] = \left[r_{ix} \quad r_{iy} \quad r_{iz} \quad \frac{\partial r_{ix}}{\partial x} \quad \frac{\partial r_{iy}}{\partial x} \quad \frac{\partial r_{iz}}{\partial x}\right] \tag{9.1}$$

其中，r_{ix}、r_{iy}、r_{iz} 为节点 i 在惯性坐标系下的位置坐标；$\frac{\partial r_{ix}}{\partial x}$、$\frac{\partial r_{iy}}{\partial x}$、$\frac{\partial r_{iz}}{\partial x}$ 为位置对 x 方向的偏导数。

则一个单元的坐标为

$$\boldsymbol{q}=[\boldsymbol{q}_1^{\mathrm{T}} \quad \boldsymbol{q}_2^{\mathrm{T}}]^{\mathrm{T}}=[\boldsymbol{r}^{\mathrm{T}}(0) \quad \boldsymbol{r}_x^{\mathrm{T}}(0) \quad \boldsymbol{r}^{\mathrm{T}}(L) \quad \boldsymbol{r}_x^{\mathrm{T}}(L)]^{\mathrm{T}} \tag{9.2}$$

其中，L 为一个单元的长度。

对绳索上任意物质点的空间位置坐标用 x 的三次多项式表示为

$$\begin{aligned}\boldsymbol{r}&=\begin{bmatrix} r_1 \\ r_2 \\ r_3 \end{bmatrix}=\begin{bmatrix} a_0+a_1x+a_2x^2+a_3x^3 \\ b_0+b_1x+b_2x^2+b_3x^3 \\ c_0+c_1x+c_2x^2+c_3x^3 \end{bmatrix}\\ &=[1 \quad x \quad x^2 \quad x^3]\cdot\begin{bmatrix} a_0 & a_1 & a_2 & a_3 \\ b_0 & b_1 & b_2 & b_3 \\ c_0 & c_1 & c_2 & c_3 \end{bmatrix}\\ &=\boldsymbol{P}(x)\cdot\boldsymbol{A}(t)\end{aligned} \tag{9.3}$$

其中，$\boldsymbol{P}(x)$ 是与空间位置相关的矢量；$\boldsymbol{A}(t)$ 是与时间相关的矩阵。而绝对节点坐标可用 $\boldsymbol{A}(t)$ 表示为

$$\boldsymbol{q}(t)=\boldsymbol{B}_{\mathrm{p}}\boldsymbol{A}(t) \tag{9.4}$$

其中，$\boldsymbol{B}_{\mathrm{p}}$ 是常数平方非奇异矩阵；$\boldsymbol{A}$ 是多项式系数矩阵。将式(9.4)代入式(9.3)有

$$\boldsymbol{r}(x,t)=\boldsymbol{P}(x)\boldsymbol{A}(t)=\boldsymbol{P}(x)\boldsymbol{B}_{\mathrm{p}}^{-1}\boldsymbol{q}(t) \tag{9.5}$$

也可以表示为如下单元形函数与节点坐标乘积的形式：

$$\boldsymbol{r}(x,t)=\boldsymbol{S}(x)\boldsymbol{q}(t) \tag{9.6}$$

单元形函数 $\boldsymbol{S}(x)$ 是关于物质坐标的函数，与时间无关，则

$$\boldsymbol{S}(x)=[S_1(x)\boldsymbol{E}_3 \quad S_2(x)\boldsymbol{E}_3 \quad S_3(x)\boldsymbol{E}_3 \quad S_4(x)\boldsymbol{E}_3] \tag{9.7}$$

$$\begin{cases} S_1(x)=1-3\xi^2+2\xi^3 \\ S_2(x)=L(\xi-2\xi^2+\xi^3) \\ S_3(x)=3\xi^2-2\xi^3 \\ S_4(x)=L(-\xi^2+\xi^3) \end{cases} \tag{9.8}$$

其中，$\xi=x/L$；$\boldsymbol{E}_3$ 为三阶单位矩阵。

由于形函数不随时间变化，由式(9.3)对时间求导可得单元速度场和加速度场为

$$\dot{\boldsymbol{r}}(x,t)=\boldsymbol{S}(x)\dot{\boldsymbol{q}}(t) \tag{9.9}$$

$$\ddot{\boldsymbol{r}}(x,t)=\boldsymbol{S}(x)\ddot{\boldsymbol{q}}(t) \tag{9.10}$$

对于 ANCF 缩减曲梁单元，其应变能分为两部分：一部分由中线的轴向变形

引起,另一部分由弯曲变形引起,具体表达式如下:

$$U=\frac{1}{2}\int_{0}^{L}(EA\varepsilon^{2}(x,t)+EI\kappa^{2}(x,t))\mathrm{d}x \tag{9.11}$$

其中,A 为梁截面面积;E 为材料弹性模量;I 为梁的抗弯刚度,ε 为轴向应变;κ 为曲梁当前状态的曲率。ε、κ 可以表示为

$$\varepsilon=\frac{1}{2}(\boldsymbol{r}'\cdot\boldsymbol{r}'-\boldsymbol{r}'_{0}\cdot\boldsymbol{r}'_{0}) \tag{9.12}$$

$$\kappa=\frac{\|\boldsymbol{r}'\times\boldsymbol{r}''\|}{\|\boldsymbol{r}'\|^{3}} \tag{9.13}$$

由空间曲线积分可得

$$\mathrm{d}s_{0}=\sqrt{\left(\frac{\partial r_{01}}{\partial\xi}\right)^{2}+\left(\frac{\partial r_{02}}{\partial\xi}\right)^{2}+\left(\frac{\partial r_{03}}{\partial\xi}\right)^{2}}\,\mathrm{d}\xi=|r_{0\xi}|\,\mathrm{d}\xi \tag{9.14}$$

曲梁单元 r_x 及 r_{xx} 的分量表达式可以写为

$$(r_x)_i=\frac{\partial r_i}{\partial s_0}=\frac{\partial r_i}{\partial\xi}\frac{\partial\xi}{\partial s_0}=\frac{1}{|r_{0\xi}|}\frac{\partial S_{ij}}{\partial\xi}q_j=H_{ij}q_j \tag{9.15}$$

$$(r_{xx})_i=\frac{\partial}{\partial s_0}\left(\frac{\partial r_i}{\partial\xi}\frac{\partial\xi}{\partial s_0}\right)=\frac{\partial^2 r_i}{\partial\xi^2}\,|\,r_{0\xi}\,|^{-2}=\frac{\partial^2 S_i j}{\partial\xi^2}\,|\,r_{0\xi}\,|^{-1}q_j=G_{ij}q_j \tag{9.16}$$

其中,$i=1,2,3$;$j=1,2,\cdots,12$。

应变可写为

$$\varepsilon=\frac{1}{2}(H_{ik}H_{im}q_kq_m-1)=\frac{1}{2}(\bar{H}_{km}q_kq_m-1) \tag{9.17}$$

其中,$k,m=1,2,\cdots,12$。

单元弹性力为应变能对广义坐标的偏导数,其分量形式为

$$F_i=\frac{\partial U}{\partial q_i}=P_i+Q_i \tag{9.18}$$

其中

$$P_i=EA\int_0^L\varepsilon\frac{\partial\varepsilon}{\partial q_i}\mathrm{d}x \tag{9.19}$$

$$Q_i=\frac{EI}{2}\left(\int_0^L\frac{\partial(\kappa^2)}{\partial q_i}\mathrm{d}x\right)\approx\frac{EI}{2}\left(\int_0^L\frac{\partial(r_{xx}{}^2)}{\partial q_i}\mathrm{d}x\right) \tag{9.20}$$

对弹性力的第一项进一步推导,得到

$$P_i=(\boldsymbol{K}_1)_{kmai}q_kq_mq_a-(\boldsymbol{K}_2)_{ia}q_a \tag{9.21}$$

其中

$$(\boldsymbol{K}_1)_{kmai}=\frac{EA}{2}\int_0^L\bar{H}_{km}\bar{H}_{ai}\,\mathrm{d}x \tag{9.22}$$

$$(\boldsymbol{K}_2)_{ai}=\frac{EA}{2}\int_0^L\bar{H}_{ai}\,\mathrm{d}x \tag{9.23}$$

其中，$k,m,a,i=1,2,\cdots,12$。从上式中可以看出 $\boldsymbol{K}_1$、$\boldsymbol{K}_2$ 均为常数矩阵，可提前计算得到，从而避免每次迭代过程中的重复计算。

采用隐式数值积分方法求解动力学方程还需计算弹性力对广义坐标的偏导数矩阵，即

$$\left(\frac{\partial \boldsymbol{P}}{\partial \boldsymbol{q}}\right)_{ij}=(\boldsymbol{K}_1)_{kmai}(\delta_j^k q_{\mathrm{m}} q_{\mathrm{a}}+\delta_j^m q_k q_{\mathrm{a}}+\delta_j^a q_{\mathrm{m}} q_k)-(\boldsymbol{K}_2)_{ij} \tag{9.24}$$

$$\frac{\partial Q_i}{\partial \boldsymbol{q}}=EI\int_0^l \boldsymbol{S}_{xx}^{\mathrm{T}}\boldsymbol{S}_{xx}\,\mathrm{d}x \tag{9.25}$$

其中，$\boldsymbol{S}_{xx}$ 为形函数对时间的二阶导数。

那么可得到单元弹性力为

$$F_i=\frac{\partial U}{\partial q_i}=P_i+Q_i \tag{9.26}$$

$$\boldsymbol{F}_i=\left(\frac{\partial \boldsymbol{P}}{\partial \boldsymbol{q}}+\frac{\partial \boldsymbol{Q}}{\partial \boldsymbol{q}}\right)\delta\boldsymbol{q}=\boldsymbol{K}_{\mathrm{f}}\delta\boldsymbol{q} \tag{9.27}$$

因此，可以得到刚度阵为

$$\boldsymbol{K}_{\mathrm{f}}=\frac{\partial \boldsymbol{P}}{\partial \boldsymbol{q}}+\frac{\partial \boldsymbol{Q}}{\partial \boldsymbol{q}} \tag{9.28}$$

太阳风的推力为

$$\boldsymbol{F}=\int_0^L \sigma\boldsymbol{u}_{\perp}\,\mathrm{d}x=\int_0^L \sigma\begin{bmatrix}-r_{1x}r_{2x}u\\-r_{2x}r_{3x}u\\(r_{1x}^2+r_{2x}^2)u\end{bmatrix}\mathrm{d}x \tag{9.29}$$

以及广义惯性力的虚功为

$$\begin{aligned}\delta\boldsymbol{W}_{\mathrm{I}}&=-\int_0^L \delta\boldsymbol{r}^{\mathrm{T}}(\rho A\ddot{\boldsymbol{r}})\mathrm{d}x\\&=-\int_0^L \delta\boldsymbol{q}^{\mathrm{T}}(\rho A\boldsymbol{S}_x^{\mathrm{T}}\boldsymbol{S}_x\ddot{\boldsymbol{q}})\mathrm{d}x\\&=-\delta\boldsymbol{q}^{\mathrm{T}}\boldsymbol{M}\ddot{\boldsymbol{q}}\end{aligned} \tag{9.30}$$

根据虚功原理建立电动太阳风帆系统动力学的方程，计算单元各个力虚功之和为

$$\delta\boldsymbol{W}_w=\delta\boldsymbol{W}_{\mathrm{I}}+\delta\boldsymbol{W}_{\mathrm{p}}=-\delta\boldsymbol{q}^{\mathrm{T}}\boldsymbol{M}\ddot{\boldsymbol{q}}+\delta\boldsymbol{q}^{\mathrm{T}}\boldsymbol{K}_q \tag{9.31}$$

将之前推导的太阳风推力、弹性力和惯性力模型代入，最后得到电动太阳风帆整体的动力学模型。

在多柔体系统动力学中，电动太阳风帆的拓扑结构属于多柔体簇系统，即多个柔体（带电金属链）连接在一个中心刚体（航天器本体）上，可通过将多根带电金属链模型组装（每根金属链的边界条件均不同），得出电动太阳风帆系统的动力学模型。基于单根柔性带电金属链太阳风环境下推力模型，通过理论推导和

数值模拟得出电动太阳风帆推力矢量与姿态、相对太阳距离及电压分布的关系，以及力矩矢量与姿态、相对太阳距离及电压分布的关系。取 12 根带电金属链组成的电动太阳风帆模型进行仿真。带电金属链基本参数见表 9.1，自转角速度为 0.002 rad/s 的帆面变化图如图 9.2 所示。

表 9.1　带电金属链基本参数

参数	数值
长度 /km	4
面积 /m^2	1.96×10^{-9}
单根金属链质量 /kg	0.06
弹性模量 /GPa	70
质量块质量 /kg	1.94
中心刚体质量 /kg	252
电压 /kV	25

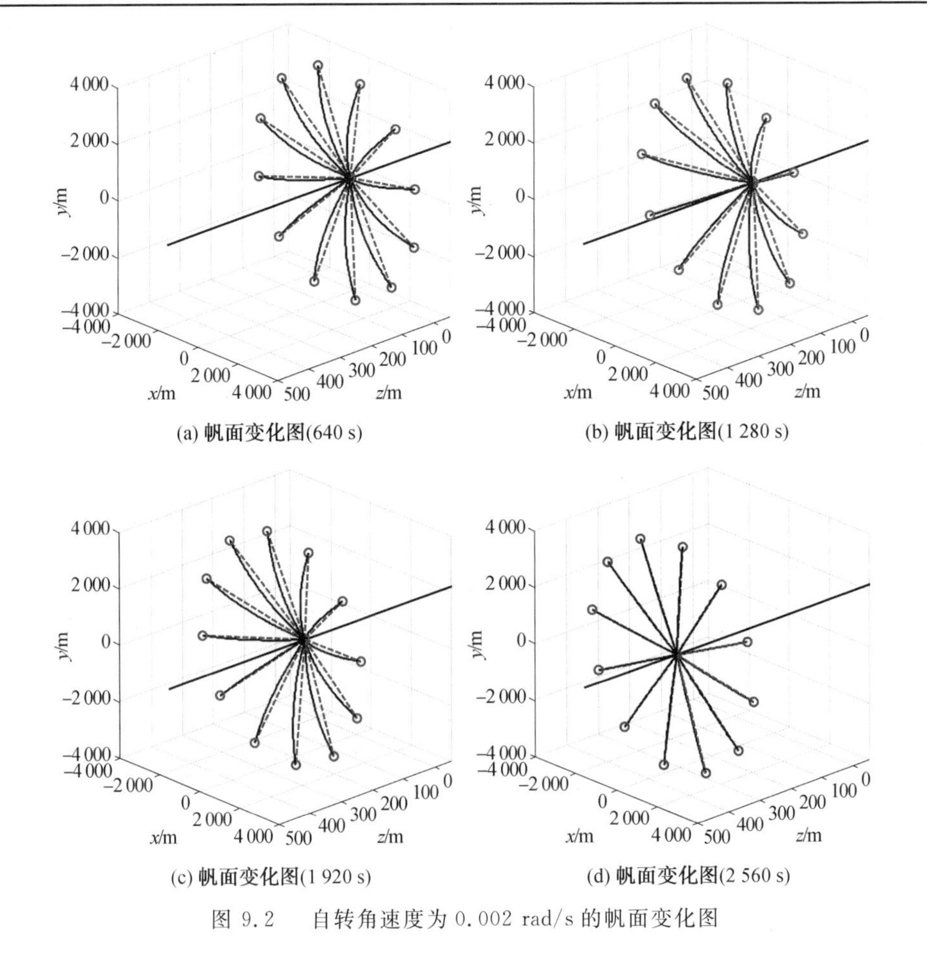

(a) 帆面变化图(640 s)　(b) 帆面变化图(1 280 s)

(c) 帆面变化图(1 920 s)　(d) 帆面变化图(2 560 s)

图 9.2　自转角速度为 0.002 rad/s 的帆面变化图

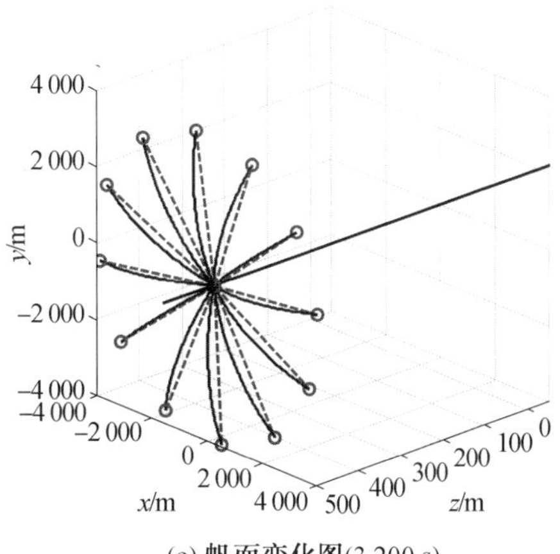

(e) 帆面变化图(3 200 s)

续图 9.2

由图 9.2 可见，电动太阳风帆面上带电金属链首先受力运动，由于两端的约束，金属链呈弯曲状，之后由于金属链的拉力，中心刚体和末端质量块开始运动，由于中心刚体质量大于质量块质量，质量块的运动一开始超前于中心刚体，之后由于金属链的拉力，质量块速度下降，中心刚体速度上升，最后又回归同一平面，完成一个周期。

自转角速度为 0.002 rad/s 与 0.003 rad/s 的对比曲线如图 9.3 所示。

随着旋转角速度的增加，带电金属链的振荡周期明显缩短。同时随着入射角度变小，z 轴方向的推力变小，位移变小。由于有 x 轴方向的分量，因此 x 轴方向有位移；由于自旋的原因，因此 y 轴方向的位移变化不大。

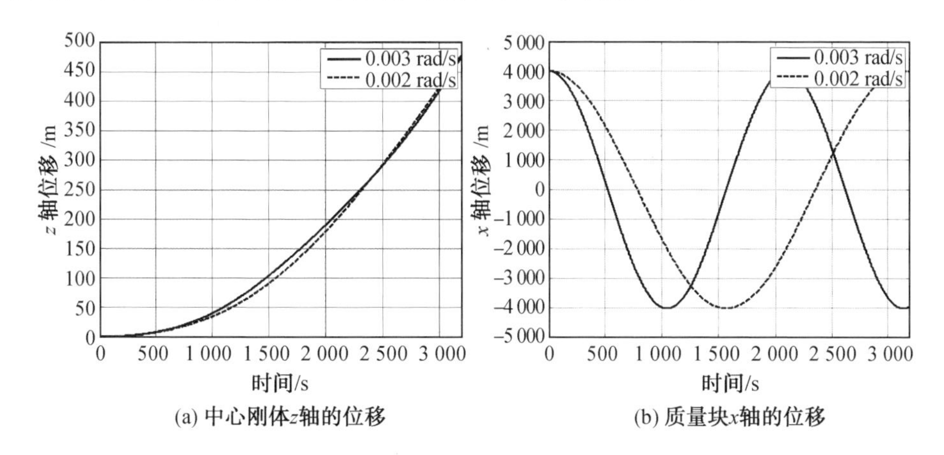

(a) 中心刚体z轴的位移　(b) 质量块x轴的位移

图 9.3　自转角速度为 0.002 rad/s 与 0.003 rad/s 的对比曲线

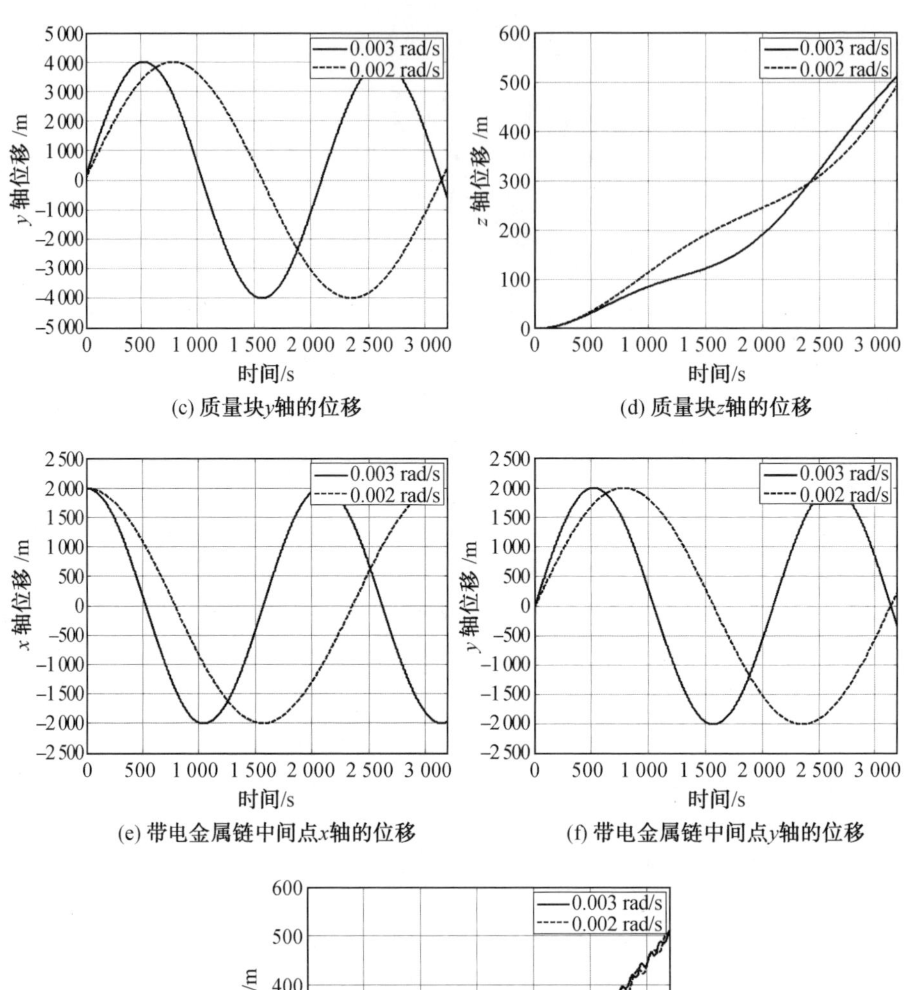

(c) 质量块y轴的位移

(d) 质量块z轴的位移

(e) 带电金属链中间点x轴的位移

(f) 带电金属链中间点y轴的位移

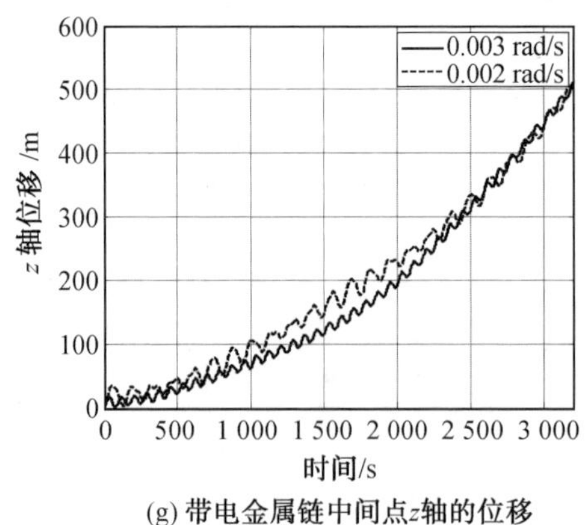

(g) 带电金属链中间点z轴的位移

续图 9.3

9.2　基于相对节点坐标法的姿态建模

几何精确法(GEF)和 ANCF 已成功实现,可以描述多体系统动力学中的可变形体。GEF 基于节点位移和旋转坐标的独立插值,而 ANCF 则强调节点位移和斜率的插值。两种配方均可应用于可变形体,如梁和板。一般认为,从 GEF 计算得出的结果要比从 ANCF 得出的结果更为准确,只要采用相同数量的广义坐标或是相同数量的元素即可。但是 ANCF 中的常数矩阵和弹性力的有效计算使得其可以在实践中快速解决问题。两种方法中的位置矢量都是在绝对坐标系中描述的,这可能会导致大距离行程中出现明显的舍入误差,尤其是在可变形体的应变较小且通过关节连接不同体的情况下。此外,在高速旋转方案中,绝对坐标描述可能会在计算中效率低下。在非惯性坐标系中开发 GEF 或 ANCF 在实践中可能非常有用。

这项工作的目的是开发一种描述可变形体的方法,该可变形体经历任意大距离的行进和/或任意大的旋转运动。考虑具有位置矢量 $\boldsymbol{r}(t)$ 和旋转矩阵 $\boldsymbol{A}(t)$ 的非惯性框架中的可变形体,非惯性框架称为参考坐标系(RCS)。在 RCS 中,材料粒子的位置矢量为 $\boldsymbol{p}(\boldsymbol{x},t)$,其中 $\boldsymbol{x}$ 标记粒子的材料坐标,并且绝对坐标系中的对应位置矢量为

$$\boldsymbol{r}(\boldsymbol{x},t)=\boldsymbol{r}(t)+\boldsymbol{A}(t)\boldsymbol{p}(\boldsymbol{x},t) \tag{9.32}$$

在 RCS 中,可变形体在空间上通过节点位置矢量和斜率离散化,就像在 ANCF 中那样,即

$$\boldsymbol{p}(\boldsymbol{x},t)=s^{\alpha}(\boldsymbol{x})\boldsymbol{q}_{\alpha}(t),\quad \alpha=1,2,\cdots,A \tag{9.33}$$

式(9.33)采用了爱因斯坦求和,其中 $3A$ 是 RCS 中可变形体的自由度数。通常,空间离散化是通过有限元方法执行的,但是全局试验功能也可以在某些情况下使用。应该指出的是空间离散化不代表一个有限元的空间离散化,而是为整个可变形体提供空间离散化。而且,通常将参考坐标系选择为与可变形体的牵引关节有关。

9.2.1　动能

$\boldsymbol{x}$ 标记的质点的速度可以根据如下公式计算:

$$\dot{\boldsymbol{r}}(\boldsymbol{x},t)=\dot{\boldsymbol{r}}(t)+s^{\alpha}(\boldsymbol{x})\boldsymbol{A}(t)\boldsymbol{v}_{\alpha}(t) \tag{9.34}$$

其中,RCS 中的角速度为 $\boldsymbol{\omega}(t)$,且

$$\widetilde{\boldsymbol{\omega}}=\boldsymbol{A}^{\mathrm{T}}\dot{\boldsymbol{A}}$$

$$\boldsymbol{v}_\alpha(t) = \dot{\boldsymbol{q}}_\alpha(t) + \boldsymbol{\omega}(t) \times \boldsymbol{q}_\alpha(t) \tag{9.35}$$

变形体的动能为

$$\boldsymbol{K} = \frac{1}{2}\iiint_v \rho(\boldsymbol{x})\dot{\boldsymbol{r}}(\boldsymbol{x},t) \cdot \dot{\boldsymbol{r}}(\boldsymbol{x},t)\mathrm{d}v = \frac{1}{2}m\dot{\boldsymbol{r}} \cdot \dot{\boldsymbol{r}} + d^\alpha \dot{\boldsymbol{r}} \cdot (\boldsymbol{A}\boldsymbol{v}_\alpha) + \frac{1}{2}\boldsymbol{M}^{\alpha\beta}\boldsymbol{v}_\alpha \cdot \boldsymbol{v}_\beta \tag{9.36}$$

其中

$$m = \iiint_v \rho(\boldsymbol{x})\mathrm{d}v, \quad d^\alpha = \iiint_v \rho(\boldsymbol{x})s^\alpha(\boldsymbol{x})\mathrm{d}v \tag{9.37}$$

$\boldsymbol{M}^{\alpha\beta}$代表 ANCF 中的恒定质量矩阵,且直接计算得

$$\boldsymbol{M}^{\alpha\beta} = \iiint_v \rho(\boldsymbol{x})s^\alpha(\boldsymbol{x})s^\beta(\boldsymbol{x})\mathrm{d}v$$

$$\frac{\mathrm{d}}{\mathrm{d}t}\frac{\partial \boldsymbol{K}}{\partial \dot{\boldsymbol{r}}^{\mathrm{T}}} - \frac{\partial \boldsymbol{K}}{\partial \boldsymbol{r}^{\mathrm{T}}} = m\ddot{\boldsymbol{r}} + d^\alpha \boldsymbol{A}\boldsymbol{a}_\alpha, \quad \frac{\mathrm{d}}{\mathrm{d}t}\frac{\partial \boldsymbol{K}}{\partial \dot{\boldsymbol{q}}_\alpha^{\mathrm{T}}} - \frac{\partial \boldsymbol{K}}{\partial \boldsymbol{q}_\alpha^{\mathrm{T}}} = d^\alpha \boldsymbol{A}^{\mathrm{T}}\ddot{\boldsymbol{r}} + \boldsymbol{M}^{\alpha\beta}\boldsymbol{a}_\beta \tag{9.38}$$

RCS 中的加速度是

$$\boldsymbol{a}_\alpha = \ddot{\boldsymbol{q}}_\alpha + 2\boldsymbol{\omega} \times \dot{\boldsymbol{q}}_\alpha + \dot{\boldsymbol{\omega}} \times \boldsymbol{q}_\alpha + \boldsymbol{\omega} \times (\boldsymbol{\omega} \times \boldsymbol{q}_\alpha) \tag{9.39}$$

假设用三分量参数 $\boldsymbol{\vartheta}$ 描述 $\boldsymbol{A}(t)$,使得角速度可以写成 $\boldsymbol{\omega} = D(\boldsymbol{\vartheta})\dot{\boldsymbol{\vartheta}}$,直接计算得出

$$\frac{\mathrm{d}}{\mathrm{d}t}\frac{\partial \boldsymbol{K}}{\partial^{\mathrm{T}}} - \frac{\partial \boldsymbol{K}}{\partial \boldsymbol{\vartheta}^{\mathrm{T}}} = \boldsymbol{D}^{\mathrm{T}}[d^\alpha \boldsymbol{q}_\alpha \times (\boldsymbol{A}^{\mathrm{T}}\boldsymbol{r}) + \boldsymbol{M}^{\alpha\beta}\boldsymbol{q}_\alpha \times \boldsymbol{a}_\beta] \tag{9.40}$$

9.2.2 弹性势能

假设物体的参考构型为 $\dot{\boldsymbol{r}}(\boldsymbol{x})$,并表示

$$\boldsymbol{G}(\boldsymbol{x},t) = \left(\frac{\partial \boldsymbol{p}}{\partial x}, \frac{\partial \boldsymbol{p}}{\partial y}, \frac{\partial \boldsymbol{p}}{\partial z}\right), \quad \dot{\boldsymbol{G}}(\boldsymbol{x}) = \left(\frac{\partial \dot{\boldsymbol{r}}}{\partial x}, \frac{\partial \dot{\boldsymbol{r}}}{\partial y}, \frac{\partial \dot{\boldsymbol{r}}}{\partial z}\right) \tag{9.41}$$

位置矢量相对于 $\boldsymbol{x}$ 的梯度为

$$\nabla \boldsymbol{r}(\boldsymbol{x},t) = \boldsymbol{A}(t)\boldsymbol{G}(\boldsymbol{x},t), \quad \nabla \dot{\boldsymbol{r}}(\boldsymbol{x}) = \dot{\boldsymbol{G}}(\boldsymbol{x}) \tag{9.42}$$

变形梯度可以通过下式得到:

$$\boldsymbol{F}(\boldsymbol{x},t) = (\nabla \boldsymbol{r})(\nabla \dot{\boldsymbol{r}})^{-1} = \boldsymbol{A}(t)\boldsymbol{G}(\boldsymbol{x},t)\dot{\boldsymbol{G}}^{-1}(\boldsymbol{x}) \tag{9.43}$$

然后,柯西-格林应变张量可以写成

$$\begin{aligned} \boldsymbol{\varepsilon}(\boldsymbol{x},t) &= \frac{1}{2}(\boldsymbol{F}^{\mathrm{T}} \cdot \boldsymbol{F} - \boldsymbol{I}) \\ &= \frac{1}{2}\dot{\boldsymbol{G}}(\boldsymbol{x})[\boldsymbol{G}^{\mathrm{T}}(\boldsymbol{x},t) \cdot \boldsymbol{G}(\boldsymbol{x},t) - \dot{\boldsymbol{G}}^{\mathrm{T}}(\boldsymbol{x}) \cdot \dot{\boldsymbol{G}}(\boldsymbol{x})]\dot{\boldsymbol{G}}^{-1}(\boldsymbol{x}) \end{aligned} \tag{9.44}$$

此外,可以将应变张量的空间离散化写为

$$\boldsymbol{\varepsilon}(\boldsymbol{x},t) = \boldsymbol{S}^{\alpha\beta}(\boldsymbol{x})Q_{\alpha\beta}(t) \tag{9.45}$$

其中

$$\boldsymbol{S}^{\alpha\beta}(\boldsymbol{x})=\dot{\boldsymbol{G}}(\boldsymbol{x})\left(\frac{\partial s^{\alpha}(\boldsymbol{x})}{\partial \boldsymbol{x}}\right)^{\mathrm{T}}\left(\frac{\partial s^{\beta}(\boldsymbol{x})}{\partial \boldsymbol{x}}\right)\dot{\boldsymbol{G}}^{-1}(\boldsymbol{x})$$
$$Q_{\alpha\beta}(t)=\frac{1}{2}(\boldsymbol{q}_{\alpha}(t)\cdot\boldsymbol{q}_{\beta}(t)-\dot{\boldsymbol{q}}_{\alpha}\cdot\dot{\boldsymbol{q}}_{\beta}) \tag{9.46}$$

(1) 对于线性弹性材料，假设刚度张量为 $\boldsymbol{C}(x)$，则可以通过以下公式计算弹性势能：

$$U=\frac{1}{2}\iiint_{v}\boldsymbol{\varepsilon}(\boldsymbol{x},t):\boldsymbol{C}(\boldsymbol{x}):\boldsymbol{\varepsilon}(\boldsymbol{x},t)\,\mathrm{d}v=\frac{1}{2}k^{\alpha\beta\mu v}Q_{\alpha\beta}(t)Q_{\mu v}(t) \tag{9.47}$$

其中，v 标记参考配置中可变形体的体积，并且

$$k^{\alpha\beta\mu v}=\iiint_{v}\boldsymbol{S}^{\alpha\beta}(\boldsymbol{x}):\boldsymbol{C}(\boldsymbol{x}):\boldsymbol{S}^{\mu v}(\boldsymbol{x})\,\mathrm{d}v \tag{9.48}$$

为了抑制高频数值振荡，可以将弹性势能的变化写为

$$\delta U=k_{\alpha\beta\mu v}(Q_{\mu v}+c\dot{Q}_{\mu v})\delta Q_{\alpha\beta} \tag{9.49}$$

其中，c 是黏弹性阻尼系数。因此，广义弹性力为

$$\boldsymbol{F}_{\mathrm{e}}^{\alpha}=k^{\alpha\beta\mu v}(Q_{\mu v}+c\dot{Q}_{\mu v})\boldsymbol{q}_{\beta} \tag{9.50}$$

(2) 对于非线性弹性材料，假设弹性势能密度为 $\boldsymbol{W}(E)$，第二个皮奥拉－基尔霍夫应力张量为

$$\boldsymbol{\sigma}(\boldsymbol{x},t)=\frac{\partial \boldsymbol{W}}{\partial \varepsilon} \tag{9.51}$$

为了抑制高频振荡，可以将广义弹力写为

$$\boldsymbol{F}_{\mathrm{e}}^{\alpha}=\iiint_{v}[\boldsymbol{\sigma}(\boldsymbol{x},t)+c\dot{\boldsymbol{\sigma}}(\boldsymbol{x},t)]:\boldsymbol{S}^{\alpha\beta}(\boldsymbol{x})\,\mathrm{d}v\,\boldsymbol{q}_{\beta} \tag{9.52}$$

其中，相应应力率张量的 (i,j) 分量为

$$\dot{\boldsymbol{\sigma}}^{ij}(\boldsymbol{x},t)=\frac{\partial^{2}\boldsymbol{W}}{\partial \varepsilon_{ij}\partial \varepsilon_{kl}}\dot{\varepsilon}_{kl} \tag{9.53}$$

则弹性势能的变化可以写为

$$\delta U=\delta\boldsymbol{q}_{\alpha}\cdot\boldsymbol{F}_{\mathrm{e}}^{\alpha} \tag{9.54}$$

其中，$\boldsymbol{F}_{\mathrm{e}}^{\alpha}$ 可以视为式(9.50)、式(9.52)中的任意一个量。实际上，为了提取仿真中的稀疏度，将柔性主体划分为有限元，并在每个要素中执行上述计算。然后根据相应的单元弹力组装 $\boldsymbol{F}_{\mathrm{e}}^{\alpha}$，$\boldsymbol{F}_{\mathrm{e}}^{\alpha}$ 的表达式用于 ANCF 中。

9.2.3　虚功

假设在可变形体上施加的力为 $f(\boldsymbol{x},t)$，这在 RCS 中提供，并且绝对坐标系中的相应表达式可以写为 $\boldsymbol{A}(t)f(\boldsymbol{x},t)$。通过施加力完成的虚拟功为

$$\delta W=\iiint_{v}\delta\boldsymbol{r}(\boldsymbol{x},t)\cdot[\boldsymbol{A}(t)f(\boldsymbol{x},t)]\,\mathrm{d}v=\delta\boldsymbol{r}\cdot\boldsymbol{F}+\delta\boldsymbol{q}_{\alpha}\cdot\boldsymbol{Q}^{\alpha}+\delta\boldsymbol{\pi}\cdot(\boldsymbol{q}_{\alpha}\times\boldsymbol{Q}^{\alpha}) \tag{9.55}$$

其中,$\delta\boldsymbol{\pi}$ 是 RCS 中方向的无穷小变化,即 $\widetilde{\delta\boldsymbol{\pi}}=\boldsymbol{A}^{\mathrm{T}}\delta\boldsymbol{A}$,且

$$\boldsymbol{F}(t)=\boldsymbol{A}(t)\iiint_{v}f(\boldsymbol{x},t)\mathrm{d}v,\quad \boldsymbol{Q}^{\alpha}(t)=\iiint_{v}s^{\alpha}(\boldsymbol{x})f(\boldsymbol{x},t)\mathrm{d}v \tag{9.56}$$

9.2.4 控制方程

假设通过约束方程将实体安装到如下多体系统:

$$\boldsymbol{C}(\boldsymbol{r},\boldsymbol{A},\boldsymbol{q}_{\alpha},\boldsymbol{q}^{\circ},t)=\boldsymbol{0} \tag{9.57}$$

其中,$\boldsymbol{q}^{\circ}$ 是多体系统中其他零件的广义坐标。

离散的控制方程可以从拉格朗日方程及其等式中得出,即

$$m\ddot{\boldsymbol{r}}+d^{\alpha}\boldsymbol{A}\boldsymbol{a}_{\alpha}+\left(\frac{\partial\boldsymbol{C}}{\partial\boldsymbol{r}}\right)^{\mathrm{T}}\lambda=\boldsymbol{F} \tag{9.58}$$

其中,$\boldsymbol{a}_{\alpha}$ 与式(9.39)相同。

旋转方程为

$$d^{\alpha}\boldsymbol{q}_{\alpha}\times(\boldsymbol{A}^{\mathrm{T}}\boldsymbol{i})+M^{\alpha\beta}\boldsymbol{q}_{\alpha}\times\boldsymbol{a}_{\beta}+\left(\frac{\partial\boldsymbol{C}}{\partial\boldsymbol{\pi}}\right)^{\mathrm{T}}\lambda=\boldsymbol{q}_{\alpha}\times\boldsymbol{Q}^{\alpha} \tag{9.59}$$

可以从式(9.39)得出。

变形方程为

$$d^{\alpha}\boldsymbol{A}^{\mathrm{T}}\boldsymbol{r}+M^{\alpha\beta}\boldsymbol{a}_{\beta}+\boldsymbol{F}_{\mathrm{e}}^{\alpha}+\left(\frac{\partial\boldsymbol{C}}{\partial\boldsymbol{q}_{\alpha}}\right)^{\mathrm{T}}\lambda=\boldsymbol{Q}^{\alpha},\quad \alpha=1,2,\cdots,A \tag{9.60}$$

控制方程式是从带约束的拉格朗日方程式推导出来的,它们是这项工作中的基本方程式。可变形体在参考坐标系中通过节点坐标和斜率在空间上离散,并且将当前方法称为参考节点坐标公式(RNCF)。

9.2.5 讨论

控制方程在多体系统动力学中是通用的,可以从它们得出刚体和柔性体的控制方程。

1. 刚体

刚体的体坐标系自动为其 RCS,节点位置矢量 $\boldsymbol{q}_{\alpha}=\boldsymbol{q}_{\alpha}^{\circ}$是常数矢量。因此,节点的加速度为

$$\boldsymbol{a}_{\alpha}=\dot{\boldsymbol{\omega}}\times\boldsymbol{q}_{\alpha}^{\circ}+\boldsymbol{\omega}\times(\boldsymbol{\omega}\times\boldsymbol{q}_{\alpha}^{\circ}) \tag{9.61}$$

直接计算收益得

$$d^{\alpha}\boldsymbol{a}_{\alpha}=m[\dot{\boldsymbol{\omega}}\times\boldsymbol{r}_{\mathrm{c}}^{\circ}+\boldsymbol{\omega}\times(\boldsymbol{\omega}\times\boldsymbol{r}_{\mathrm{c}}^{\circ})],\quad \boldsymbol{M}^{\alpha\beta}\boldsymbol{q}_{\alpha}\times\boldsymbol{a}_{\beta}=\boldsymbol{J}\dot{\boldsymbol{\omega}}+\boldsymbol{\omega}\times(\dot{\boldsymbol{J}}\boldsymbol{\omega}) \tag{9.62}$$

其中,$\boldsymbol{r}_{\mathrm{c}}^{\circ}$表示 RCS 中刚体的质心;$\dot{\boldsymbol{J}}$ 是 RCS 中刚体的旋转惯性张量。$\boldsymbol{r}_{\mathrm{c}}^{\circ}$和 $\boldsymbol{J}$ 可以通过以下公式估算:

$$m\boldsymbol{r}_{\mathrm{c}}^{\circ}=\iiint_{v}\rho(\boldsymbol{x})\boldsymbol{r}^{\circ}(\boldsymbol{x})\mathrm{d}v=d^{\alpha}\boldsymbol{q}_{\alpha}^{\circ},\quad \boldsymbol{J}=\iiint_{v}\rho(\boldsymbol{x})\boldsymbol{r}^{\circ\mathrm{T}}(\boldsymbol{x})\widetilde{\boldsymbol{r}}^{\circ}(\boldsymbol{x})\mathrm{d}v=\boldsymbol{M}^{\alpha\beta}\widetilde{\boldsymbol{q}}^{\circ\mathrm{T}}{}_{\alpha}\widetilde{\boldsymbol{q}}_{\beta}^{\circ} \tag{9.63}$$

控制方程变为

$$\begin{cases} m\ddot{\boldsymbol{r}}+m\boldsymbol{A}[\dot{\boldsymbol{\omega}}\times\boldsymbol{r}_{\mathrm{c}}^{\circ}+\boldsymbol{\omega}\times(\boldsymbol{\omega}\times\boldsymbol{r}_{\mathrm{c}}^{\circ})]+\left(\dfrac{\partial\boldsymbol{C}}{\partial\boldsymbol{r}}\right)^{\mathrm{T}}\lambda=\boldsymbol{F} \\ m\boldsymbol{r}_{\mathrm{c}}^{\circ}\times(\boldsymbol{A}^{\mathrm{T}}\ddot{\boldsymbol{r}})+\dot{\boldsymbol{J}}\dot{\boldsymbol{\omega}}+\boldsymbol{\omega}\times(\dot{\boldsymbol{J}}\boldsymbol{\omega})+\left(\dfrac{\partial\boldsymbol{C}}{\partial\boldsymbol{\pi}}\right)^{\mathrm{T}}\lambda=\boldsymbol{t} \end{cases} \tag{9.64}$$

式(9.64)是受约束的刚体的运动方程，其中参考坐标系中的施加扭矩可以通过

$$\boldsymbol{t}=\iiint_{v}\{\boldsymbol{A}^{\mathrm{T}}(t)[\boldsymbol{r}(\boldsymbol{x},t)-\boldsymbol{r}(t)]\}\times\boldsymbol{f}(\boldsymbol{x},t)\mathrm{d}v=\boldsymbol{q}_{\alpha}^{\circ}\times\boldsymbol{Q}^{\alpha}(t) \tag{9.65}$$

当 RCS 的原点与刚体的质心重合时，使得 $\boldsymbol{r}_{\mathrm{c}}^{\circ}=0$，则控制方程变为具有约束的欧拉－庞加莱方程，即

$$m\ddot{\boldsymbol{r}}+\left(\frac{\partial\boldsymbol{C}}{\partial\boldsymbol{r}}\right)^{\mathrm{T}}\lambda=\boldsymbol{F},\quad \dot{\boldsymbol{J}}\dot{\boldsymbol{\omega}}+\boldsymbol{\omega}\times(\dot{\boldsymbol{J}}\boldsymbol{\omega})+\left(\frac{\partial\boldsymbol{C}}{\partial\boldsymbol{\pi}}\right)^{\mathrm{T}}\lambda=\boldsymbol{t} \tag{9.66}$$

2. 浮动参考系

如果可变形体内的位移较小，则位置矢量可以写为

$$\boldsymbol{q}_{\alpha}(t)=\boldsymbol{q}_{\alpha}^{\circ}+\boldsymbol{u}_{\alpha}(t),\quad \boldsymbol{u}_{\alpha}(t)=\boldsymbol{\phi}_{\alpha}^{i}p_{i}(t),\quad \boldsymbol{\phi}_{\alpha}^{i}=\boldsymbol{\varphi}^{i}(\boldsymbol{x}_{\alpha}),i=1,2,\cdots,K \tag{9.67}$$

其中，位移 $\boldsymbol{u}_{\alpha}$ 用模态坐标 $\boldsymbol{\varphi}^{i}(x)$ 表示；$\boldsymbol{x}_{\alpha}$ 标记与未变形的节点坐标对应的质点 $\boldsymbol{q}_{\alpha}^{\circ}=\boldsymbol{r}^{\circ}(x_{\alpha})$，还采用了爱因斯坦求和约定。通过直接计算，运动方程变为

$$\begin{aligned} &m\ddot{\boldsymbol{r}}+\boldsymbol{A\Phi}\ddot{\boldsymbol{p}}-\boldsymbol{A}[(m\boldsymbol{r}_{\mathrm{c}}^{\circ}+\boldsymbol{\Phi p})\times\dot{\boldsymbol{\omega}}]+\boldsymbol{A}\{\boldsymbol{\omega}\times \\ &[2\boldsymbol{\Phi}\dot{\boldsymbol{p}}+\boldsymbol{\omega}\times(m\boldsymbol{r}_{\mathrm{c}}^{\circ}+\boldsymbol{\Phi p})]\}+\left(\frac{\partial\boldsymbol{C}}{\partial\boldsymbol{r}}\right)^{\mathrm{T}}\lambda=\boldsymbol{F} \end{aligned} \tag{9.68}$$

其中，$\boldsymbol{r}_{\mathrm{c}}^{\circ}$像式(9.63)中那样约束刚性质心。

$$\begin{gathered} \boldsymbol{\varphi}^{i}=\iiint_{v}\rho(\boldsymbol{x})\boldsymbol{\varphi}^{i}(\boldsymbol{x})\mathrm{d}v=d^{\alpha}\boldsymbol{\phi}_{\alpha}^{i},\quad \boldsymbol{\Phi}=[\boldsymbol{\varphi}^{1}\quad \boldsymbol{\varphi}^{2}\quad \cdots\quad \boldsymbol{\varphi}^{K}] \\ \boldsymbol{p}=[p_{1}\quad p_{2}\quad \cdots\quad p_{K}]^{\mathrm{T}} \end{gathered} \tag{9.69}$$

运动方程式变为

$$\begin{aligned} &(m\boldsymbol{r}_{\mathrm{c}}^{\circ}+\boldsymbol{\Phi p})\times(\boldsymbol{A}^{\mathrm{T}}\boldsymbol{r})+\boldsymbol{J}\dot{\boldsymbol{\omega}}+(\boldsymbol{\gamma}^{i}-\boldsymbol{\eta}^{ij}p_{j})\ddot{p}_{i}+ \\ &\boldsymbol{\omega}\times(\boldsymbol{J\omega})+2\dot{p}_{i}(\boldsymbol{\Omega}^{i}+\boldsymbol{Y}^{ij}p_{j})\boldsymbol{\omega}+\left(\frac{\partial\boldsymbol{C}}{\partial\boldsymbol{\pi}}\right)^{\mathrm{T}}\lambda=t \end{aligned} \tag{9.70}$$

其中

$$
\begin{cases}
\boldsymbol{\gamma}^i = \iiint_v \rho(\boldsymbol{x})\,\widetilde{\boldsymbol{r}}^{\circ}(\boldsymbol{x})\,\boldsymbol{\phi}^i(x)\,\mathrm{d}v = \boldsymbol{M}^{\alpha\beta} q_\alpha^\circ \times \boldsymbol{\phi}_\beta^i \\
\boldsymbol{\eta}^{ij} = \iiint_v \rho(\boldsymbol{x})\,\boldsymbol{\varphi}^i(\boldsymbol{x}) \times \boldsymbol{\varphi}^j(\boldsymbol{x})\,\mathrm{d}v = \boldsymbol{M}^{\alpha\beta}\boldsymbol{\phi}_\alpha^i \times \boldsymbol{\varphi}_\beta^j \\
\boldsymbol{\Omega}^i = \iiint_v \rho(\boldsymbol{x})\,\widetilde{\boldsymbol{r}}^{\circ\mathrm{T}}(\boldsymbol{x})\,\widetilde{\boldsymbol{\varphi}}^i(\boldsymbol{x})\,\mathrm{d}v = \boldsymbol{M}^{\alpha\beta}\,\widetilde{\boldsymbol{q}}_\alpha^{\circ\mathrm{T}}\,\widetilde{\boldsymbol{\varphi}}_\beta^i \\
\boldsymbol{Y}^{ij} = \iiint_v \rho(\boldsymbol{x})\,\widetilde{\boldsymbol{\varphi}}^{i\mathrm{T}}(\boldsymbol{x})\,\widetilde{\boldsymbol{\varphi}}^j(\boldsymbol{x})\,\mathrm{d}v = \boldsymbol{M}^{\alpha\beta}\,\widetilde{\boldsymbol{\varphi}}_\alpha^{j\mathrm{T}}\,\widetilde{\boldsymbol{\varphi}}_\beta^j
\end{cases}
\tag{9.71}
$$

且当前旋转惯性张量 $\boldsymbol{j} = \dot{\boldsymbol{j}} + p_i(\boldsymbol{\Omega}^i + \boldsymbol{\Omega}^{i\mathrm{T}}) + \boldsymbol{Y}^{ij} p_i p_j$，则 $\boldsymbol{j}$ 为等式中的刚性旋转惯性张量。运动方程变为

$$
\boldsymbol{\varphi}^{i\mathrm{T}}\boldsymbol{A}^{\mathrm{T}}\ddot{r} + (\boldsymbol{\gamma}^i - \boldsymbol{\eta}^{ij}p_j)^{\mathrm{T}}\dot{\boldsymbol{\omega}} + \boldsymbol{I}^{ij}\ddot{p}_j - 2\boldsymbol{\omega}^{\mathrm{T}}\boldsymbol{\eta}^{ij}\dot{p}_j - \boldsymbol{\omega}^{\mathrm{T}}(\boldsymbol{\Omega}^i + \boldsymbol{Y}^{ij}p_j)^{\mathrm{T}}\boldsymbol{\omega} + \boldsymbol{F}_{\mathrm{e}}^i + \left(\frac{\partial \boldsymbol{C}}{\partial p_i}\right)^{\mathrm{T}}\lambda = \boldsymbol{Q}^i, \quad i = 1,2,\cdots,K
\tag{9.72}
$$

这里可以考虑 $\boldsymbol{F}_{\mathrm{e}}^i$ 中的几何非线性效应，并且

$$
\begin{cases}
I^{ij} = \iiint_v \rho(\boldsymbol{x})\,\boldsymbol{\varphi}^{i\mathrm{T}}(\boldsymbol{x})\,\boldsymbol{\varphi}^j(\boldsymbol{x})\,\mathrm{d}v = \boldsymbol{M}^{\alpha\beta}\boldsymbol{\phi}_\alpha^i \cdot \boldsymbol{\varphi}_\beta^j \\
Q^i(t) = \iiint_v \boldsymbol{\varphi}^{i\mathrm{T}}(\boldsymbol{x})\,\boldsymbol{f}(\boldsymbol{x},t)\,\mathrm{d}v = \boldsymbol{\phi}_\alpha^i \cdot \boldsymbol{Q}^\alpha(t)
\end{cases}
\tag{9.73}
$$

控制方程式在数学上等效于参考方法的浮动坐标系，并提供了具有小或中度变形和大旋转的柔性体的运动方程。

实际上，与节点坐标相比，位移随时间变化较小，有

$$
\boldsymbol{q}_\alpha(t) \approx \boldsymbol{q}_\alpha^\circ, \quad \boldsymbol{v}_\alpha \approx \dot{\boldsymbol{u}}_\alpha + \boldsymbol{\omega} \times \boldsymbol{q}_\alpha^\circ, \quad \boldsymbol{a}_\alpha \approx \ddot{\boldsymbol{u}}_\alpha + 2\boldsymbol{\omega} \times \dot{\boldsymbol{u}}_\alpha + \dot{\boldsymbol{\omega}} \times \boldsymbol{q}_\alpha^\circ + \boldsymbol{\omega} \times (\boldsymbol{\omega} \times \boldsymbol{q}_\alpha^\circ)
\tag{9.74}
$$

运动方程式(9.68)变为

$$
m\boldsymbol{A}^{\mathrm{T}}\ddot{\boldsymbol{r}} - m\boldsymbol{r}_{\mathrm{c}}^\circ \times \dot{\boldsymbol{\omega}} + \boldsymbol{\Phi}\ddot{\boldsymbol{p}} + \boldsymbol{\omega} \times (2\boldsymbol{\Phi}\dot{\boldsymbol{p}} + m\boldsymbol{\omega} \times \boldsymbol{r}_{\mathrm{c}}^\circ) + \boldsymbol{A}^{\mathrm{T}}\left(\frac{\partial \boldsymbol{C}}{\partial \boldsymbol{r}}\right)^{\mathrm{T}}\lambda = \boldsymbol{A}^{\mathrm{T}}\boldsymbol{F}
\tag{9.75}
$$

运动方程式(9.70)变为

$$
m\boldsymbol{r}_{\mathrm{c}}^\circ \times (\boldsymbol{A}^{\mathrm{T}}\ddot{\boldsymbol{r}}) + \dot{\boldsymbol{J}}\dot{\boldsymbol{\omega}} + \boldsymbol{\Gamma}\ddot{p} + \boldsymbol{\omega} \times (\dot{\boldsymbol{J}}\boldsymbol{\omega}) + 2\dot{p}_i\boldsymbol{\Omega}^i\boldsymbol{\omega} + \left(\frac{\partial \boldsymbol{C}}{\partial \boldsymbol{\pi}}\right)^{\mathrm{T}}\lambda = t
\tag{9.76}
$$

其中

$$
\boldsymbol{\Gamma} = [\gamma^1 \quad \gamma^1 \quad \cdots \quad \gamma^K]
\tag{9.77}
$$

$$
\boldsymbol{\varphi}^{i\mathrm{T}}\boldsymbol{A}^{\mathrm{T}}\ddot{\boldsymbol{r}} + \boldsymbol{\gamma}^{i\mathrm{T}}\dot{\boldsymbol{\omega}} + \boldsymbol{I}^{ij}\ddot{p}_j - 2\boldsymbol{\omega}^{\mathrm{T}}\boldsymbol{\eta}^{ij}\dot{p}_j - \boldsymbol{\omega}^{\mathrm{T}}\boldsymbol{\Omega}^i\boldsymbol{\omega} + \boldsymbol{F}_{\mathrm{e}}^i + \left(\frac{\partial \boldsymbol{C}}{\partial p_i}\right)^{\mathrm{T}}\boldsymbol{\lambda} = \boldsymbol{Q}^i, \quad i = 1,2,\cdots,K
\tag{9.78}
$$

其中，$\boldsymbol{F}_e^i$ 是根据线性弹性计算得出的。在这种简化中，将不计算最复杂的参数 $\boldsymbol{Y}^{ij}$。此外，应该指出的是，如果将 $\boldsymbol{A}^{\mathrm{T}}\ddot{\boldsymbol{r}}$、$\dot{\boldsymbol{\omega}}$、$\ddot{p}$ 作为加速度变量，则方程式中相应的质量矩阵实际上是一个常数矩阵，在实践中可能有用。

9.2.6　电动太阳风帆仿真

电动太阳风帆航天器系链的长度为几十千米，而太阳风中的质子被这些带电的系链排斥，然后产生的库仑电场将航天器向外推离太阳。太阳风的强度衰减为 r^{-2}，其中 r 是太阳到航天器的距离，帆的有效面积与系链周围的电子鞘宽度成比例，在太阳风环境中，电子束的宽度按 r 缩放。E 型帆的推力与太阳风强度和有效帆面积的乘积成正比，该比例按 r^{-1} 缩放，并且比其他概念（如太阳帆）的推力 r^{-2} 减小得更慢。电动太阳风帆适用于 $r \geqslant r_{\oplus}$ 的太阳系内部深空飞行任务，其中 $r_{\oplus}=1\ \mathrm{AU} \approx 1.5\times10^{8}\ \mathrm{km}$ 是地球轨道的平均半径。Janhunen 提议建造这样的航天器，其电动太阳风帆推力约为 1 N，质量约为 100 kg，寿命约为 10 年。单位长度系链上的推力可以写为

$$\frac{\mathrm{d}\boldsymbol{F}}{\mathrm{d}l} \approx 0.18\max(0,V_0-V_1)\sqrt{\varepsilon_0 m_{\mathrm{p}} n_{\mathrm{o}} \boldsymbol{u}_{\perp}^2} \tag{9.79}$$

其中，$\varepsilon_0=8.854\times10^{-12}\ \mathrm{F/m}$ 是电场的真空介电常数；$m_{\mathrm{p}}=1.67\times10^{-27}\ \mathrm{kg}$ 是质子的质量；$\boldsymbol{u}_{\perp}$ 是垂直于系链切线的太阳风的速度；V_0 是电线的电动势；$V_1\approx1\ \mathrm{kV}$ 是环境电动势；n_{o} 是太阳风电子密度，与 r^{-2} 成正比。推力始终垂直于系链并远离太阳，可以写成

$$\begin{aligned}\frac{\mathrm{d}\boldsymbol{F}}{\mathrm{d}l} &\approx 0.18\max(0,V_0-V_1)\sqrt{\varepsilon_0 m_{\mathrm{p}} n_{\oplus} \boldsymbol{u}^2}\ \frac{r_{\oplus}}{r}\boldsymbol{i}\times\left(\frac{\boldsymbol{r}}{r}\times\boldsymbol{i}\right) \\ &\equiv c\max(0,V_0-V_1)\frac{r_{\oplus}}{r}\boldsymbol{i}\times\left(\frac{\boldsymbol{r}}{r}\times\boldsymbol{i}\right)\end{aligned} \tag{9.80}$$

其中，$n_{\oplus}=7.3\ \mathrm{cm}^{-3}$ 是在 $r_{\oplus}$ 处的太阳风质子密度；$u=400\ \mathrm{km/s}$ 是太阳风的速度；$\boldsymbol{r}$ 是从太阳到航天器的位置矢量，因此 $r=\|\boldsymbol{r}\|$；$c=2.4\times10^{-5}\ \mathrm{N/(kV\cdot km)}$；$\boldsymbol{i}$ 是系链的单位切向矢量。通常，系链中的电压约为 20～40 kV，推力约为 $10^{-6}\ \mathrm{N/m}$。$r_{\oplus}$ 处的重力加速度为 $g=5.93\times10^{-3}\ \mathrm{m/s^2}$，并且由轨道的离心加速度 $\omega_{\mathrm{g}}^2 r_{\oplus}$ 平衡，其中 $\omega_{\mathrm{g}}=1.99\times10^{-17}\ \mathrm{rad/s}$，相应的轨道速度为 $\omega_{\mathrm{g}} r_{\oplus}=29.78\ \mathrm{km/s}$。通常 E 型帆船中的系链长度 L 约为 10 km，重力梯度可以用加速度 $gL/r_{\oplus}\leqslant10^{-9}\ \mathrm{m/s^2}$ 表示。它对航天器的作用力（约为 100 kg）约为 10^{-7} N，由于重力和推力均约为 1 N，因此可以忽略不计。对航天器重力加速度统一为 $-gr_{\oplus}^2\,\boldsymbol{r}/r^3$。

在这项工作中，将研究两个电动太阳风帆航天器，它们的几何构造相似，如图 9.4 所示，但系链长度不同。每个主系链的末端都有一个远程单元，这些系链

的末端也通过辅助系链连接。提出的系链是由数十根直径为微米级的铝线制成的，航天器的参数列于表9.2中。在这两种情况下，航天器的最大推力和总重力都可以估算出来，其中前者略大于后者。最大推力以 r^{-1} 减小，而重力以 r^{-2} 减小。因此，最大推力将始终能够克服重力，并将航天器向外驱动到深空。电动太阳风帆航天器的参数见表9.2。

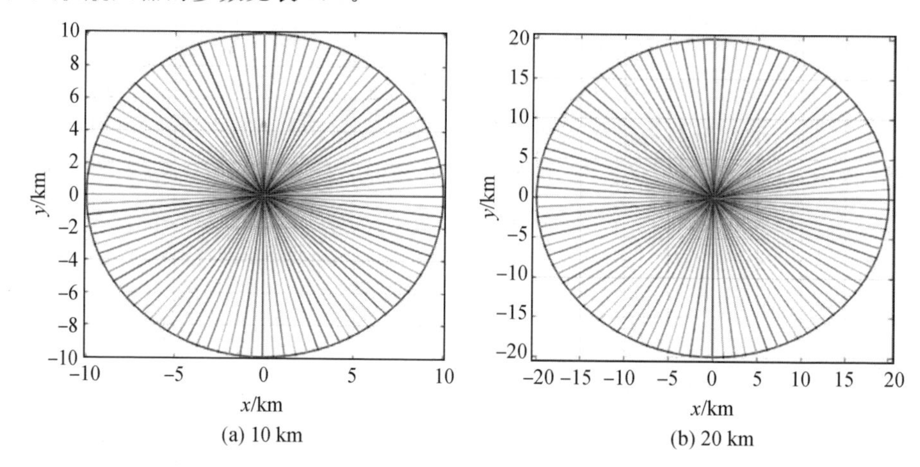

图9.4　系链长度为10 km和20 km的电动太阳风帆航天器的几何构型

表9.2　电动太阳风帆航天器的参数

物理量	电动太阳风帆1	电动太阳风帆2
中心模块的质量 m_c/kg	100	100
单个远程单元的质量 m_r/kg	0.5	0.5
单个系链的密度 ρ/(kg·m^{-3})	2 700	2 700
单个系链的杨氏模量 E/GPa	70	70
主系链数量	100	100
单个系链的长度 /km	10	20
单个系链的直径 /μm	80	78
电动势 V_0/kV	40	22
$r_\oplus$处最大推力 /N	0.980	1.056
$r_\oplus$处总引力 /N	0.975	1.052

从MBS的角度来看，电动太阳风帆航天器由核心模块（即主舱）和发动机（即电动太阳风帆）组成，这两部分通过旋转接头连接。核心模块可以看作是刚性体或点状质量，而电动太阳风帆则是柔性体，它由一系列主要系链、辅助系链和远程单元组成。假设绝对坐标系(x,y,z)的原点位于太阳的质心，如图9.5所示，并且在RCS中描述了航天器。

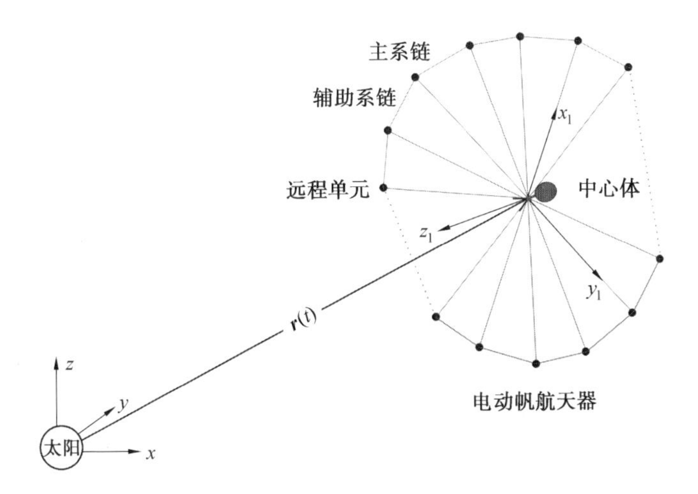

图 9.5　电动帆航天器示意图

RCS 的原点位于旋转关节处，其相对于绝对坐标系的位置矢量由 $\boldsymbol{r}(t)$ 表示。RCS 的旋转矩阵选择为电动太阳风帆旋转坐标系 $A=(x,y,z)$，旋转接头的旋转轴沿 z 轴。由于核心模块的尺寸(约 10 m) 比电动太阳风帆的尺寸(约 10 km) 小得多，因此核心模块将由位于 RCS 起点的点质量来表示。系统的广义坐标是位置矢量 $\boldsymbol{r}(t)$、旋转矩阵 $\boldsymbol{A}(t)$ 和 RCS $q_\alpha(t)$ 中电动太阳风帆的相对节点矢量。用 a 标记的核心模块和远程单元的动能，其中 $a=1,2,\cdots,100$，可以写成

$$K_c=\frac{1}{2}m_c\dot{\boldsymbol{r}}\cdot\dot{\boldsymbol{r}},\quad K_a=\frac{1}{2}m_r(\dot{\boldsymbol{r}}+\boldsymbol{v}_a)\cdot(\dot{\boldsymbol{r}}+\boldsymbol{v}_a) \tag{9.81}$$

其中，$\boldsymbol{v}_a$ 是远端设备的速度矢量，与第 a 条系链末端节点的速度矢量重合。系链可以通过元素离散化，并且标记为 n 的单元的动能为 K_n，与等式(9.81) 中的相似。所以总动能可以用等式写成

$$K=K_c+\sum_n K_n+\sum_a K_a=\frac{1}{2}m\boldsymbol{r}\cdot\boldsymbol{r}+\boldsymbol{d}^\alpha\boldsymbol{r}\cdot(\boldsymbol{A}v_\alpha)+\frac{1}{2}\boldsymbol{M}^{\alpha\beta}v_\alpha\cdot v_\beta \tag{9.82}$$

$\boldsymbol{q}_\alpha$ 是 RCS 中电动太阳风帆的节点坐标，$\boldsymbol{d}^\alpha$ 和 $\boldsymbol{M}^{\alpha\beta}$ 是由等式中相应的元素项 d_n^i 和 M_n^{ij} 组装而成的。并且

$$m=m_c+\sum_n m_n+\sum_a m_a,\quad \boldsymbol{v}_\alpha(t)=\dot{\boldsymbol{q}}_\alpha(t)+\boldsymbol{\omega}(t)\times\boldsymbol{q}_\alpha(t) \tag{9.83}$$

弹性力仅施加在广义坐标 $\boldsymbol{q}_\alpha$ 上，弹性势能的变化为

$$\delta U=\delta\boldsymbol{q}_\alpha\cdot\boldsymbol{F}_e^\alpha \tag{9.84}$$

其中，广义弹性力 $\boldsymbol{F}_e^\alpha$ 可以从式(9.84) 中的相应单元弹性力进行组合。由重力作用在核心模块和标有 a 的远程单元上的虚拟功为

$$\delta W_c=\delta\boldsymbol{r}\cdot\boldsymbol{F}_g,\quad \delta W_a=\delta(\boldsymbol{r}+\boldsymbol{A}\boldsymbol{q}_a)\cdot\boldsymbol{F}_g^a=\delta\boldsymbol{r}\cdot\boldsymbol{F}_g^a+\delta\boldsymbol{\pi}\cdot(\boldsymbol{q}_a\times\boldsymbol{Q}_g^a)+\delta\boldsymbol{q}_a\cdot\boldsymbol{Q}_g^a \tag{9.85}$$

其中，$\boldsymbol{q}_a$ 是远程单元的位置矢量，该位置矢量与第 a 个系链末端的节点的位置矢量重合；广义力 $\boldsymbol{F}_{\mathrm{g}}^{c}$、$\boldsymbol{F}_{\mathrm{g}}^{a}$、$\boldsymbol{Q}_{\mathrm{g}}^{a}$ 可表示为

$$\boldsymbol{F}_{\mathrm{g}}^{c}=-m_{\mathrm{c}}g\frac{r_{\oplus}^{2}\boldsymbol{r}}{\|\boldsymbol{r}\|^{3}},\quad \boldsymbol{F}_{\mathrm{g}}^{a}=-m_{\mathrm{r}}g\frac{r_{\oplus}^{2}\boldsymbol{r}}{\|\boldsymbol{r}\|^{3}},\quad \boldsymbol{Q}_{\mathrm{g}}^{a}=-m_{\mathrm{r}}gr_{\oplus}^{2}\frac{\boldsymbol{A}^{\mathrm{T}}\boldsymbol{r}}{\|\boldsymbol{r}\|^{3}} \tag{9.86}$$

系链上的重力和太阳风推力完成的虚拟功可以写为

$$\delta W_{\mathrm{t}}=\delta\boldsymbol{r}\cdot(\boldsymbol{F}_{\mathrm{t}}+\boldsymbol{F}_{\mathrm{g}}^{\mathrm{t}})+\delta\boldsymbol{\pi}\cdot[\boldsymbol{q}_a\times(\boldsymbol{Q}_{\mathrm{t}}^{a}+\boldsymbol{Q}_{\mathrm{g}}^{a})]+\delta\boldsymbol{q}_a\cdot(\boldsymbol{Q}_{\mathrm{t}}^{a}+\boldsymbol{Q}_{\mathrm{g}}^{a}) \tag{9.87}$$

其中，广义力 $\boldsymbol{F}_{\mathrm{t}}$、$\boldsymbol{F}_{\mathrm{g}}^{\mathrm{t}}$、$\boldsymbol{F}_{\mathrm{t}}^{a}$、$\boldsymbol{Q}_{\mathrm{g}}^{a}$ 是根据等式中相应的单元广义力组装而成的。因此，由重力和推力完成的总虚功可以写为

$$\delta W=\delta W_{\mathrm{c}}+\delta W_{\mathrm{t}}+\sum_{a}\delta W_a=\delta\boldsymbol{r}\cdot\boldsymbol{F}+\delta\boldsymbol{\pi}\cdot(\boldsymbol{q}_a\times\boldsymbol{Q}^{a})+\delta\boldsymbol{q}_a\cdot\boldsymbol{Q}^{a} \tag{9.88}$$

其中，集中载荷 $\boldsymbol{F}$ 和节点载荷 $\boldsymbol{Q}^{a}$ 可表示为

$$\boldsymbol{F}=\boldsymbol{F}_{t}-mg\frac{r_{\oplus}^{2}\boldsymbol{r}}{\|\boldsymbol{r}\|^{3}},\quad \boldsymbol{Q}^{a}=\boldsymbol{Q}_{t}^{a}-d^{a}g\frac{r_{\oplus}^{2}\boldsymbol{A}^{\mathrm{T}}\boldsymbol{r}}{\|\boldsymbol{r}\|^{3}} \tag{9.89}$$

由动能、势能和所施加的力完成的虚拟功式(9.36)、式(9.49) 和式(9.55)，可推导得到控制方程式。约束方程来自航天器的导航算法。在这项工作中，假设电动太阳风帆航天器的旋转轴始终指向太阳，也就是说

$$\frac{\boldsymbol{r}(t)}{r_{\oplus}}\cdot\boldsymbol{x}(t)=0,\quad \frac{\boldsymbol{r}(t)}{r_{\oplus}}\cdot\boldsymbol{y}(t)=0 \tag{9.90}$$

它为系统动力学提供了两个约束方程，还可以确保运动的稳定性。接下来考虑每个主系链的几何边界条件。在 RCS 中，每根主系链的一端固定到轮毂上，并且第 a 根主系链的相应末端处的位置矢量和斜率为

$$\boldsymbol{p}_a=\boldsymbol{0},\quad \boldsymbol{p}_x^{a}=\boldsymbol{u}_a\boldsymbol{t}_a,\quad a=1,2,\cdots,100 \tag{9.91}$$

其中，切线 $\boldsymbol{u}_a$ 的范数取为广义坐标，而不是 $\boldsymbol{p}_x^{a}$，有

$$\boldsymbol{t}_a=\begin{bmatrix}\cos\dfrac{2a\pi}{N} & \sin\dfrac{2a\pi}{N} & 0\end{bmatrix}^{\mathrm{T}} \tag{9.92}$$

在等式中施加边界条件，包括消除关于 $\boldsymbol{p}_a$ 的方程式，使 $\boldsymbol{t}_a$ 方程式相对于 p_x^{a} 的点积，以获得 $\boldsymbol{u}_a$ 的方程式。此外，假设航天器最初位于 x 轴上，作为一个行星，其轨道在 xOy 平面上是圆形的；它的体坐标系的 $-z$ 方向指向太阳；电动太阳风帆绕其体坐标系的 z 轴旋转，初始旋转速率为 ω_{s}。因此，RCS 的初始条件是

$$\boldsymbol{r}(0)=\begin{bmatrix}r_{\oplus}\\0\\0\end{bmatrix},\quad \boldsymbol{A}(0)=\begin{bmatrix}0\\0\\-1\end{bmatrix},\quad \boldsymbol{r}(0)=\begin{bmatrix}0\\\omega_{\mathrm{g}}r_{\oplus}\\0\end{bmatrix},\quad \boldsymbol{\omega}=\begin{bmatrix}-\omega_{\mathrm{g}}\\0\\\omega_{\mathrm{s}}\end{bmatrix} \tag{9.93}$$

其中，ω_{g} 是轨道角速度，$\omega_{\mathrm{g}}=\sqrt{g/r_{\oplus}}$。

$\boldsymbol{q}_a$ 的初始条件应根据系链的平衡状态来计算。在时刻 $t=0_{-}$ 时，系链电压低于 V_1，并且没有推力施加到系链，即 $\boldsymbol{F}_{\mathrm{t}}(0)=\boldsymbol{0}$ 且 $\boldsymbol{Q}_{\mathrm{t}}^{a}(0)=\boldsymbol{0}$。假设 $\boldsymbol{q}_a$ 的变形是通

过离心力平衡的，即

$$\boldsymbol{q}_{\alpha}(0)=\boldsymbol{0},\quad \boldsymbol{M}^{\alpha\beta}\omega_{s}\hat{k}\times(\omega_{s}\hat{k}\times\boldsymbol{q}_{\alpha}(0))+\boldsymbol{F}_{e}^{\alpha}(0)=\boldsymbol{0} \tag{9.94}$$

然后在时刻 $t=0_{+}$ 时，电压设置为 V_0，并立即施加推力。系链将在推力作用下变形，然后变形将改变电动太阳风帆的几何形状，并且推力将大大降低。电动太阳风帆的旋转运动可以为系链提供张力，以抵抗变形并保持推力。每个系链的弯曲刚度非常小，几乎无法通过向上旋转过程来实现旋转速率 ω_s。提议通过两种效果来实现电动太阳风帆旋转。

(1) 系链展开。在系链展开期间，可以加快远程单元的速度，保持角动量将提供启动自旋速率 ω_s。

(2) 科里奥利效应。当航天器绕太阳公转时，通过对电压的附加调制，可以产生横向推力来驱动系链旋转以逐渐积累。

但是，本节不会研究展开过程或电压调制策略。为了研究展开过程，必须使用任意的拉格朗日－欧拉(ALE)方法，因为系链的长度是随时间变化的；可以通过电流公式研究电压的控制策略，这将在后续工作中进行讨论。本节中，将假设帆旋转速度，并研究航天器的动力学。在几种自旋速度下，半径为 10 km 和 20 km 的电动太阳风帆的径向位移如图 9.6 所示，半径为 10 km 和 20 km 在 200 s 下具有不同初始旋转速率的电动太阳风帆如图 9.7 所示。

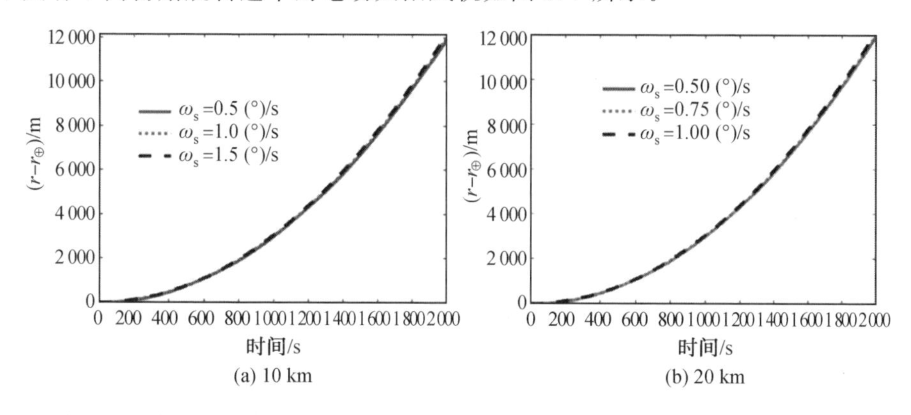

图 9.6　在几种自旋速度下，半径为 10 km 和 20 km 的电动太阳风帆的径向位移

每个主系链由 16 个系链单元离散化。辅助系链自动划分为 100 个段，每个段由一个系链单元组成。结果，总共有 1 700 个单元，系统的自由度为10 006。系统中有两个约束方程，还可以计算出相应的约束扭矩。该控制方程由具有自适应步长的广义 α 李群 DAE 积分器计算，并且积分器中的相对误差设置为 10^{-7}。参考节点坐标法适用于计算电动太阳风帆航天器的动力学，原因如下。

(1) 参考坐标系比绝对坐标系更有效地描述电动太阳风帆的旋转运动。

(2) 简化公式可以显著降低每个单元的计算成本。

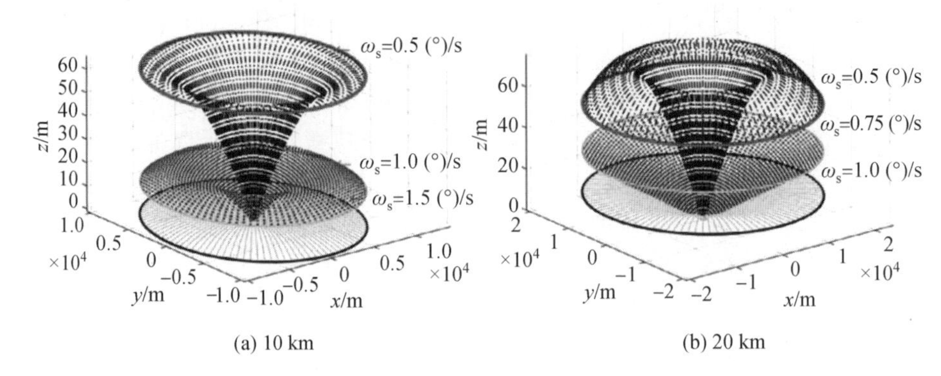

图 9.7　半径为 10 km 和 20 km 在 200 s 下具有不同初始旋转速率的电动太阳风帆

RNCF 方法非常有效，并且运行 200 s 长的完整比例仿真大约需要 1 h。可以准确地计算出航天器的轨迹，其中航天器通常沿着轨道轨迹运动，但是推力会将航天器径向向外推到深空，这是一个加速过程，如图 9.6 所示。图9.7 显示了 200 s 仿真时 E 型帆船的变形构造。半径为 10 km 和 20 km 的电动太阳风帆的旋转速度(初始旋转速度不同) 如图 9.8 所示，由图可见，如果电动太阳风帆的构型接近于平面，则它可以提供足够的推力，以将航天器从轨道上移开，进入深空。电动太阳风帆的挠度小于 80 m，与半径 10 km 和 20 km 相比较小。在前面的控制策略下，自旋速度似乎在 2 000 s 保持不变，没有明显的皱纹。电动太阳风帆的变形取决于张力和作用力的平衡，即重力和推力。主绳索中的张力主要由离心力产生，并且与 ω_s^2 成正比，而推力载荷则与电压大致成正比。

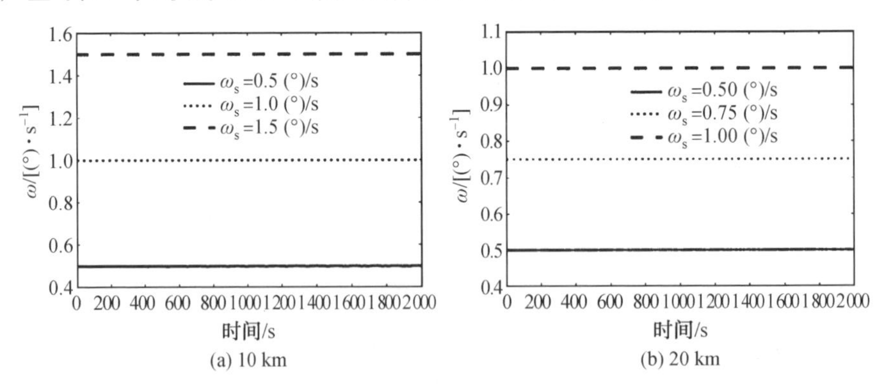

图 9.8　半径为 10 km 和 20 km 的电动太阳风帆的旋转速度(初始旋转速度不同)

电动太阳风帆中的无量纲数字是系链中最大信任力上的张力。电动太阳风帆上的最大总推力约为 1 N，每个主绳索上的最大推力约为 0.01 N。以不同初始旋转速度下半径为 10 km 和 20 km 的电动太阳风帆为例，辅助系链中的张力为正，并且比主系链中相应的张力稍小。当 $\omega_s=0.5(°)/s$ 时，10 km 电动太阳风帆

的拉力约为推力的 40 倍，且该拉力呈波浪形，也就是说不能很好地保持电动太阳风帆的形状。当 ω_s 降低时，张力可能不足以抵抗推力，并且电动太阳风帆的形状可能会变形。当 $\omega_s=0.25(°)/s$ 时，在 10 km 尺度的电动太阳风帆中，稳定张力大约是系链上最大推力的 10 倍，并且出现了分歧。辅助系链中的张力会急剧下降，这表明这些系链已弯曲，在这种情况下，电动太阳风帆的配置沿圆周拧紧；总推力显著下降；约束力变得不可预测，这表明航天器很难操纵。在实践中都应避免这些现象，并且电动太阳风帆的旋转速率必须足够大，由此为系链提供足够的张力，以确保电动太阳风帆能够正常工作。

在实际中，系链的伸展度仍然很小。系链的轴向刚度均大于 300 N，而拉力均小于 4 N，因此系链中的拉伸应变小于 1.3%，这表明通常满足假设 $\|\boldsymbol{r}_x\|\approx 1$，因此前面开发的单元足以描述电动太阳风帆。航天器的角动量不守恒，通过计算约束扭矩，以提供抵抗轨道运动的控制力矩。旋转速度越高，所需的约束力就越大；电动太阳风帆的跨度越宽，操纵电动太阳风帆的难度就越大。为了获得适当的推力，同时最大限度地减小控制能量，电动太阳风帆的尺寸不应太大，旋转速度也不能太大或太小。

9.3 基于相对节点坐标法的控制策略

在实际中，电动太阳风帆航天器通常不会以方程描述的方式移动。其导航方向可以通过单位球面 S^2 中的 z 轴的移动轨迹来描述。z 轴和指向太阳的矢量之间的角度可以为20° ～ 30°，这在轨迹设计中提供了更大的灵活性。电动太阳风帆的通用坐标可以分为“慢”变量和“快”变量。

(1) 轨道变量 r 的时间尺度约为 1 年。

(2) 方向变量 A 的时间尺度取决于控制策略，通常约为 1 天。

(3) 模态坐标 p 是“快”变量，其时间尺度通常约为 100 s。

不同的时间尺度在控制器设计中有不同的用处，该控制器设计基于状态的测量。在系链上或沿着系链布置分布式传感器很难做到，只能在导线中实施某种形状记忆合金，以被动地衰减电动太阳风帆的高频振动。但是，将传感器放在中央主体和远程单元上是很容易的。因为可以将每个远程单元相对于参考坐标系中心体的相对位置、速度和加速度的精确测量值转换为模态坐标、速度和加速度。假设远程单元 a 的位置、速度和加速度(其中 $a=1,2,\cdots,100$) 分别是 $\boldsymbol{q}_a(t)$、$\dot{\boldsymbol{q}}_a(t)$、$\ddot{\boldsymbol{q}}_a(t)$，以及相应的模态坐标、速度和加速度可以从以下 3 组 300 个线性方程式中计算得出：

$$\phi_a^i \boldsymbol{p}_i(t) = \boldsymbol{q}_a(t) - \boldsymbol{q}_a^{\circ}, \quad \phi_a^i \dot{\boldsymbol{p}}_i(t) = \dot{\boldsymbol{q}}_a(t), \quad \phi_a^i \ddot{\boldsymbol{p}}_i(t) = \ddot{\boldsymbol{q}}_a(t) \tag{9.95}$$

这样就可以通过下式估算控制律的估计模态 $\boldsymbol{p}(t)$、$\dot{\boldsymbol{p}}(t)$、$\ddot{\boldsymbol{p}}(t)$：

$$\boldsymbol{p}(t) = (\phi_a^i)^+ (\boldsymbol{q}_a(t) - \boldsymbol{q}_a^{\circ}), \quad \dot{\boldsymbol{p}}(t) = (\phi_a^i)^+ \dot{\boldsymbol{q}}_a(t), \quad \ddot{\boldsymbol{p}}(t) = (\phi_a^i)^+ \ddot{\boldsymbol{q}}_a(t) \tag{9.96}$$

电动太阳风帆航天器控制目的如下。

(1) 控制航天器的方向，即确保 $\boldsymbol{A}(t)$ 按照需要紧随 $\boldsymbol{A}^{\mathrm{d}}(t)$。

(2) 抑制电动太阳风帆的振动，尤其是影响方向控制的低频振动。

(3) 确保保持总推力，即电压应尽可能接近标定值。

(4) 为抑制控制溢出现象，应抑制高频模式下的激励。

因此，假设系链的电压可以写成

$$\boldsymbol{V} = \bar{\boldsymbol{V}} + \boldsymbol{v} \tag{9.97}$$

其中，$\bar{V} = \bar{\nu} I_{200}$ 是为轨道任务规定的基准值，其中 $\bar{\nu} = 21$ kV 被规定为本节中的基准电压。为了使总推力几乎保持不变，假设

$$\boldsymbol{a}^{\mathrm{T}} \boldsymbol{v} = \boldsymbol{0} \tag{9.98}$$

其中

$$\boldsymbol{a} = [l^1 \quad l^2 \quad \cdots \quad l^{200}] \tag{9.99}$$

其中，l^k 是与组 C^k 对应的系链长度。此外，$\boldsymbol{v}$ 应该能够执行定向控制，同时应该能够衰减振动，这将设计如下。

9.3.1 姿态控制

姿态方程可以写成

$$\boldsymbol{J}(\boldsymbol{p})\dot{\boldsymbol{\omega}} = \bar{\boldsymbol{t}}(\ddot{\boldsymbol{r}}, \boldsymbol{r}, \boldsymbol{\omega}, \boldsymbol{A}, \ddot{\boldsymbol{p}}, \dot{\boldsymbol{p}}, \boldsymbol{p}) + \bar{\boldsymbol{G}}(\boldsymbol{r}, \boldsymbol{A})\boldsymbol{V} \tag{9.100}$$

当电动太阳风帆的变形不大时，姿态惯量 $\boldsymbol{J}$ 几乎是对角矩阵，有

$$\begin{aligned}\bar{\boldsymbol{t}} = -\{&(m\boldsymbol{r}_{\mathrm{c}}^{\circ} + \boldsymbol{\Phi}\boldsymbol{p}) \times \left[\boldsymbol{A}^{\mathrm{T}}\left(\ddot{\boldsymbol{r}} + g\frac{r_{\oplus}^2 \boldsymbol{r}}{\|\boldsymbol{r}\|^3}\right)\right] + (\boldsymbol{\gamma}^i - \boldsymbol{\eta}^{ij} p_j)\ddot{p}_i + \\ &\boldsymbol{\omega} \times (\boldsymbol{J}\boldsymbol{\omega}) + 2\dot{p}_i(\boldsymbol{\Omega}^i + \boldsymbol{Y}^{ij} p_j)\boldsymbol{\omega}\}\end{aligned} \tag{9.101}$$

并且

$$\bar{\boldsymbol{G}} = -\left(\boldsymbol{E}_1 \frac{r_{\oplus} \boldsymbol{A}^{\mathrm{T}}\boldsymbol{r}}{\|\boldsymbol{r}\|^2}, \boldsymbol{E}_2 \frac{r_{\oplus} \boldsymbol{A}^{\mathrm{T}}\boldsymbol{r}}{\|\boldsymbol{r}\|^2}, \cdots, \boldsymbol{E}_{200} \frac{r_{\oplus} \boldsymbol{A}^{\mathrm{T}}\boldsymbol{r}}{\|\boldsymbol{r}\|^2}\right) \tag{9.102}$$

数值计算表明，可以将 $\boldsymbol{E}_k$ 矩阵写为

$$\boldsymbol{E}_k = \begin{bmatrix} 0 & 0 & a_k \\ 0 & 0 & b_k \\ -a_k & -b_k & 0 \end{bmatrix}, \quad k = 1, 2, \cdots, 100$$

$$\boldsymbol{E}_k=\begin{bmatrix}0&0&u_k\\0&0&v_k\\0&0&0\end{bmatrix},\quad k=101,102,\cdots,200 \tag{9.103}$$

假设姿态控制律要求

$$\frac{\boldsymbol{A}^{\mathrm{T}}\boldsymbol{r}}{\|\boldsymbol{r}\|}\approx\frac{\boldsymbol{A}^{\mathrm{dT}}\boldsymbol{r}}{\|\boldsymbol{r}\|}=\boldsymbol{e}\equiv\begin{pmatrix}\bar{x}\\\bar{y}\\\bar{z}\end{pmatrix} \tag{9.104}$$

其中,$\boldsymbol{e}$ 是在参考坐标系中指向太阳的单位矢量。通过直接计算有

$$\begin{aligned}\bar{\boldsymbol{G}}&=\frac{r_{\oplus}}{\|\boldsymbol{r}\|}\begin{bmatrix}-a_1\bar{z}&-a_2\bar{z}&\cdots&-a_{100}\bar{z}-u_{101}\bar{z}&-u_{102}\bar{z}&\cdots&-u_{200}\bar{z}\\-b_1\bar{z}&-b_2\bar{z}&\cdots&-b_{100}\bar{z}-v_{101}\bar{z}&-v_{102}\bar{z}&\cdots&-v_{200}\bar{z}\\a_1\bar{x}+b_1\bar{y}&a_2\bar{x}+b_2\bar{y}&\cdots&a_{100}\bar{x}+b_{100}\bar{y}&0&\cdots&0\end{bmatrix}\\&\equiv\frac{r_{\oplus}}{\|\boldsymbol{r}\|}\boldsymbol{G}\end{aligned} \tag{9.105}$$

因此,可以将电动太阳风帆的姿态可控性分为以下 3 种情况。

(1) 当电动太阳风帆的旋转轴(参考坐标系的 z 轴) 指向太阳,使得 $\bar{x}=\bar{y}=0$ 时,$\bar{\boldsymbol{G}}$ 的秩为 2,且输入通道为 ω_3 的控制方程丢失了。

(2) 当电动太阳风帆的旋转轴垂直于太阳方向,使得 $\bar{z}=0$ 时,$\bar{\boldsymbol{G}}$ 的秩为 1。

(3) 在所有其他情况下,$\bar{\boldsymbol{G}}$ 均为满秩 3,并且可以很好地控制所有方向和角速度,包括 ω_3。可以采用这种情况来加快电动太阳风帆的旋转速度。

用经典的 3－1－3 欧拉角来描述姿态运动 $\boldsymbol{A}(t)$ 很方便,有

$$\begin{aligned}\boldsymbol{A}(t)&=\begin{bmatrix}\cos\psi&-\sin\psi&0\\\sin\psi&\cos\psi&0\\0&0&1\end{bmatrix}\begin{bmatrix}1&0&0\\0&\cos\theta&-\sin\theta\\0&\sin\theta&\cos\theta\end{bmatrix}\begin{bmatrix}\cos\varphi&-\sin\varphi&0\\\sin\varphi&\cos\varphi&0\\0&0&1\end{bmatrix}\\&=\begin{bmatrix}\cos\psi\cos\varphi-\sin\psi\cos\theta\sin\varphi&-\cos\psi\sin\varphi-\sin\psi\cos\theta\cos\varphi&\sin\psi\sin\theta\\\sin\psi\cos\varphi+\cos\psi\cos\theta\sin\varphi&-\sin\psi\sin\varphi+\cos\psi\cos\theta\cos\varphi&-\cos\psi\sin\theta\\\sin\theta\sin\varphi&\sin\theta\cos\varphi&\cos\theta\end{bmatrix}\end{aligned} \tag{9.106}$$

其中,$0<\theta<\pi$,方向角和角速度可以写成

$$-\boldsymbol{z}=f(\boldsymbol{r}),\quad \omega=\boldsymbol{B}(\theta,\varphi)\dot{\boldsymbol{\theta}} \tag{9.107}$$

其中

$$\boldsymbol{z}=\begin{bmatrix}\sin\psi\sin\theta\\-\cos\psi\sin\theta\\\cos\theta\end{bmatrix},\quad \boldsymbol{\theta}=\begin{bmatrix}\varphi\\\theta\\\psi\end{bmatrix}$$

$$\boldsymbol{B}(\theta,\varphi)=\begin{bmatrix}0 & \cos\varphi & \sin\theta\sin\varphi\\ 0 & -\sin\varphi & \sin\theta\cos\varphi\\ 1 & 0 & \cos\theta\end{bmatrix} \tag{9.108}$$

然后根据式(9.68),姿态方程可以写成

$$\boldsymbol{JB}\ddot{\boldsymbol{\theta}}=\boldsymbol{d}(\vartheta,\dot{\boldsymbol{j}},\ddot{\boldsymbol{r}},\boldsymbol{r},\ddot{\boldsymbol{p}},\dot{\boldsymbol{p}},\boldsymbol{p})+\bar{\boldsymbol{G}}(\vartheta,\boldsymbol{r})\boldsymbol{v} \tag{9.109}$$

其中,$\ddot{\boldsymbol{r}}$、$\boldsymbol{r}$、$\ddot{\boldsymbol{p}}$、$\dot{\boldsymbol{p}}$、$\boldsymbol{p}$ 均作为参数,则

$$\boldsymbol{d}=\bar{\boldsymbol{t}}(\ddot{\boldsymbol{r}},\boldsymbol{r},\omega,\boldsymbol{A},\ddot{\boldsymbol{p}},\dot{\boldsymbol{p}},\boldsymbol{p})+\bar{\boldsymbol{G}}(\vartheta,\boldsymbol{r})\bar{\boldsymbol{V}}-\boldsymbol{J}\dot{\boldsymbol{B}}\dot{\boldsymbol{v}} \tag{9.110}$$

假设控制律满足

$$\boldsymbol{JBa}=\boldsymbol{d}(\dot{\vartheta},\ddot{\boldsymbol{r}},\boldsymbol{r},\ddot{\boldsymbol{p}},\dot{\boldsymbol{p}},\boldsymbol{p})+\bar{\boldsymbol{G}}(\vartheta,\boldsymbol{r})\boldsymbol{v} \tag{9.111}$$

其中,$\boldsymbol{a}$ 需要确定。将控制律式(9.111)代入到动力学方程式(9.110),得到

$$\ddot{\boldsymbol{\theta}}=\boldsymbol{a} \tag{9.112}$$

由式(9.109)中,航天器 $-z$ 的导航方向全部由 ψ 和 θ 表示;自旋速率 $\omega_s=-\dot{\phi}-\cos\theta\dot{\psi}$ 是维持电动太阳风帆稳定的必要条件。在实践中不必规定欧拉角。为了满足规定的姿态运动并保持旋转速度,可以假定控制律为

$$\boldsymbol{a}=\begin{bmatrix}\ddot{\varphi}^{\mathrm{d}}\\ \ddot{\theta}^{\mathrm{d}}\\ \ddot{\psi}^{\mathrm{d}}\end{bmatrix}+\begin{bmatrix}w_{\varphi}(\dot{\phi}^{\mathrm{d}}-\dot{\phi})\\ 2\omega_{\theta}(\dot{\theta}^{\mathrm{d}}-\dot{\theta})+\omega_{\theta}^{2}(\theta^{\mathrm{d}}-\theta)\\ 2\omega_{\psi}(\dot{\psi}^{\mathrm{d}}-\dot{\psi})+\omega_{\psi}^{2}(\psi^{\mathrm{d}}-\psi)\end{bmatrix}\equiv\bar{\boldsymbol{a}}+\tilde{\boldsymbol{a}} \tag{9.113}$$

其中,ψ^{d} 和 θ^{d} 给出方向,而 $\dot{\phi}^{\mathrm{d}}$ 补偿自旋速率;$\tilde{\boldsymbol{a}}$ 用于补偿跟踪误差,之后可以被认为是随机变量。将式(9.112)代入式(9.110)得

$$\begin{cases}(\ddot{\varphi}-\ddot{\varphi}^{\mathrm{d}})+w_{\varphi}(\dot{\phi}-\dot{\phi}^{\mathrm{d}})=0\\ (\ddot{\theta}-\ddot{\theta}^{\mathrm{d}})+2\omega_{\theta}(\dot{\theta}-\dot{\theta}^{\mathrm{d}})+\omega_{\theta}^{2}(\theta-\theta^{\mathrm{d}})=0\\ (\ddot{\psi}-\ddot{\psi}^{\mathrm{d}})+2\omega_{\psi}(\dot{\psi}-\dot{\psi}^{\mathrm{d}})+\omega_{\psi}^{2}(\psi-\psi^{\mathrm{d}})=0\end{cases} \tag{9.114}$$

其中 ϕ、θ、ψ 与预期的 ϕ^{d}、θ^{d}、ψ^{d} 接近。

9.3.2 基础控制律

为满足式(9.105)中的轨道要求,式(9.111)中的姿态要求可写成

$$\boldsymbol{V}=\bar{\boldsymbol{V}}+\boldsymbol{v}=\bar{\boldsymbol{V}}+\boldsymbol{u}+(\boldsymbol{I}-\boldsymbol{P})\boldsymbol{w} \tag{9.115}$$

其中,$\boldsymbol{w}$ 是任意矢量,并且

$$\boldsymbol{u}=\boldsymbol{W}\hat{\boldsymbol{G}}^{\mathrm{T}}(\hat{\boldsymbol{G}}\boldsymbol{W}\hat{\boldsymbol{G}}^{\mathrm{T}})^{+}\hat{\boldsymbol{d}},\quad \boldsymbol{P}=\bar{\boldsymbol{W}}\hat{\boldsymbol{G}}^{\mathrm{T}}(\hat{\boldsymbol{G}}\bar{\boldsymbol{W}}\hat{\boldsymbol{G}}^{\mathrm{T}})^{+}\hat{\boldsymbol{G}} \tag{9.116}$$

由于 $\hat{\boldsymbol{G}}$ 非满秩,上标“+”表示伪逆,有

$$\hat{\boldsymbol{G}}=\begin{bmatrix}\bar{\boldsymbol{G}}\\ \boldsymbol{a}^{\mathrm{T}}\end{bmatrix},\quad \hat{\boldsymbol{d}}=\begin{bmatrix}\boldsymbol{JBa}-\boldsymbol{d}\\ 0\end{bmatrix} \tag{9.117}$$

$\boldsymbol{W}$ 和 $\bar{\boldsymbol{W}}$ 是两个对称的正定矩阵。对 $\boldsymbol{V}$ 的要求是

$$\boldsymbol{V}\geqslant \boldsymbol{0} \tag{9.118}$$

因此,假设 $\boldsymbol{V}_{\text{trial}}=\bar{\boldsymbol{V}}+\boldsymbol{u}$,则控制律设计原理可以描述如下。

(1) 如果 $\boldsymbol{V}_{\text{trial}}\geqslant \boldsymbol{0}$,则 $\boldsymbol{W}$ 可以优化以衰减电动太阳风帆的振动。

(2) 如果 $\boldsymbol{V}_{\text{trial}}<\boldsymbol{0}$,将选择 $\boldsymbol{W}$ 以确保式(9.114) 成立。

9.3.3　振动控制

假设 $\boldsymbol{V}_{\text{trial}}\geqslant \boldsymbol{0}$,这样每个系链中的电压也可以设计为主动振动控制。由式(9.89) 中的最后一个方程,式(9.78) 中的模态振动方程可以写成

$$\boldsymbol{I}\ddot{\boldsymbol{p}}+2\boldsymbol{G}\dot{\boldsymbol{p}}+(\bar{\boldsymbol{K}}+\dot{\boldsymbol{G}})\boldsymbol{p}=\bar{\boldsymbol{F}}(\boldsymbol{r},\ddot{\boldsymbol{r}},\boldsymbol{A},\boldsymbol{\omega},\dot{\boldsymbol{\omega}})+\bar{\boldsymbol{B}}(\boldsymbol{r},\boldsymbol{A})\boldsymbol{V} \tag{9.119}$$

其中,$\boldsymbol{V}=[v^1\quad v^2\quad \cdots\quad v^{200}]^{\mathrm{T}}$;$\boldsymbol{G}$、$\bar{\boldsymbol{K}}$ 的(i,j) 分量分别是

$$G_{ij}=-\boldsymbol{\omega}^{\mathrm{T}}\boldsymbol{\eta}^{ij},\quad \dot{G}_{ij}=-\dot{\boldsymbol{\omega}}^{\mathrm{T}}\boldsymbol{\eta}^{ij},\quad \bar{K}_{ij}=K_{ij}-\boldsymbol{\omega}^{\mathrm{T}}\boldsymbol{Y}^{ij}\boldsymbol{\omega} \tag{9.120}$$

并由式(9.107) 和式(9.89) 中的最后一个方程可以得到

$$\begin{cases}\bar{\boldsymbol{F}}(\boldsymbol{r},\ddot{\boldsymbol{r}},\boldsymbol{A},\boldsymbol{\omega},\dot{\boldsymbol{\omega}})=-\boldsymbol{\Phi}^{\mathrm{T}}\boldsymbol{A}^{\mathrm{T}}\left(\ddot{\boldsymbol{r}}+g\dfrac{r_{\oplus}^{2}\boldsymbol{r}}{\|\boldsymbol{r}\|^{3}}\right)-\boldsymbol{\Gamma}^{\mathrm{T}}\dot{\boldsymbol{\omega}}+\boldsymbol{F}_{\mathrm{c}}\\ \bar{\boldsymbol{B}}(\boldsymbol{r},\boldsymbol{A})=-\dfrac{r_{\oplus}}{\|\boldsymbol{r}\|}(\boldsymbol{\Sigma}_1^{\mathrm{T}}\boldsymbol{e},\boldsymbol{\Sigma}_2^{\mathrm{T}}\boldsymbol{e},\cdots,\boldsymbol{\Sigma}_{200}^{\mathrm{T}}\boldsymbol{e})\equiv\dfrac{r_{\oplus}}{\|\boldsymbol{r}\|}\boldsymbol{B}(\boldsymbol{r},\boldsymbol{A})\end{cases} \tag{9.121}$$

其中,$\boldsymbol{\Gamma}=[\gamma^1\quad \gamma^2\quad \cdots\quad \gamma^M]$。对科里奥利力 $\boldsymbol{F}_{\mathrm{c}}$进行修正的第 i 个分量为

$$F_{\mathrm{c}}^{i}=\boldsymbol{\omega}^{\mathrm{T}}\boldsymbol{\Omega}^{i}\boldsymbol{\omega}-\omega_{\mathrm{s}}^{2}\boldsymbol{k}^{\mathrm{T}}\boldsymbol{\Omega}^{i}\boldsymbol{k} \tag{9.122}$$

在位于 $r_{\oplus}$ 或更远的距离处,轨道角速度 $\omega_{\mathrm{g}}\leqslant 1.990\,6\times10^{-7}$ rad/s,大约为 1.14×10^{-5}(°)/s,而自旋速率通常为 1(°)/s 的数量级。在结构振动分析中设置 $\boldsymbol{\omega}=\omega_{\mathrm{s}}\boldsymbol{k}$ 非常准确。此外,时间变量 $\boldsymbol{r}$、$\boldsymbol{A}$ 及其时间导数比 $\boldsymbol{p}$ 及其时间导数慢得多。因此,式(9.120) 中的结构组件可以精确地近似为

$$G_{ij}\approx-\omega_{\mathrm{s}}\boldsymbol{k}^{\mathrm{T}}\boldsymbol{\eta}^{ij},\quad \dot{G}_{ij}\approx 0$$

$$\bar{K}_{ij}\approx K_{ij}-\omega_{\mathrm{s}}^{2}\boldsymbol{k}^{\mathrm{T}}\boldsymbol{Y}^{ij}\boldsymbol{k},\quad F_{\mathrm{c}}^{i}\approx 0 \tag{9.123}$$

结果,$\boldsymbol{G}$ 近似为常数反对称矩阵,使得 $\dot{\boldsymbol{G}}\approx\boldsymbol{0}$;$\bar{\boldsymbol{K}}$ 近似为常数对称正定矩阵。因此,式(9.119) 是陀螺仪系统,可以写成

$$\begin{bmatrix}\boldsymbol{I}&\boldsymbol{0}\\ \boldsymbol{0}&\bar{\boldsymbol{K}}\end{bmatrix}\begin{bmatrix}\ddot{\boldsymbol{p}}\\ \dot{\boldsymbol{p}}\end{bmatrix}+\begin{bmatrix}2\boldsymbol{G}&\bar{\boldsymbol{K}}\\ -\bar{\boldsymbol{K}}&\boldsymbol{0}\end{bmatrix}\begin{bmatrix}\dot{\boldsymbol{p}}\\ \boldsymbol{p}\end{bmatrix}=\begin{bmatrix}\bar{\boldsymbol{F}}\\ \boldsymbol{0}\end{bmatrix}+\begin{bmatrix}\bar{\boldsymbol{B}}\\ \boldsymbol{0}\end{bmatrix}\boldsymbol{V} \tag{9.124}$$

数学理论预测,存在一个实常数变换矩阵 $\boldsymbol{V}$,使得

$$\boldsymbol{V}^{\mathrm{T}}\begin{pmatrix}\boldsymbol{I} & \boldsymbol{0}\\ \boldsymbol{0} & \bar{\boldsymbol{K}}\end{pmatrix}\boldsymbol{V}=\boldsymbol{I}_{2K}$$

$$\boldsymbol{V}^{\mathrm{T}}\begin{bmatrix}2\boldsymbol{G} & \bar{\boldsymbol{K}}\\ -\bar{\boldsymbol{K}} & \boldsymbol{0}\end{bmatrix}\boldsymbol{V}=\mathrm{diag}\left[\begin{bmatrix}0 & -\omega_1\\ \omega_1 & 0\end{bmatrix},\begin{bmatrix}0 & -\omega_2\\ \omega_2 & 0\end{bmatrix},\cdots,\begin{bmatrix}0 & -\omega_M\\ \omega_M & 0\end{bmatrix}\right] \tag{9.125}$$

其中，$\omega_1,\omega_2,\cdots,\omega_M$ 是陀螺仪系统的固有频率。计算了电动太阳风帆的前500个固有频率，表 9.3 所示为在不同的旋转速率下，对应于电动太阳风帆前 8 个频率的周期。

表 9.3　在不同的旋转速率下，对应于电动太阳风帆前 8 个频率的周期

w_s /[(°)·s^{-1}]	$\frac{2\pi}{\omega_1}$ s	$\frac{2\pi}{\omega_2}$ s	$\frac{2\pi}{\omega_3}$ s	$\frac{2\pi}{\omega_4}$ s	$\frac{2\pi}{\omega_5}$ s	$\frac{2\pi}{\omega_6}$ s	$\frac{2\pi}{\omega_7}$ s	$\frac{2\pi}{\omega_8}$ s
0.75	5 538.9	492.9	478.2	478.2	441.0	441.0	394.6	394.6
1.00	4 153.5	369.7	358.7	358.7	330.7	330.7	295.9	295.9
1.50	2 767.8	246.5	239.1	239.1	220.5	220.5	197.3	197.3

注意，这些频率与前节中计算的频率完全相同，但是它们的振型为复数的，这表明它们与简单的黏滞阻尼系数需要不同的控制律。但是，可以将复数振型划分为前文所述的 3 个类别，并且如果实数振型和复数振型的频率相同，则属于同一类别。在这 3 种情况下，最长的周期(始终是平面振型)约为 1 h，而对应于较高频率的周期大约是最长周期的 1/11.23，并且从第二个周期自然频率开始密集分布。电动太阳风帆的振型可以分为面内模态 C_{I} 和面外模态 C_{o} 两类。数值计算表明 $\boldsymbol{\sigma}_k^i$ 可以写为

$$\begin{cases}\boldsymbol{\sigma}_k^i=[d_k^i \quad \lambda_k d_k^i \quad 0]^{\mathrm{T}}, & i\in C_{\mathrm{I}}\\ \boldsymbol{\sigma}_k^i=[0 \quad 0 \quad e_k^i]^{\mathrm{T}}, & i\in C_{\mathrm{o}}\end{cases} \tag{9.126}$$

其中，d_k^i、e_k^i 为非零常数，而 λ_k 为仅取决于系链或系链段标签 k 的常数。由式(9.121)中的第二个方程重新标记模态阶数有

$$\dot{\boldsymbol{B}}(\boldsymbol{r},\boldsymbol{A})=\begin{bmatrix}\dot{\boldsymbol{B}}^{\mathrm{I}}(\boldsymbol{r},\boldsymbol{A})\\ \dot{\boldsymbol{B}}^{\mathrm{o}}(\boldsymbol{r},\boldsymbol{A})\end{bmatrix} \tag{9.127}$$

其中

$$\boldsymbol{B}^{\mathrm{I}}(\boldsymbol{r},\boldsymbol{A})=-\begin{bmatrix}(\bar{x}+\lambda_1\bar{y})\,d_1^1 & (\bar{x}+\lambda_1\bar{y})\,d_1^2 & \cdots & (\bar{x}+\lambda_1\bar{y})\,d_1^{M_I}\\ (\bar{x}+\lambda_2\bar{y})\,d_2^1 & (\bar{x}+\lambda_2\bar{y})\,d_2^2 & \cdots & (\bar{x}+\lambda_2\bar{y})\,d_2^{M_I}\\ \vdots & \vdots & & \vdots\\ (\bar{x}+\lambda_{200}\bar{y})\,d_{200}^1 & (\bar{x}+\lambda_{200}\bar{y})\,d_{200}^2 & \cdots & (\bar{x}+\lambda_{200}\bar{y})\,d_{200}^{M_I}\end{bmatrix}$$

$$\boldsymbol{B}^{\circ}(\boldsymbol{r},\boldsymbol{A})=-\bar{z}\begin{bmatrix} e_1^1 & e_1^2 & \cdots & e_1^{M_0} \\ e_2^1 & e_2^2 & \cdots & e_2^{M_0} \\ \vdots & \vdots & & \vdots \\ e_{200}^1 & e_{200}^2 & \cdots & e_{200}^{M_0} \end{bmatrix} \tag{9.128}$$

如果 $\bar{x}=\bar{y}=0$，$\dot{\boldsymbol{B}}^{\mathrm{I}}=\boldsymbol{0}$，则面内模态是不可控制的；如果 $\bar{z}=0$，$\dot{\boldsymbol{B}}^{\circ}=\boldsymbol{0}$，则面外模态是不可控制的。在其他情况下，几乎所有模态都是可控的。更具体地说，有

$$\begin{cases} [\xi_1 \quad \eta_1 \quad \cdots \quad \xi_{\mathrm{M}} \quad \eta_{\mathrm{M}}]^{\mathrm{T}}=\boldsymbol{V}^{-1}\begin{bmatrix}\dot{\boldsymbol{p}}\\ \boldsymbol{p}\end{bmatrix} \\ [f_1 \quad g_1 \quad \cdots \quad f_{\mathrm{M}} \quad g_{\mathrm{M}}]^{\mathrm{T}}=\boldsymbol{V}^{\mathrm{T}}\begin{bmatrix}\bar{\boldsymbol{F}}\\ \boldsymbol{0}\end{bmatrix} \\ [\dot{h}_1 \quad \dot{k}_1 \quad \cdots \quad \dot{h}_{\mathrm{M}} \quad \dot{k}_{\mathrm{M}}]^{\mathrm{T}}=\boldsymbol{V}^{\mathrm{T}}\begin{bmatrix}\boldsymbol{B}\\ \boldsymbol{0}\end{bmatrix} \end{cases} \tag{9.129}$$

这样 f_i、g_i、$\dot{h}_i$、$\dot{k}_i$ 是慢变项，式(9.124) 可写成

$$\begin{cases} \dot{\xi}_i-\omega_i\eta_i=f_i+\dfrac{r_{\oplus}}{\|\boldsymbol{r}\|}\boldsymbol{h}_i^{\mathrm{T}}\boldsymbol{V} \\ \dot{\eta}_i+\omega_i\xi_i=g_i+\dfrac{r_{\oplus}}{\|\boldsymbol{r}\|}\boldsymbol{k}_i^{\mathrm{T}}\boldsymbol{V} \end{cases} \tag{9.130}$$

其中，$i=1,2,\cdots,M$。

如果 $\dot{h}_i=\dot{k}_i=0$，则第 i 个模式是不可控制的。FFRM 仅包含可控制模式以用于控制器设计。然后，在重新标记所有可控模式和式(9.116) 中的第一个方程之后，$\hat{\boldsymbol{a}}^{\mathrm{T}}$ 可写成

$$\begin{aligned} \boldsymbol{u} &= \boldsymbol{W}\hat{\boldsymbol{G}}^{\mathrm{T}}(\hat{\boldsymbol{G}}\boldsymbol{W}\hat{\boldsymbol{G}}^{\mathrm{T}})^{+}\hat{\boldsymbol{d}} \\ &= \hat{\boldsymbol{G}}^{+}(\boldsymbol{r},\boldsymbol{A})[\boldsymbol{J}(\boldsymbol{p})\boldsymbol{B}(\boldsymbol{A})\boldsymbol{a}(\boldsymbol{\omega},\boldsymbol{A})-\boldsymbol{d}(\ddot{\boldsymbol{r}},\boldsymbol{r},\boldsymbol{\omega},\boldsymbol{A},\ddot{\boldsymbol{p}},\dot{\boldsymbol{p}},\boldsymbol{p})] \\ &\equiv \bar{\boldsymbol{u}}+\hat{\boldsymbol{u}}+\tilde{\boldsymbol{u}} \end{aligned} \tag{9.131}$$

其中，$\hat{\boldsymbol{G}}^{+}(\boldsymbol{r},\boldsymbol{A})$ 是由 $\boldsymbol{W}\hat{\boldsymbol{G}}^{\mathrm{T}}(\hat{\boldsymbol{G}}\boldsymbol{W}\hat{\boldsymbol{G}}^{\mathrm{T}})^{+}$ 的前三列构成的子矩阵，并且

$$\begin{aligned} \bar{\boldsymbol{u}} &= \hat{\boldsymbol{G}}^{+}\left\{m\boldsymbol{r}_{\mathrm{c}}^{\circ}\times\left[\boldsymbol{A}^{\mathrm{T}}\left(\ddot{\boldsymbol{r}}+g\dfrac{r_{\oplus}^2\boldsymbol{r}}{\|\boldsymbol{r}\|^3}\right)\right]+\boldsymbol{J}(\boldsymbol{B}\bar{\boldsymbol{a}}+\dot{\boldsymbol{B}}\dot{\boldsymbol{\theta}})+\boldsymbol{\omega}\times(\boldsymbol{J}\boldsymbol{\omega})\right\} \\ \tilde{\boldsymbol{u}} &= \hat{\boldsymbol{G}}^{+}(\boldsymbol{J}\boldsymbol{B}\tilde{\boldsymbol{a}}-\boldsymbol{\eta}^{ij}p_j\ddot{p}_i+2\dot{p}_ip_j\boldsymbol{Y}^{ij}\boldsymbol{\omega}) \end{aligned} \tag{9.132}$$

其中，$\tilde{\boldsymbol{u}}$ 是平均为 0 的高频非线性振荡，并且

$$\hat{u}=\hat{G}^{+}\left\{(\boldsymbol{\Phi p})\times\left[\boldsymbol{A}^{\mathrm{T}}\left(\ddot{\boldsymbol{r}}+g\frac{r_{\oplus}^{2}\boldsymbol{r}}{\|\boldsymbol{r}\|^{3}}\right)\right]+p_{i}[(\boldsymbol{\Omega}^{i}+\boldsymbol{\Omega}^{i\mathrm{T}})(\boldsymbol{B}\bar{\boldsymbol{a}}+\dot{\boldsymbol{B}}\dot{\boldsymbol{\theta}})+\boldsymbol{\omega}\times(\boldsymbol{\Omega}^{i}\omega+\boldsymbol{\Omega}^{i\mathrm{T}}\boldsymbol{\omega})]+\boldsymbol{\gamma}^{i}\ddot{p}_{i}+2\dot{p}_{i}\boldsymbol{\Omega}^{i}\boldsymbol{\omega}\right\} \tag{9.133}$$

现在将式(9.131)代入式(9.119),得到

$$\begin{aligned}&\hat{\boldsymbol{I}}(\boldsymbol{r},\boldsymbol{A})\ddot{\boldsymbol{p}}+2\hat{\boldsymbol{G}}(\boldsymbol{r},\boldsymbol{A},\boldsymbol{\omega})\dot{\boldsymbol{p}}+\hat{\boldsymbol{K}}(\boldsymbol{r},\ddot{\boldsymbol{r}},\boldsymbol{A},\boldsymbol{\omega},\dot{\boldsymbol{\omega}})\boldsymbol{p}\\&=\hat{\boldsymbol{F}}(\boldsymbol{r},\ddot{\boldsymbol{r}},\boldsymbol{A},\boldsymbol{\omega},\dot{\boldsymbol{\omega}})+\hat{\boldsymbol{B}}(\boldsymbol{r},\boldsymbol{A})\boldsymbol{w}+\bar{\boldsymbol{B}}(\boldsymbol{r},\boldsymbol{A})\tilde{\boldsymbol{u}}\end{aligned} \tag{9.134}$$

可以将最后一项视为随机噪声的地方,以及

$$\begin{cases}\hat{\boldsymbol{I}}=\boldsymbol{I}-\hat{\boldsymbol{G}}^{+}\boldsymbol{\Gamma}\\ \hat{\boldsymbol{G}}=\boldsymbol{G}-\hat{\boldsymbol{G}}^{+}\hat{\boldsymbol{\Omega}}\\ \hat{\boldsymbol{K}}=\bar{\boldsymbol{K}}+\dot{\boldsymbol{G}}+\hat{\boldsymbol{G}}^{+}\left[\boldsymbol{A}^{\mathrm{T}}\left(\ddot{\boldsymbol{r}}+g\frac{r_{\oplus}^{2}\boldsymbol{r}}{\|\boldsymbol{r}\|^{3}}\right)\right]\times\boldsymbol{\Phi}-\hat{\boldsymbol{G}}^{+}\hat{\boldsymbol{\Pi}}\\ \hat{\boldsymbol{F}}=\bar{\boldsymbol{F}}+\bar{\boldsymbol{B}}(\bar{\boldsymbol{V}}+\bar{\boldsymbol{u}})\\ \hat{\boldsymbol{B}}=\bar{\boldsymbol{B}}(\boldsymbol{I}-\boldsymbol{P})\end{cases} \tag{9.135}$$

其中

$$\hat{\boldsymbol{\Omega}}=[\boldsymbol{\Omega}^{1}\boldsymbol{\omega}\quad\boldsymbol{\Omega}^{2}\boldsymbol{\omega}\quad\cdots\quad\boldsymbol{\Omega}^{M}\boldsymbol{\omega}],\quad\hat{\boldsymbol{\Pi}}=[\boldsymbol{\xi}^{1}\quad\boldsymbol{\xi}^{2}\quad\cdots\quad\boldsymbol{\xi}^{M}] \tag{9.136}$$

而且

$$\boldsymbol{\xi}^{i}=(\boldsymbol{\Omega}^{i}+\boldsymbol{\Omega}^{i\mathrm{T}})(\boldsymbol{B}\bar{\boldsymbol{a}}+\dot{\boldsymbol{B}}\dot{\boldsymbol{j}})+\boldsymbol{\omega}\times(\boldsymbol{\Omega}^{i}\boldsymbol{\omega}+\boldsymbol{\Omega}^{i\mathrm{T}}\boldsymbol{\omega}),\quad i=1,2,\cdots,M \tag{9.137}$$

结果,模态坐标的准静态解可以表示为

$$\bar{\boldsymbol{p}}=\hat{\boldsymbol{K}}^{-1}\hat{\boldsymbol{F}},\quad\tilde{\boldsymbol{p}}=\boldsymbol{p}-\bar{\boldsymbol{p}} \tag{9.138}$$

其中,$\bar{\boldsymbol{p}}$ 是缓慢变化的,$\tilde{\boldsymbol{p}}$ 是快速变化的。$\tilde{\boldsymbol{p}}$ 的控制方程可近似表示为

$$\hat{\boldsymbol{I}}(\boldsymbol{r},\boldsymbol{A})\ddot{\tilde{\boldsymbol{p}}}+2\hat{\boldsymbol{G}}(\boldsymbol{r},\boldsymbol{A},\boldsymbol{\omega})\dot{\tilde{\boldsymbol{p}}}+\hat{\boldsymbol{K}}(\boldsymbol{r},\ddot{\boldsymbol{r}},\boldsymbol{A},\boldsymbol{\omega},\dot{\boldsymbol{\omega}})\tilde{\boldsymbol{p}}=\hat{\boldsymbol{B}}(\boldsymbol{r},\boldsymbol{A})\boldsymbol{w}+\boldsymbol{\varepsilon} \tag{9.139}$$

其中,所有与模态坐标及其时间导数有关的非线性项都包含在随机项 $\boldsymbol{\varepsilon}$ 中。所有系数 $\boldsymbol{r}$、$\ddot{\boldsymbol{r}}$、$\boldsymbol{\omega}$、$\dot{\boldsymbol{\omega}}$、$\boldsymbol{A}$ 都是缓慢变化的变量,矩阵 $\boldsymbol{G}$、$\boldsymbol{K}$、$\dot{\boldsymbol{G}}$、$\boldsymbol{B}$ 可以在控制器设计中视为常数。此处可以采用线性二次型调节器(LQR),以最大限度地减少

$$\int_{0}^{\infty}\frac{1}{2}\dot{\tilde{\boldsymbol{p}}}^{\mathrm{T}}\dot{\tilde{\boldsymbol{p}}}+\frac{c}{2}\boldsymbol{w}^{\mathrm{T}}\hat{\boldsymbol{W}}\boldsymbol{w}\,\mathrm{d}t \tag{9.140}$$

其中,c 在控制器设计中是可调整的,并且 $\hat{\boldsymbol{W}}$ 是另一个对称的正定权矩阵。从

LQR 过程的标准程序可以将控制律写为

$$w = -\frac{1}{c}\hat{W}^{-1}\hat{U}^{\mathrm{T}}Qx \tag{9.141}$$

其中

$$x = \begin{bmatrix} \dot{p} \\ p - \bar{p} \end{bmatrix}, \quad \hat{U} = \begin{bmatrix} \hat{B} \\ 0 \end{bmatrix} \tag{9.142}$$

Q 是连续代数 Riccati 方程的数值解，有

$$\check{A}^{\mathrm{T}}Q + Q\check{A} - \frac{1}{c}Q\hat{U}\hat{W}^{-1}\hat{U}^{\mathrm{T}}Q + \hat{R} = 0 \tag{9.143}$$

其中

$$\check{A} = \begin{bmatrix} -2\hat{I}^{-1}\hat{G} & \hat{I}^{-1}\hat{K} \\ I & 0 \end{bmatrix}, \quad \hat{R} = \begin{bmatrix} I & 0 \\ 0 & \delta I \end{bmatrix} \tag{9.144}$$

其中，$\delta = 10^{-8}$ 是一个小系数。此外，必须通过黏弹性阻尼来避免高频振动引起的溢出现象。应该指出的是，这种逐步解决 LQR 问题的方法尚未被证明其收敛性。但是，这似乎在本书的方案中可行，因为不同的广义坐标的时间尺度彼此不同。对于这种缓慢变化的系统，可能还有其他有效的控制策略。例如，可以采用离散 LQR 进行更严格的处理。

9.3.3 控制律的实际执行

姿态控制的实际控制律可以通过以下步骤计算。

(1) 计算式(9.116) 中的 u 和 P，求出 $V_{\mathrm{trial}} = \bar{V} + u$。

(2) 如果 $V_{\mathrm{trial}} \geq 0$，则有空间选择 w 来抑制电动太阳风帆的振动，其中 w 可以写成等式。式(9.140) 是方程式(9.140) 中 c 最小化但保证 $V = \bar{V} + v = \bar{V} + u + (I - P)w \geq 0$ 的解。

(3) 如果 $V_{\mathrm{trial}} < 0$，优先考虑对象的轨道和方向控制，这可以通过解决优化问题来实现

$$\begin{aligned} &\min \quad v^{\mathrm{T}}Wv \\ &\text{s.t.} \quad \bar{V} + v \geq 0, \quad \hat{G}v = \hat{d} \end{aligned} \tag{9.145}$$

在这两种情况下，都可以通过凸优化算法有效地解决由此产生的数学问题。该控制法是根据 FFRM 设计的，但将应用于 RNCF 以检查其适用性。假设要求是将电动太阳风帆的旋转轴指向太阳，即以欧拉角表示

$$\boldsymbol{z}^{d}=\begin{bmatrix}\sin\psi^{d}\sin\theta^{d}\\-\cos\psi^{d}\sin\theta^{d}\\\cos\theta^{d}\end{bmatrix}=-\frac{\boldsymbol{r}}{\|\boldsymbol{r}\|} \tag{9.146}$$

$$\theta^{d}=\arccos\left(-\frac{z}{\sqrt{x^{2}+y^{2}+z^{2}}}\right),\quad \sin\psi^{d}=-\frac{x}{\sqrt{x^{2}+y^{2}}},\quad \cos\psi^{d}=\frac{y}{\sqrt{x^{2}+y^{2}}} \tag{9.147}$$

其中，$\boldsymbol{r}=[x\quad y\quad z]^{\mathrm{T}}$表示电动太阳风帆的坐标，直接计算得出

$$\begin{aligned}&\dot{\psi}^{d}=\frac{x\dot{y}-y\dot{x}}{x^{2}+y^{2}},\quad \ddot{\psi}^{d}=\frac{x\ddot{y}-y\ddot{x}}{x^{2}+y^{2}}-2\,\frac{x\dot{y}-y\dot{x}}{x^{2}+y^{2}}\,\frac{x\dot{x}+y\dot{y}}{x^{2}+y^{2}}\\&\dot{\theta}^{d}=\frac{(x^{2}+y^{2})\dot{z}-z(x\dot{x}+y\dot{y})}{(x^{2}+y^{2}+z^{2})\sqrt{x^{2}+y^{2}}}\end{aligned} \tag{9.148}$$

$$\begin{aligned}\ddot{\theta}^{d}=&\frac{(x^{2}+y^{2})\ddot{z}-z(x\ddot{x}+y\ddot{y})}{(x^{2}+y^{2}+z^{2})\sqrt{x^{2}+y^{2}}}+\frac{\dot{z}(x\dot{x}+y\dot{y})-z(\dot{x}^{2}+\dot{y}^{2})}{(x^{2}+y^{2}+z^{2})\sqrt{x^{2}+y^{2}}}-\\&\frac{(x^{2}+y^{2})\dot{z}-z(x\dot{x}+y\dot{y})}{(x^{2}+y^{2}+z^{2})\sqrt{x^{2}+y^{2}}}\left(2\,\frac{x\dot{x}+y\dot{y}+z\dot{z}}{x^{2}+y^{2}+z^{2}}+\frac{x\dot{x}+y\dot{y}}{x^{2}+y^{2}}\right)\end{aligned} \tag{9.149}$$

此外，假定需要保持系统的自旋速率，即$-\omega_{s}=\dot{\phi}^{d}+\dot{\psi}^{d}\cos\theta^{d}$，使得

$$\begin{cases}\dot{\phi}^{d}=-\omega_{s}+\dfrac{z(x\dot{y}-y\dot{x})}{\sqrt{x^{2}+y^{2}+z^{2}}\,(x^{2}+y^{2})}\\\ddot{\varphi}^{d}=\dfrac{z(x\ddot{y}-y\ddot{x})+\dot{z}(x\dot{y}-y\dot{x})}{\sqrt{x^{2}+y^{2}+z^{2}}\,(x^{2}+y^{2})}-\dfrac{z(x\dot{y}-y\dot{x})}{\sqrt{x^{2}+y^{2}+z^{2}}\,(x^{2}+y^{2})}\times\left(\dfrac{x\dot{x}+y\dot{y}+z\dot{z}}{x^{2}+y^{2}+z^{2}}+\right.\\\left.\quad 2\,\dfrac{x\dot{x}+y\dot{y}}{x^{2}+y^{2}}\right)\end{cases} \tag{9.150}$$

在这种情况下

$$\boldsymbol{e}=-[0\quad 0\quad 1]^{\mathrm{T}}$$

$$\dot{\boldsymbol{G}}\approx\begin{bmatrix}a_{1}&a_{2}&\cdots&a_{100}&u_{101}&u_{102}&\cdots&u_{200}\\b_{1}&b_{2}&\cdots&b_{100}&v_{101}&v_{102}&\cdots&v_{200}\\0&0&\cdots&0&0&0&\cdots&0\end{bmatrix} \tag{9.151}$$

是一个恒定秩为 2 的矩阵，对控制器设计非常有用。但是，$\dot{\boldsymbol{G}}$的秩不足表明在这种情况下旋转速率ω_{3}是不可控制的。仿真表明，没有振动控制，方向控制信号将很快在电动太阳风帆中引起剧烈振动，并且与前节中的方法不同，姿态控制结果将在短时间内失效。此外，如果式(9.127)中$\dot{\boldsymbol{B}}^{\mathrm{T}}=\boldsymbol{0}$，则在这种情况下所有面内模

态都不可控。特别是，对应于系统最长周期的第一固有频率的模态几乎不受控制信号的影响。

即使考虑与 δ_k^{ij}、x_k^{ijm} 有关的高阶非线性项，所有面内模态的幅度 $\dot{h}_i$、$\dot{k}_i$ 也都小于10^{-8} m/kV，对于控制器来说这是微不足道的。因此，在这种情况下，模态控制过程将不会施加于平面模式。实际上，由于彼此之间的电压都相同，因此预期调节模态会受到控制信号的强烈影响。最低频率下有 100 种圆模态，在控制器设计中必须考虑这些模态。此处，FFRM 公式采用 120 种模态进行控制器设计，包括 100 种圆模态、5 种面内模态和 15 种平板模态。所有这些模态坐标均从参考坐标系中的远程单元的状态进行评估。之所以采用平面模态，是因为它们在准静态配置中很重要，而在控制器设计过程中包含了更多的平板模态，因为它们是可控的。此外，为避免主动控制中的溢出现象，将一些黏弹性阻尼系数添加到系链中以减弱振动，这可以通过导线中形状记忆合金的分布来实现，在实际中这是必不可少的。为了简化控制器设计过程，假设

$$\boldsymbol{W}=\bar{\boldsymbol{W}}=\hat{\boldsymbol{W}}=\boldsymbol{I}_M,\quad w_\phi=\omega_\theta=\omega_\psi=6.28\times10^{-3}\ \text{rad/s} \tag{9.152}$$

并且姿态的惩罚时间为 1 000 s。然后将控制定律代入 RNCF 方法的控制方程中，由广义 α 李群积分器计算控制信号和结果响应。电动太阳风帆的控制结果如图 9.9 所示。

图 9.9(a) 所示为旋转轴与移动方向之间的误差角；图9.9(b) 所示为电动太阳风帆的计算旋转速率。尽管控制器是根据简化的公式设计的，但可以很好地跟踪拟定的旋转运动。而自旋速率无法很好地跟踪，因为在这种情况下它们是不可控的，这符合上面的理论。

计算的每个主系链(实线) 和每个辅助系链(虚线) 的电压如图 9.10 所示。所有的 200 个电压都显示在图 9.10(a) 中，主系链和辅助系链的典型部分显示在图 9.10(b) 中。显然，与主系链相比，辅助系链中的电压受到了很大的破坏，这是有道理的，因为辅助系链上推力的臂比用于定向控制的主系链长得多。此外，所有电压均在 0 ~ 40 kV 之内，因此公式中的近似公式(9.79) 足够准确，并且本书设计的控制律在实践中适用。计算出的描述电动太阳风帆振动时模态坐标的时间历程如图 9.11 所示。圆模态和平板模态由姿态控制信号激励，并由模态控制算法很好地抑制。正如理论所预测的，平面模态几乎不受控制信号的影响。控制信号应该不会影响航天器的轨道运动，电动太阳风帆的更多控制结果如图 9.12 所示。航天器的径向位移如图 9.12(a) 所示，实际位移如图 9.12(b) 所示。结果类似于前节中的结果。此外，模态控制对于轨道和方向控制至关重要，因为由控制信号和其他干扰(如热效应) 引起的电动太阳

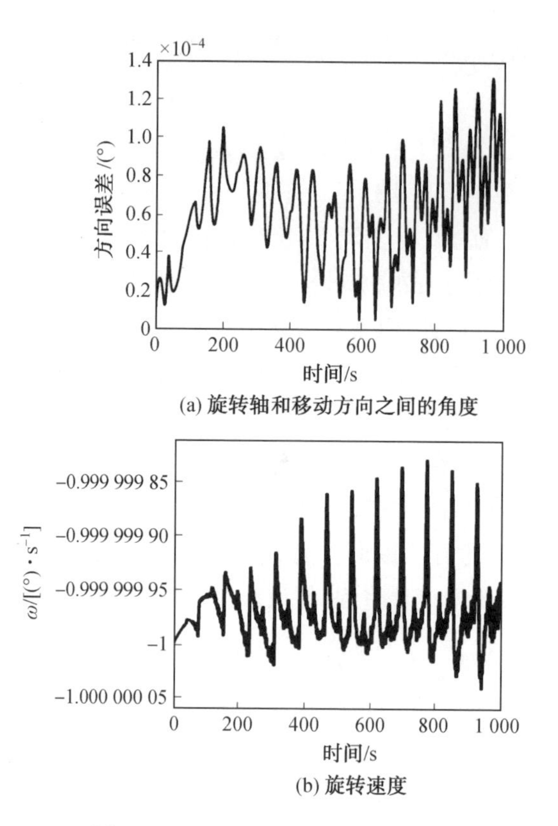

(a) 旋转轴和移动方向之间的角度

(b) 旋转速度

图 9.9　电动太阳风帆的控制结果

风帆的振动可能非常有害，以致几乎无法维持电动太阳风帆的状态，长时间旅行中极有可能发生不稳定的情况。

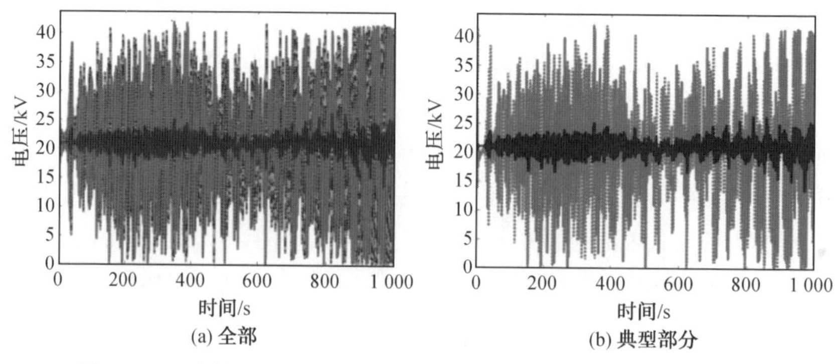

(a) 全部

(b) 典型部分

图 9.10　计算的每个主系链（实线）和每个辅助系链（虚线）的电压

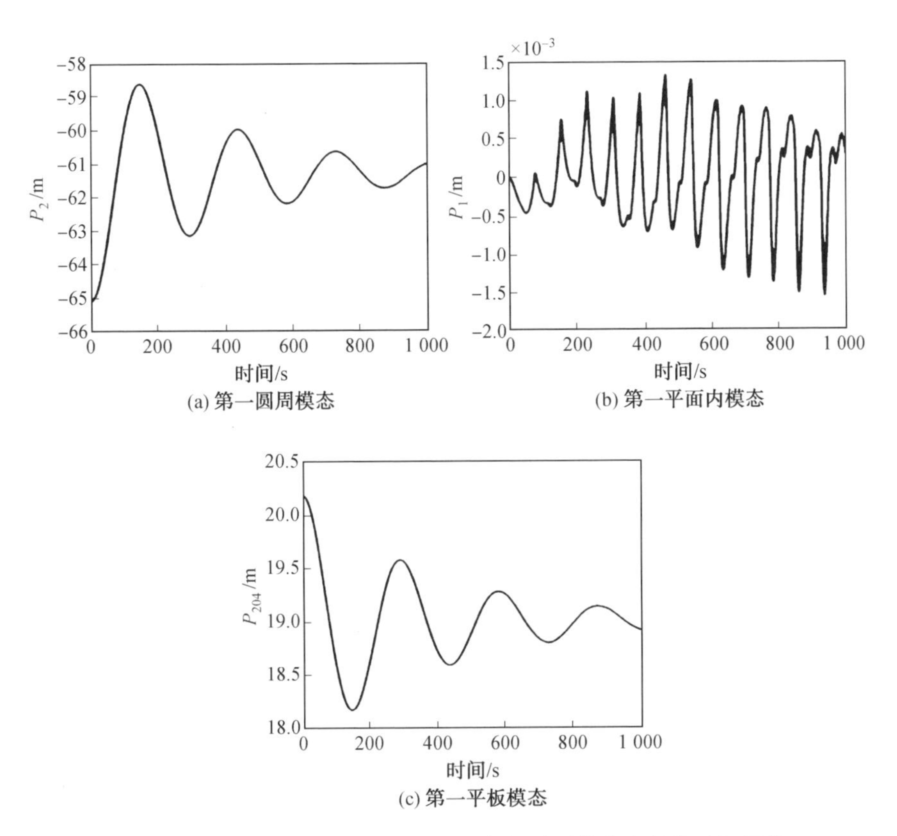

图 9.11　计算出的描述电动太阳风帆振动时模态坐标的时间历程

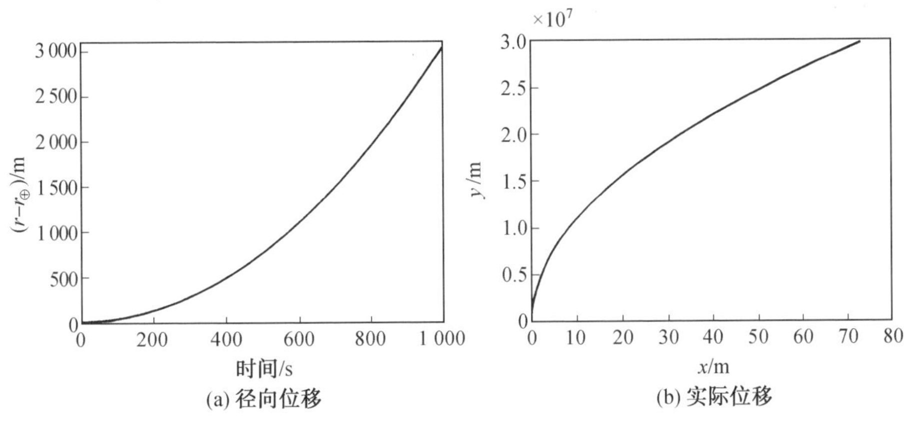

图 9.12　电动太阳风帆的更多控制结果

9.3.4　未来展望

本章中设计的控制律可以直接应用于其他重要的深空任务，如前往火星。

但是,在将来的工作中仍然需要考虑一些问题。

(1) 可以通过当前方法研究系链的部署、电动太阳风帆转弯、自旋速率增加及其他情况。

(2) 可以通过目前的公式研究外太阳系任务的轨道控制和定向控制。

(3) 尽管在应用中已经将每个段中的电压最大化,但是没有使用每个主系链的电压,并且仍然有通过选择新的重量矩阵来设计更有效的控制律的空间。

(4) 电动太阳风帆的初始配置和其他参数的不完善,太阳风的起伏和其他环境负荷,以及其他不确定性都会使航天器的性能下降,因此应提高控制律的鲁棒性,处理这些影响。

(5) 尚未考虑远端单元中的测量误差,这取决于测量技术的发展,在实际中可能不是问题。

(6) 推力表达式表示仅在一定范围内保持电压,超出该范围则表达式将不准确,因此也应采用更精确的推力公式。

(7) 似乎不能将主动控制应用于所有模态,因此必须通过材料阻尼来衰减高频振动,并且在导线中采用形状记忆合金可能是一个不错的选择。

(8) 了解控制规律对每种模态的影响非常有用,并且该原理可以推广到其他场景。此外,这里提出的控制律,在未来的工作中将提出更有效的算法。

9.4 本章小结

本章提出了参考节点坐标法以研究经历大距离行进和/或高速旋转的柔性体的动态性能。参考节点坐标法类似于绝对节点坐标法,但是定义在非惯性参考坐标系中。同时,通过参考节点坐标法研究了电动太阳风帆航天器,使用具有超过一万自由度的全尺寸模型研究了电动太阳风帆的推进效率;使用参考节点坐标法和浮动坐标法对电动太阳风帆的动态特性进行了研究;并且使用浮动坐标法设计了控制器,浮动坐标法只需要几十点自由度就可以进行控制。

参 考 文 献

[1] 李俊峰，宝音贺西．深空探测中的动力学与控制[J]．力学与实践，2007，29(4):1-9.

[2] ZUBRIN M，ANDREWS G. Magnetic sails and interplanetary travel[J]. Journal of Spacecraft and Rockets，1991，28(2):197-203.

[3] JANHUNEN P. Electric sail for spacecraft propulsion[J]. Journal of Propulsion & Power，2012，20(4):763-764.

[4] JANHUNEN P. On the feasibility of a negative polarity electric sail [J]. Annales Geophysicae，2009，27：1439-1447.

[5] JANHUNEN P. Increased electric sail thrust through removal of trapped shielding electrons by orbit chaotisation due to spacecraft body [J]. Annales Geophysicae，2009，27：3089-3100.

[6] JANHUNEN P. Electrostatic plasma brake for deorbiting a satellite [J]. Journal of Propulsion and Power，2010，26：370-372.

[7] JANHUNEN P，SANDROOS A. Simulation study of solar wind push on a charged wire：basis of solar wind electric sail propulsion [J]. Annales Geophysicae，2007，25：755-767.

[8] KIPRICH S，KURPPA R，JANHUNEN P. Wire-to-wire bonding of μm-diameter aluminum wires for the electric solar wind sail [J]. Microelectronic Engineering，2011，88：3267-3269.

[9] JANHUNEN P. Status report of the electric sail in 2009 [J]. Acta Astro-

nautica, 2011, 68: 567-571.

[10] JANHUNEN P. The electric solar wind sail status report, in: european planetary science congress 2010 [C]. Space Propulsion, Rome, Italy, 2010: 291-297.

[11] SILVER L, ANDRIS S, ERIK I, et al. ESTCube-1 nanosatellite for electric solar wind sail in-orbit technology demonstration [J]. Proceedings of the Estonian Academy of Sciences, 2014, 64: 200-209.

[12] ENVALL J, JANHUNEN P, TOIVANEN P, et al. E-sail test payload of the ESTCube-1 nanosatellite [J]. Proceedings of the Estonian Academy of Sciences, 2014, 64: 210-221.

[13] KASPARS L, INDREK S, TOIVANEN P, et al. Design of the fault tolerant command and data handling subsystem for ESTCube-1 [J]. Proceedings of the Estonian Academy of Sciences, 2014, 64: 222-231.

[14] MIHKEL P, ERIK I, ILVES T, et al. Design and pre-flight testing of the electrical power system for the ESTCube-1 nanosatellite [J]. Proceedings of the Estonian Academy of Sciences, 2014, 64: 232-241.

[15] SLAVINSKIS A, KULU E, VIRU J, et al. Attitude determination and control for centrifugal tether deployment on the ESTCube-1 nanosatellite [J]. Proceedings of the Estonian Academy of Sciences, 2014, 64: 242-249.

[16] HENRI K, TÕNIS E, ALLIK V, et al. Imaging system for nanosatellite proximity operations [J]. Proceedings of the Estonian Academy of Sciences, 2014, 64: 250-257.

[17] OSAMA K, TUOMAS T, PRAKS J, et al. Accommodating the plasma brake experiment on-board the Aalto-1 satellite [J]. Proceedings of the Estonian Academy of Sciences, 2014, 64: 258-266.

[18] JANHUNEN P, TOIVANEN P, ENVALL J, et al. Overview of electric solar wind sail applications [J]. Proceedings of the Estonian Academy of Sciences, 2014, 64: 267-278.

[19] URMAS K, MARIT P, FRANZ K, et al. Nanosatellite orbit control using mems cold gas thrusters [J]. Proceedings of the Estonian Academy of Sciences, 2014, 64: 279-285.

[20] MENGALI G, QUARTA A A, JANHUNEN P. Electric sail performance analysis [J]. Journal of Spacecraft and Rockets, 2008, 45: 122-129.

[21] QUARTA A A, MENGALI G. Electric sail mission analysis for outer solar system exploration [J]. Journal of Guidance, Control and Dynamics, 2010, 33: 740-755.

[22] MCINNES C R, SIMMONS F L. Solar sail halo orbits I: heliocentric case [J]. Journal of Spacecraft, Rockets, 1992, 29: 466-471.

[23] MCINNES C R. Passive control of displaced solar sail orbits [J]. Journal of Guidance, Control and Dynamics, 1998, 21: 975-982.

[24] MCINNES C R. Solar sail mission applications for non-keplerian orbits [J]. Acta Astronautica, 1999, 45: 567-575.

[25] HEILIGERS J, MCINNES C R, BIGGS J D. Displaced geostationary orbits using hybrid low-thrust propulsion [J]. Acta Astronautica, 2012, 71: 51-67.

[26] MENGALI G, QUARTA A A. Non-Keplerian orbits for electric sails [J]. Celestial Mechanics Dynamical and Astronomy, 2009, 105: 179-195.

[27] LU E T, LOVE S G. Gravitational tractor for towing asteroids[J]. Nature, 2005, 438(7065):177.

[28] WIE B. Hovering control of a solar sail gravity tractor spacecraft for asteroid deflection [C]. The 2007 Planetary Defense Conference. Washington, D. C. , 2007: 107-145.

[29] 龚胜平. 太阳帆航天器动力学与控制研究[D]. 北京:清华大学,2009: 1-91.

[30] QUARTA A A, MENGALI G. Electric sail missions to potentially hazardous asteroids [J]. Acta Astronautica, 2010,66:1506-1519.

[31] TOIVANEN P K, JANHUNEN P. Spin plane control and thrust vectoring of electric solar wind sail [J]. Journal of Propulsion and Power, 2013, 29: 178-185.

[32] JANHUNEN P, TOIVANEN P K, POLKKO J, et al. Electric solar wind sail: toward test missions[J]. Review of Scientific Instruments, 2010, 81(11):111301-1-11301-11.

[33] KESTILÄ A, TIKKA T, PEITSO P, et al. Aalto-1 nanosatellite - technical description and mission objectives [J]. Geoscientific Instrumentation, Methods and Data Systems,2013, 2(1):121-130.

[34] YAMAGUCHI K, YAMAKAWA H. Study on orbital maneuvers of electric sail with on-off thrust control [J]. Space Technology Japan the Japan Society for Aeronautical & Spaceences, 2013, 12:79-88.

[35] TOIVANEN P, JANHUNEN P. Thrust vectoring of an electric solar wind sail with a realistic sail shape [J]. Acta Astronautica, 2017, 131 (FEB.):145-151.

[36] BASSETTO M, MENGALI G, QUARTA A A. Thrust and torque vector characteristics of axially-symmetric E-sail [J]. ACTA ASTRONAUTICA, 2018, 146(MAY):134-143.

[37] SANCHEZ-TORRES, ANTONIO. Propulsive force in an electric solar sail [J]. Contributions to Plasma Physics, 2014, 54(3):314-319.

[38] MENGALI G, QUARTA A A, ALIASI G. A graphical approach to electric sail mission design with radial thrust[J]. Acta Astronautica, 2013, 82(2):197-208.

[39] QUARTA A A, MENGALI G. Analysis of electric sail heliocentric motion under radial thrust [J]. Journal of Guidance, Control and Dynamics, 2016, 39(6):1431-1436.

[40] YAMAGUCHI K, YAMAKAWA H. Electric solar wind sail kinetic energy impactor for asteroid deflection missions [J]. The Journal of the Astronautical Sciences, 2016, 63(1):1-22.

[41] ALFANO S, THORNE J D. Circle-to-circle constant-thrust orbit raising [J]. Journal of the Astronautical Sciences, 1994, 42(1):35-45.

[42] BATTIN R H. An Introduction to the mathematics and methods of astrodynamics [M]. Rev. ed. New York: Education Series. AIAA, 1999.

[43] BOMBARDELLI C, GIULIO B A, JESUS PEL E Z. Asymptotic solution for the two-body problem with constant tangential thrust acceleration [J]. Celestial Mechanics & Dynamical Astronomy, 2011, 110(3):239-256.

[44] HUO M, MENGALI G, QUARTA A A. Electric sail thrust model from a geometrical perspective [J]. Journal of Guidance Control Dynamics, 2018, 41(3):1-7.

[45] IZZO D. Lambert's problem for exponential sinusoids [J]. Journal of Guidance, Control and Dynamics, 2006,29(5):1242-1245.

[46] JANHUNEN P, QUARTA A A, MENGALI G. Electric solar wind sail mass budget model[J]. Geoscientific Instrumentation Methods and Data Systems Discussions, 2013, 2(1):85-95.

[47] REN H, YANG K. A referenced nodal coordinate formulation[J]. Multibody System Dynamics, 2020(1):305-342.

[48] MARKOPOULOS N. Analytically exact non-Keplerian motion for orbital

transfers[C]. Astrodynamics Conference, 1994.

[49] MCINNES, COLIN R. Orbits in a generalized two-body problem[J]. Journal of Guidance, Control and Dynamics, 2003, 26(5):743-743.

[50] NICCOLAI L, QUARTA A A, MENGALI G. Solar sail trajectory analysis with asymptotic expansion method[J]. Aerospace Science and Technology, 2017, 68(SEP.):431-440.

[51] NICCOLAI L, QUARTA A A, MENGALI G. Two-dimensional heliocentric dynamics approximation of an electric sail with fixed attitude [J]. Aerospace Science and Technology, 2017,71:441-446.

[52] NOVAK D M, VASILE M. Improved shaping approach to the preliminary design of low-thrust trajectories[J]. Journal of Guidance, Control and Dynamics, 2011, 34(1):128-147.

[53] PETROPOULOS A E, LONGUSKI J M. Shape-based algorithm for the automated design of low-thrust, gravity assist trajectories[J]. Journal of Spacecraft & Rockets, 2004, 41(5):787-796.

[54] PETROPOULOS A E, SIMS J A. A review of some exact solutions to the planar equations of motion of a thrusting spacecraft [J]. 2nd International Symposium on Low-Thrust Trajectory, 2002:18-20.

[55] QUARTA A A, MENGALI G. Trajectory approximation for low-performance electric sail with constant thrust angle[J]. Journal of Guidance Control Dynamics, 2015, 36(3):884-887.

[56] QUARTA A A, MENGALI G. Minimum-time trajectories of electric sail with advanced thrust model [J]. Aerosp. Sci. Technol, 2016, 55: 419-430.

[57] ROA J, PELAEZ J, SENENT J. New analytic solution with continuous thrust: generalized logarithmic spirals[J]. Journal of Guidance, Control and Dynamics, 2016, 39(10):1-16.

[58] LAMBERT J D. Computer solution of ordinary differential equations: the initial value problem[M]. London: W. H. Freeman, 1975.

[59] TOIVANEN P K, JANHUNEN P. Electric sailing under observed solar wind conditions[J]. Astrophysics & Space Sciences Transactions, 2009, 5(1):61-69.

[60] BRADLEY J, WALL, CONWAY A. Shape-based approach to low-thrust rendezvous trajectory design [J]. Journal of Guidance, Control and Dynamics, 2009, 32(1):95-95.

[61] WIESEL W E, ALFANO S. Optimal many-revolution orbit transfer[J]. Journal of Guidance, Control and Dynamics, 2015, 8(1):155-157.

[62] SIGUIER J M, SARRAILH P, ROUSSEL J F, et al. Drifting plasma collection by a positive biased tether wire in leo-like plasma conditions: current measurement and plasma diagnostic[J]. IEEE Transactions on Plasma Science, 2013, 41(12):3380-3386.

[63] 张福斌.非匹配不确定非线性系统的变结构控制器设计[J].系统工程与电子技术，2003，25(2):206-209.

[64] 刘金锟.滑模变结构控制 MATLAB 仿真[M].北京:清华大学出版社，2005:22-64.

[65] HUO M Y,ZHAO J,XIE S B, et al. Coupled attitude-orbit dynamics and control for an electric sail in a heliocentric transfer mission[J]. Plos One, 2015, 10(5):e0125901.

[66] RAYMAN M D, FRASCHETTI T C, RAYMOND C A, et al. Dawn: a mission in development for exploration of main belt asteroids Vesta and Ceres[J]. Acta Astronautica, 2006, 58(11):605-616.

[67] RUSSELL C T, RAYMOND C A, AMMANNITO E, et al. Dawn arrives at Ceres: exploration of a small, volatile-rich world[J]. Science, 2016, 353(6303):1008.

[68] HUO M, MENGALI G, QUARTA A A. Optimal planetary rendezvous with an electric sail[J]. Aircraft Engineering & Aerospace Technology, 2016, 88(4):515-522.

[69] QI N, HUO M, YUAN Q. Displaced electric sail orbits design and transition trajectory optimization [J]. Mathematical Problems in Engineering, 2014(6):1-9.

[70] BASSETTO M, QUARTA A A, MENGALI G. Locally-optimal electric sail transfer[J]. Proceedings of the Institution of Mechanical Engineers, 2019, 233(1):166-179.

[71] HUO M, MENGALI G, QUARTA A A. Accurate approximation of in-ecliptic trajectories for e-sail with constant pitch angle[J]. Advances in Space Research, 2018,61(10):2617-2627.

[72] XIE C, ZHANG G, ZHANG Y. Simple shaping approximation for low-thrust trajectories between coplanar elliptical orbits [J]. Journal of Guidance Control Dynamics, 2015:1-8.

[73] VASILE M. Preliminary Design of Low-Thrust multiple gravity assist

trajectories[J]. Journal of Spacecraft and Rockets, 2006, 43(5): 1065-1076.

[74] GONDELACH D J, NOOMEN R. Hodographic-shaping method for low-thrust interplanetary trajectory design[J]. Journal of Spacecraft & Rockets, 2015, 52(3):1-11.

[75] ZENG K, GENG Y, WU B. Shape-based analytic safe trajectory design for spacecraft equipped with low-thrust engines[J]. Aerospace Science & Technology, 2017, 62:87-97.

[76] PELONI A, DACHWALD B, CERIOTTI M. Multiple near-earth asteroid rendezvous mission: Solar-sailing options[J]. Advances in Space Research,2017,62(8):2084-2098.

[77] OSSAMA, ABDELKHALIK, EHSAN, et al. Shape based approximation of constrained low-thrust space trajectories using fourier series[J]. Journal of Spacecraft & Rockets, 2012:535-545.

[78] ABDELKHALIK O, TAHERI E. Approximate On-off low-thrust space trajectories using fourier series[J]. Journal of Spacecraft & Rockets, 2013, 49(5):962-965.

[79] TAHERI E, ABDELKHALIK O. Fast initial trajectory design for low-thrust restricted-three-body problems[J]. Journal of Guidance Control & Dynamics, 2015:1-15.

[80] TAHERI E, ABDELKHALIK O. Initial three-dimensional low-thrust trajectory design[J]. Advances in Space Research, 2016, 57(3):889-903.

[81] TAHERI, EHSAN, KOLMANOVSKY, et al. Shaping low-thrust trajectories with thrust-handling feature[J]. Advances in Space Research: The Official Journal of the Committee on Space Research(COSPAR), 2018, 61(3):879-890.

[82] 鲍晟.非匹配不确定 MIMO 线性系统的终端滑模控制[J].控制与决策, 2003, 18(5): 531-534.

[83] SHAN J, REN Y. Low-thrust trajectory design with constrained particle swarm optimization[J]. Aerospace Science and Technology, 2014, 36(3): 114-124.

[84] MA H, XU S. Optimization of bounded low-thrust rendezvous with terminal constraints by interval analysis[J]. Aerospace Science and Technology, 2018, 79(AUG.):58-69.

[85] ALESSANDRO, PELONI, ANIL, et al. Automated trajectory optimizer

for solar sailing (ATOSS)[J]. Aerospace Science & Technology, 2018, 72:465-475.

[86] CONWAY B A. A Survey of methods available for the numerical optimization of continuous dynamic systems[J]. Journal of Optimization Theory & Applications, 2012, 152(2):271-306.

[87] QUARTA A A, MENGALI G. Minimum-time space missions with solar electric propulsion[J]. Aerospace Science and Technology, 2011, 15(5): 381-392.

[88] FARIN G. Curves and surfaces for computer aided geometric design. a practical guide [J]. Practical Guide, 1993, 55(192):96.

[89] 胡跃明.非匹配条件下滑动模的鲁棒性[J].华南理工大学学报, 1995,23(6):36-41.

[90] NICCOLAI L, ANDERLINI A, MENGALI G, et al. Impact of solar wind fluctuations on electric sail mission design[J]. Aerospace Science and Technology, 2018, 82-83(NOV.):38-45.

[91] TOIVANEN P, JANHUNEN P. Thrust vectoring of an electric solar wind sail with a realistic sail shape[J]. Acta Astronautica, 2017, 131(FEB.):145-151.

[92] BYRD R H , HRIBAR M E , NOCEDAL J . An interior point algorithm for large-scale nonlinear programming[J]. Siam Journal on Optimization, 1999, 9(4):877-900.

[93] BENSON D. A gauss pseudo spectral transcription for optimal control [J]. Ph. D. thesis, Massachusetts Institute of Technology, 2005: 237-243.

[94] MENGALI G, QUARTA A A. Optimal nodal flyby with near-earth asteroids using electric sail[J]. Acta Astronautica, 2014, 104(2): 450-457.

[95] WIE B. Solar sail attitude control and dynamics, part Ⅰ [J]. Journal of Guidance, Control and Dynamics, 2004, 27(4):526-535.

[96] WIE B. Solar sail attitude control and dynamics, part Ⅱ [J]. Journal of Guidance, Control and Dynamics, 2004, 27(4):536-544.

[97] WIE B, MURPHY D. Robust attitude control systems design for solar sail, part Ⅰ: propellant less primary acs [J]. AIAA Guidance, Navigation, and Control Conference and Exhibit, Providence. Rhode Island,2004: 1-28.

[98] WIE B. Thrust vector control of solar sail spacecraft [C]. AIAA Guidance, Navigation and Control Conference and Exhibit. San Francisco, California, 2005: 1-25.
[99] 崔乃刚，刘家夫，荣思远. 太阳帆航天器动力学建模与求解[J]. 航空学报，2010, 31: 1565-1571.
[100] 罗超，郑建华，高东. 太阳帆航天器的轨道动力学和轨道控制研究[J]. 宇航学报，2009, 30:2111-2117.
[101] JANHUNEN P. Photonic spin control for solar wind electric sail [J]. Acta Astronautica, 2013, 83: 85-90.
[102] 龚胜平. 太阳帆绕地球周期轨道研究[J]. 宇航学报，2012,33:527-532.
[103] 龚胜平，李俊峰，宝音贺西，等. 人工拉格朗日点附近的被动稳定飞行[J]. 宇航学报，2007,28: 633-636.
[104] GONG S P, LI J F, BAOYIN H X. Analysis of displaced solar sail orbits with passive control [J]. Journal of Guidance, Control and Dynamics, 2008, 31: 782-785.
[105] GONG S P, BAOYIN H X, LI J F. Coupled attitude-orbit dynamics and control for displaced solar orbits [J]. Acta Astronautica, 2008, 65: 730-737.
[106] 龚胜平，李俊峰，宝音贺西，等. 拉格朗日点附近编队的离散控制方法[J]. 宇航学报，2007,28: 77-81.
[107] 张治国，李俊峰，宝音贺西. 考虑太阳帆板指向的编队卫星相对姿态跟踪控制[J]. 宇航学报，2008,29:202-207.
[108] 张洋. 太阳帆航天器姿态控制及轨迹优化[D]. 合肥:中国科学技术大学，2010:1-22.
[109] 崔祜涛，骆军红，崔平远，等. 基于控制杆的太阳帆姿态控制研究[J]. 宇航学报，2008,29:170-176.
[110] 罗超，郑建华. 采用滑块和RSB的太阳帆姿态控制[J]. 哈尔滨工业大学学报，2011, 43:95-101.
[111] QUARTA A A, MENGALI G, JANHUNEN P. Optimal interplanetary rendezvous combining electric sail and high thrust propulsion system [J]. Acta Astronautica, 2011, 68: 603-621.
[112] MENGALI G, QUARTA A A, JANHUNEN P. Considerations of electric sailcraft trajectory design [J]. Journal of British Interplanetary Society, 2008, 61: 326-329.
[113] MENGALI G, QUARTA A A. Escape from elliptic orbit using constant

radial thrust [J]. Journal of Guidance Control and Dynamics, 2009, 32: 1018-1022.

[114] 刘豹. 现代控制理论[M]. 北京:北京工业出版社,1989:293-315.

[115] 史晓宁. 太阳帆深空探测轨道控制与优化方法研究[D]. 哈尔滨:哈尔滨工业大学,2013:1-18.

[116] 陈功,傅瑜,郭继峰. 飞行器轨迹优化方法综述[J]. 飞行力学,2011,29(4):1-4.

[117] 雍恩米,陈磊,唐国金. 飞行器轨迹优化数值方法综述[J]. 宇航学报,2008,29(2):397-406.

[118] HULL D G. Conversion of optimal control problems into parameter optimization problems [J]. Journal of Guidance, Control and Dynamics. 1997, 20(1): 57-60.

[119] DAVID B. A gauss pseudospectral transcription for optimal control [D]. Cambridge: Massachusetts Institute of Technology, 2005:1-68.

[120] BETTS J T. Practical methods for optimal control using nonlinear programming [J]. Advances in Design and Control, Society for Industrial and Applied Mathematics, 2001, 55(4): 457-468.

[121] SIVANNADAM S N, DEEPA S N. Introduction to genetic algorithms [M]. India: PSG College of Technology, 2008: 16-70.

[122] JAMES K, RUSSELL E. Particle swarm optimization [C]. IEEE International Conference on Neural Networks. Perth, 1995: 1942-1948.

[123] AHMED G, OSSAMA A. Hidden genes genetic algorithm for multi-gravity-assist trajectories optimization [J]. Journal of Spacecraft and Rockets, 2011, 48(4): 629-640.

[124] COLORNI A, DORIGO M, MANIEZZO V, et al. Distributed optimization by ant colonies [C]. Proceedings of the 1st European Conference on Artificial Life, Mit Press. RARIS, FRANCE, 1991: 134-142.

[125] 黄国强,陆宇平,南英. 飞行器轨迹优化数值算法综述[J]. 中国科学:科学技术,2012,42(9):1016-1036.

[126] BESSETTE C R, SPENCER D B. Identifying optimal interplanetary trajectories through a genetic approach[C]. AIAA/AAS Astrodynamics Specialist Conference and Exposition. Keystone, Colorado: AIAA, 2006:1-6.

[127] NOBUHIRO Y, SHINJI S. Modified genetic algorithm for constrained

trajectory optimization[J]. Journal of Guidance, Control and Dynamics, 2005, 28(1): 139-144.

[128] WALL B, CONWAY B A. Near-optimal low-thrust earth-mars trajectories via a genetic algorithm [J]. Journal of Guidance, Control and Dynamics, 2005, 28(5): 1027-1031.

[129] MOOIJ E, NOOMEN R, CANDY S. Evolutionary optimization for a solar sailing solar polar mission [C]. AIAA/AAS Astrodynamics Specialist Conference and Exhibit. Keystone, Colorado: AIAA, 2006: 1-5.

[130] HUGHES G W, MCINNES C R. Solar sail hybrid trajectory optimization for non-keplerian orbit transfers [J]. Journal of Guidance, Control and Dynamics, 2002, 25(3): 602-605.

[131] VAVRIANA M A, HOWELL K C. Global low-thrust trajectory optimization through hybridization of a genetic algorithm and a direct method [C]. AIAA/AAS Astrodynamics Specialist Conference and Exhibit. Honolulu, Hawaii: AIAA, 2008:3-6.

[132] JACOB A E, BRUCE A C, TREVOR W. Automated mission planning via evolutionary algorithms [J]. Journal of Guidance, Control and Dynamics, 2012, 35(6): 1878-1887.

[133] SENTINELLA M R, CASALINO L. Genetic algorithm and indirect method coupling for low-thrust trajectory optimization [C]. AIAA/ASME/SAE Joint Propulsion Conference and Exposition. Sacramento, California: AIAA, 2006:1-8.

[134] 段佳佳，徐世杰，朱建丰. 基于蚁群算法的月球软着陆轨迹优化[J]. 宇航学报，2008，29(2)：476-479.

[135] 任远，崔平远，栾恩杰. 基于退火遗传算法的小推力轨道优化问题研究[J]. 宇航学报，2007，28(1)：162-166.

[136] 孙勇. 基于 Gauss 伪谱法的高超声速飞行器轨迹优化与制导[D]. 哈尔滨：哈尔滨工业大学，2012：41-42.

[137] ROSS I M, FAHROO F. A perspective on methods for trajectory optimization [C]. AIAA/AAS Astrodynamics Specialist Conference and Exhibit. Monterey: AIAA, 2002:1-7.

[138] FAHROO F, ROSS I M. Costate estimation by a legendre pseudospectral method [J]. Lecture Notes in Control and Information Sciences, 2001, 24(2):270-277.

[139] ROSS I M, FAHROO F. Legendre pseudospectral approximations of optimal control problems [J]. Lecture Notes in Control and Information Sciences, 2003, 295:327-342.

[140] BENSON D A, HUNTINGTON G T, THORVALDSEN T P, et al. Direct trajectory optimization and costate estimation via an orthogonal collocation method[J]. Journal of Guidance, Control and Dynamics, 2006, 29(6):1435-1440.

[141] 张锋.线性二次型最优控制问题的研究[D].天津:天津大学,2009:1-14.

[142] HUNTINGTON G T, RAO A V. Optimal spacecraft formation configuration using a gauss pseudospectral method[C]. Proceedings of the 2005 AAS/AISS Spaceflight Mechanics Meeting. Copper Mountain, Colorado: AIAA, 2005:1-6.

[143] GARG D, PATTERSON M, HAGER W W, et al. A unified framework for the numerical solution of optimal control problems using pseudospectral methods [J]. Automatica, 2010, 46(1):1843-1851.

[144] DARBY C L, GARG D, RAO A V. Costate estimation using multiple-interval pseudospectral methods [C]. AIAA Guidance, Navigation, and Control Conference. Portland, Oregon: AIAA, 2011:1-24.

[145] DARBY C L, GARG D, RAO A V. Costate estimation using multiple-interval pseudospectral methods [J]. Journal of Spacecraft and Rockets, 2011, 48(5):856-866.

[146] DARBY C L, HAGER W W, RAO A V. An hp-adaptive pseudospectral method for solving optimal control problems [J]. Optimal Control Applications and Methods, 2011, 32:476-502.

[147] DARBY C L, HAGER W W, RAO A V. Direct trajectory optimization using a variable low-order adaptive pseudospectral method [J]. Journal of Spacecraft and Rockets, 2011, 48(3):433-445.

[148] 唐国金,罗亚中,雍恩米. 航天器轨迹优化理论方法及应用[M]. 北京:科学出版社,2011:43-78.

[149] SUBBARAO K, SHIPPEY B M. Hybrid genetic algorithm collocation method for trajectory optimization [J]. Journal of Guidance, Control and Dynamics, 2009, 32: 1396-1403.

[150] LUO Y Z, LI H Y. Hybrid approach to optimize a rendezvous phasing strategy [J]. Journal of Guidance, Control and Dynamics, 2007, 30: 185-191.

[151] CHIPPERELD A, FLEMMING P. Genetic algorithm toolbox user's guide [J]. Department of Automatic Control and Systems Engineering, 1994:1-5.

[152] 高为炳. 变结构控制理论基础[M]. 北京:中国科学技术出版社,1990:32-40.

[153] GILL P E, MURRAY W, SAUNDERS M A. SNOPT: an SQP algorithm for large-scale constrained optimization [J]. SIAM Journal on Optimization, 2002, 12 (4): 979-1006.

[154] 韩艳铧,周凤岐,周军. 基于反馈线性化和变结构控制的飞行器姿态控制系统设计[J]. 宇航学报, 2004, 25 (6): 637-641.

[155] SLOTINE J, LI W P. Applied nonlinear control [M]. 北京:机械工业出版社,2006:207-271.

[156] 朱敏,张洋,卫一恒. 太阳帆航天器姿态动力学建模与反馈线性参数变化控制[J]. 信息与控制,2013,4:196-201.

[157] VANSOEST W R , CHU Q P , MULDER J A . Combined feedback linearization and constrained model predictive control for entry flight[J]. Journal of Guidance Control Dynamics, 2006 , 29(2):427-434.

[158] QIANG Z, YUAN-LI C . Energy-management steering maneuver for thrust vector-controlled interceptors[J]. Journal of Guidance, Control and Dynamics, 2012, 35(6):1798-1804.

[159] BANG H , MYUNG H S , TAHK M J . Nonlinear momentum transfer control of spacecraft by feedback linearization[J]. Journal of Spacecraft and Rockets, 2015, 39(6):866-873.

[160] HUNG J Y, GAO W, HUNG J C. Variable structure control: a survey [J]. IEEE Transactions on Industrial Electronics, 1998, 40(1):2-22.

[161] 胡剑波. 一类非匹配不确定性系统的变结构控制[J]. 控制理论与应用, 2002, 19(1):105-108.

名词索引